U0553097

战略性新兴领域“十四五”高等教育系列教材

# 人工智能之模式识别

高　琪　潘　峰　李位星　冯肖雪　编著

机械工业出版社

本书是一本全面介绍模式识别领域相关知识的教材，为读者提供模式识别技术的基本概念、算法体系和历史发展脉络，从基本模型和底层原理出发深入探讨各种模式识别方法的核心机制与应用策略。本书内容首先介绍了人工智能的概念内涵，以及模式识别与人工智能、机器学习的相互关系，然后详细阐述了模式识别的一系列基本概念，分析了模式识别问题的解决思路，建立了完整的模式识别系统。书中针对线性分类器、贝叶斯分类器、最近邻分类器、组合分类器、数据聚类、模糊模式识别、神经网络模式识别和结构模式识别等各类算法进行了详细讲解，构建了完整的算法体系，并探讨了特征工程、统计学习理论等模式识别和机器学习中的基础性问题。本书强化了模式识别技术的实践应用，通过典型算法案例的分析和实现来帮助读者更加深入地理解所学内容，增强实践能力。

本书主要面向高等院校计算机、自动化、大数据、信息电子等人工智能相关本科专业的学生用作学习模式识别课程的教材，也可供相关学科领域的研究生、科研人员、工程技术人员和社会学习者作为学习、研究和工程实践的参考。

本书配有电子课件、教学大纲、习题答案、教学视频及源代码等教学资源，选用本书作教材的教师，请登录 www.cmpedu.com 注册后下载。

**图书在版编目（CIP）数据**

人工智能之模式识别 / 高琪等编著 . -- 北京 ： 机械工业出版社，2024. 12. --（战略性新兴领域“十四五”高等教育系列教材）. -- ISBN 978-7-111-77643-7

Ⅰ. TP18

中国国家版本馆 CIP 数据核字第 2024KC3806 号

机械工业出版社（北京市百万庄大街 22 号　邮政编码 100037）

策划编辑：吉　玲　　　　责任编辑：吉　玲　闫晓宇

责任校对：曹若菲　张　薇　　封面设计：张　静

责任印制：常天培

河北虎彩印刷有限公司印刷

2024 年 12 月第 1 版第 1 次印刷

184mm × 260mm · 16 印张 · 382 千字

标准书号：ISBN 978-7-111-77643-7

定价：59.00 元

电话服务　　　　　　　　　网络服务

客服电话：010-88361066　　机　工　官　网：www.cmpbook.com

010-88379833　　机　工　官　博：weibo.com/cmp1952

010-68326294　　金　书　网：www.golden-book.com

　机工教育服务网：www.cmpedu.com

# 序
FOREWORD

人工智能和机器人等新一代信息技术正在推动着多个行业的变革和创新，促进了多个学科的交叉融合，已成为国际竞争的新焦点。《中国制造 2025》《“十四五”机器人产业发展规划》《新一代人工智能发展规划》等国家重大发展战略规划都强调人工智能与机器人两者需深度结合，需加快发展机器人技术与智能系统，推动机器人产业的不断转型和升级。开展人工智能与机器人的教材建设及推动相关人才培养符合国家重大需求，具有重要的理论意义和应用价值。

为全面贯彻党的二十大精神，深入贯彻落实习近平总书记关于教育的重要论述，深化新工科建设，加强高等学校战略性新兴领域卓越工程师培养，根据《普通高等学校教材管理办法》（教材〔2019〕3 号）有关要求，经教育部决定组织开展战略性新兴领域“十四五”高等教育教材体系建设工作。

湖南大学、浙江大学、国防科技大学、北京理工大学、机械工业出版社组建的团队成功获批建设“十四五”战略性新兴领域——新一代信息技术（人工智能与机器人）系列教材。针对战略性新兴领域高等教育教材整体规划性不强、部分内容陈旧、更新迭代速度慢等问题，团队以核心教材建设牵引带动核心课程、实践项目、高水平教学团队建设工作，建成核心教材、知识图谱等优质教学资源库。本系列教材聚焦人工智能与机器人领域，凝练出反映机器人基本机构、原理、方法的核心课程体系，建设具有高阶性、创新性、挑战性的《人工智能之模式识别》《机器学习》《机器人导论》《机器人建模与控制》《机器人环境感知》等 20 种专业前沿技术核心教材，同步进行人工智能、计算机视觉与模式识别、机器人环境感知与控制、无人自主系统等系列核心课程和高水平教学团队的建设。依托机器人视觉感知与控制技术国家工程研究中心、工业控制技术国家重点实验室、工业自动化国家工程研究中心、工业智能与系统优化国家级前沿科学中心等国家级科技创新平台，设计开发具有综合型、创新型的工业机器人虚拟仿真实验项目，着力培养服务国家新一代信息技术人工智能重大战略的经世致用领军人才。

这套系列教材体现以下几个特点：

（1）教材体系交叉融合多学科的发展和技术前沿，涵盖人工智能、机器人、自动化、智能制造等领域，包括环境感知、机器学习、规划与决策、协同控制等内容。教材内容紧跟人工智能与机器人领域最新技术发展，结合知识图谱和融媒体新形态，建成知识单元 711 个、知识点 1803 个，关系数量 2625 个，确保了教材内容的全面性、时效性和准确性。

（2）教材内容注重丰富的实验案例与设计示例，每种核心教材配套建设了不少于 5 节的核心范例课，不少于 10 项的重点校内实验和校外综合实践项目，提供了虚拟仿真和实操项目相结合的虚实融合实验场景，强调加强和培养学生的动手实践能力和专业知识综合应用能力。

（3）系列教材建设团队由院士领衔，多位资深专家和教育部教指委成员参与策划组织工作，多位杰青、优青等国家级人才和中青年骨干承担了具体的教材编写工作，具有较高的编写质量，同时还编制了新兴领域核心课程知识体系白皮书，为开展新兴领域核心课程教学及教材编写提供了有效参考。

期望本系列教材的出版对加快推进自主知识体系、学科专业体系、教材教学体系建设具有积极的意义，有效促进我国人工智能与机器人技术的人才培养质量，加快推动人工智能技术应用于智能制造、智慧能源等领域，提高产品的自动化、数字化、网络化和智能化水平，从而多方位提升中国新一代信息技术的核心竞争力。

中国工程院院士

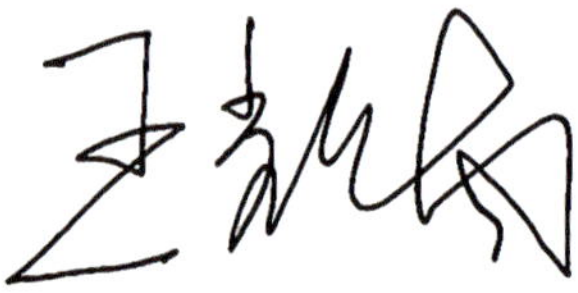

2024 年 12 月

# 前 言

PREFACE

近年来，人工智能技术的迅猛发展引起了社会的广泛关注，也对人类社会生产生活的方方面面产生了巨大的影响。人工智能技术可以分为感知、决策和行动三个方面，模式识别就是实现人工智能感知功能的核心技术之一，扮演着至关重要的角色，也是人工智能领域学习、研究和工程实践中不能忽视的重要内容。

模式识别真的只是人工智能发展过程中的一个研究分支吗？从历史发展过程来看，模式识别技术可以追溯到20世纪初期的某些具备自动识别能力的机械装置，例如1929年奥地利发明家陶舍克（Tauschek）发明的光电阅读机。后续逐步产生了各种基于空间变换、统计推断、最优化理论和神经仿生模型等不同原理的算法，其中并非每一种算法都能带给人“智能”的感受。由此看来，虽然模式识别技术能够为人工智能系统提供感知功能，但它的本质仍然是一种试图从实践上解决机器识别工程问题的技术科学。这个基本的认知，也是本书整体撰写的出发点。

本书的内容，就是从分析解决机器识别工程问题的角度来介绍模式识别领域的基本概念、基本原理和实践应用技术，为读者提供一个全面、系统的模式识别知识结构，帮助读者掌握这一领域的核心技术和应用方法。

在第1章绪论中，首先通过对比生物所具有的识别能力，引入了模式识别的定义和核心概念，阐释了它与人工智能、机器学习之间的内在联系，建立了工程所需的模式识别系统架构，梳理了完整的模式识别算法体系，也介绍了模式识别广泛的应用场景，为读者提供了一个全景式的宏观知识框架。随后的两个章节，则逐步阐述了模式识别技术中特征工程、统计学习理论等基础性的知识要点和关键技术。在第2章特征生成和特征降维中，阐述了如何从原始数据中提取有效特征，并进行降维处理，以提高分类器的性能。在第3章统计学习理论中，简要介绍了这一机器学习理论中的一些重要概念，包括学习过程的一致性、函数集的容量和VC维等，为后续统计模式识别算法的深入理解奠定基础。在第4章、第5章和第6章中，则深入分析了线性分类器、贝叶斯分类器、最近邻分类器等非常基础也非常重要的模式识别算法，包括这些算法的工作原理、训练方法和实践应用中的相关问题。第7章则通过讲解组合分类器，展示了组合多个弱分类器来提高整体分类器性能的集成策略。在第8章数据聚类中，讲解了多种无监督学习的典型方法。在第9章模糊模式识别中，则以模糊集理论为基础，介绍了如何通过对传统模式识别算法的模糊化改造，来获得更好的算法性能和更宽广的应用范围。第 10 章神经网络模式识别是本书中非常重要的一章，它从最基础的人工神经元模型入手，逐步建立和分析了浅层神经网络、深度学习直至预训练大模型等多种不同层级的模型和算法，将整本书的内容链接到了目前人工智能技术的前沿领域和最新发展趋势之中。第 11 章则通过对以句法模式识别为代表的结构模式识别算法的讲解，引出了分析解决模式识别问题的另一种思路。

在长期的模式识别课程教学和带领学生开展模式识别理论与应用研究的过程中，我们一直有两点深刻的感受：一是模式识别算法大多有严密的数学基础，但它并不是一种“书斋中的学术”，而需要明确地建立从理论到应用的工程思维；二是虽然目前有大量的成熟平台和算法可供使用，但学习模式识别又必须回到理论根基，弄明白每一种算法的原理和本质，才能研究发展出更好的模式识别方法。总的来说，就是要在“知其所以然”的基础上“知其然”，最终还要学会“知其用”，这样才能真正地促进我国模式识别学科的长远发展。

因此，本书的两大特点就是：既关注整个模式识别领域的知识体系和核心原理，讲深讲透，又特别强调应用各种模式识别算法来解决工程实践问题。在整个教材中，始终通过手写数字识别等典型的模式识别案例作为牵引，不断尝试用各章节所介绍的知识和方法来分析解决实际问题，帮助读者体验模式识别技术的工程特性，并增强分析解决问题的能力。



本书的编写，得益于编者近 20 年开展模式识别领域教学和科研工作的经验积累。这也使得本书不再是孤立的一本图书，而是可以和同步建设的国家级一流线上课程、实践项目以及教研教改资源相互支撑，共同为人工智能和模式识别领域的人才培养提供参考。其中所涉及的数字化资源，读者可以通过正文中所提供的二维码访问使用。

本书的编写是整个课程团队共同努力的结果。其中，潘峰负责第 9 章和第 10 章的编写，李位星负责第 3 章、第 7 章和第 8 章的编写，冯肖雪负责第 4 章、第 5 章和第 6 章的编写，高琪负责第 1 章、第 2 章和第 11 章的编写，以及整本教材的统稿工作。本书的编写还得到了北京理工大学相关部门的支持和帮助，教务部大力支持和资助了相关的教研教改活动，自动化学院则为课程团队的各项工作提供了良好的条件。最后，还要感谢机械工业出版社各位编辑在本书编写出版过程中付出的辛劳。

人工智能技术还在快速发展，模式识别技术的理论研究和实践应用也在持续地同步推进中。我们期望本书不仅能够成为高等院校计算机科学、电子工程、自动化及其他相关专业有用的一本模式识别课程教材，也能够为相关领域的研究人员和工程技术人员提供有价值的参考。同时欢迎读者对本书和相关的配套资源中的不当之处批评指正，我们将根据您提出的宝贵意见与建议对本书持续修改完善，使其能发挥更好的作用。

**编　者**

# 各章电子资源对照表

| 序号 | 资源名称 | 资源形态 | 对应页码 |
|---|---|---|---|
| 第 1 章 | | | |
| 1 | 模式识别的定义和特点 | 视频 | 2 |
| 2 | 特征与特征空间 | 视频 | 8 |
| 3 | 紧致性与维数灾难 | 视频 | 10 |
| 4 | 有监督学习与无监督学习 | 视频 | 11 |
| 5 | 泛化能力与过拟合 | 视频 | 12 |
| 6 | 模式识别的典型应用 | 视频 | 16 |
| 7 | 实例：手写数字识别问题 | 视频 | 17 |
| 8 | 手写数字识别数据集 | 数据集 | 18 |
| 9 | 模板匹配算法参考代码 | 源程序代码 | 19 |
| 第 2 章 | | | |
| 10 | 特征降维的主要方法 | 视频 | 25 |
| 11 | 类别可分性度量 | 视频 | 27 |
| 12 | 特征提取算法 | 视频 | 31 |
| 13 | 特征选择算法 | 视频 | 33 |
| 第 3 章 | | | |
| 14 | VC 维和结构风险最小化 | 视频 | 45 |
| 第 4 章 | | | |
| 15 | 线性判别函数 | 视频 | 50 |
| 16 | 线性判别函数的几何意义 | 视频 | 52 |
| 17 | 非线性判别的广义线性化 | 视频 | 53 |
| 18 | 线性分类器训练的一般思路 | 视频 | 55 |
| 19 | 感知器算法的原理 | 视频 | 56 |
| 20 | 感知器算法的深入理解 | 视频 | 60 |
| 21 | 线性分类器的松弛求解 | 视频 | 61 |
| 22 | H-K 算法 | 视频 | 62 |
| 23 | 支持向量机的原理 | 视频 | 69 |
| 24 | 软间隔支持向量机 | 视频 | 71 |
| 25 | 非线性支持向量机 | 视频 | 73 |
| 26 | 感知器算法参考代码 | 源程序代码 | 76 |
| 27 | 支持向量机算法参考代码 | 源程序代码 | 78 |
| 第 5 章 | | | |
| 28 | 逆概率推理与贝叶斯公式 | 视频 | 83 |

（续）

| 序号 | 资源名称 | 资源形态 | 对应页码 |
| --- | --- | --- | --- |
| 29 | 贝叶斯分类的原理 | 视频 | 84 |
| 30 | 贝叶斯决策算法 | 视频 | 86 |
| 31 | 正态分布下的贝叶斯分类 | 视频 | 89 |
| 32 | 贝叶斯分类的错误率 | 视频 | 95 |
| 33 | 贝叶斯分类器训练的原理 | 视频 | 96 |
| 34 | 贝叶斯分类器训练的最大似然估计和贝叶斯估计 | 视频 | 99 |
| 35 | 贝叶斯分类器算法参考代码 | 源程序代码 | 100 |
| 第 6 章 | | | |
| 36 | 最近邻分类器 | 视频 | 107 |
| 37 | KNN 算法 | 视频 | 109 |
| 38 | KNN 算法参考代码 | 源程序代码 | 112 |
| 第 7 章 | | | |
| 39 | 组合分类器原理 | 视频 | 116 |
| 40 | 组合分类器的主要类型 | 视频 | 117 |
| 41 | 随机森林算法 | 视频 | 121 |
| 42 | Adaboost 算法 | 视频 | 123 |
| 43 | 随机森林算法参考代码 | 源程序代码 | 126 |
| 44 | Adaboost 算法参考代码 | 源程序代码 | 127 |
| 第 8 章 | | | |
| 45 | 数据聚类的定义 | 视频 | 130 |
| 46 | 数据聚类的特点 | 视频 | 132 |
| 47 | 数据聚类的应用 | 视频 | 133 |
| 48 | 试探法聚类 | 视频 | 135 |
| 49 | 层次法聚类 | 视频 | 137 |
| 50 | 动态聚类 | 视频 | 142 |
| 51 | 数据聚类的流程 | 视频 | 146 |
| 52 | K-均值算法参考代码 | 源程序代码 | 148 |
| 第 9 章 | | | |
| 53 | 模糊集合的定义及基本运算 | 视频 | 152 |
| 54 | 模糊关系及模糊矩阵 | 视频 | 160 |
| 55 | 最大隶属度识别算法 | 视频 | 162 |
| 56 | 择近原则识别算法 | 视频 | 163 |
| 57 | 模糊聚类算法 | 视频 | 165 |
| 58 | 模糊 K-均值算法参考代码 | 源程序代码 | 170 |

（续）

| 序号 | 资源名称 | 资源形态 | 对应页码 |
|---|---|---|---|
| 第 10 章 | | | |
| 59 | 人工神经元模型 | 视频 | 175 |
| 60 | 人工神经网络模型 | 视频 | 177 |
| 61 | 人工神经元的学习规则 | 视频 | 180 |
| 62 | 人工神经网络的学习规则 | 视频 | 183 |
| 63 | 感知器网络 | 视频 | 186 |
| 64 | 反向传播网络 | 视频 | 188 |
| 65 | 深度学习的概念和特点 | 视频 | 191 |
| 66 | 深度信念网络的结构 | 视频 | 192 |
| 67 | 深度信念网络的训练 | 视频 | 193 |
| 68 | 卷积神经网络的原理 | 视频 | 197 |
| 69 | 卷积神经网络的结构与训练 | 视频 | 199 |
| 70 | 反向传播网络算法参考代码 | 源程序代码 | 215 |
| 71 | 卷积神经网络算法参考代码 | 源程序代码 | 218 |
| 第 11 章 | | | |
| 72 | 结构模式识别原理 | 视频 | 223 |
| 73 | 结构模式识别的主要方法 | 视频 | 226 |
| 74 | 形式语言理论的基本概念 | 视频 | 228 |
| 75 | 乔姆斯基体系中的四种文法 | 视频 | 230 |
| 76 | 句法分析方法 | 视频 | 234 |
| 77 | 句法分析算法参考代码 | 源程序代码 | 237 |

注：表中所列内容，请读者扫描各章首印刷的二维码进行查看。

# 目录

CONTENTS

# 第 1 章　绪论

第 1 章
电子资源

## 导读

本章主要引入模式识别的定义、核心概念，并从工程的角度介绍模式识别研究的主要问题、完成的主要任务和模式识别系统的组成，最后梳理本书涉及的各类算法，构建相互关联的完整算法体系。

## 知识点

- 模式识别的定义及其与人工智能、机器学习的关系。
- 分类、特征及特征空间、相似度及其度量、有监督学习和无监督学习、紧致性、泛化能力和维数灾难等模式识别基础概念。
- 模式识别系统的组成。
- 模式识别的算法体系。
- 模式识别典型案例的任务、特点和数据。



## 1.1　人工智能之模式识别

### 1.1.1　生物识别能力

识别能力是生物的本能。不仅智能生物例如人具有识别能力，其他高等或低等的生物都具有对环境和外界事物的识别能力。

细菌能识别周围的环境条件是否适合生存，并进行休眠或苏醒。微生物会根据化学物质的浓度来判断应当繁殖还是逃离。树木会根据气温的高低和持续情况判断春天是否到来，以决定是否散播自己的种子。小猫会通过视觉、嗅觉和味觉判断一个物体是不是食物，以采取正确的行动来完成捕食。当然，人类作为高等智能生物，能够做出更加复杂的识别行为。

可以发现，生物对各种事物的识别并不是通过某种确定无疑的标志，也不是通过密码这样的特定信息，甚至也不是通过逻辑推理。生物是依据所获得的信息整体上做出决策和判断，用“感觉”一词来表述也不为过。人或者生物识别事物依靠的是一种特殊的能力，它能根据事物的某些特征来判断一个待识别的事物是什么或者不是什么，这种能力称为“模式识别”。

因此，模式识别也可以定义为：识别一个模式，其英文术语为 Pattern Recognition。

Pattern 的本意是图案、式样，它代表的不是一个具体的事物，而是事物所包含的信息特点，对应一个抽象的概念。虽然世界上没有完全相同的两片树叶，但仍然可以识别出任意两片树叶是否来自同一种树木。在图 1-1 中，即使两幅图片不完全一样，人们仍然能辨别出图 1-1a 和图 1-1e 所展示的是同一种花纹。所以，模式（Pattern）在识别过程中所指的是从客观事物中抽象出来，用于识别的最关键的一些特征信息。

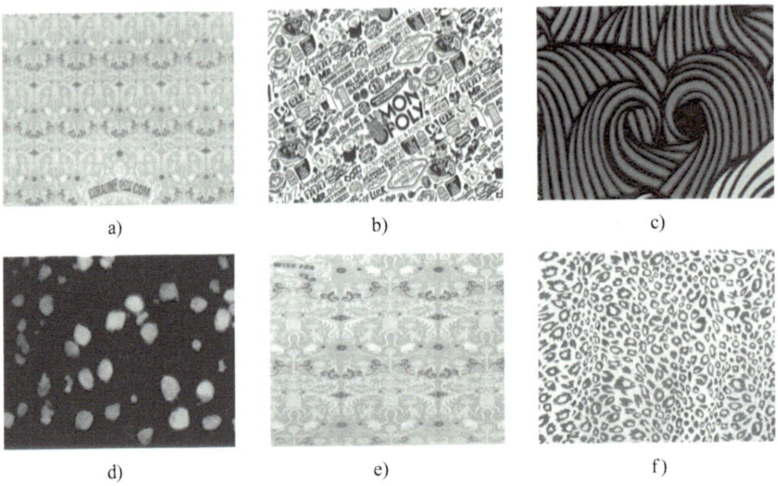


图 1-1　不同的模式（Pattern）



生物的模式识别能力是非常普遍和强大的。没有模式识别的能力，生物体就不能对外界环境做出适当的反应，也就没有办法在客观世界中生存。那么，这种识别能力的科学基础是什么呢?

当我们回顾人类的识别过程时会发现：我们只能识别出认识的人，而对初次见面的人，却无法识别出他是谁，必须要先认识他。

当第一次见一个人时，我们的感官会采集到有关他的各种信息，外貌、声音甚至表情动作，并把这些特征与他的名字关联起来。当我们再次见到他时，就能根据感官采集到的特征，去记忆库中寻找符合这些特征的人的名字，于是就能识别出他是谁了。

所以，识别的基础是认知。识别的英文是 Recognition，其中“cognition”的意思是“认知”，就是去获取有关某种事物的知识。“Recognition”是“再认知”的意思，就是去判断一个具体的事物是已经认知过的哪一种事物。如果已有的认知基础不同，对于同一个待识别的样本，也会得到完全不同的识别结果。

由于模式是抽象的事物特征，代表的是具有这些特征的一类事物，因此，它需要在“认知”的过程中，从大量属于同一种类的事物中归纳总结出来。认知的过程就是去获取某种事物共同特征的过程，也可以说是将某些特征与一个概念相关联，完成概念抽象的过程。而识别则是根据某个具体事物的特征来判断它是不是属于某种事物，也可以说是按照特征来将其归类于某一个概念的过程。

因此，识别的本质是对概念的归类。例如我们看了许多长颈鹿的照片，这些长颈鹿具有相似的形象，我们可以从身体形态、个头大小、皮肤花纹等方面抽象归纳出长颈鹿的共同特征，而忽略每个长颈鹿个体的差异。当有一张新的动物图片供我们识别时，我们就可以依据这些共同特征来判断该动物是否是长颈鹿，或曰能否将其划归到“长颈鹿”这一动物种类中去。

所以，模式识别的本质是对事物的分类（Classify）。认知过程是建立类别标签和类别模式特征之间关联的过程。而识别，就是将一个具体事物（称为样本，Sample）根据特征划归到已知的类别（Class）中去的过程。

世界上没有完全相同的两个事物。当我们抽象出属于同一个概念的事物所具有的共同特征，而忽略掉个体之间的差异，并根据这些共同特征来识别一个个具体的事物时，模式识别的依据就不再是两个事物是否完全相同，而是它们之间的相似性。正因为如此，在对某一类事物具有认知的基础上，才能识别出以前从未见过、但属于这一类的某个具体的事物，也才能对存在形变和其他失真情况的事物实现识别。同时，依据相似性而不是“相同”实现的模式识别，也一定会存在识别错误的可能性。

### 1.1.2　模式识别与人工智能和机器学习

关于什么是人工智能，至今还缺少一个权威和统一的定义。但究其根本，始终是指机器能够达到人的智能水平，即能够像人一样，可以感知外在的事物，并通过自主的思维过程做出有目的、有意义的响应。因此，可以说人工智能包括了感知、决策和行动三方面的能力（如图 1-2 所示），当然这三方面能力的运用都是由机器自主完成的，而不受人类的直接控制。而模式识别技术，正是实现人工智能中感知能力的重要技术手段。

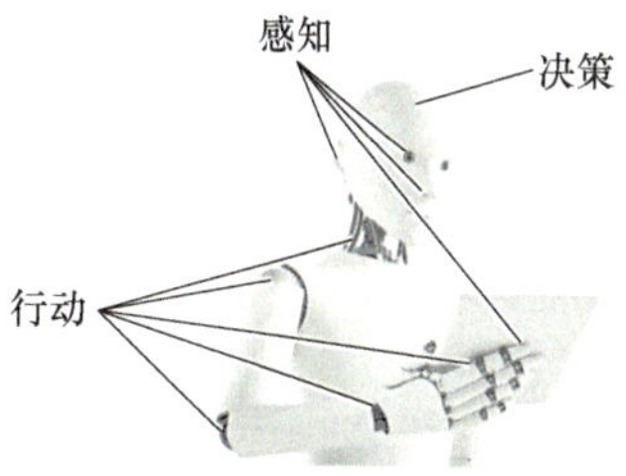

图 1-2　人工智能包含感知、决策和行动三方面的能力

因此，虽然生物如何具有模式识别能力的机理非常值得研究，但那更多是生物学、神经生理学和脑科学的任务。作为人工智能的一个组成部分，模式识别学科研究的主要是如何让机器（主要是指计算机）能够具有模式识别的能力。所以，模式识别从本质上来说，是一门面向工程问题的技术科学，相关算法的研究和实现是最核心的内容。虽然高性能的模式识别方法能够从生物模式识别的原理中得到启发，但机器识别的效率和准确性从普遍意义来说还没有达到生物体的水平。

机器学习是人工智能的另一个分支，研究的是如何让计算机能够自主地从数据中学习到经验和知识，以提升计算机的预测和决策能力。从根本上来说，模式识别和机器学习有不同的目的。虽然二者都属于人工智能技术的组成部分，但是机器学习更强调计算机如何更好地理解外部环境、并与环境进行交互，而模式识别的任务则集中于解决如何使计算机具备识别能力的工程问题。不过随着模式识别技术的发展，越来越多的模式识别方法需要通过机器学习来建立分类决策规则，提升识别能力。所以模式识别和机器学习所使用的算法越来越重叠，作为模式识别核心任务的分类，也变成了机器学习的两大主要任务之一（另一个任务是回归）。

### 1.1.3　模式识别技术的历史发展

模式识别与其他技术一样，也不是突然出现的，而是有其从初级到高级、从实践探索到理论突破的发展过程，已经经过了近百年的时间。

作为使机器具有对外界事物感知能力的一种技术，模式识别的发展历史可以追溯到1929年奥地利发明家古斯塔夫·陶舍克（Gustav Tauschek）发明的光电阅读机（如图1-3所示）。这个装置在一个旋轮上安装了与字母和数字的形状相同的透孔，当一个字符被强光照亮，经过透镜聚焦照射到旋轮上，如果正好与某一个字符的透孔形状吻合，则透过的光最强，旋轮内部的光敏元件就会发出信号，使阅读机识别出所显示的字符。

古斯塔夫·陶舍克
(Gustav Tauschek)

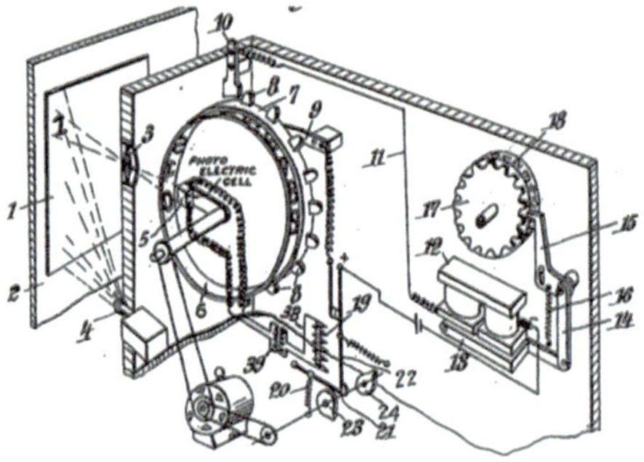


光电阅读机，1929
(Reading Machine)

图1-3　陶舍克的光电阅读机是世界上最早的模式识别装置

注：右侧设计图引用自美国专利文献 U.S. Patent Nr. 2026329。



陶舍克的光电阅读机是人类力图让机器具有识别能力的首次尝试，它采用的方法被称为“模板匹配”，也是第一个被实际应用的模式识别方法。

陶舍克的光电阅读机是一种工程实现，而从理论上对模式识别的研究，则是从英国著名统计学与遗传学家罗纳德·费希尔（Ronald Aylmer Fisher）开始的。他于1936年首次提出了一种完整的基于统计分布和投影变换的数学算法，能够将位于同一个几何空间中的样本点用一个线性函数分离开来（如图1-4所示）。这种称为线性判别的算法首次将模式识别问题数学化，并找到了可行的解，也开创了称为“统计模式识别（Statistical Pattern Recognition）”的算法流派。

随着人工智能在20世纪50年代成为研究热点，通过模拟大脑的神经系统结构和运作机理来实现模式识别功能也成为一个重要的研究方向。其中，最为突出的贡献是美国实验心理学家弗兰克·罗森布拉特（Frank Rosenblatt）提出的感知器（Perceptron）模型。他在1960年用硬件实现了由400个输入信号和8个输出信号构成的模式识别机Mark 1（如图1-5所示），可以将20×20的点阵图像识别为8种不同的图形。罗森布拉特的感知器除了能够实现识别，更重要的是他还提出了相应的机器学习算法，即如何训练一个机器，使它具备某种模式识别的能力。

感知器虽然是以神经元模型为基础，但仍然属于统计模式识别的范畴，就是根据事物特征的取值来进行识别。1974年美籍华裔计算机科学家傅京孙提出的句法模式识别（Syntactic Pattern Recognition），则是首个完整的利用事物特征之间的结构关系来完成模式识别的算法，因此开创了称为“结构模式识别”的另一种思路（如图1-6所示）。傅京孙还聚集了从事模式识别相关算法研究和工程应用的学者，于1976年正式成立了国际模式识别学会（International Association for Pattern Recognition，IAPR），使得模式识别作为一个独立的学科走上了国际学术舞台。

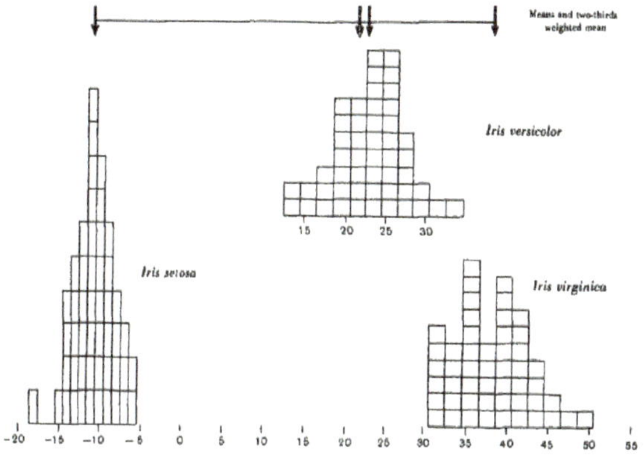


线性判别分析，1936
(Linear discriminant analysis)

罗纳德·费希尔
(Ronald Aylmer Fisher)

图 1-4　费希尔提出的线性判别分析是首个模式识别的数学算法

注：左侧图为费希尔提出的线性判别算法示意图。这张图展示了三种鸢尾花（Iris setosa、Iris versicolor、Iris virginica）的鉴别线性函数的频率直方图，横坐标代表鉴别线性函数的值，纵坐标表示频率，即相应函数值出现的次数，上方的箭头标注了均值（Means）和三分之二加权均值（two-thirds weighted mean）的位置。该图引用自文献：Fisher R A. The use of multiple measurements in taxonomic problems[J]. Annals of Eugenics，1936，7：179–188. Doi：https://doi.org/10.1111/j.1469-1809.1936.tb02137.x

弗兰克·罗森布拉特
(Frank Rosenblatt)

基于感知器的模式识别机，1960
(Perceptron Mark 1)

图 1-5　罗森布拉特提出的感知器模型具备学习能力

注：右侧图为罗森布拉特设计的感知机（Mark I 型）照片，引用自美国国家历史博物馆网站 https://americanhistory.si.edu/collections/object/nmah_334414

1969 年以后，因为以感知器为代表的线性分类器不能解决非线性分类问题，所以整个基于神经元模型的统计模式识别算法陷入低潮，直到 1986 年美国认知神经学家大卫 • 鲁姆哈特（David Rumelhart）等人提出误差反向传播的多层次神经网络 BP 模型后（如图 1-7 所示），模式识别才迎来了另一个发展的高潮。

但是，BP 算法能够处理的神经网络不能太复杂，其模型本身又是高度非线性的，因此在可解释性和工程应用效果方面都受到很大的局限。而 1995 年由苏联统计学与数学家弗拉基米尔 • 瓦普尼克（Vladimir Vapnik）等人提出的支持向量机（Support Vector

Machine，SVM），如图 1-8 所示，作为一种理论基础严密、优化目标明确、扩展能力强大的模式识别算法，取得了极大的成功。

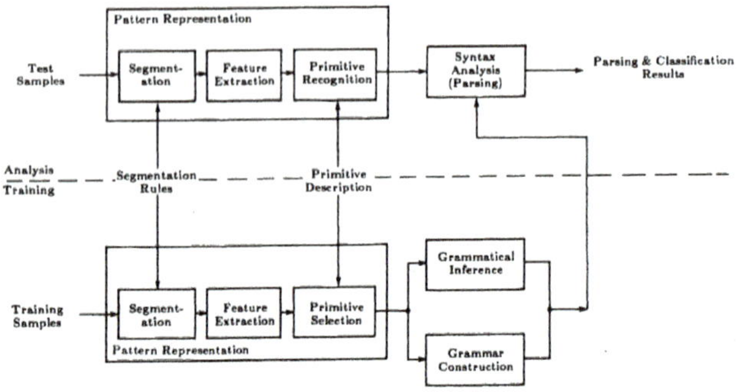


句法模式识别，1974
(Syntactic Pattern Recognition)

傅京孙
(King-Sun Fu)

图 1-6　傅京孙提出的句法模式识别

注：左侧图为句法模式识别系统示意图，展示了从样本输入到模式分类的整个过程，主要分为虚线以下的训练（Training）和虚线以上的分析、测试（Analysis，Test）两个部分，分别以各自的样本（Samples）作为输入，经过模式表示（Pattern Representation，包含"Segmentation"分割、"Feature Extraction"特征提取和"Primitive Recognition"基元识别 / "Primitive Selection"基元选择）、句法（Syntax）和语法（Grammar）的分析处理，输出解析和分类结果（Parsing & Classification Results）。该图引用自文献：Hsi-Ho Liu，King-Sun Fu. An application of syntactic pattern recognition to seismic discrimination[J]. IEEE Transactions on Geoscience and Remote Sensing，1983，GE-21（2）：125-132. Doi：https://doi.org/10.1109/TGRS.1983.350480

大卫·鲁姆哈特
(David Rumelhart)

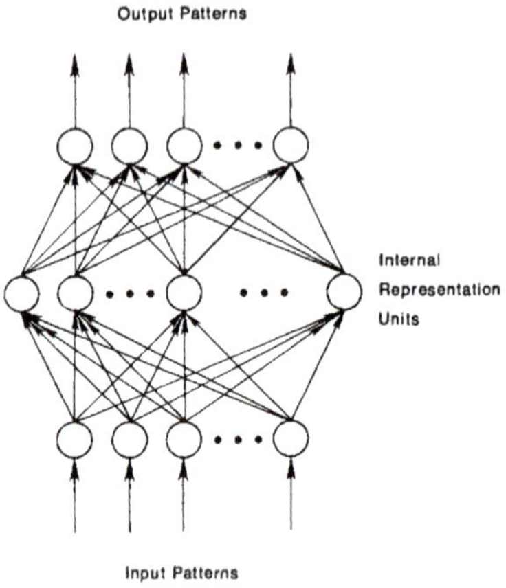


BP神经网络，1986
(Back Propagation Neural Network)

图 1-7　BP 神经网络算法的提出

注：右侧图为鲁姆哈特等人提出的 BP 神经网络结构示意图，主要包含输入模式（Input Patterns）、内部表示单元（Internal Representation Units）和输出模式（Output Patterns）几个部分，箭头表示信息的传递方向，每个连接都代表着一个权重。该图引用自文献：Rumelhart D E . Chapter 8：learning internal representations by error propagation[M]//Rumelhart D E，McClelland J L，et al. Parallel distributed processing explorations in the microstructures of cognition：Foundations. Boston：MIT Press，1987，318-362. Doi：https://doi.org/10.7551/mitpress/5236.003.0012

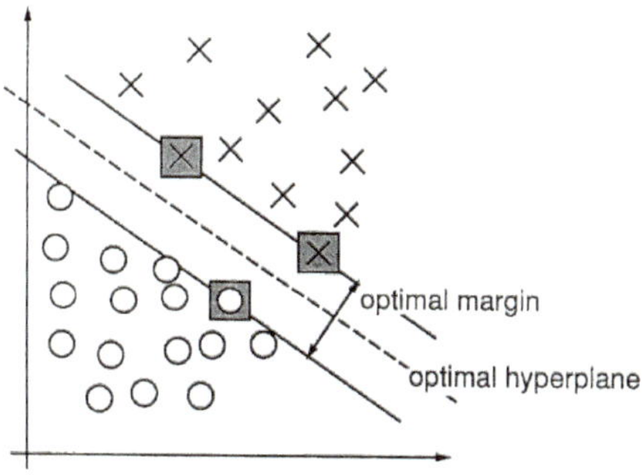


支持向量机SVM，1995
(Support Vector Machine)

弗拉基米尔·瓦普尼克
(Vladimir Vapnik)

图 1-8　瓦普尼克提出的支持向量机

注：左侧图为瓦普尼克等人提出的支持向量机原理示意图，展示了在二维空间中对两类数据进行分类的情况，图中圆圈代表一类数据，叉代表另一类数据，并给出了最优超平面（optimal hyperplane）和最优间隔（optimal margin）的示意。该图引用自文献：Cortes C，Vapnik V . Support-vector networks [J]. Machine Learning，1995，20（3）：273-297. Doi：https://doi.org/10.1023/A：1022627411411

虽然与支持向量机同属统计模式识别算法，但神经网络模型由于面临性能提升和计算量巨大的压力，此后一直发展缓慢。直到计算机技术、网络技术的快速发展，在算力和数据量上做好了准备，神经网络训练算法又在 2006 年由杰弗里 • 辛顿（Geoffrey Hinton）等人取得了突破性进展，结构复杂的大规模神经网络才得以实现，并以深度学习技术为核心引领着当今人工智能发展的新一轮浪潮（如图 1-9 所示）。

杰弗里·辛顿
(Geoffrey Hinton)

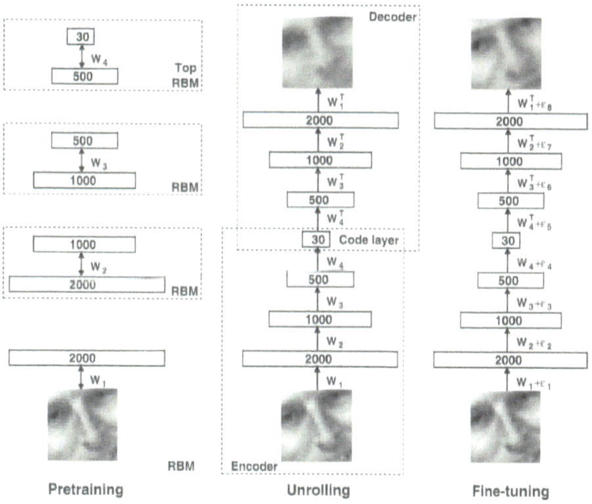


深度学习，2006
(Deep Learning)

图 1-9　辛顿提出了称为“深度学习”的大规模神经网络训练算法

注：右侧图为辛顿等人提出的深度神经网络的原理示意图，其中预训练（Pretraining）过程由多个受限玻尔兹曼机（RBM）堆叠组成；展开（Unrolling）阶段由编码器（Encoder）将输入数据通过多层变换压缩到一个低维的编码层（Code layer），解码器（Decoder）再将编码层的数据重构回原始数据维度；微调（Fine-tuning）阶段，通过添加小的扰动，对网络进行优化。该图引用自文献：Hinton G E，Salakhutdinov R R . Reducing the dimensionality of data with neural networks[J]. Science，2006，313：504-507. Doi：https://doi.org/10.1126/science.1127647

## 1.2 模式识别的基本概念

### 1.2.1 样本、模式和类

（1）样本（Sample） 样本是待识别的客观事物。例如：具体的人、一个水果、一种心电图都是样本。

（2）模式（Pattern） 模式是从客观事物抽象出的规范化的关键特征，在有限维条件下可以描述和表达样本，是模式识别的对象，一般用事物的各种属性来表示。例如，一个人的姓名、性别、年龄、身高、体重等构成一个模式。

（3）类（Class） 类是具有某种相似性的模式的集合，表达一个抽象的概念。模式识别就是将样本对应的模式归入到类中的过程。例如，男性、女性就是两个类；偏瘦、标准、偏胖、很胖也是不同的类。对同样的一组模式，可以按照不同的标准划分类。

（4）分类器（Classifier） 实现模式识别任务就是设计一个分类器，能够实现对模式的分类。分类器设计首先要确定分类决策规则的框架，也就是分类器模型或模式识别算法，然后确定需要从样本中抽取哪些特征来用于分类。分类器的分类决策规则及其参数可以人为设定，但是在绝大多数情况下都需要让分类器自己去学习到最优的参数（这也称为分类器的训练），才能适应样本和数据的具体情况，高质量地完成模式识别任务。

### 1.2.2 特征、特征空间和特征向量



（1）特征（Feature） 特征是从所有模式信息中选取出来的，可以用于模式识别的部分属性。特征既可以是数值型的，也可以是非数值型的。例如，年龄、体重就是数值型特征，美、丑或者拓扑结构就是非数值型特征。在模式识别系统中，非数值型特征也需要用数据编码来表示，只是数据之间没有数值关系。

特征既可以直接采用事物的属性，也可以由事物属性经计算处理得到。例如，根据世界卫生组织（WHO）公布的 BMI 标准，判别胖瘦的计算公式为：BMI= 体重（单位为 kg）/ 身高（单位为 m）的二次方。

（2）特征空间（Feature Space） 把每个特征作为一个维度，就可以构成一个多维的特征空间，每个模式都是特征空间中的一个点。样本之间的相似程度，可以用这些特征空间的点之间的相似程度来计算。属于同一类事物的样本，拥有某些共同的特征，因此它们之间的相似程度会大于不同类别事物之间的相似程度。

如果特征都是数值型特征，则特征空间是一个向量空间。此时，样本与样本之间的相似程度，就可以用向量空间中定义的某种“距离”来度量。而每一类样本的聚集区域，则表现为向量空间中点的统计分布，统计模式识别就是在这一基础上展开的。

如果特征是非数值型特征，特征空间是一个集合空间。此时样本间的相似程度需要用其他方式来进行定义。如果抽取的特征是样本某些方面的结构特征，显然样本与样本之间的相似性会表现为结构关系或拓扑关系上的相似性，这就不能用距离来加以表达了。

特征空间中的一个子空间或者一个区域，就代表了具有相似性的一个模式类。例如在我国的参考标准中，BMI 值 <18.5 为偏瘦，BMI 值在 18.5 ～ 23.9 为正常，BMI 值在

24 ～ 26.9 为偏胖，BMI 值≥27 为肥胖。

（3）特征向量（Feature Vector）　特征空间中的一个点代表一个模式，其各个特征值构成了一个特征向量。

### 1.2.3　相似度、紧致性和维数灾难

模式识别的依据是模式之间的相似性，把相似程度高的模式划归为同一类，这就涉及如何定义和定量计算“相似度”的问题。

两个模式 $\boldsymbol{x}_i$ 和 $\boldsymbol{x}_j$ 之间相似度的度量标准应当满足以下几个要求：

1）相似度应当为非负值。

2）一个模式与自身的相似度应当是最大的。

3）相似度计算对两个模式是对称的。

如果模式的特征是数值型特征，所有模式都是多维向量空间中的点，此时最明显的相似度度量标准就是点与点之间的距离。

距离的定义多种多样，但都需要满足以下特性：

1）正定性　$\begin{cases} d_{ij}(\boldsymbol{x}_i,\boldsymbol{x}_j)>0, \text{当} x_i \neq x_j \\ d_{ij}(\boldsymbol{x}_i,\boldsymbol{x}_j)=0, \text{当} x_i = x_j \end{cases}$

2）对称性　$d_{ij}(\boldsymbol{x}_i,\boldsymbol{x}_j)=d_{ij}(\boldsymbol{x}_j,\boldsymbol{x}_i)$

3）传递性　$d_{ij}(\boldsymbol{x}_i,\boldsymbol{x}_j)\leqslant d_{ik}(\boldsymbol{x}_i,\boldsymbol{x}_k)+d_{jk}(\boldsymbol{x}_j,\boldsymbol{x}_k)$

常用的距离度量（特征维数为 $n$）有：

1）欧几里得距离　$d_{ij}=\sqrt{\sum_{k=1}^{n}(x_{ik}-x_{jk})^2}$

2）闵可夫斯基距离　$d_{ij}(q)=\left(\sum_{k=1}^{n}\left|x_{ik}-x_{jk}\right|^q\right)^{\frac{1}{q}}$

3）曼哈顿距离　$d_{ij}=\sum_{k=1}^{n}\left|x_{ik}-x_{jk}\right|$

4）切比雪夫距离　$d_{ij}(\infty)=\max_{1\leqslant k\leqslant n}\left|x_{ik}-x_{jk}\right|$

对于具有某些非数值型特征的模式，也可以定义距离来度量相似度。例如对两个不同的字符串表示的模式，可以定义编辑距离，即从一个字符串转换成另一个字符串所需的最少的单字符编辑操作次数，允许的单字符编辑操作包括替换、插入和删除。

除了距离外，还有一些非距离的相似度度量标准。例如：

1）余弦相似度——两个向量之间的夹角，$\cos\theta=\dfrac{\boldsymbol{x}_i^{\mathrm{T}}\boldsymbol{x}_j}{\|\boldsymbol{x}_i\|\bullet\|\boldsymbol{x}_j\|}$

2）相关系数相似度——例如皮尔逊相关系数，$p_{x_i,x_j}=\dfrac{\mathrm{Cov}(\boldsymbol{x}_i,\boldsymbol{x}_j)}{\delta\boldsymbol{x}_i\delta\boldsymbol{x}_j}$

3）布尔值度量的相似度——例如 Jaccard 相似系数，$\mathrm{Jaccard}(X,Y)=\dfrac{X\cap Y}{X\cup Y}$

定义了相似度后，就可以引出一个重要的准则——紧致性准则了。

所谓紧致性准则，即要求样本集中属于同一个类的样本间的相似度，应当远大于属于不同类的样本间的相似度。这既可以用以评判用于训练的样本集的质量，也可以用于评价分类器分类结果的优劣。因为如果同类样本之间的相似度越大、不同类样本之间的相似度越小，分类决策规则的裕量也就越大，无论是在分类器学习还是在分类器用于对具体样本进行分类时，发生错误的可能性也就越小。

紧致性是模式识别中的一个基本要求，但在某些模式识别任务中，有时很难满足紧致性的要求。例如在使用 BMI 标准对人的胖瘦进行分类时，类别之间紧密相连，紧致性很差。此时可通过增加特征空间的维数，或进行空间映射变换来增强该问题模式类的紧致性。如果能将问题映射到高维空间，可能改善紧致性状况，更有利于分类器学习和分类决策。特征的维度越多，用于识别的信息就越丰富，就有越多的细节信息可以将不同的样本之间的相似度降低，提高样本集的紧致性。

但是，特征的维度可以无限制地增加吗？事实上，不需要无限制地增加，只要不断地增加模式识别问题中的特征维数，很快就会遇到一个巨大的问题，称为维数灾难（Curse of Dimensionality）

维数灾难最早是由贝尔曼在研究动态规划时发现并命名的，它指当描述一个问题的维度不断增加时，会带来计算量剧增与解法性能下降等严重问题。在模式识别问题中，维数灾难指随着特征维度的增加，分类器的性能将在一段快速增加的区域后急速地下降，并且最终无法使用（如图 1-10 所示）。



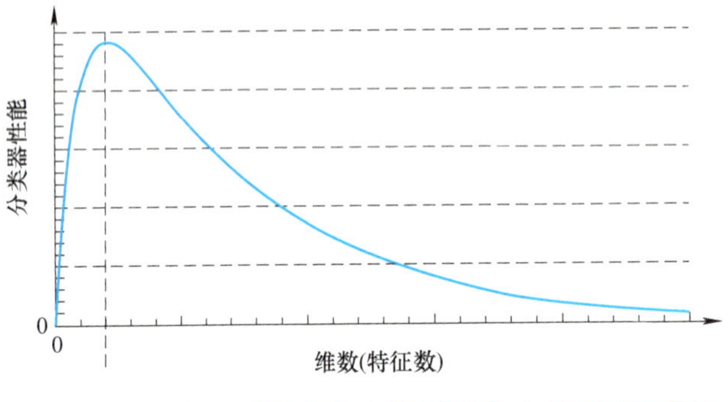


图 1-10　维数灾难的原因是样本集稀疏化

导致维数灾难的根本原因，在于训练集样本的数量不足。当特征空间维度增加时，以同样密度能够容纳的样本总数呈指数增长，而如果给定样本集中的样本数量没有同步按照指数规律增加，那么问题越往高维特征空间映射，样本集中的样本就越稀疏，从而使得样本集的紧致性越来越差，因此分类器的性能也就越来越差。

要解决维数灾难的问题，需要同步大量增加样本的数量，但这无论是在样本采集还是在分类器训练和使用时的计算量上，都将带来难以承受的代价。比较理想的做法是尽可能地减少问题所使用的特征维度，同时尽可能地提升每一个维度在分类中的效能，从而使模式识别问题能够在较低维度下得到更好的解决。因此，特征生成和特征降维是模式识别技术中重点研究的一个问题，其结果将直接影响到分类器性能的好坏。

### 1.2.4 有监督学习和无监督学习

在确定了分类器模型和样本特征的前提下，分类器通过某些算法找到自身最优参数的过程，称为分类器的训练，也常从人工智能第一人称的角度称为分类器的“学习”。

基础学习方式包括有监督学习和无监督学习，以及混合这两种模式的半监督学习和自监督学习。

#### 1. 有监督学习

如果对于每一个类别都给定一些样本，形成一个具有类别标签的训练样本集，则分类器可以通过分析每一个样本及其标注的类别，去寻找属于同一类的样本具有哪些共同特征，也就是从训练集中学习到具体的分类决策规则，这称为有监督学习。

显然，分类器通过有监督学习模式学习到的每个类别的共同特征，就是关于某个类别对应概念的知识，学习过程就是认知的过程。而有监督学习中使用的样本集中每个样本的类别标签是由人来给定的，有监督学习事实上是从人的经验中学习分类知识。因此，通过有监督学习的人工智能，它的智能水平的上限是人脑在相应问题上的能力。

#### 2. 无监督学习

如果给定一个训练样本集，即使没有类别标签，但是属于同一个类别的样本之间的相似程度，会大于属于不同类别的样本之间的相似程度，或者说，每个类别的样本都在特征空间中有自己独特的分布区域。那么根据样本间相似程度的大小，可以按照某种规则，把相似程度高的样本作为同一类，从而将训练样本集的所有样本划分成不同的类别，再从每一个类别的样本中去寻找共同的特征，形成分类决策规则。这样的方法同样可以完成分类器学习的任务。这种使用没有类别标签的训练集进行分类器学习的方式，称为无监督学习。

显然，无监督学习的过程，分类器不是在向人类已有的经验和能力来学习，而是自主地从数据集蕴含的自然规律中学习关于类别划分的知识。因此，采用无监督学习的分类器，能够达到更高的智能水平，也是未来模式识别技术发展的主要方向。

#### 3. 半监督学习

在某些模式识别任务中，由于成本或其他原因，没有完全标注好的训练集，分类器需要利用大量未标注数据和少量已标注数据来共同完成训练，称为半监督学习。

在半监督学习中，通常分类器先从未标注数据中去学习整个样本集的数据分布规律，建立对样本和模式识别任务的基本认知，然后再使用少量已标注数据对分类器进行微调，使其能够在已经获得的数据分布特性基础上，面向不同的类别完成分类决策。

半监督学习既能充分发挥无监督学习的优势，从数据中去发现规律，又能够利用有监督学习的特点实现分类决策功能，通常能够获得较好的性能。

#### 4. 自监督学习

自监督学习也是使用没有经过标注的数据集来进行训练，但是它与无监督学习有所区别。在自监督学习中，分类器首先对未标注的数据进行处理，为每个样本自主进行类别标注，然后再基于有监督学习的算法完成学习任务。

很显然，自监督学习所使用的数据标注不是人工给定的，而是来自于数据内在的结构和模式，通过挖掘到高质量的数据表示来体现数据集本身的特性，因此通常具有较强的泛化能力。但是自监督学习有可能只能建立相关性的概率模型，不能保证发现数据相关性背后所蕴含的真实机理。自监督学习常用的方法包括预测编码、对比学习、联合学习、预训练大模型等。

### 1.2.5 泛化能力与过拟合

一个分类器要经过训练才能具备有效的模式识别能力。如果采用有监督学习，那么会给定一个具有类别标签的样本集，希望分类器能够从中学习到每一类样本所具有的共同特征，从而形成一个有效的分类决策规则。

由于模式识别的依据是相似性，所以其本质上是一个存在不确定性和错误率的过程，识别结果只能在一定的概率和置信度上表达事物所属的真实类别。在一个分类器训练的阶段，认知来源于训练样本集。因此，首要考虑的是对于训练集内的样本，分类器分类的错误率应该尽可能低（称为经验风险低）。

但是，分类器不仅是用于对训练样本集中的样本进行分类的。训练分类器，期望的是分类器能够从训练样本集中发现所要分类的各个类别的共同特征，即找到一个最优的分类器，使得它经过训练后不仅能将训练集中的样本正确分类，而且对于不在训练集中的新样本也能够正确地分类。这种训练好的分类器对未知新样本正确分类的能力，称为“泛化能力（Generalization Ability）”。



对于一个优质的分类器，当然希望经验风险小，同时泛化能力强。但是在实践中，由于训练集样本数据具有随机性，这两个要求有时是矛盾的。例如在图 1-11 的两类分类问题中，如果训练样本集中某个样本的特征由于模式采集方法或噪声干扰出现了较大的随机误差，按照这种存在误差的样本训练得到的分类器，有可能得到了一个错误的分类决策规则，对未知新样本正确分类的能力大幅度下降，这称为出现了过拟合（Over Fitting）。

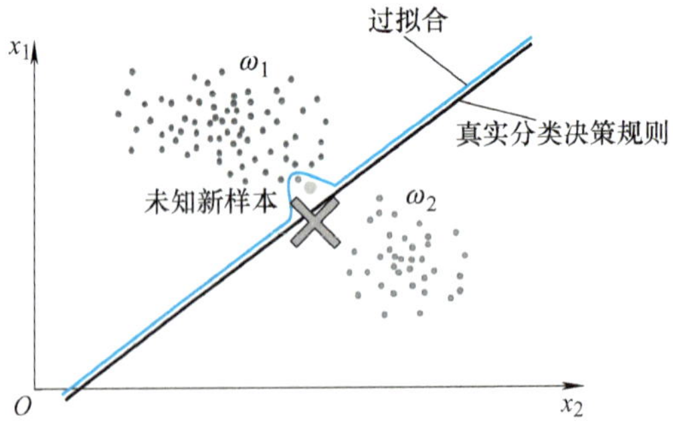


图 1-11　分类器的泛化能力与过拟合

模式识别中分类器训练的目标，就是希望提升分类器的泛化能力，同时避免出现过拟合。

## 1.3　模式识别工程

### 1.3.1　模式识别系统的组成

虽然模式识别的核心是分类器训练和分类的算法，但是如果要在工程上使一台计算机或者一个机器人具备模式识别的能力，就不能仅完成算法编程的工作，而是需要构造一个完整的模式识别系统（如图 1-12 所示），按照流程来完成模式识别任务。

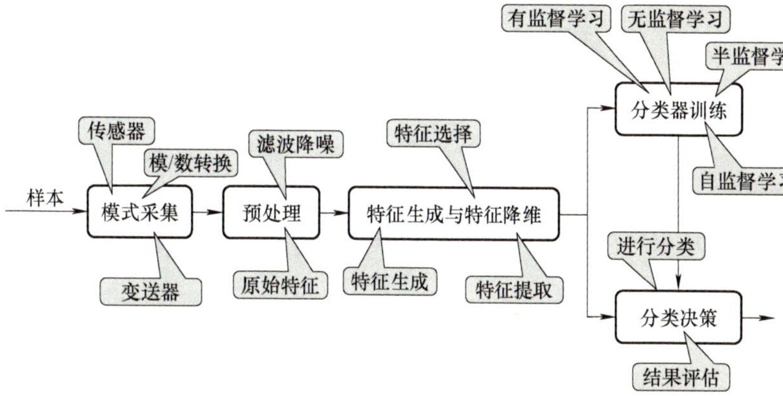


图 1-12　模式识别系统的组成及各部分的任务

在这个系统中，待识别的样本经过模式采集，取得相应的信息数据。这些数据经过预处理环节，生成可以表征模式的特征。特征降维环节从这些特征中选取对分类最有效的特征。在分类器训练环节得到最优的分类器参数，建立相应的分类决策规则，也可以说是设计出一个有效的分类器。最后在分类器已设计好的情况下，对待识别的单个样本进行分类决策，输出分类结果。

需要注意的是：整个模式识别系统的各个环节都应当由计算机自己完成，而无需人工干预。分类决策规则是从样本中自动计算获取的，而不是由人工设定的。设计一个模式识别系统，只是设计分类器的模型、所使用的特征和分类器参数的调整算法。

#### 1. 模式采集

模式识别研究的是如何使计算机具备识别能力，因此事物所包含的对分类有用的各种信息必须通过模式采集转换成计算机所能接收和处理的数据。对于各种物理量，可以通过传感器将其转换成电信号，再由信号变换部件对信号的形式、量程等进行变换，最后经 A/D 采样转换成对应的数据值。

#### 2. 预处理

经过模式采集获得的数据是待识别样本的原始信息，其中可能包含大量的干扰和无用数据。预处理环节通过各种滤波降噪措施，降低干扰的影响，增强有用的信息，在此基础上，得到能够用于模式识别任务的原始特征。

预处理生成的特征可以仍然用数值来表示，也可以用拓扑关系、逻辑结构等其他形式来表示，分别用于不同的模式识别方法。

### 3. 特征生成与特征降维

特征生成与特征降维统称为特征工程。

首先，需要从原始特征生成在分类上具有意义的特征。特征生成的方法和思路与待解决的模式识别问题以及所采用的模式识别方法密切相关。例如，对图像数据，如果要识别的是场景的类型，颜色和纹理特征就很有用；如果要识别出包含的人脸是谁，那么人脸轮廓和关键点特征就很重要。

通常情况下，特征生成得到的特征数量仍然是很大的，这给分类器的设计和分类决策都带来了效率和准确率两方面的负面影响。因此，从大量的特征中选取出对分类最有效的有限的特征，降低模式识别过程的计算复杂度，提高分类准确性，是特征降维环节的主要任务。

特征降维的方法主要包括特征选择（Feature Selection）和特征提取（Feature Extraction）。特征选择是从已有的特征中，选择一些，抛弃掉其他；特征提取是对原始的高维特征进行映射变换，生成一组维数更少的特征。两种方法虽然不同，但目的都是降低特征的维度，提高所选取的特征对分类的有效性。

### 4. 分类器训练

分类器训练过程就是分类器学习的过程。分类器训练是由计算机根据样本的情况自动进行的，可采用有监督学习、无监督学习、半监督学习或自监督学习。

有监督学习是指用于分类器学习的样本已经分好了类，具有类别标签，分类器知道哪些样本是属于哪些类的，由此它可以学习到属于某类的样本都具有哪些共同的特征，从而建立起分类决策规则。



无监督学习是指用于分类器学习的样本集没有分好类，分类器自主地根据样本与样本之间的相似程度来将样本集划分成不同的类别，在此基础上建立分类决策规则。

半监督学习是指用大量无类别标签的样本和少量有类别标签的样本共同完成分类决策规则的构建。自监督学习则是由分类器自动为样本赋予类别标签，再建立分类决策规则。

### 5. 分类决策

分类决策是对待分类的样本按照已建立起来的分类决策规则进行分类，同时分类的结果要进行评估，以进行分类器性能的持续改进。

## 1.3.2 模式识别的算法体系

模式识别技术从 1929 年发端，至今已有近 100 年的历史。在漫长的发展过程中，随着计算机技术、神经科学、统计学、语言学等学科的发展，以及工程实践中不断地研究总结，形成了分支庞杂、丰富多样的算法体系（如图 1-13 所示）。这些算法虽然出发点有所不同，理论基础和算法思路也各有特色，但都可归入统计模式识别和结构模式识别两大类别。

统计模式识别是主流的模式识别方法，它是将样本转换成多维特征空间中的点，再根据样本的特征取值情况和样本集的特征值分布情况确定分类决策规则。线性分类器是最基本的统计分类器，它通过寻找到线性分类决策边界来实现特征空间中的类别划分。贝叶斯分类器也是统计分类器，它的分类决策规则是基于不同类样本在特征空间中的概率分布，以逆概率推理的贝叶斯公式来得到类别划分的决策结果。最近邻分类器则把学习过程隐藏到了分类决策过程中，通过寻找训练集中与待分类样本最相似的子集来实现分类决策。神经网络分类器来源于对生物神经网络系统的模拟，它的本质是高度非线性的统计分类器。随着计算机技术的发展，神经网络也从浅层网络向深度学习不断演化，目前已成为新一轮人工智能热潮的基础。聚类分析是无监督学习的典型代表，目前多采用统计学习方法。

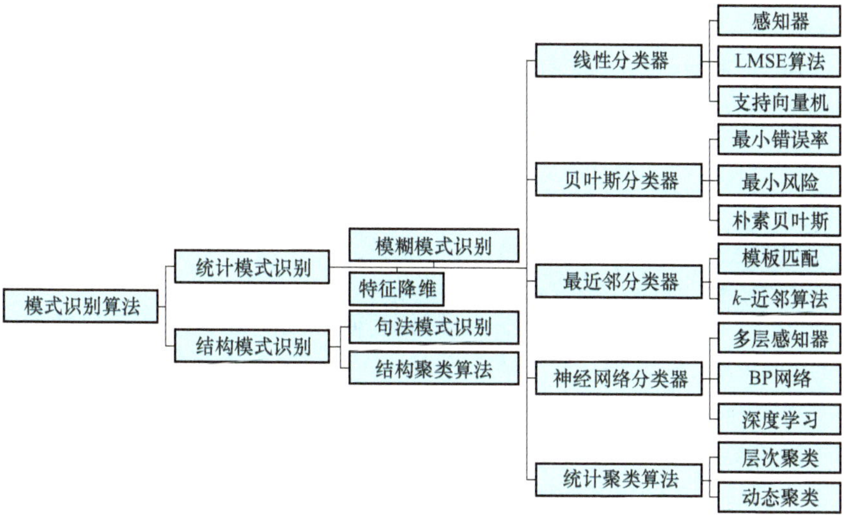


图 1-13　模式识别的算法体系



统计模式识别基于概率统计理论和多维空间理论，它有坚实的数学基础，分类器学习算法也比较成熟，适用面很广。其缺点是算法较复杂，对于各类别差异为结构特征的情况不能很好地求解。

模糊模式识别不是一套独立的方法，而是将模糊数学引入模式识别技术后，对现有各种算法的模糊化改造。它在更精确地描述问题和更有效地得出模式识别结果方面都提供了许多有价值的思路。

特征降维也不是独立的模式识别算法，却是完成模式识别任务的流程中不可缺少的一个步骤。特征降维通过寻找数量更少，对分类更有效的特征来提升整个模式识别系统的性能。

结构模式识别与统计模式识别有根本性的不同，它抽取的不是一系列数值型的特征，而是将样本结构上的某些特点作为类别共同的特征，通过结构上的相似性来完成分类任务。句法模式识别利用了形式语言理论中的语法规则，将样本的结构特征转化为句法类型的判定，从而完成模式识别任务。聚类分析中，也可以采用结构特征上的相似性来完成样本类别的划分。

### 1.3.3　模式识别的典型应用

随着计算机技术的快速发展和对于智能系统的强劲需求，模式识别技术在二战以后得到了越来越广泛的应用。目前，只要是需要机器具有感知能力和一定的智能响应能力的地方，就可以找到模式识别的应用案例。以下是一些领域中比较典型的模式识别应用。

（1）信息过滤　在网络搜索和访问的过程中，需要根据信息的内容来确定是否过滤，这已经不是简单的关键字检索能够实现的，必须根据信息的总体内容、出处和上下文关系来确定是否过滤，模式识别技术可以在其中发挥巨大的作用。最早的信息过滤算法是基于文本的，现在已经发展到基于多媒体信息，包括图像、视频、声音等。

（2）生物特征识别　利用生物特征来识别人的身份，现在已经从科幻影片中的场景变成了现实。目前生物特征识别技术已从比较成熟的指纹识别、说话人识别、虹膜识别发展到了更加复杂的人脸识别、手印识别、步态识别等。

（3）目标检测与跟踪　目标检测与跟踪也是模式识别的典型应用，大的方面可以应用到导弹制导、自动驾驶等领域，小的方面可以应用到智能监控、相机笑脸识别、眼动控制等领域。

（4）手势识别　手势识别是近年来在人机交互领域的重要进展，通过识别人手的姿势和运动来完成对计算机系统的非接触控制，手势的检测可以依据红外检测、运动和姿态传感器、可见光视频和其他传感器实现。

（5）音乐识别　音乐识别包括音乐分类和旋律识别。音乐分类是根据音乐的特征将其划入到不同的类别中；旋律识别（Melody Recognizing）是指根据旋律，而不是根据关键字来搜索音乐，是目前音乐检索的最新发展。目前可以提供服务的包括在线哼唱检索，以及在卡拉 OK 点歌系统和手机应用中的歌曲检索。

（6）字符识别　字符识别是最早发展的模式识别应用之一，它可分为联机识别和脱机识别，还可以分为手写体识别和印刷体识别。目前联机手写体识别（掌上设备的手写输入）、脱机印刷体识别（OCR）等都发展到了相当实用的水平，脱机手写体识别相对比较困难。



（7）图像及视频搜索　通过图像及视频的内容来进行检索，而不是根据关键字检索，也是模式识别在图像处理方面的典型应用。由于图像本身的质量差异较大，变化较多，目前该领域还处于研究发展阶段。

（8）自然语言理解　自然语言理解是自然语言处理（NLP）的核心任务，一直是人工智能领域的研究重点，其研究内容既包括文字的理解，也包括口头对话的理解。目前在大规模预训练模型的支撑下，这方面有相当大的进展，已逐步进入实用阶段。

（9）脑电识别　对于脑电信号的识别，是一项非常前沿的研究工作。它不仅可以用于“读脑”，获知人的思维活动，而且可以用于“脑电控制”，帮助残疾人或者特殊人员（例如战斗机的驾驶员）控制各种设备完成预定任务。

（10）环境识别　环境识别是对周边环境类型和状态的识别技术，在无人驾驶汽车、自主外星探测器等系统中十分重要。

## 1.4　模式识别算法实例

模式识别是典型的工程技术学科。虽然需要学习各种模式识别原理和算法，但最重要的是能够运用这些算法分析解决具体的工程问题。因此，本书将在全面介绍模式识别基础知识的同时，通过算法实例来帮助读者提升应用实践能力。

对于模式识别问题实例，在每一章节都将介绍用不同算法进行编程来实现分类器的具体方法，并比较分析不同算法的思路和运行结果。

为有利于读者更深入地理解算法原理，书中没有详细介绍各种算法实现的所有编码细节，而是主要分析算法运用的条件、思路和关键点，期待读者能跟随算法理论的学习进度，自行编写或参考书中给出的代码来编写完成算法实现，并自主调试运行，通过实践操作提升对算法的理解深度，掌握应用实践的方法。

**实例：手写数字识别**

视觉是生物最重要的感官，因为其信息量大、动态特性明显，还很适合大规模并行处理。因此，基于视觉的识别问题也在模式识别领域占有很大的比重，手写数字识别就是一个典型的基于视觉的模式识别工程问题。

手写数字在日常生活中并不少见，信封上填写的邮政编码，表格中的日期、编号、电话号码，支票上的账号和付款金额都是。如果能够使用计算机自动识别出手写的数字并将其转化为标准的数字代码，将为许多业务的自动处理奠定基础。数字虽然只有 10 个，但每个人手写的样式千差万别，所用笔的颜色、粗细、软硬等也各不相同，还有书写位置、朝向、背景的种种干扰，使得手写数字的识别并不容易。

作为一个模式识别问题，手写数字识别是一个典型的多分类问题，输入一个样本，输出识别结果。样本的类别数为 10 类，分别代表 0 ～ 9 这 10 个数字，

分类器的输入是一张包含单个数字的图片，输出为 1 个 10 维向量，有且只有 1 维为 1，其他维为 0，表示输入样本将会被唯一地分类到一个类别中，也就是被唯一地识别为某一个数字。



要解决这样一个模式识别问题，需要构建一个完整的系统，按照流程来完成识别任务（如图 1-14 所示）。

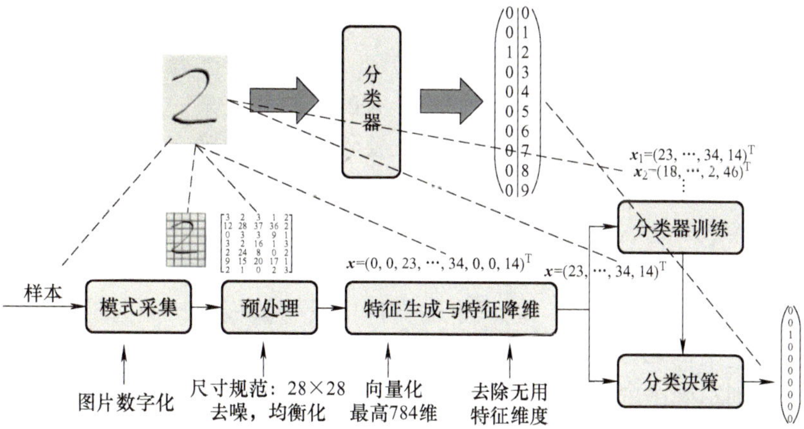


图 1-14　手写数字识别的流程

输入的样本是含有一个手写数字的图片，模式采集是将它数字化，成为一个二维的像素矩阵，每个像素都有其颜色或灰度值。

预处理首先会对样本对应的数字化二维图片进行缩放，统一到一个规定的尺寸，使得像素矩阵的维数固定，在这一实例中使用 28×28 像素的图片尺寸。然后会通过算法对

图片进行去噪、均衡化等预处理，使得图片中有关手写数字的信息更加突出。在特征生成环节，可以从图片中提取轮廓、颜色分布、关键点等特征，也可以直接将二维矩阵展开为1维向量作为特征，所以特征的维度最高为784维。

特征降维主要是去除无用特征维度，选取有用特征维度。对手写数字识别这一问题，因为维度整体不高（最高784维），所以在某些算法里可以不经过特征降维，直接进行后续的分类器训练和分类决策，有的算法会进行简单的降维，去除对类别区分没有价值的维度。

分类器训练需要训练集。本书会采用多种数据集，既包括著名的公开手写数字数据集MNIST，也包括自建的一个手写数字数据集。当然，由于MNIST的数据量巨大，并且已经成为事实上手写数字识别问题的标准数据集，所以后续的算法案例参考代码会以MNIST作为主要的训练集和测试集，而将自建的数据集作为补充测试集和分类器泛化能力的测试集。

最后要说明的是，本书所有参考代码，都以我国企业拥有自主知识产权的新一代科学计算与系统建模仿真平台MWorks为基础，采用最新的开源编程语言Julia编写，为后续开发安全、可控的模式识别仿真验证和工业应用系统奠定了良好的基础。

## 算法案例

模板匹配是历史最为悠久的模式识别方法，甚至在计算机出现之前就已经开始使用了。最早的模式识别装置——1929年陶舍克（Tauschek）发明的光电阅读机——就是采用的模板匹配方法。



模板匹配的基本原理是：为每个类别建立一个或多个标准模板，分类决策时将待识别的样本与每个类别的模板进行比对，根据与模板的匹配程度将样本划分到最相似的类别中。

模板匹配算法直接、简单，在类别特征稳定、明显，类间差距大的时候可以取得满意的效果。但是在建立模板的时候它需要依赖于人的经验和观察，适应能力会比较差。

如果要采用模板匹配实现数字识别，首先要给每个类别确定一个模板，然后根据待识别样本与模板之间的相似度大小，将其划分到最相似的模板所对应的类别中。

数字识别的输入是包含数字的图片，经过模式采集、预处理和特征生成后，得到的是一个784维的特征向量，每一个维度上是该样本对应像素的颜色或灰度值。因此，模板也应当以这样的784维向量来设定。而样本的特征向量与模板的特征向量之间的相似度，可以用欧几里得距离来计算。

例如，要识别车牌中的数字，就可以用标准的车牌数字样式作为模板，匹配的效果应该不错。但是对于手写数字识别，因为很难找到一个标准的模板，即使是同一个数字，它的图片也会有很大的差别，此时模板匹配的效果会如何呢？

本章算法案例使用两个数据集：

1）车牌数字：书写规范，易于程序识别。

2）手写数字：书写不规范，同一个人每次书写都会有差别，程序识别困难。

在采用模板匹配对车牌和手写数字进行识别的程序中，clear()清除程序运行时占用的临时内存，clc 清除命令窗口的历史输入。

核心算法由两个嵌套的 for 循环构成，内层 for 循环实现对 0 ～ 9 这 10 个数字模板的读取和比较，外层 for 循环实现对 0 ～ 9 这 10 个测试样本分别进行测试。

在衡量待测样本与模板之间的匹配度时采用了 norm () 函数计算欧几里得距离，也可以选用其他的相似度衡量指标。

在参考代码的演示运行结果中可以发现，对于车牌数字识别，10 个待测样本有 4 个是错误的：0 识别为 8；2 识别为 7；4 识别为 1；6 识别为 8。说明模板匹配算法对这种书写规范的简单数字识别问题也不能取得满意的效果。对于手写数字识别，10 个待测样本只有 3 个是正确的，1、5、7 识别正确，但 0、3、4、6、8、9 都识别为 1，2 识别为 0。之所以会产生这样的结果，关键在于所选择的模板不能适应各种手写体的情况。

所以对于车牌和手写这两种数字，模板匹配算法的识别能力是不一样的。它对一些相对于模板变化较小的模式匹配问题才能表现出较好的性能。

使用模板匹配算法进行车牌数字识别的参考代码如下。

```
# Template_car.jl
# 加载库
using TyBase
using TyMath
using TyImages
clear ()
clc ()
# 读取并存储模板数据
image = []
for i = 0：9
    filename = "./car/$ ( i ) .bmp"
    img = imread ( filename )
    img_resized = imresize ( img，[28，28] ) # 缩放图片
    push! ( image，vec ( img_resized ))
end
# 待匹配样本
correct_num = 0
for index = 0：9  # 每个数字测试一次
    distance = zeros ( 10 ) # 用于保存计算得到的距离值
    fname = "./car/$ ( index ) .1.bmp"
    sample = vec ( imresize ( imread ( fname )，[28，28] ))
    for j = 1：10  # 共 10 个模板，计算与每个模板的距离
        distance[j] = norm ( sample - image[j] )
    end
    local m，p = findmin ( distance ) # 计算最小值，并给出索引
    if p - 1 == index
        global correct_num = correct_num + 1
    end
    println ( " 数字 "，index，" 到模板的最小距离为："，m，"，匹配到的类别为："，p - 1)
```

```
    # 打印匹配结果
    # 索引从 1 开始，模板从 0 开始，因此减一输出
end
println（" 共测试 10 个样本，正确匹配个数为 ", correct_num, " 个 "）
```

演示运行结果为：

```
数字 0 到模板的最小距离为：21.957578659057617，匹配到的类别为：8
数字 1 到模板的最小距离为：8.838225364685059，匹配到的类别为：1
数字 2 到模板的最小距离为：21.54151153564453，匹配到的类别为：7
数字 3 到模板的最小距离为：14.53293514251709，匹配到的类别为：3
数字 4 到模板的最小距离为：15.81258487701416，匹配到的类别为：1
数字 5 到模板的最小距离为：20.481714248657227，匹配到的类别为：5
数字 6 到模板的最小距离为：20.049001693725586，匹配到的类别为：8
数字 7 到模板的最小距离为：11.684220314025879，匹配到的类别为：7
数字 8 到模板的最小距离为：21.64845085144043，匹配到的类别为：8
数字 9 到模板的最小距离为：19.670137405395508，匹配到的类别为：9
共测试 10 个样本，正确匹配个数为 6 个
```

使用模板匹配算法进行手写数字识别的参考代码如下。

```
# Template_hand.jl
# 加载库
using TyBase
using TyMath
using TyImages
clear()
clc()
# 读取并存储模板数据
image = []
for i = 0:9
    filename = "./handwrite/$(i)/2.bmp"
    img = imread(filename)
    img_resized = imresize(img, [25, 25]) # 缩放图片
    push!(image, vec(img_resized))
end
# 待匹配样本
correct_num = 0
for index = 0:9   # 每个数字测试一次
    distance = zeros(10) # 用于保存计算得到的距离值
    fname = "./handwrite/$(index)/4.bmp"
    sample = vec(imresize(imread(fname), [25, 25]))
    for j = 1:10   # 共 10 个模板，计算与每个模板的距离
        distance[j] = norm(sample - image[j])
    end
    local m, p = findmin(distance) # 计算最小值，并给出索引
    if p - 1 == index
```

```
            global correct_num = correct_num + 1
        end
        println ( " 数字 ", index, " 到模板的最小距离为：", m, "，匹配到的类别为：", p - 1)
        # 打印匹配结果
        # 索引从 1 开始，模板从 0 开始，因此减一输出
    end
    println ( " 共测试 10 个样本，正确匹配个数为 ", correct_num, " 个 " )
```

演示运行结果为：

```
数字 0 到模板的最小距离为：7.446342468261719，匹配到的类别为：1
数字 1 到模板的最小距离为：4.7800211906433105，匹配到的类别为：1
数字 2 到模板的最小距离为：6.78847074508667，匹配到的类别为：0
数字 3 到模板的最小距离为：7.045273303985596，匹配到的类别为：1
数字 4 到模板的最小距离为：5.80847215652465８，匹配到的类别为：1
数字 5 到模板的最小距离为：8.212641716003418，匹配到的类别为：5
数字 6 到模板的最小距离为：6.192312240600586，匹配到的类别为：1
数字 7 到模板的最小距离为：6.693378925323486，匹配到的类别为：7
数字 8 到模板的最小距离为：6.965465068817139，匹配到的类别为：1
数字 9 到模板的最小距离为：5.700073719024658，匹配到的类别为：1
共测试 10 个样本，正确匹配个数为 3 个
```

## 思考题



1-1　具备模式识别能力的机器是否可称为一种人工智能？

1-2　模板匹配能体现模式识别的基本原理吗？

1-3　目前模式识别算法的原理与生物识别原理一致吗？

## 拓展阅读

2018—2019 年，中国科学院自动化研究所模式识别国家重点实验室承担了中国科学院学部学科发展战略研究项目“模式识别发展战略研究”。鉴于过去 60 多年模式识别的理论方法和应用都产生了巨大进展，而在通信、传感和计算软硬件技术不断发展，应用场景渐趋复杂开放的新形势下，又面临很多新的理论和技术问题，本项目希望对模式识别领域的发展历史进行全面梳理，整理出至今在学术界或应用中产生了重大影响的主要研究进展，并且面向未来，提炼出具有重要理论价值或应用需求的值得研究的问题，供模式识别学术界参考，以期对未来基础研究和应用研究产生指导，产出具有重大理论价值或应用价值的研究成果。

模式识别国家重点实验室邀请国内本领域科研一线的研究者进行了多轮研讨交流，并经实验室内几十名研究人员撰写整理，提炼出模式识别领域过去 50 项重要研究进展和未来 30 项重要研究问题。分模式识别基础、计算机视觉、语音语言信息处理、模式识别应用技术四个方向，分别介绍。模式识别基础理论和方法是研究的核心，主要研究内容包括分类决策基础理论、多种分类器设计和学习方法、特征学习、聚类分析等。计算机视觉是

机器感知中最重要的部分（人和机器从环境获得信息的最大通道是视觉感知），视觉感知数据是模式识别处理的最重要的对象。主要研究内容包括图像处理与分割、图像增强与复原、三维视觉、场景分析、目标检测与识别、行为识别等。语言信息（包括语音和文本信息）是一类重要的模式信息。语言信息处理是模式识别和机器感知的一种重要形式，自然语言处理（文本理解）发展出了自己的理论方法体系，当前与听觉和视觉感知的交叉日趋紧密，且与模式识别和机器学习的方法越来越近。模式识别技术在社会生活中应用非常广泛，本报告不介绍那些单纯应用模式识别技术的场景或技术，而是选择性地介绍跟模式识别理论方法研究结合紧密（比如针对或结合应用场景研究模式识别方法和技术）的应用问题，如生物特征识别、遥感图像分析、医学图像分析、文档图像分析和文字识别、多媒体计算等。

以上研究成果，于 2020 年以《模式识别学科发展报告》的形式在线发布，并于 2022 年以《中国学科发展战略：模式识别》之名正式出版。

## 参考文献

[1] 中国科学院 . 中国学科发展战略：模式识别 [M]. 北京：科学出版社，2022.

[2] 张学工，汪小我 . 模式识别 [M]. 4 版 . 北京：清华大学出版社，2021.

[3] 西奥多里蒂，库特龙巴斯 . 模式识别：原书第 4 版 [M]. 修订版 . 李晶皎，王爱侠，王骄，等译 . 北京：电子工业出版社，2021.

[4] 杜达，哈特，斯托克 . 模式分类：原书第 2 版 [M]. 李宏东，姚天翔，等译 . 北京：机械工业出版社，2022.

[5] BISHOP C M. Pattern recognition and machine learning[M]. New York：Springer-Verlag Inc.，2006.

# 第 2 章　特征生成和特征降维

第 2 章
电子资源

**导读**

本章主要介绍如何从模式采集得到的原始数据中获得对分类最有效的特征数据，包括有用特征的生成和特征降维的方法，二者也常统称为“特征工程”。

**知识点**

- 特征工程的概念和方法。
- 类别可分性度量的概念和指标。
- 主成分分析算法。
- 基于类别可分性度量的特征提取算法。
- 特征选择的分支定界法和次优算法。



## 2.1　特征工程

### 2.1.1　特征工程的概念

无论是在分类器学习还是在分类决策中，都无法使用样本所包含的所有信息，而是需要找到能够用于分类的关键信息，也就是对模式识别任务最有效的“特征”。

究竟哪些特征对分类最有效，需要多少维的特征，这不是一个容易回答的问题，往往是与模式识别任务所在的领域和具体的任务特性有关。获得对分类最有效的特征，同时尽最大可能减少特征维数（也就意味着减少对样本量的需求和计算代价），是模式识别系统中一个重要的环节，这个环节也被称为“特征工程（Feature Engineering）”。

特征工程可以分成特征生成和特征降维两个步骤。

#### 1. 特征生成

对于一个模式识别任务，经过模式采集和预处理得到的模式信息不一定能直接用于模式分类，需要从中经过数据处理、变换和构造，得到对具体分类任务有用的特征。例如对于模式采集到的图像信息，其原始数据为像素点的颜色值矩阵，而对于不同的模式识别任务和模式识别算法，可以生成如下各种不同类型的特征。

1）轮廓特征：图像中物体的边缘轮廓。

2）颜色特征：图像中颜色分布和均值。

3）纹理特征：图像各个部位的主体纹理。

4）关键点特征：图像中对语义描述有关键作用的像素点。

5）频域特征：对图像进行频域变换后的谱或周期结构。

6）数字特征：各像素点相关性等其他物理意义不明显的数字特征。

2. 特征降维

通过特征生成获得的可用于模式识别的原始特征可能具有较高的维度，而高维度的特征可能带来“维数灾难”，对分类器的性能产生负面影响，因此需要进行特征降维。

特征降维的目的，一方面是为了删除冗余信息，减少算法的计算量和对样本集规模的需求；另一方面是为了提高特征对分类的有效性，避免过多维度的信息对分类器工作的干扰。例如在文本分类中，如果采用原始的词频统计数据作为分类特征，则有多少个不同的词就有多少个维度的特征，一篇长文的特征维度会超过数千维，基本无法进行计算。通过分析可以发现，有的词虽然在不同的文本里都会出现，甚至也有词频的差异，但是却根本不包含对分类有用的信息（例如各种虚词），需要通过特征降维加以去除。

由于各个维度的特征对于分类的贡献不一，在降低特征维度时，需要采用适当的算法，最大可能地保留对分类有效的信息。

特征降维的主要方法包括特征提取和特征选择。前者从高维特征空间映射得到低维特征空间，新的特征和旧的特征并不相同。而后者是从高维特征中选择一部分特征组成低维特征空间，并不改变每个维度上的特征。



### 2.1.2 特征工程的方法

由于特征工程对提升分类器的性能有重要意义，甚至可以说决定了一个模式识别系统是否能有效地完成模式识别任务，因此历来得到重视，发展出了各种不同的方法。

（1）数据预处理　包括数据去重、缺值补充、数据增强、异常值处理等，虽然这不属于直接的特征生成或特征降维工作，但是能够使得模式采集阶段得到的数据质量得以提升，为后续的特征工程操作奠定良好的基础。

（2）特征提取　特征提取是通过某种变换，将原始特征从高维空间映射到低维空间的过程。

$$\boldsymbol{W}: \boldsymbol{X} \rightarrow \boldsymbol{Y} \tag{2-1}$$

$\boldsymbol{W}$ 称为特征提取器，通常是某种正交变换（Orthogonal Transformation）。

对于各种可能的特征提取器，需要选择最优的一种，也就是降维后分类最有效的一种，通常设定一个准则函数 $J(A)$，使得取到最优特征提取时，准则函数值取到最大值，即

$$J(\boldsymbol{W}^*)=\max J(\boldsymbol{W}) \tag{2-2}$$

（3）特征选择　特征选择是从高维特征中挑选出一些最有效的特征，以达到降低特征维数的目的。

$$S:\{x_1,x_2,\cdots,x_D\}\rightarrow F:\{y_1,y_2,\cdots,y_d\} \tag{2-3}$$

$$y_i\in S, i=1,2,\cdots,d; d<D$$

式中，原始特征集合 $S$ 中包含 $D$ 个特征；目标特征集合 $F$ 中包含 $d$ 个特征。

对于各种可能的特征选择方案，需要选择最优的一种，也就是降维后分类最有效的一种，通常设定一个准则函数 $J(F)$，使得取到最优特征选择时，准则函数值取到最大值，即

$$J(F^*)=\max J(F) \tag{2-4}$$

（4）维度压缩　维度压缩是通过某种数学变换或算法来对数据集的整体维度进行压缩，同时保留数据中最关键的信息。主成分分析就是一种非常典型的维度压缩工具，它在降低数据的维度同时，保留了各个维度中最具有差异性的信息分量。

（5）特征构造　在特定的模式识别任务中，有时需要构造出新的特征来适应任务的需求。特征构造通常建立在领域知识基础上，通过对原始数据或已有特征的综合处理来得到新的特征，以表征某种与任务密切相关的新的分类决策依据。

（6）特征变换　特征变换可能不涉及特征维数的变化或特征类别的改变，而是对特征的尺度或分布加以调整，以满足分类决策规则的假设。常见的特征变换包括标准化（使特征具有零均值和单位方差）、归一化（将特征缩放到 [0，1] 区间）和对数变换等。

（7）特征编码　在有的模式识别任务中，某些特征不是数值型特征，无法直接量化，此时可以采用编码的方式来将其转换为数值，以便后续环节加以使用。例如，对集合型特征（包括类别标签）可以采用独热编码（One-Hot Encoding）和标签编码（Label Encoding），对模糊型特征可以用模糊子集相应的隶属度函数值，对随机型特征可以采用统计分布指标，对文本型特征可以采用嵌入编码。



（8）特征融合　特征融合是将来自不同数据源或不同特征集的特征进行组合的过程，它的基础是进行融合的特征之间相关性弱，并且融合之后得到的特征比单一特征具有更好的分类性能。特征融合可以采用加权平均、特征连接、特征映射或分类器模型融合等方法。

无论采用哪一种方法，特征工程基本都意味着人工的干预，以及在进行分类器训练之前的数据处理。这强烈地依赖于人的经验和领域知识，缺少通用的流程和方法，并且带来巨大的人力成本。因此，随着深度神经网络的快速发展，“端到端（End to End）”技术越来越流行，并在很多场合取代了特征工程的地位。

模式识别系统中的端到端技术，就是指跳过特征生成和特征降维环节，直接将具有原始特征的样本数据输入深度神经网络模型，由模型在学习过程中自行提取出对分类最有效的特征，并应用于最终的分类决策。

端到端技术的优势是显而易见的——系统结构简单、自动化程度高、任务适应能力强。但它也有缺点，就是对算力和数据量的需求比较高，模型的可解释性比较差，在某些任务上效果也比不上特征工程的结果。

## 2.2　主成分分析

主成分分析（Principal Component Analysis，PCA）来源于统计学，是希望在统计样本中找到影响结果的最关键的那些变量。主成分分析最早是由皮尔逊（Karl Pearson）在

1901 年提出的，当时用于非随机变量，1933 年霍特林（Harold Hotelling）将其推广到了随机变量的处理。

主成分分析是对样本集整体进行的特征降维操作，它的核心思想是认为将样本集在各个不同的方向上进行投影得到的方差是不同的，方差越大的方向包含的信息量也就越大，就越是整个样本集分布特性的“主成分”。例如图 2-1 所示的二维样本分布中，显然在 $y_1$ 所指向的方向上样本的分布方差是最大的，这就是主成分。在找到“主成分”之后，如果将原始的数据集投影到主成分方向所构成的新的空间中，就有可能降低整个样本集的特征维度。

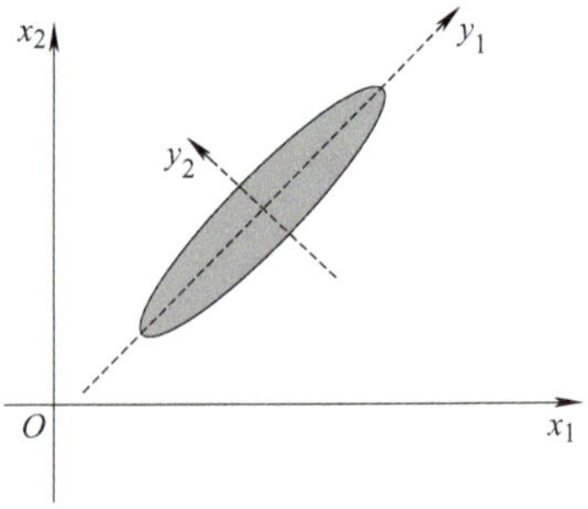


图 2-1　主成分分析示例

主成分分析的具体做法是对原始空间做线性变换

$$\boldsymbol{Y}=\boldsymbol{W}^{\mathrm{T}}\boldsymbol{X} \tag{2-5}$$

从而找到以主成分方向 $y_i$ 为基的另一个空间，并且维度更低。在新的空间中，能够保留方差大的一些方向，抛弃掉方差小的那些方向。

要能够实现这种操作，就要求对原空间 $\boldsymbol{X}$ 进行变换的目标空间 $\boldsymbol{Y}$ 中各个维度之间没有关联，即变换后的数据集在各个维度上是互不相关的，协方差矩阵 $\boldsymbol{W}$ 为一对角阵。也可以说，主成分分析的求解，就是找到一组正交基，能够使原空间进行正交变换后，数据集保留方差最大的那些成分。



$$\boldsymbol{X}=\begin{pmatrix} x_{11} & \cdots & x_{1m} \\ \vdots & & \vdots \\ x_{D1} & \cdots & x_{Dm} \end{pmatrix}$$

$$\boldsymbol{Y}=\begin{pmatrix} y_{11} & \cdots & y_{1m} \\ \vdots & & \vdots \\ y_{d1} & \cdots & y_{dm} \end{pmatrix} \tag{2-6}$$

$$\boldsymbol{W}=\begin{pmatrix} w_{11} & \cdots & w_{1d} \\ \vdots & & \vdots \\ w_{D1} & \cdots & w_{Dd} \end{pmatrix}$$

求解主成分分析问题的第一步，可以先将原始数据集做平移变换，将坐标原点移到样本集均值点，使得协方差矩阵便于计算，如图 2-2 所示。

$$\boldsymbol{Y}=\boldsymbol{W}^{\mathrm{T}}\boldsymbol{X}\rightarrow\boldsymbol{Y}'=\boldsymbol{W}^{\mathrm{T}}\boldsymbol{X}' \tag{2-7}$$

$$\operatorname{cov}\boldsymbol{X}'=\frac{1}{m}\boldsymbol{X}'\boldsymbol{X}'^{\mathrm{T}} \tag{2-8}$$

则映射后的空间 $\boldsymbol{Y}'$ 中，

$$\operatorname{cov}\boldsymbol{Y}'=\frac{1}{m}\boldsymbol{Y}'\boldsymbol{Y}'^{\mathrm{T}}=\boldsymbol{W}(\operatorname{cov}\boldsymbol{X}')\boldsymbol{W}^{\mathrm{T}} \tag{2-9}$$

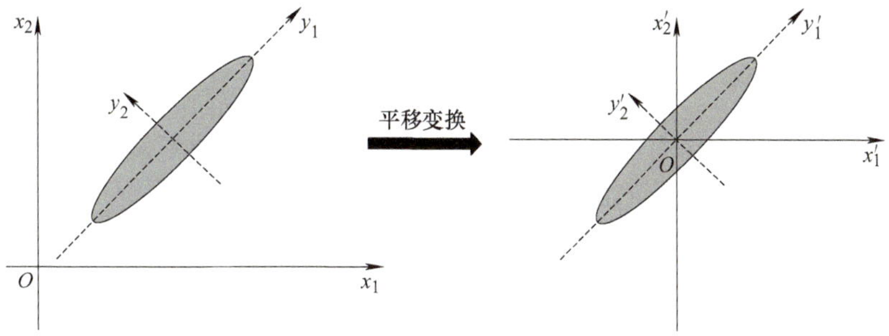


图 2-2 主成分分析第一步：平移变换

即要求解使得 $\mathrm{cov}\,\boldsymbol{Y}'$ 对角化的变换阵 $\boldsymbol{W}$，并且映射后各维度按方差从大到小排列。

主成分分析的解为：将 $\boldsymbol{X}'$ 的协方差矩阵的特征根从大到小排列，对应的前 $d$ 个特征向量构成的变换阵 $\boldsymbol{W}$，即可以按主成分分析的要求得到降维的样本集变换结果。

$$\begin{gathered}\lambda_1 \geqslant \lambda_1 \geqslant \cdots \geqslant \lambda_D, \text{是} \mathrm{cov}\,\boldsymbol{X}' \text{的特征根} \\ \boldsymbol{\mu}_1, \boldsymbol{\mu}_2, \cdots, \boldsymbol{\mu}_d, \cdots, \boldsymbol{\mu}_D, \text{是} \mathrm{cov}\,\boldsymbol{X}' \text{的特征向量} \\ \boldsymbol{W} = [\boldsymbol{\mu}_1, \boldsymbol{\mu}_2, \cdots, \boldsymbol{\mu}_d]\end{gathered} \tag{2-10}$$

## 2.3 类别可分性度量



### 2.3.1 类别可分性度量准则

无论是特征提取还是特征选择，其目标都是在降维的同时保证最好的类别可分性。因此，特征提取或特征选择方案的优化，其准则函数都应与类别可分性呈单调递增关系。

分类正确率（Accuracy Rate）是最佳的类别可分性度量标准，如果经过某种方案的特征提取或特征选择后，得到的低维特征是所有可能方案中分类正确率最高的，就是最优的特征提取或特征选择。但是分类正确率难以直接计算，因此需要寻找其他的准则函数来代表分类准确率作为类别可分性度量标准。

可以用来度量类别可分性的准则函数应该满足以下条件：

1）与分类正确率有单调递增关系：准则函数值越大，代表着分类准确率越高，也就是说，类别可分性越好。

2）当特征独立时具有可加性，即

$$J_{ij}(\boldsymbol{x}_1, \boldsymbol{x}_2, \cdots, \boldsymbol{x}_d) = \sum_{k=1}^{d} J_{ij}(\boldsymbol{x}_k) \tag{2-11}$$

3）具有标量（Scalar）测度特性，即

$$\begin{cases} J_{ij} > 0, \text{ 当} i \neq j \text{时} \\ J_{ij} = 0, \text{ 当} i = j \text{时} \\ \qquad J_{ij} = J_{ji} \end{cases} \tag{2-12}$$

4）对特征数量具单调性，即特征越多，信息越丰富，分类准确率应该越高。

$$J_{ij}(\boldsymbol{x}_1,\boldsymbol{x}_2,\cdots,\boldsymbol{x}_d)<J_{ij}(\boldsymbol{x}_1,\boldsymbol{x}_2,\cdots,\boldsymbol{x}_{d+1}) \tag{2-13}$$

类别可分性度量是紧致性（Compactness）的量化表示，通常情况下，紧致性越好的类别划分，其类别可分性度量值也会越大。

常用的满足以上条件的类别可分性度量准则函数有基于类内类间距离和基于概率距离两种类型。

## 2.3.2 类内类间距离

对于一个已知的样本集，类内类间距离的数学定义为：设一个分类问题共有 $c$ 类，令 $\boldsymbol{x}_k^{(i)}$，$\boldsymbol{x}_l^{(j)}$ 分别为 $\omega_i$ 和 $\omega_j$ 类中的 $D$ 维特征向量，$\delta(\boldsymbol{x}_k^{(i)},\ \boldsymbol{x}_l^{(j)})$ 为这两个向量间的距离，则各类中各特征向量之间距离的平均值，称为类内类间距离，即

$$J_d(x)=\frac{1}{2}\sum_{i=1}^{c}P_i\sum_{j=1}^{c}P_j\frac{1}{n_in_j}\sum_{k=1}^{n_i}\sum_{l=1}^{n_j}\delta(\boldsymbol{x}_k^{(i)},\boldsymbol{x}_l^{(j)}) \tag{2-14}$$

式中，$n_i$ 为 $\omega_i$ 中的样本数；$n_j$ 为 $\omega_j$ 中的样本数；$P_i,P_j$ 是各类的先验概率，可用样本集中各类样本的比例代替。

**【例 2-1】** 图 2-3 所示两个类别的样本集中，共有 5 个样本，求其类内类间距离。

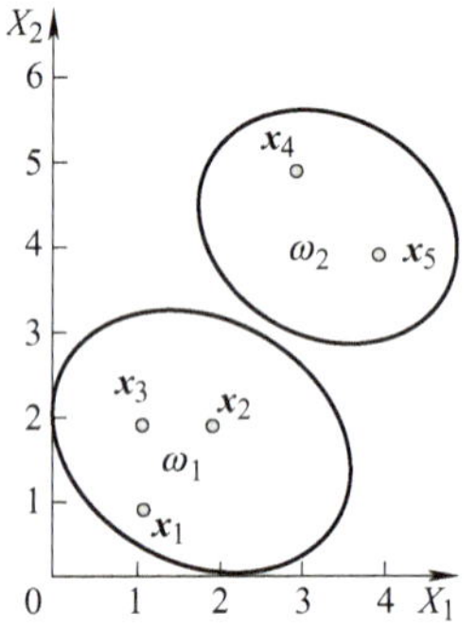


图 2-3 类内类间距离实例



**解：**

$$J_d(x)=\frac{1}{2}\sum_{i=1}^{c}P_i\sum_{j=1}^{c}P_j\frac{1}{n_in_j}\sum_{k=1}^{n_i}\sum_{l=1}^{n_j}\delta(\boldsymbol{x}_k^{(i)},\ \boldsymbol{x}_l^{(j)})$$

$$c=2,P_1=0.6,P_2=0.4,n_1=3,n_2=2$$

$$\begin{aligned}J_d(x)&=\frac{1}{2}\sum_{i=1}^{2}P_i\sum_{j=1}^{2}P_j\frac{1}{n_in_j}\sum_{k=1}^{n_i}\sum_{l=1}^{n_j}\delta(\boldsymbol{x}_k^{(i)},\ \boldsymbol{x}_l^{(j)})\\&=\frac{1}{2}P_1\times P_1\frac{1}{3\times 3}\sum_{k=1}^{3}\sum_{l=1}^{3}\delta(\boldsymbol{x}_k^{(1)},\ \boldsymbol{x}_l^{(1)})\\&+\frac{1}{2}P_1\times P_2\frac{1}{3\times 2}\sum_{k=1}^{3}\sum_{l=1}^{2}\delta(\boldsymbol{x}_k^{(1)},\ \boldsymbol{x}_l^{(2)})\\&+\frac{1}{2}P_2\times P_1\frac{1}{2\times 3}\sum_{k=1}^{2}\sum_{l=1}^{3}\delta(\boldsymbol{x}_k^{(2)},\ \boldsymbol{x}_l^{(1)})\\&+\frac{1}{2}P_2\times P_2\frac{1}{2\times 2}\sum_{k=1}^{2}\sum_{l=1}^{2}\delta(\boldsymbol{x}_k^{(2)},\ \boldsymbol{x}_l^{(2)})\end{aligned}$$

对于随机性的统计分类，如果样本集是给定的，则无论其中各类样本如何划分，类内类间距离都是相等的，也就是说，类内类间距离本身和分类错误率不相关，不能直接用于类别可分性度量。

虽然类内类间距离本身不能用作类别可分性度量，但对其进行分解处理后，可以得到与类别可分性相关的度量指标。如采用均方欧几里得距离来度量两个特征向量之间的距

离，则有

$$\delta(\boldsymbol{x}_k^{(i)},\ \boldsymbol{x}_l^{(j)})=(\boldsymbol{x}_k^{(i)}-\boldsymbol{x}_l^{(j)})^{\mathrm{T}}(\boldsymbol{x}_k^{(i)}-\boldsymbol{x}_l^{(j)}) \tag{2-15}$$

用 $\boldsymbol{m}_i$ 表示第 $i$ 类样本集的均值向量

$$\boldsymbol{m}_i=\frac{1}{n_i}\sum_{k=1}^{n_i}\boldsymbol{x}_k^{(i)} \tag{2-16}$$

用 $\boldsymbol{m}$ 表示所有各类样本集的总均值向量

$$\boldsymbol{m}=\sum_{i=1}^{c}P_i\boldsymbol{m}_i \tag{2-17}$$

则

$$\begin{aligned}J_d(x)&=\sum_{i=1}^{c}P_i\left[\frac{1}{n_i}\sum_{k=1}^{n_i}(\boldsymbol{x}_k^{(i)}-\boldsymbol{m}_i)^{\mathrm{T}}(\boldsymbol{x}_k^{(i)}-\boldsymbol{m}_i)+(\boldsymbol{m}_i-\boldsymbol{m})^{\mathrm{T}}(\boldsymbol{m}_i-\boldsymbol{m})\right]\\&=\sum_{i=1}^{c}P_i\frac{1}{n_i}\sum_{k=1}^{n_i}(\boldsymbol{x}_k^{(i)}-\boldsymbol{m}_i)^{\mathrm{T}}(\boldsymbol{x}_k^{(i)}-\boldsymbol{m}_i)+\sum_{i=1}^{c}P_i\frac{1}{n_i}(\boldsymbol{m}_i-\boldsymbol{m})^{\mathrm{T}}(\boldsymbol{m}_i-\boldsymbol{m})\end{aligned} \tag{2-18}$$

定义类内离散度矩阵（Within-class Scatter Matrix）$\boldsymbol{S}_w$ 和类间离散度矩阵（Between-class Scatter Matrix）$\boldsymbol{S}_b$ 分别为

$$\boldsymbol{S}_w=\sum_{i=1}^{c}P_i\frac{1}{n_i}\sum_{k=1}^{n_i}(\boldsymbol{x}_k^{(i)}-\boldsymbol{m}_i)(\boldsymbol{x}_k^{(i)}-\boldsymbol{m}_i)^{\mathrm{T}} \tag{2-19}$$

$$\boldsymbol{S}_b=\sum_{i=1}^{c}P_i(\boldsymbol{m}_i-\boldsymbol{m})(\boldsymbol{m}_i-\boldsymbol{m})^{\mathrm{T}} \tag{2-20}$$

则

$$J_d(x)=\mathrm{tr}(\boldsymbol{S}_w+\boldsymbol{S}_b)=\mathrm{tr}(\boldsymbol{S}_w)+\mathrm{tr}(\boldsymbol{S}_b)=J_w+J_b \tag{2-21}$$

式中，$J_w$ 称为类内平均距离（Within-class Average Distance）；$J_b$ 称为是类间平均距离（Between-class Average Distance）。从类别可分性的要求来看，希望 $J_w$ 尽可能小，$J_b$ 尽可能大。

### 2.3.3　概率距离

类间的概率距离可用分布函数之间的距离来度量，例如在图 2-4 所示的两类问题中，当两类完全可分时，若 $p(\boldsymbol{x}|\omega_1)\neq 0$，则 $p(\boldsymbol{x}|\omega_2)=0$；当两类完全不可分时：对任意 $\boldsymbol{x}$，都有 $p(\boldsymbol{x}|\omega_1)=p(\boldsymbol{x}|\omega_2)$；一般情况下，两类会介于完全可分和完全不可分之间。

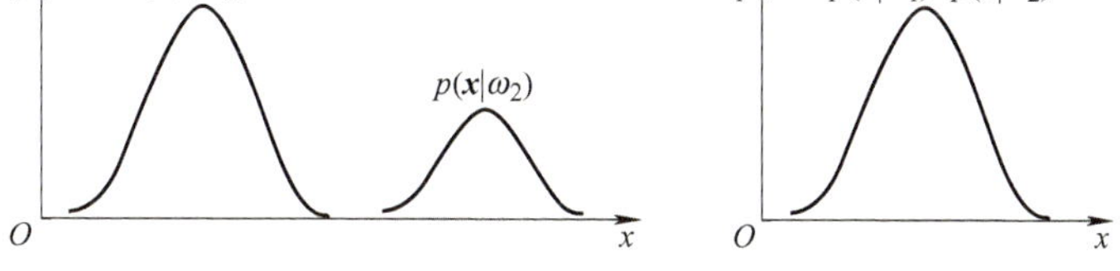


图 2-4　概率距离示意图

依据以上度量方式，可定义类别可分性的概率距离准则：若任何函数

$$J_p(\bullet)=\int g[p(\boldsymbol{x}\mid\omega_1),p(\boldsymbol{x}\mid\omega_2),P_1,P_2]\mathrm{d}x \tag{2-22}$$

满足以下条件：

a）$J_p \geqslant 0$；

b）当两类完全可分时 $J_p$ 取得最大值；

c）当两类完全不可分时 $J_p$ 为 0。

则 $J_p$ 可作为两类之间可分性的概率距离度量。

KL 散度（相对熵）就是一种常用的基于概率距离的类别可分性度量标准。

$$\boldsymbol{D}_{\mathrm{KL}}(\boldsymbol{P}\parallel\boldsymbol{Q})=\int_{-\infty}^{\infty}\boldsymbol{p}(\boldsymbol{x})\lg\frac{\boldsymbol{p}(\boldsymbol{x})}{\boldsymbol{q}(\boldsymbol{x})}\mathrm{d}\boldsymbol{x} \tag{2-23}$$

但需要注意的是它不满足对称性，不是完全意义上的距离。

## 2.4　基于类别可分性度量的特征提取

### 2.4.1　准则函数构造



如式（2-21）所示，类内类间距离可表示为

$$J_d=J_w+J_b=\mathrm{tr}(\boldsymbol{S}_w+\boldsymbol{S}_b)$$

式中，$J_w$ 是类内平均距离；$J_b$ 是类间平均距离。

对于一个给定的样本集，$J_d$ 是固定不变的。而通过特征提取后，新获得的特征使得样本集可以划分为不同的类，最佳的特征提取应当是使得各类之间的可分性最好，也就是 $J_b$ 最大，$J_w$ 最小。因此，可以直接采用 $J_b$ 作为特征提取的准则函数，称为 $J_1$ 准则。

但直接使用 $J_1$ 准则难以得到可行的特征提取算法，考虑到类内离散度矩阵 $\boldsymbol{S}_w$ 和类间离散度矩阵 $\boldsymbol{S}_b$ 是对称矩阵，迹和行列式值在正交变换下具有不变性，常构造以下几种特征提取准则函数：

$$J_1=J_b \tag{2-24}$$

$$J_2=\mathrm{tr}(\boldsymbol{S}_w^{*-1}\boldsymbol{S}_b^*) \tag{2-25}$$

$$J_3=\ln\left[\frac{|\boldsymbol{S}_b^*|}{|\boldsymbol{S}_w^*|}\right] \tag{2-26}$$

$$J_4=\frac{\mathrm{tr}(\boldsymbol{S}_b^*)}{\mathrm{tr}(\boldsymbol{S}_w^*)} \tag{2-27}$$

$$J_5=\frac{|\boldsymbol{S}_w^*+\boldsymbol{S}_b^*|}{|\boldsymbol{S}_w^*|} \tag{2-28}$$

### 2.4.2 基于 $J_2$ 准则的特征提取

基于类别可分性度量的特征提取，其本质是对原始特征空间进行正交变换，从高维空间映射到低维空间，并使得准则函数取得最大值，如图 2-5 所示。

假设有 $D$ 个原始特征：$\boldsymbol{x}=[x_1,x_2,\cdots,x_D]^{\mathrm{T}}$

通过特征提取后压缩为 $d$ 个特征：$\boldsymbol{y}=[y_1,y_2,\cdots,y_d]^{\mathrm{T}}$

其映射关系为：$\boldsymbol{y}=\boldsymbol{W}^{\mathrm{T}}\boldsymbol{x}$

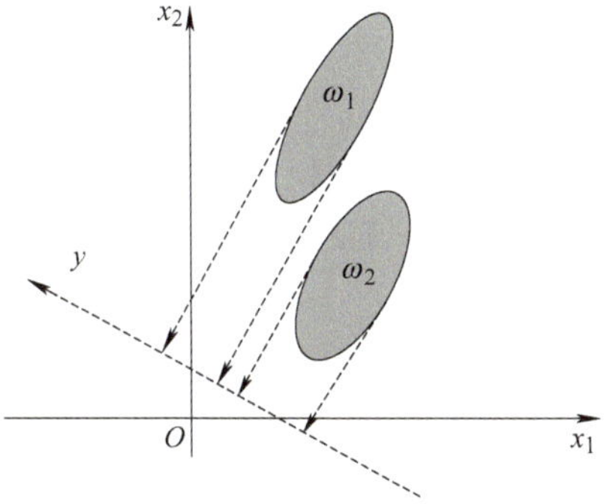


图 2-5 基于类别可分性度量的特征提取

令 $\boldsymbol{S}_b$、$\boldsymbol{S}_w$ 为原始特征空间中样本集的离散度矩阵，$\boldsymbol{S}_b^*$、$\boldsymbol{S}_w^*$ 为特征提取后新特征空间中样本集的离散度矩阵，则有

$$\boldsymbol{S}_w^*=\boldsymbol{W}^{\mathrm{T}}\boldsymbol{S}_w\boldsymbol{W},\ \boldsymbol{S}_b^*=\boldsymbol{W}^{\mathrm{T}}\boldsymbol{S}_b\boldsymbol{W}$$

对于 $J_2$ 准则，进行特征提取后，准则函数值为

$$J_2=\mathrm{tr}(\boldsymbol{S}_w^{*-1}\boldsymbol{S}_b^*)=\mathrm{tr}[(\boldsymbol{W}^{\mathrm{T}}\boldsymbol{S}_w\boldsymbol{W})^{-1}\boldsymbol{W}^{\mathrm{T}}\boldsymbol{S}_b\boldsymbol{W}]$$

求最优的特征提取，就是求最优的变换阵 $\boldsymbol{W}^*$，使得准则函数值在此变换下能取得最大值，即求

$$J(\boldsymbol{W}^*)=\max J(\boldsymbol{W})$$

将准则函数对 $\boldsymbol{W}$ 求偏导，并令其为 0，解出的 $\boldsymbol{W}$ 就是可使得准则函数 $J_2$ 取得最大值的变换阵。

将矩阵 $\boldsymbol{S}_w^{-1}\boldsymbol{S}_b$ 的特征值按大小排序：$\lambda_1\geqslant\lambda_2\geqslant\cdots\geqslant\lambda_D$

则前 $d$ 个特征值对应的特征向量 $\boldsymbol{\mu}_1,\boldsymbol{\mu}_2,\cdots,\boldsymbol{\mu}_d$ 可构成最优变换阵 $\boldsymbol{W}^*$，即

$$\boldsymbol{W}^*=[\boldsymbol{\mu}_1,\boldsymbol{\mu}_2,\cdots,\boldsymbol{\mu}_d]$$

此时的最优准则函数值为

$$J_2(\boldsymbol{W}^*)=\sum_{i=1}^{d}\lambda_i$$

基于 $J_2$ 准则的特征提取算法事实上是保留了原特征空间中类别差异最大的特征维度成份，并且组合成为了新的特征。这和主成分分析有异曲同工之妙，只是一个考虑的是整

个样本集的方差最大的成分，一个考虑的是紧致性意义下的方差最大的成分。

【例 2-2】 给定先验概率相等的两类，其均值向量分别为

$$\boldsymbol{\mu}_1=\left[1,3,-1\right]^{\mathrm{T}} \text{和} \boldsymbol{\mu}_2=\left[-1,-1,1\right]^{\mathrm{T}},$$

协方差矩阵为

$$\boldsymbol{\Sigma}_1=\begin{pmatrix}4&1&0\\1&4&0\\0&0&1\end{pmatrix},\ \boldsymbol{\Sigma}_2=\begin{pmatrix}2&1&0\\1&2&0\\0&0&1\end{pmatrix}$$

试基于 $J_2$ 准则求最优特征提取。

**解：** 进行特征提取前总均值向量为

$$\boldsymbol{\mu}=\frac{1}{2}(\boldsymbol{\mu}_1+\boldsymbol{\mu}_2)=[0,1,0]^{\mathrm{T}}$$

类间离散度矩阵为

$$\boldsymbol{S}_b=\frac{1}{2}\sum_{i=1}^{2}(\boldsymbol{\mu}_i-\boldsymbol{\mu})(\boldsymbol{\mu}_i-\boldsymbol{\mu})^{\mathrm{T}}=\begin{pmatrix}1&2&-1\\2&4&-2\\-1&-2&1\end{pmatrix}$$

类内离散度矩阵为



$$\boldsymbol{S}_w=\frac{1}{2}(\boldsymbol{\Sigma}_1+\boldsymbol{\Sigma}_2)=\begin{pmatrix}3&1&0\\1&3&0\\0&0&1\end{pmatrix}$$

则有

$$\boldsymbol{S}_w^{-1}=\frac{1}{8}\begin{pmatrix}3&-1&0\\-1&3&0\\0&0&8\end{pmatrix},\quad \boldsymbol{S}_w^{-1}\boldsymbol{S}_b=\frac{1}{8}\begin{pmatrix}1&2&-1\\5&10&-5\\-8&-16&8\end{pmatrix}$$

因为 $\boldsymbol{S}_w^{-1}\boldsymbol{S}_b$ 的秩为 1，因此 $\boldsymbol{S}_w^{-1}\boldsymbol{S}_b$ 只有一个非 0 特征值，$\boldsymbol{W}$ 是 $D\times 1$ 维的矩阵，即向量 $\boldsymbol{w}$。

求解方程

$$\boldsymbol{S}_w^{-1}\boldsymbol{S}_b\boldsymbol{w}=\lambda_1\boldsymbol{w}$$

得最优特征提取变换阵为

$$\boldsymbol{w}=\frac{1}{8}(1,5,-8)^{\mathrm{T}}$$

若将准则函数设定为 Fisher 准则

$$J(\boldsymbol{W})=\frac{\left|\boldsymbol{M}_1-\boldsymbol{M}_2\right|^2}{\boldsymbol{T}_1^2+\boldsymbol{T}_2^2}=\frac{\boldsymbol{W}^{\mathrm{T}}\boldsymbol{S}_b\boldsymbol{W}}{\boldsymbol{W}^{\mathrm{T}}\boldsymbol{S}_w\boldsymbol{W}} \tag{2-29}$$

求解可以得到同样的结果。以 Fisher 准则为依据进行的特征提取，也就是线性判别分析（Linear Discriminant Analysis，LDA）。

## 2.5　特征选择算法

特征选择是从 $D$ 个特征中挑选出最有效的 $d$ 个特征，使准则函数值取到最大值，即

$$J(\boldsymbol{F}^{*})=\max J(\boldsymbol{F})$$

特征选择常用的算法有以下几种。

### 2.5.1　独立算法

独立算法是指分别计算 $D$ 个特征单独使用时的准则函数值，选取最优的前 $d$ 个特征。

除非各特征相互独立，准则函数满足可加性，否则独立算法所得到的特征组合均不能保证是最优的特征组合。因此除特殊情况外，独立算法并不实用。

### 2.5.2　穷举算法

特征选择是一个组合过程，因此若从 $D$ 个特征中考查所有可能的 $d$ 个特征组合，计算其准则函数，找到最优的一个，从而得到最佳的特征选择结果，就是穷举法的算法。

穷举法可以保证得到所有解中的全局最优解，但问题是计算量太大，例如当 $D$=100，$d$=10，需要经过

$$q=C_D^d=\frac{D!}{(D-d)!d!}=\frac{100!}{(100-10)!10!}=17310309456440$$

次计算才能得到特征选择结果，这在有限资源下基本是无法实现的。

### 2.5.3　分支定界法

分支定界法依赖于特征选取准则函数构造时准则函数值对特征数量具有单调性的特性，即式（2-13）。

根据这一特性，如果从包含最多特征数量的组合开始逐步减少特征数量来求取最大的准则函数值，一旦发现某包含 $k$+1 个特征的组合，其准则函数值已经比另一种 $k$ 个特征的组合的准则函数值还小，则在这组 $k$+1 个特征中继续减少特征数量，准则函数值只会更小，不能达到求取准则函数最大值的目的。

分支定界法依据这一原理设计了如下最优特征组合的搜索方法。

1）从原始的特征数 $D$ 开始依次减少特征数，直至到达所需的特征数 $d$。

2）将过程中所有可能的组合情况构造成一棵搜索树；特征数少的组合作为特征数多的组合的子节点。

3）按特定路线遍历整个搜索树，计算所遇到的每一个节点的准则函数，寻找最大的准则函数值对应的叶节点，此时的特征组合就是最优的特征选择。

4）若遇到某个中间节点的准则函数值比已得到的特征数更少的节点的准则函数值还

小，则放弃其下所有节点的计算。

显然，分支定界法是一种穷举算法，它在准则函数 $J$ 对特征数量单调的情况下能保证取得最优解。但如果搜索树的所有节点都需要计算一遍准则函数值，则计算量远大于只计算叶节点准则函数值的穷举法（也就是只考虑从 $D$ 个特征中选择 $d$ 个特征的组合情况）。只有当计算过程中利用准则函数 $J$ 对特征数量的单调性跳过大量节点计算时，计算量才有可能比穷举法少。

如图 2-6 所示，分支定界法的搜索树可以按照以下原则构造：

1）根节点为 0 级，包含 $D$ 个特征。

2）每一级舍弃 1 个特征。

3）下一级在上一级基础上继续舍弃特征。

4）整个搜索树共有 $D-d$ 级，每个叶节点代表了一种所需的 $d$ 个特征组合。

5）为避免组合重复，从左至右每个子树包含的分支依次减少，对搜索树进行简化。

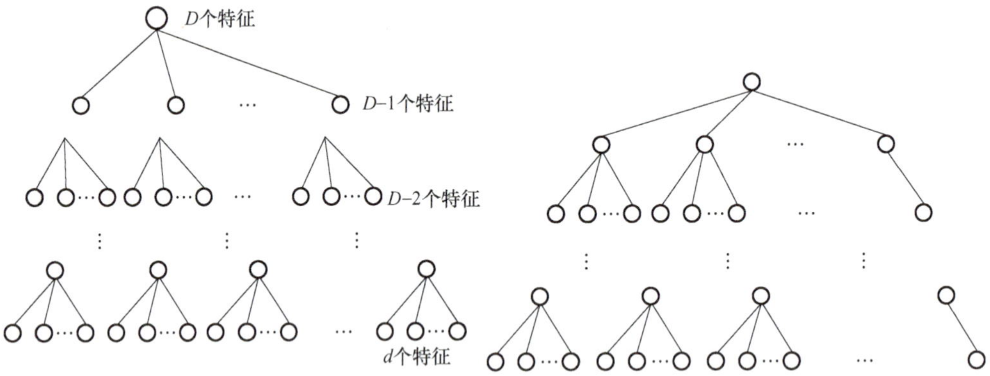


图 2-6　分支定界法的搜索树构造和简化



分支定界法对搜索树的遍历可以采用回溯法，也可以采用剪枝法。

剪枝法是先计算少数几个叶节点的准则函数值，然后从上到下依次处理各层节点，把那些准则函数值小于已知叶节点准则函数值的节点的以下分支均剪除掉，直至获得无法剪除的所有叶节点，再从中选择准则函数值最大的一个作为最优特征选择方案。

回溯法对搜索树的遍历路由如图 2-7 所示，因此有：

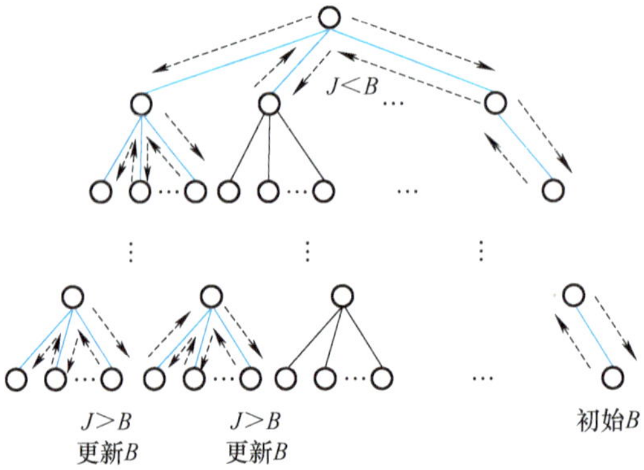


图 2-7　分支定界法中的回溯法搜索路由

1）从根节点开始，沿最右边路径下行，计算每个节点的 $J$ 值，把第一个遇到的叶节点的 $J$ 值设为边界初值 $B$；沿原路径回溯，遇到第一个分叉点后沿新路径下行，计算遇到的每个节点的 $J$ 值。

2）如果遇到某节点的 $J$ 值小于 $B$，则放弃其下的所有分支的计算，向上回溯。

3）如果遇到下一个叶节点的 $J$ 值大于 $B$，则更新 $B$ 为新的叶节点的 $J$ 值。

4）遍历整个搜索树，最终得到的 $B$ 值对应的叶节点，就是最优特征组合。

**【例 2-3】**　有一个分类问题，原始特征空间包含 5 个特征，试选择 2 个最重要的特征来降低特征空间的维数。

各特征间是相互独立的，并且都有一个独立的重要性指数，其值如下：

| 特征 | $x_1$ | $x_2$ | $x_3$ | $x_4$ | $x_5$ |
|---|---|---|---|---|---|
| 重要性 | 0.2 | 0.5 | 0.3 | 0.1 | 0.4 |

**解：**因各特征是相互独立的，所以特征组合的准则函数值 $J$ 可由组合中各特征的准则函数值 $J(x_n)$ 相加得到。

遍历搜索树求解最优特征组合的路由如图 2-8 所示。

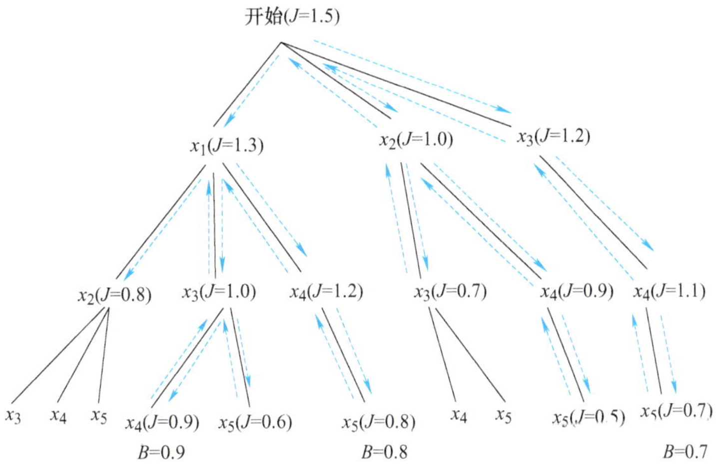


图 2-8　分支定界法实例

得到最优特征选择为 $\{x_2, x_5\}$，这和独立算法的结果是一致的。

分支定界法非常有效，但是其能否得到最优解，取决于准则函数 $J$ 对特征数量是否单调。在构造准则函数时，需要考虑到特征间的相关性，对于独立特征，如果 $J>0$，又满足可加性，则单调性成立。

## 2.5.4　次优算法

特征选择的穷举法虽然能获得全局最优解，但计算量太大，分支定界法也会遇到计算量问题。如采用一些次优的算法，虽然不能保证获取到全局最优解，但计算代价会显著降低。

常用的次优算法有以下几种。

1）顺序前进法（Sequential Forward Selection，SFS）。从0个特征开始，每次从未入选的特征中选择一个特征，使得它与已入选的特征组合所得到的准则函数值最大。最优单步方案满足下列条件：

$$J(\boldsymbol{X}_{k+1}^{*})=\max\{J(\boldsymbol{X}_{k}+\boldsymbol{x}_{i})\},\ i=1,\cdots,D\text{且}x_{i}\notin X_{k} \tag{2-30}$$

顺序前进法的计算量为 $1+1/2((D+1)D-d(d+1))$。它的缺点是不能剔除已入选的特征。

2）顺序后退法（Sequential Backward Selection，SBS）。从 $D$ 个特征开始，每次从已入选的特征中剔除一个特征，使得仍保留的特征组合所得到的准则函数值最大。最优单步方案满足下列条件：

$$J(\boldsymbol{X}_{k-1}^{*})=\max\{J(\boldsymbol{X}_{k}-\boldsymbol{x}_{i})\},\ i=1,\cdots,D\text{且}x_{i}\notin X_{k} \tag{2-31}$$

顺序后退法的计算量为 $Dd-d(d-1)/2$。它的缺点是不能召回已剔除的特征。

3）动态顺序前进法（l–r 法）。也称为前进－后退法，它按照单步最优的原则从未入选的特征中选择 $l$ 个特征，再从已入选的特征中剔除 $r$ 个特征，使得仍保留的特征组合所得到的准则函数值最大。

当 $l$ 比 $r$ 大时，总体上算法是前进的，应当从0个特征开始；当 $l$ 比 $r$ 小时，总体上算法是后退的，应当从 $D$ 个特征开始。



如果 $l=d$，$r=0$，就是穷举法；如果 $l$ 和 $r$ 能实现良好的动态调节，则其计算量比分支定界法小，而效果相当。

## 思考题

2-1　使用PCA先行处理整个数据集后，会影响基于类别可分性的特征提取算法效果吗？

2-2　“端到端”算法会遇到维数灾难问题吗？如何解决？

2-3　基于Karhunen–Loève（K–L）变换也可以实现特征提取，它和PCA有什么异同？

## 拓展阅读

《精通特征工程》是一本系统介绍特征工程技术的专著，作者爱丽丝·郑和阿曼达·卡萨丽都是机器学习和数据科学领域的专家，拥有丰富的企业实践经验和深厚的学术背景。该书介绍了特征工程的基本概念，包括特征选择、特征提取和特征转换等，深入剖析了特征工程的基本原理和方法，通过详细的案例分析和实际操作指导，帮助读者逐步掌握各种特征工程技术的实际应用。该书的内容涵盖了数值型数据的基础特征工程、文本数据的特征处理、分类变量的编码技术等多个方面，同时还介绍了主成分分析、独立成分分析等高级技术，帮助读者提升对复杂数据的处理能力。这本书的特点在于理论与实践相结合，不仅提供了丰富的理论知识，还通过大量的 Python 示例和练习，使读者能够在实践中加深对特征工程技术的理解和掌握。此外，该书还分享了作者在业界的工作经验，让读者了解特征工程在实际项目中的应用场景和效果。

## 参考文献

[1] ZHENG A，CASARI A. 精通特征工程 [M]. 陈光欣，译 . 北京：人民邮电出版社，2019.
[2] JOLLIFFE I T. Principal component analysis[J]. Journal of marketing research，2002，87（4）：513.

# 第 3 章　统计学习理论

第 3 章
电子资源

## 导读

20 世纪 60 年代，苏联科学家弗拉基米尔·瓦普尼克（Vladimir Vapnik）等人开始系统研究有限样本情况下的机器学习问题。由于当时研究不够完善，在解决模式识别问题中往往趋于保守，数学上比较晦涩，20 世纪 90 年代以前并没有提出能将理论付诸实际的有效方法。再加上当时人工神经网络的研究吸引了研究人员的主要注意力，这些理论研究很长时间没有得到充分重视。到 90 年代中期，有限样本情况下的机器学习理论逐渐发展成熟起来，形成了一个较完善的理论体系——统计学习理论（Statistical Learning Theory，SLT），并诞生了在机器学习算法中非常著名的支持向量机方法。与此同时，人工神经网络的研究在 20 世纪 90 年代进展缓慢。在这种形势下，统计学习理论得到逐步重视，并成为 20 世纪 90 年代后期和 21 世纪前十年中机器学习研究的主要热点。统计学习理论是一套比较完整的理论体系，包含内容非常丰富，也涉及比较多的数学知识，本章主要从机器学习问题的建立出发，对统计学习理论涉及的核心内容做一个概要介绍，以期读者能对统计学习理论有一个初步认识。

## 知识点

- 机器学习的基本问题。
- 学习过程的一致性。
- 函数集的容量和 VC 维。
- 推广性的界。
- 结构风险最小化。
- 正则化方法。

## 3.1　机器学习的基本问题

### 3.1.1　机器学习问题的描述

机器学习的基本框架如图 3-1 所示，其中系统 $S$ 是研究对象，它在给定输入 $\boldsymbol{x}$ 下有一

定的输出 $y$，学习机器（LM）是待求的任务，其在给定输入 $\boldsymbol{x}$ 下有可能的输出 $\hat{y}$。机器学习的目的就是根据给定的已知训练样本，求取对系统的输出与输入之间依赖关系的估计，使它能对给定输入下的未知输出做出尽可能准确的预测。

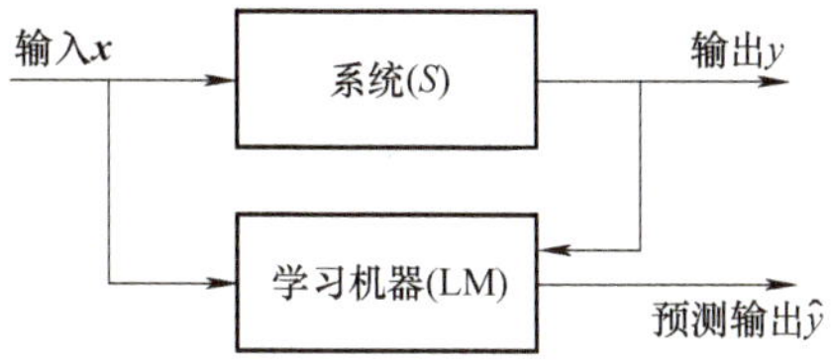


图 3-1　机器学习的基本框架

机器学习问题可以一般地表示为：变量 $y$ 与 $\boldsymbol{x}$ 存在一定的未知依赖关系，即遵循某一未知的联合概率 $F(\boldsymbol{x},y)$，机器学习问题就是根据 $n$ 个独立同分布观测样本

$$(\boldsymbol{x}_1,y_1),(\boldsymbol{x}_2,y_2),\cdots,(\boldsymbol{x}_n,y_n) \tag{3-1}$$

在一组函数 $\{f(\boldsymbol{x},\boldsymbol{w})\}$ 中寻求最优的一个函数 $f(\boldsymbol{x},\boldsymbol{w}_0)$ 对依赖关系进行估计，使期望风险

$$R(\boldsymbol{w})=\int L(y,f(\boldsymbol{x},\boldsymbol{w}))\mathrm{d}F(\boldsymbol{x},y) \tag{3-2}$$

最小。其中，$\{f(\boldsymbol{x},\boldsymbol{w}),\boldsymbol{w}\in\Lambda\}$ 称为预测函数集，$\boldsymbol{w}\in\Lambda$ 是函数的广义参数，$\{f(\boldsymbol{x},\boldsymbol{w})\}$ 可以表示任何函数集合；$L(y,f(\boldsymbol{x},\boldsymbol{w}))$ 为由于 $f(\boldsymbol{x},\boldsymbol{w})$ 对输出 $y$ 进行预测而造成的损失，一般称作损失函数。不同类型的学习问题有不同形式的损失函数，预测函数也称作学习函数、学习模型或学习机器。

机器学习有三类基本问题，分别是模式识别、函数拟合和概率密度估计。

对于模式识别问题（仅限有监督模式识别问题），系统输出可以采用类别标签，在两类情况下 $y=\{0,1\}$ 或 $y=\{-1,1\}$ 是二值函数，损失函数可以定义为

$$L(y,f(\boldsymbol{x},\boldsymbol{w}))=\begin{cases}0, & y=f(\boldsymbol{x},\boldsymbol{w})\\ 1, & y\neq f(\boldsymbol{x},\boldsymbol{w})\end{cases} \tag{3-3}$$

在该损失函数定义下，使期望风险也就是贝叶斯决策中的错误率最小。

类似地，在函数拟合问题中，$y$ 是连续变量（这里假设为单值函数），它是 $\boldsymbol{x}$ 的函数，此时损失函数可以采用最小平方误差准则，定义为

$$L(y,f(\boldsymbol{x},\boldsymbol{w}))=(y-f(\boldsymbol{x},\boldsymbol{w}))^2 \tag{3-4}$$

而对概率密度估计问题，学习的目的是根据训练样本确定概率密度函数 $p(\boldsymbol{x},\boldsymbol{w})$，此时学习的损失函数可以设为学习模型的负对数似然函数，即

$$L(p(\boldsymbol{x},\boldsymbol{w}))=-\lg p(\boldsymbol{x},\boldsymbol{w}) \tag{3-5}$$

最小化这个损失函数的解就是概率密度函数的最大似然估计。

### 3.1.2　经验风险最小化原则

机器学习就是在上述函数集 $\{f(\boldsymbol{x},\boldsymbol{w}),\boldsymbol{w}\in\Lambda\}$ 中最小化式（3-2）的期望风险泛函，但

这个风险泛函需要对服从联合概率密度 $F(\boldsymbol{x},y)$ 的所有可能样本及其输出值求期望，这在 $F(\boldsymbol{x},y)$ 未知的情况下无法进行。所以，由最小化式（3-2）的目标定义的机器学习问题是无法求解的。

对于已知的训练样本 $(\boldsymbol{x}_1,y_1),(\boldsymbol{x}_2,y_2),\cdots,(\boldsymbol{x}_n,y_n)$ 可以看作是从 $F(\boldsymbol{x},y)$ 中的采样，根据概率论中大数定律的原理，可以利用算术平均代替式（3-2）中的数学期望。定义经验风险（Empirical Risk）为在训练样本上损失函数的平均

$$R_{\text{EMP}}(\boldsymbol{w})=\frac{1}{n}\sum_{i=1}^{n}L(y_i,f(\boldsymbol{x}_i,\boldsymbol{w})) \tag{3-6}$$

因此，传统的机器学习方法实际上都是用最小化经验风险来替代最小化期望风险的目标。

统计学习理论把这种以在训练样本上最小化错误或风险的策略称为经验风险最小化（Empirical Risk Minimization，ERM）原则。20 世纪 50 年代以来，以感知器为代表的机器学习方法大都采样了 ERM 原则，研究的重点都放在如何设计合适的候选函数集和如何设计有效的算法实现经验风险最小化。瓦普尼克等研究人员认为经验风险最小化原则并不是毋庸置疑的，不应该只关注如何设计经验风险最小化的算法。因此，瓦普尼克认为统计学习理论应该重点研究经验风险最小化原则是否合理，应该寻找最优化学习机器推广能力（泛化性）的新原则。

进一步考虑以期望风险最小为目标来分析经验风险最小化原则，其合理性在当时并没有充分的理论保证，只是直观上合理的想当然做法。



首先，$R_{\text{EMP}}(\boldsymbol{w})$ 和 $R(\boldsymbol{w})$ 都是 $f(\boldsymbol{x},\boldsymbol{w})$ 的泛函，概率论中的大数定律只说明了随机变量的均值在样本倾向于无穷大时会收敛于其期望。但这个定律对泛函是否仍然成立并没有数学上的结论。

其次，即使类比随机变量的情况，认为 $R_{\text{EMP}}(\boldsymbol{w})$ 在样本趋向于无穷大时会充分接近 $R(\boldsymbol{w})$，这并不是我们需要的结果，我们需要的结果是 $R_{\text{EMP}}(\boldsymbol{w})$ 在 $n$ 个样本上取得极小值的解 $\boldsymbol{w}_0$ 收敛于使 $R(\boldsymbol{w})$ 取得极小值的解 $\boldsymbol{w}^*$。一般情况下，两个函数充分接近并不能保证它们的极值点也充分接近，这就提出一个更基本的问题——用 $R_{\text{EMP}}(\boldsymbol{w})$ 近似 $R(\boldsymbol{w})$ 或当样本趋向于无穷多时 $R_{\text{EMP}}(\boldsymbol{w})$ 收敛于 $R(\boldsymbol{w})$，如何度量两个函数的接近程度。

再次，即使有办法证明或者通过一定条件保证在训练样本趋向于无穷多时，使经验风险最小的解也能使期望风险最小，在实际问题中需要多少训练样本才能达到接近无穷多的效果？如果训练样本远非无穷多而是非常有限，经验风险最小化是否还可行？得到的解是否还有推广能力？

以瓦普尼克为代表的统计学习理论研究者对使用经验风险最小化原则的上述问题进行了系统深入的研究，建立了针对小样本统计估计和预测学习的理论框架。在这一新的理论框架下提出的统计推断规则，不但应该满足已有的渐近条件，而且应该保证在有限的可用信息条件下取得最好的结果。这一理论在各种统计问题中产生了一系列新的推理方法，为了研究这些方法，建立了一套完整的理论，其核心内容包括以下 4 部分内容。

1）经验风险最小化学习过程一致的概念及充分必要条件，它回答了在训练样本趋向于无穷多的条件下，什么样的函数集可以采用 ERM 原则进行学习。

2）采用经验风险最小化的学习过程，随着训练样本数目增加的收敛速度有多快。

3）如何控制学习过程的收敛速度，在有限训练样本下机器学习的结构风险最小化原则。

4）在结构风险最小化原则下设计机器学习算法，包括支持向量机推广能力的理论依据。

## 3.2　学习过程的一致性

学习过程一致性的概念和结论是统计学习理论的基础，也是与传统的基于渐近理论统计学的基本联系所在。学习过程的一致性是指当训练样本数趋向于无穷大时，以经验风险最小化原则进行的学习与期望风险最小的目标是否一致。

设 $F(\boldsymbol{x}, y)$ 是描述训练样本特征随机向量 $\boldsymbol{x}$ 与对应输出 $y$ 的未知联合概率密度函数，机器学习就是在函数集 $\{f(\boldsymbol{x},\boldsymbol{w}), \boldsymbol{w}\in\Lambda\}$ 中求 $f(\boldsymbol{x},\boldsymbol{w}_0)$，使期望风险最小，即

$$\min(R(\boldsymbol{w}) = \int L(y, f(\boldsymbol{x},\boldsymbol{w}))\mathrm{d}F(\boldsymbol{x}, y)) \tag{3-7}$$

式中，$L(y, f(\boldsymbol{x},\boldsymbol{w}))$ 是用 $f(\boldsymbol{x},\boldsymbol{w})$ 对输出 $y$ 进行预测而造成的损失。

经验风险最小化（ERM）就是在式（3-1）的 $n$ 个独立同分布样本的条件下，在函数集 $\{f(\boldsymbol{x},\boldsymbol{w}), \boldsymbol{w}\in\Lambda\}$ 中求函数 $f(\boldsymbol{x},\boldsymbol{w}^*)$，使函数在训练样本集上的经验风险最小，即

$$\min\left(R_{\mathrm{EMP}}(\boldsymbol{w}) = \frac{1}{n}\sum_{i=1}^{n} L(y_i, f(\boldsymbol{x}_i,\boldsymbol{w}))\right) \tag{3-8}$$



学习过程的一致性是指对于函数集 $\{f(\boldsymbol{x},\boldsymbol{w}), \boldsymbol{w}\in\Lambda\}$ 和联合概率密度函数 $F(\boldsymbol{x}, y)$，采用期望风险最小化原则的学习过程，即当式（3-9a）、式（3-9b）在样本趋向于无穷多时收敛到同一个极限。

$$R(\boldsymbol{w}_n)\xrightarrow[n\to\infty]{} R(\boldsymbol{w}_0) \tag{3-9a}$$

$$R_{\mathrm{EMP}}(\boldsymbol{w}_n)\xrightarrow[n\to\infty]{} R(\boldsymbol{w}_0) \tag{3-9b}$$

式中，$R(\boldsymbol{w}_0) = \inf\limits_{\boldsymbol{w}\in\Lambda} R(\boldsymbol{w})$ 为最小可能的期望风险。如图 3-2 所示。

在学习过程中存在一种可能，就是预测函数集中包含某个特殊的函数，该函数的损失永远小于预测函数集上任何其他函数，无论训练数据如何，经验风险最小化总在该函数上取得，它同时也取得期望风险最小。所以这个函数的存在使上述条件得到满足，但如果从预测函数集中去掉该特殊函数，上述条件就不一定能满足。这种情况下的一致性是没有意义的，因为它的一致性只是因为预测函数集中包含了这样的特殊函数，并不能说明学习算法具备根据训练数据从函数集中选择函数的能力。为保证一致性是机器学习方法的真实性质，而不是由于预测函数集

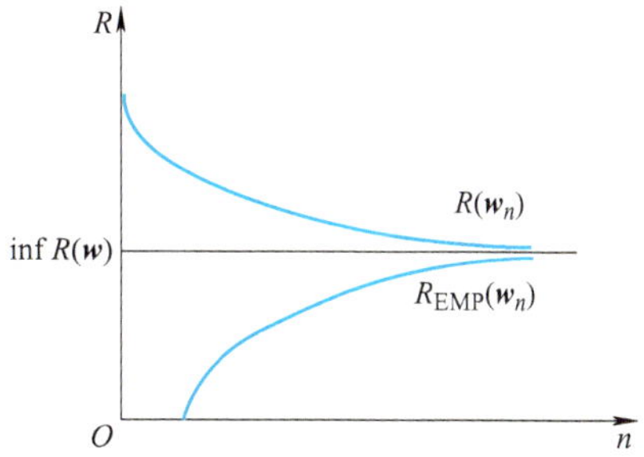

图 3-2　期望风险与真实风险关系示意图

中的个别函数导致的，统计学习理论提出了非平凡一致性的概念，即要求式（3-9a）、式（3-9b）的两个条件对预测函数集的所有子集都成立。因此，只有非平凡一致性才在实际上有意义。后文所说的一致性均是指非平凡一致性。

经验风险最小化的核心是用经验风险 $R_{\mathrm{EMP}}(\boldsymbol{w}_n)$ 在样本趋向于无穷多时会逼近期望风险 $R(\boldsymbol{w}_n)$。要判断一个函数与另一个函数充分接近，常用式（3-10）的准则。

$$\lim_{n\to\infty} P\{|R(\boldsymbol{w}_n) - R_{\mathrm{EMP}}(\boldsymbol{w}_n)| > \varepsilon\} = 0, \qquad \forall \varepsilon > 0 \tag{3-10}$$

统计学习理论研究发现，如果在式（3-10）的意义下经验风险收敛于期望风险，仍无法保证学习过程具有一致性。为此，统计学习理论提出如下定理。

**【学习理论关键定理】** 对于有界的损失函数，经验风险最小化学习一致的充分必要条件是——经验风险在如下式意义上一致地收敛于真实风险。

$$\lim_{n\to\infty} P\left\{\sup_{\boldsymbol{w}_n}(R(\boldsymbol{w}_n) - R_{\mathrm{EMP}}(\boldsymbol{w}_n)) > \varepsilon\right\} = 0, \qquad \forall \varepsilon > 0 \tag{3-11}$$

该定理详细证明过程参考瓦普尼克的专著 *Statistical Theory of Learning* 或其中文译本。

在学习过程中，经验风险和期望风险都是预测函数。学习的目的不是用经验风险去逼近期望风险，而是通过求使经验风险最小化的函数来逼近使期望风险最小化的函数。因此，其一致性条件比传统统计学中的一致性条件更为严格。从式（3-11）可以看到，经验风险最小化学习是否具有一致性，不是取决于评价情况，而是取决于最坏情况。



学习理论关键定理给出了一个学习机器应该满足的基本条件，但没有说明什么样的学习方法能够满足这些条件。为此，统计学习理论定义了一些指标来衡量函数集的性质。

## 3.3 函数集的容量与 VC 维

为了研究函数集在经验风险最小化原则下的学习一致性问题和一致性收敛的速度，统计学习理论定义了一系列有关函数集学习性能的指标。这些指标多是从两分类函数（指示函数）提出的，后又推广到一般函数。

一个指示函数集的容量刻画的是用函数集中的函数对各种样本实现分类的能力。统计学习理论用函数集在一组样本集上可能实现的分类规则数目来度量函数集的容量，把这个容量的自然对数在符合同一分布的样本集上的期望称作函数集的熵，而把容量的自然对数在所有可能样本集上的上界定义为函数集的生长函数（Growth Function）。所以生长函数是样本数目 $n$ 的函数，记作 $G(n)$，反映了函数集在所有可能的 $n$ 个样本上的最大容量。关于函数集学习过程的一致性，有如下的结论。

**【定理 3-1】** 函数集学习过程一致收敛的充分必要条件是，对任意的样本分布，都有

$$\lim_{n\to\infty} \frac{G(n)}{n} = 0 \tag{3-12}$$

而且，此时学习过程收敛速度一定是快的，满足

$$P\{R(\boldsymbol{w}\mid n)-R(\boldsymbol{w}_0)>\varepsilon\}<\mathrm{e}^{-c\varepsilon^2 n},\qquad \forall\varepsilon>0 \tag{3-13}$$

式中，$c>0$ 是常数。

这个定理说明了一个采用经验风险最小化原则的学习过程要一致，函数集的能力就不能跟随样本数目无限增长。

1968 年，瓦普尼克和泽范兰杰斯（Chervonenkis）发现了生长函数的一个重要规律，就是一个函数集的生长函数，如果不是一直满足 $G(n)=n\ln 2$，则一定在样本数增加到某个值 $h$ 后满足式（3-14）的界。

$$G(n)\leqslant h\left(\ln\frac{n}{h}+1\right),\qquad n>h \tag{3-14}$$

这个特殊的样本数 $h$ 被定义为函数集的 VC 维（Vapnik-Chervonenkis Dimension）。如果这个值是无穷大，即不论样本数目多大，总有 $G(n)=n\ln 2$，则称函数集的 VC 维为无穷大。

函数集的 VC 维衡量了当样本数据增加到多少之后函数集的能力就不会继续跟随样本数目等比例增长。因此，VC 维有限是学习过程一致性的充分必要条件。

生长函数和 VC 维对学习机器如何选择函数集提供了原理性的指导，但这两个度量概念都不直观。因此，瓦普尼克和泽范兰杰斯为 VC 维给出了以下直观定义——对一个指示函数，如果存在 $k$ 个样本能够被函数集中的函数按所有可能的 $2^k$ 种形式分开，则称函数集能把样本数为 $k$ 的样本集打散。指示函数集的 VC 维就是能够打散的最大样本集的样本数目。如果对于任意数目的样本，总能找到一个样本集能够被这个函数集打散，则函数集的 VC 维就是无穷大。



根据 VC 维的上述定义，常见的 $d$ 维空间中的线性分类器

$$f(\boldsymbol{x},\boldsymbol{w})=\operatorname{sgn}\left(\sum_{i=1}^{d}w_i x_i+\boldsymbol{w}_0\right)$$

函数集的 VC 维是 $d+1$，其中 $\operatorname{sgn}(\bullet)$ 是符号函数。$d$ 维空间中的线性回归函数

$$f(\boldsymbol{x},\boldsymbol{w})=\sum_{i=1}^{d}w_i x_i+\boldsymbol{w}_0$$

函数集的 VC 维也是 $d+1$。而正弦函数

$$f(\boldsymbol{x},a)=\sin(a\boldsymbol{x})$$

虽然只有一个自由参数，但函数集的 VC 维为无穷大，用它实现的分类器集合

$$f(\boldsymbol{x},a)=\operatorname{sgn}(\sin(a\boldsymbol{x}))$$

的 VC 维也是无穷大。所以，函数集的 VC 维并不简单地与函数中自由参数个数有关，而是与函数本身的复杂程度有关。

VC 维是统计学习理论中的一个重要概念，在它的基础上发展起来一系列关于学习过程和推广能力的理论结果。VC 维反映了函数集的学习能力，直接影响着学习机器的推广

性能。VC 维越大，则学习机器越复杂，容量也越大。目前，尚没有通用的关于任意函数集 VC 维的计算或估计的理论，只知道一些特殊函数集的 VC 维。对于一些比较复杂的学习机器，如神经网络，其 VC 维除了与函数设计有关，也受学习算法的影响。因此确定其 VC 维更为困难。

## 3.4 推广性的界

在生长函数和 VC 维对学习机器容量度量的基础上，统计学习理论研究了关于各种函数集的学习过程中经验风险与实际风险之间的关系，即推广性的界。其中，最重要的一个结论如下。

**【定理 3-2】** 对于两分类问题，对指示函数集中的所有函数（包括使经验风险最小的函数），经验风险和实际风险之间至少以概率 $1-\eta$ 满足如下关系：

$$R(\boldsymbol{w}) \leqslant R_{\mathrm{EMP}}(\boldsymbol{w}) + \sqrt{E} \tag{3-15}$$

当函数集中包含无穷多个元素时，有

$$E = \frac{h\left(\ln\frac{2n}{h}+1\right)-\ln\frac{\eta}{4}}{n} \tag{3-16}$$

而当函数集中包含有限个（$N$个）元素时，有



$$E = \frac{\ln N - \ln\eta}{n} \tag{3-17}$$

式中，$h$ 为函数集的 VC 维；$n$ 为样本数。

上述定理对在有限样本下期望风险的上界给出了度量估计，因此这个上界可以写成

$$R(\boldsymbol{w}) \leqslant R_{\mathrm{EMP}}(\boldsymbol{w}) + \sqrt{\frac{h\left(\ln\frac{2n}{h}+1\right)-\ln\frac{\eta}{4}}{n}} \tag{3-18}$$

或者进一步简写为

$$R(\boldsymbol{w}) \leqslant R_{\mathrm{EMP}}(\boldsymbol{w}) + \Phi\left(\frac{h}{n}\right) \tag{3-19}$$

式中，$\Phi(h/n)$ 是样本数 $n$ 的单调减函数，VC 维 $h$ 的单调增函数。这一结论从理论上说明了学习机器的实际风险由两部分组成，一是经验风险（训练误差），另一部分称作置信范围，它和学习机器的 VC 维及训练样本量有关。

设计一个机器学习模型就等于选择了一定的函数集，用样本训练的过程是寻求经验风险 $R_{\mathrm{EMP}}(\boldsymbol{w})$ 最小化。一个学习机器的推广能力不是取决于经验风险最小能有多小，而是在于期望风险与经验风险有多大差距，这个差距越小则推广能力越好。当样本数量较少时，$n/h$ 较小，置信范围 $\Phi(h/n)$ 较大，用经验风险最小化取得的最优解可能会有较大的期望风险，即可能推广性较差。反之，如果样本数较多，$n/h$ 较大，则置信范围 $\Phi(h/n)$ 就会

很小，经验风险最小化的最优解就接近实际的最优解。

对于一个特定的问题，样本数 $n$ 是固定的，此时学习机器的 VC 维越高（复杂性越高），则置信范围就越大，导致真实风险与经验风险之间可能的差别越大，推广能力可能越差。在实际中，对于有限样本的任务应该尽可能选用相对简单的分类器，其背后的原因就在于此。因此，设计分类器时，不但要考虑函数集中的函数能否使经验风险有效减小，还要使函数集的 VC 维尽量小，从而缩小置信范围，期望获得尽可能好的推广能力。

需要指出，推广性的界是对最坏情况的结论，所给出的界在很多情况下是很宽松的，尤其是 VC 维比较高时更是如此。而且，这种界只在对同一类学习函数进行比较时有效，可以指导我们从函数集中选择最优的函数，但在不同函数集之间比较却不一定成立。瓦普尼克指出，寻找更好地反映学习机器能力的参数和得到更紧的界是机器学习领域重要的研究方向之一。

## 3.5　结构风险最小化

从上述讨论可以看到，经验风险最小化原则在训练样本较少时是存在问题的，需要同时最小化经验风险和置信范围，而不能单独最小化经验风险。在传统机器学习方法中，设计学习模型和算法的过程就是优化置信范围的过程，如果选择的模型比较适合现有的训练样本，即 $n/h$ 比较恰当，则可以取得比较好的效果。由于缺乏理论指导，这种选择往往是依赖先验知识和经验进行的，就造成了神经网络等方法对使用者“技巧”的过分依赖。

VC 维是函数集的性质而非单个函数的性质。因此式（3-19）右侧的两项无法直接通过优化算法来最小化。统计学习理论提出了一种策略来解决这个问题，即把函数集 $S=\{f(\boldsymbol{x},\boldsymbol{w}),\boldsymbol{w}\in\Lambda\}$ 分解为一个函数子集序列（或叫子集结构）

$$S_1\subset S_2\subset\cdots\subset S_k\subset\cdots\subset S \tag{3-20}$$

使各个子集能够按照置信范围的大小排列，也就是按照 VC 维的大小排列，即

$$h_1\leqslant h_2\leqslant\cdots\leqslant h_k\leqslant\cdots \tag{3-21}$$

在划分了这样的函数子集结构后，学习的目标就变成在函数集中同时进行子集的选择和子集中最优函数的选择。选择最小经验风险与置信范围之和最小的子集，就可以达到期望风险的最小，这个子集中使经验风险最小的函数就是要求的最优函数。这种思想称作结构风险最小化（Structural Risk Minimization，SRM）原则，如图 3-3 所示。

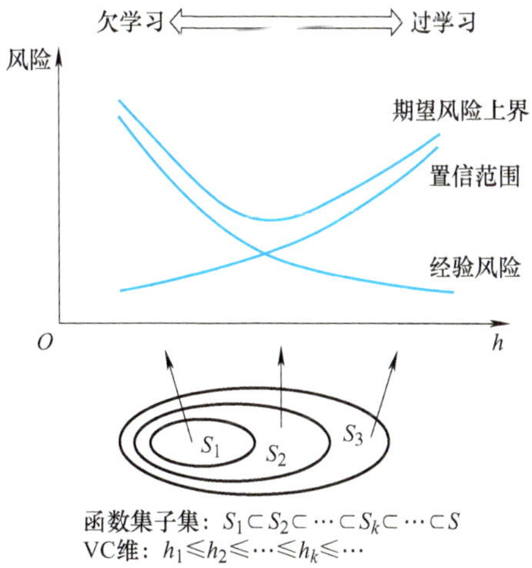


图 3-3　结构风险最小化示意图

实现结构风险最小化原则可有两种思路。一种是如上所述在每个函数子集中求最小经验风险，选择使最小经验与置信范围之和最小的子集，但这种方法比较费时，当子集数目很大甚至是无穷时不可行。第二种思路是设计函数集的某种结构使每个子

集中都能取得最小的经验风险（如使训练误差为 0），然后只选择适当的子集使置信范围最小，则这个子集中使经验风险最小的函数就是最优函数，SRM 方法实际上就是这种思想的具体实现。

## 3.6 正则化方法

正则化是解决不适定问题的一类方法，而不适定问题是在 20 世纪初由法国数学家哈达玛（Hadamard）发现的。他发现在多数情况下，求解算子方程

$$\boldsymbol{A}f=\boldsymbol{F},\qquad f\in\Delta \tag{3-22}$$

的问题是不适定的。这意味着，即使方程存在唯一解，方程右边的微小扰动 $|\boldsymbol{F}-\boldsymbol{F}_\delta|<\delta$ 会带来解的很大变化。因此，在无法得到准确的观测 $\boldsymbol{F}$ 的情况下，对带有噪声的观测 $\boldsymbol{F}_\delta$ 应用常见的最小化式（3-23）目标泛函的方法无法得到对解 $f$ 的合适的估计。即使扰动 $\delta$ 趋向于零也是如此。

$$R(f)=\|\boldsymbol{A}f-\boldsymbol{F}_\delta\|^2 \tag{3-23}$$

到 20 世纪 60 年代，一些学者提出来了解决不适定问题的正则化方法，他们发现不适定问题不能通过最小化式（3-23）的目标泛函来求解，而应该最小化式（3-24）的正则化泛函。



$$R^*(f)=\|\boldsymbol{A}f-\boldsymbol{F}_\delta\|^2+\lambda(\delta)\Omega(f) \tag{3-24}$$

式中，$\Omega(f)$ 度量解 $f$ 的某种性质的泛函；$\lambda(\delta)$ 是与观测噪声水平有关的需适当选取的常数。对这个正则化目标函数进行最小化，就能保证得到的解在噪声趋向于零时收敛到理想的解。

在式（3-24）的正则化方法框架下，选取不同的正则化项 $\Omega(f)$，就产生了不同的正则化方法。对于机器学习问题，大部分都是用样本特征和对应的观测数据来拟合它们之间的函数关系，所以都属于不适定问题。因此，机器学习的任务是寻求这种函数关系的最优解，对设计的机器学习模型在利用给定训练样本进行函数优化时，经常会出现过度拟合训练样本，此时获得的模型在新样本上就会表现不佳。为解决这个问题，在机器学习模型学习过程中就必须要引入正则化方法，通常是在模型的损失函数中添加一个正则项（惩罚项）来实现。对于线性回归问题，根据正则化项对参数空间采用的度量不同，大致有以下常见的正则化方法。用 $\beta$ 表示回归函数中的参数向量，$L(y_i,\beta x_i)$ 表示回归误差的某种度量（如误差绝对值或误差平方），各种正则化方法代表性的目标函数如下：

**L1 正则化（Lasso 正则化）**

$$\min_{\beta}\left(\frac{1}{n}\sum_{i=1}^{n}(y_i-\boldsymbol{\beta}^{\mathrm{T}}x_i)^2+\lambda\|\boldsymbol{\beta}\|_1\right) \tag{3-25}$$

**L2 正则化（Tikhonov 正则化）**

$$\min_{\beta}\left(\frac{1}{n}\sum_{i=1}^{n}L(y_i,\boldsymbol{\beta}^{\mathrm{T}}x_i)+\lambda\|\boldsymbol{\beta}\|^2\right) \tag{3-26}$$

**弹性网正则化（混合正则化）**

$$\min_{\beta}\left(\frac{1}{n}\sum_{i=1}^{n}(y_i-\boldsymbol{\beta}^{\mathrm{T}}x_i)^2+\lambda(\alpha\|\boldsymbol{\beta}\|_1+(1-\alpha)\|\boldsymbol{\beta}\|^2)\right) \tag{3-27}$$

这些不同的正则化方法，都是采用不同的范数来对解函数进行约束。如 L1 范数是用参数向量各元素的绝对值之和作为对非零参数个数的一种惩罚，实现对模型参数复杂度的控制。L2 范数采用了参数向量的二次方和，是最早提出正则化方法时采用的范数。L2 范数能够有效防止参数变得过大，避免模型过拟合。采用 L2 范数的线性回归方法也称作岭回归（Ridge Regression）。弹性网正则化方法采用了 L1 范数和 L2 范数相结合的方式，既利用了 L2 范数防止参数值过大带来的过拟合风险，也利用了 L1 范数有效减少非零参数个数，两个目标通过设置的权重常数进行权衡。

不同的正则化项对学习性能具有不同的理论性质，同时在优化算法上有不同的优势或劣势。对于复杂的机器学习问题，很难事先对样本有足够的了解，很大程度上需要凭经验进行选择，或者通过一定的方法进行实验后选择。因此，正则化方法中正则化项和正则化系数的选择也属于机器学习中所谓的“超参数”，需要在理论、经验和实验共同指导下进行。



## 思考题

3-1　机器学习的基本问题是什么？

3-2　统计学习理论的核心内容是什么？

3-3　举例说明什么是 VC 维？

## 拓展阅读

Vladimir Naumovich Vapnik，中文译名：弗拉基米尔・瓦普尼克，俄罗斯统计学家、数学家。他是统计学习理论（Statistical Learning Theory）的主要创建人之一，该理论也被称作 VC 理论，是一个于 20 世纪 60 年代到 90 年代由瓦普尼克及亚历克塞・泽范兰杰斯（Chervonenkis）建立的一套使用统计方法的机器学习理论。由这套理论所发展出的支持向量机对机器学习的理论界以及各个应用领域都有极大的贡献。

## 参考文献


[1]　张学工，汪小我．模式识别 [M]. 4 版．北京：清华大学出版社，2021.

[2]　西奥多里蒂斯，等．模式识别 [M]. 李晶皎，等译．4 版．北京：电子工业出版社，2010.

[3]　余正涛，郭剑毅，毛存礼，等．模式识别原理及应用 [M]. 北京：科学出版社，2013.

[4]　张学工．关于统计学习理论与支持向量机 [J]. 自动化学报，2000，26（1）：32–42.

[5]　瓦普尼克．统计学习理论的本质 [M]. 张学工，译．北京：清华大学出版社，2000.

# 第 4 章　线性分类器

第 4 章
电子资源

## 导读

本章重点关注线性判别函数，它们都是某个参数集的线性函数，这些参数被称为权向量，而寻找线性判别函数的问题将被形式化为极小化准则函数的问题。首先从线性判别函数的定义出发，介绍线性分类器的设计原理和训练过程。进一步受神经元的启发引出感知器算法，对线性可分问题进行分类，针对线性不可分问题介绍 LMSE 算法。然后介绍 Fisher 算法，把模式样本从高维空间投影到低维空间上，通过在低维空间的区分实现原高维空间数据的分类。最后介绍支持向量机。



## 知识点

- 线性分类器原理、训练和分析。
- 感知器算法原理、训练和分析。
- 最小均方误差算法的松弛求解。
- 支持向量机。

## 4.1　判别函数

在模式识别中，根据模式特征信息，按照决策论的思路，以一定的数量规则来采取不同的分类决策，将待识别的模式划分到不同的类别中去，称为模式识别的决策论方法。在决策论方法中，特征空间被划分成不同的区域，如图 4-1 所示，每个区域对应一个模式类，称为决策区域（Decision Region）。当我们判定待识别的模式位于某个决策区域时，就可以把它划归到对应的类别中。

需要注意的是，决策区域包含模式类中样本的分布区域，但不等于模式类的真实分布范围。

如果特征空间中的决策区域边界（Decision Boundary）可以用一组方程 $G_i(\boldsymbol{x})=0$ 来表示，则将一个模式对应的特征向量 $\boldsymbol{x}$ 代入边界方程中的 $G_i(\boldsymbol{x})$，确定其正负符号，就可以确定该模式位于决策区域边界的哪一边，从而可以判别其应当属于的类别，$G_i(\boldsymbol{x})$ 称为判别函数（Discriminant Function）。

判别函数的形式可以是线性的（Linear）或非线性（Non-linear）的。例如图 4-2 显示了一个非线性判别函数 $G(\boldsymbol{x}) = x_2 - \sin(x_1) = 0$，当 $G(\boldsymbol{x})>0$ 时，可判别模式 $\boldsymbol{x}\in\omega_1$；当 $G(\boldsymbol{x})<0$ 时，可判别 $\boldsymbol{x}\in\omega_2$。

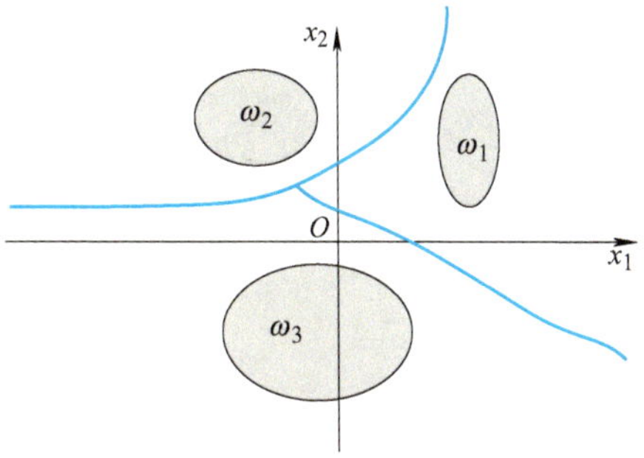

图 4-1　决策区域

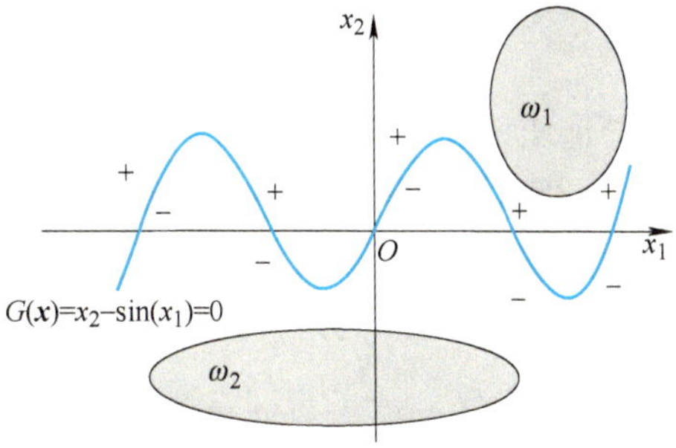

图 4-2　非线性判别函数

非线性判别函数的处理比较复杂，如果决策区域边界可以用线性方程来表达，则决策区域可以用超平面（Hyperplane）来划分，无论在分类器的学习还是分类决策时都比较方便。例如图 4-3 中的特征空间可以用两个线性判别函数来进行分类决策：

当 $G_{21}(\boldsymbol{x})>0$ 且 $G_{13}(\boldsymbol{x})>0$ 时，$\boldsymbol{x}\in\omega_2$；

当 $G_{13}(\boldsymbol{x})<0$ 且 $G_{21}(\boldsymbol{x})<0$ 时，$\boldsymbol{x}\in\omega_3$；

当 $G_{21}(\boldsymbol{x})<0$ 且 $G_{13}(\boldsymbol{x})>0$ 时，$\boldsymbol{x}\in\omega_1$；

当 $G_{21}(\boldsymbol{x})>0$ 且 $G_{13}(\boldsymbol{x})<0$ 时，$\boldsymbol{x}$ 所属类别无法判别。

在判别函数中，特别要注意函数下标所对应的类别和判别函数正负号之间的关系。一般来说，当判别函数 $G_{ij}(\boldsymbol{x})$ 对某个特征向量 $\boldsymbol{x}$ 取得正值时，$\boldsymbol{x}$ 对应的模式应当有可能归于类 $i$，而不会归于类 $j$。

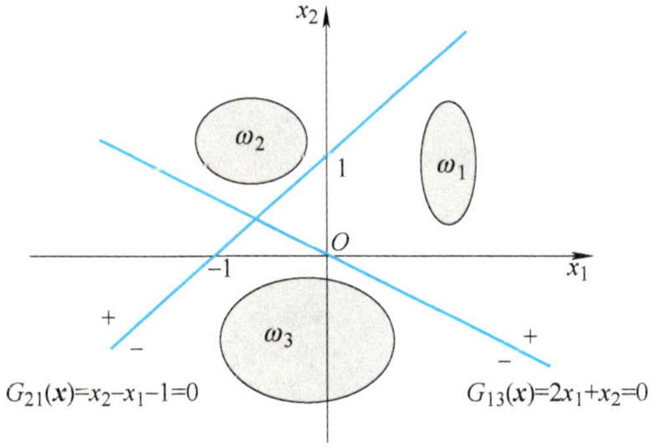

图 4-3　线性判别函数

### 4.1.1　线性判别函数

#### 1. 二分类问题

当两类线性可分时，判别函数可写为

$$G(\boldsymbol{x})=w_1x_1+w_2x_2+\cdots+w_nx_n+w_0 \tag{4-1}$$

式中，$\boldsymbol{x}=[x_1,x_2,\cdots,x_n]^{\mathrm{T}}$ 为模式对应的特征向量（Feature Vector），也称样本向量；$\boldsymbol{w}=[w_1,w_2,\cdots,w_n]^{\mathrm{T}}$，为权向量（Weight Vector）。

则判别函数可写为

$$G(\boldsymbol{x})=\boldsymbol{w}^{\mathrm{T}}\boldsymbol{x}+w_0 \tag{4-2}$$

对于任一模式 $\boldsymbol{x}$，若 $G(\boldsymbol{x})>0$，可判别 $\boldsymbol{x}\in\omega_1$；若 $G(\boldsymbol{x})<0$，可判别 $\boldsymbol{x}\in\omega_2$；若 $G(\boldsymbol{x})=0$，则不能判别 $\boldsymbol{x}$ 所属的类别。

此时决策边界方程为

$$G(\boldsymbol{x})=\boldsymbol{w}^{\mathrm{T}}\boldsymbol{x}+w_0=0 \tag{4-3}$$

该决策边界方程为 $n$ 维超平面。对于决策边界上的任意线段，其起点 $\boldsymbol{x}_1$ 和终点 $\boldsymbol{x}_2$ 都在该超平面上，即满足

$$G(\boldsymbol{x})=\boldsymbol{w}^{\mathrm{T}}\boldsymbol{x}_1+w_0=\boldsymbol{w}^{\mathrm{T}}\boldsymbol{x}_2+w_0=0 \tag{4-4}$$

即 $\boldsymbol{w}^{\mathrm{T}}(\boldsymbol{x}_2-\boldsymbol{x}_1)=0$。

由此可见，权向量与决策边界超平面正交，即 $\boldsymbol{w}$ 是超平面的法向量。一般来说，一个超平面把特征空间分成两个半空间，即 $\omega_1$ 类的决策域和 $\omega_2$ 类的决策域。若 $\boldsymbol{x}\in\omega_1$，则 $G(\boldsymbol{x})>0$，决策面的法向量指向 $\omega_1$ 类一边，而 $\dfrac{|w_0|}{\|\boldsymbol{w}\|}$ 为决策边界超平面到特征空间原点的距离，如图 4-4 所示。



### 2. 多分类问题

当模式类多于两个时，有以下几种情况。

（1）绝对可分（Totally Separable）　当每个类都有一个对应的判别函数，用以区分属于该类的模式和不属于该类的模式，称为绝对可分。若有 $m$ 个模式类，就有 $m$ 个判别函数。

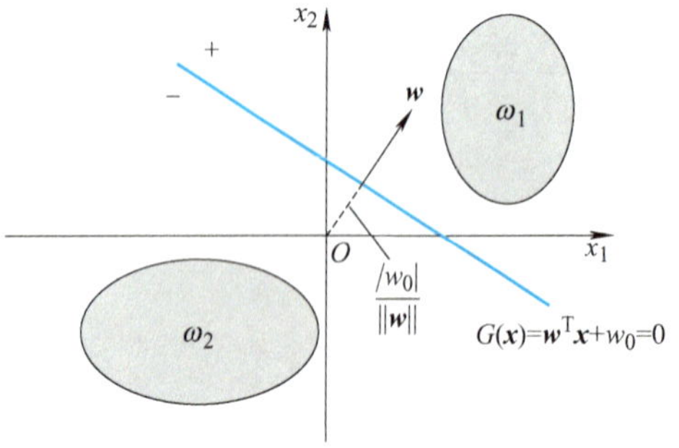


图 4-4　二分类问题

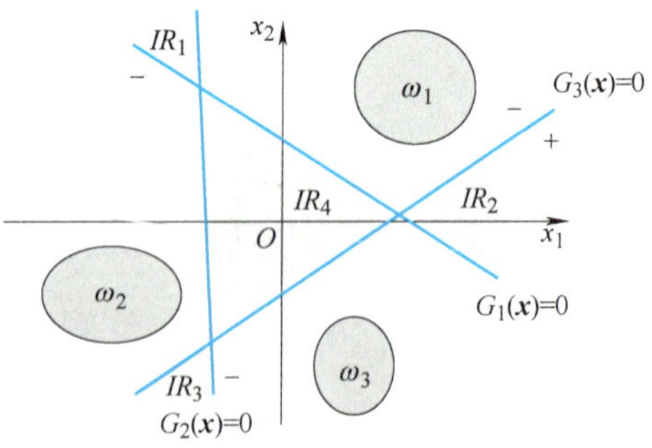


图 4-5　多分类问题——绝对可分

以图 4-5 中的绝对可分问题为例，此时分类决策规则可以用表 4-1 表示。

表 4-1 绝对可分问题的判定表

| | | | | | | | |
|---|---|---|---|---|---|---|---|
| $G_1(\boldsymbol{x})>0$ | T | F | F | T | T | F | F |
| $G_2(\boldsymbol{x})>0$ | F | T | F | T | F | T | F |
| $G_3(\boldsymbol{x})>0$ | F | F | T | F | T | T | F |
| 分类决策 | $\boldsymbol{x}\in\omega_1$ | $\boldsymbol{x}\in\omega_2$ | $\boldsymbol{x}\in\omega_3$ | $IR_1$ | $IR_2$ | $IR_3$ | $IR_4$ |

可以发现，绝对可分的情况存在许多分类不确定的区域。

（2）两两可分（Pairwise Separable） 当每两个模式类之间都可以用一个判别函数来区分，称为两两可分。此时若有 $m$ 个模式类，就有 $m(m-1)/2$ 个判别函数。

以图 4-6 中的两两可分问题为例，此时分类决策规则可以用表 4-2 表示。

表 4-2 两两可分问题的判定表

| | | | | |
|---|---|---|---|---|
| $G_{12}(\boldsymbol{x})>0$ | T | F | * | F |
| $G_{23}(\boldsymbol{x})>0$ | * | T | F | F |
| $G_{31}(\boldsymbol{x})>0$ | F | * | T | F |
| 分类决策 | $\boldsymbol{x}\in\omega_1$ | $\boldsymbol{x}\in\omega_2$ | $\boldsymbol{x}\in\omega_3$ | $IR$ |

两两可分的分类不确定区域减少，但至少需要进行 2 次判别才能确定模式的类别划分。

（3）最大值可分 如果每个模式类都对应有一个判别函数，一个模式被划归到判别函数值最大的那个模式类中，就称为最大值可分。此时若有 $m$ 个模式类，就有 $m$ 个判别函数，如图 4-7 所示。



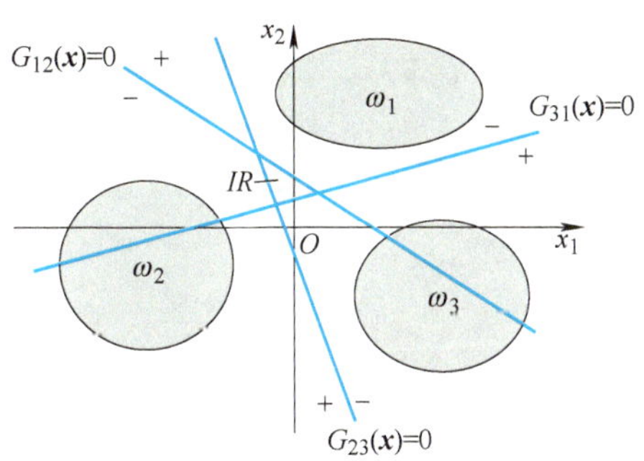


图 4-6 多分类问题——两两可分

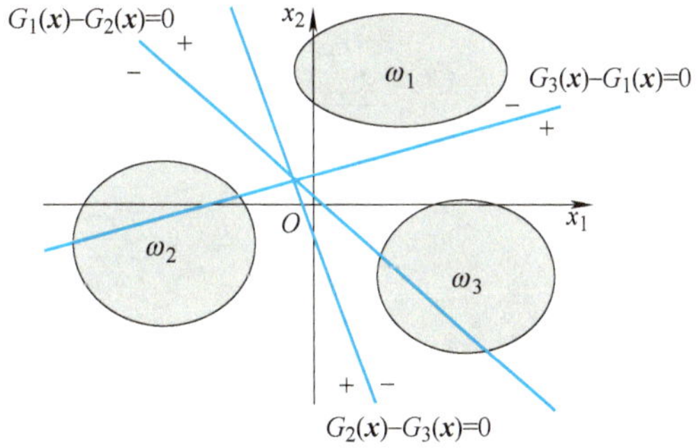


图 4-7 多分类问题——最大值可分

显然，最大值可分是两两可分的特殊情况。此时的分类决策规则为

$$\boldsymbol{x}\in\omega_k，当 G_k(\boldsymbol{x})=\max_{1\leqslant i\leqslant m}\{G_i(\boldsymbol{x})\} \tag{4-5}$$

### 3. 线性判别函数的几何意义

当一个模式位于线性决策边界上时，该模式与决策边界的距离为 0，对应的判别函数值也为 0。直观地可以发现，当一个模式距离决策边界越远时，判别函数的绝对值也应当越大，也就是说判别函数是模式到决策超平面距离远近的一种度量。

下面以二类问题为例分析判别函数的几何意义。如果判别函数 $G(\boldsymbol{x})$ 可以将两类分开，则决策边界方程为

$$G(\boldsymbol{x})=\boldsymbol{w}^{\mathrm{T}}\boldsymbol{x}+w_0=0 \tag{4-6}$$

定义模式 $\boldsymbol{x}$ 距离决策边界的距离为 $r$，则向量 $\boldsymbol{x}$ 可以表示为其在决策边界上的投影点所代表的向量 $\boldsymbol{x}_p$ 和向量 $r\frac{\boldsymbol{w}}{\|\boldsymbol{w}\|}$ 的和，如图 4-8 所示，即

$$\boldsymbol{x}=\boldsymbol{x}_p+r\frac{\boldsymbol{w}}{\|\boldsymbol{w}\|} \tag{4-7}$$

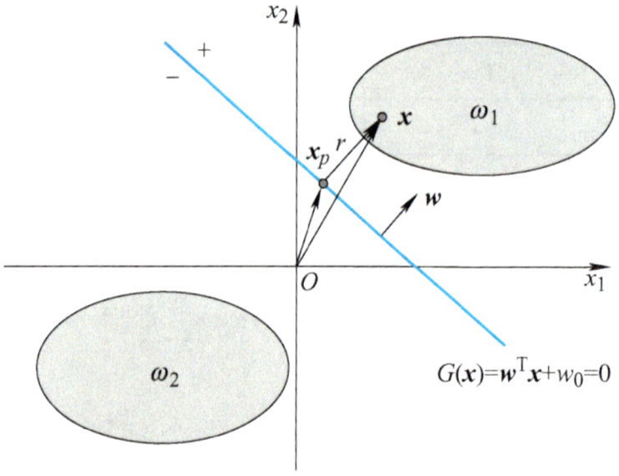


图 4-8　线性判别函数的几何意义



代入判别函数中，得

$$G(\boldsymbol{x})=\boldsymbol{w}^{\mathrm{T}}\boldsymbol{x}+w_0=\boldsymbol{w}^{\mathrm{T}}(\boldsymbol{x}_p+r\frac{\boldsymbol{w}}{\|\boldsymbol{w}\|})+w_0=\boldsymbol{w}^{\mathrm{T}}\boldsymbol{x}_p+w_0+r\frac{\boldsymbol{w}^{\mathrm{T}}\boldsymbol{w}}{\|\boldsymbol{w}\|}=r\|\boldsymbol{w}\| \tag{4-8}$$

或写作

$$r=\frac{G(\boldsymbol{x})}{\|\boldsymbol{w}\|} \tag{4-9}$$

由此可见，模式 $\boldsymbol{x}$ 到决策边界的距离正比于判别函数值，判别函数的符号代表了距离 $r$ 的符号，表示该模式位于决策边界的正侧还是负侧。

更一般的情况，权向量 $\boldsymbol{w}$ 仅代表决策超平面的法线方向，其长度不会影响决策边界在特征空间中的位置，完全可以取 $\|\boldsymbol{w}\|=1$，此时的判别函数值就是模式到决策边界的距离。

### 4.1.2　广义线性化

一个模式识别问题是否线性可分（Linearly Separable），取决于是否有可能找到一个超平面来分离开两个相邻的类别。如果每个类别的分布范围本身是全连通的单一凸集（Convex），且互不重叠，则这两个类别一定是线性可分的。

因此，线性不可分就有可能包含以下两种情况。

1）至少有一个类别的分布范围是凹（Concave）的，且其凸包（Convex Hull）和另一个类别的分布范围重叠，如图 4-9 所示。

2）一个类别的分布范围由两个以上不连通的区域构成，这一类里最典型的就是异或（XOR）问题，如图 4-10 所示。

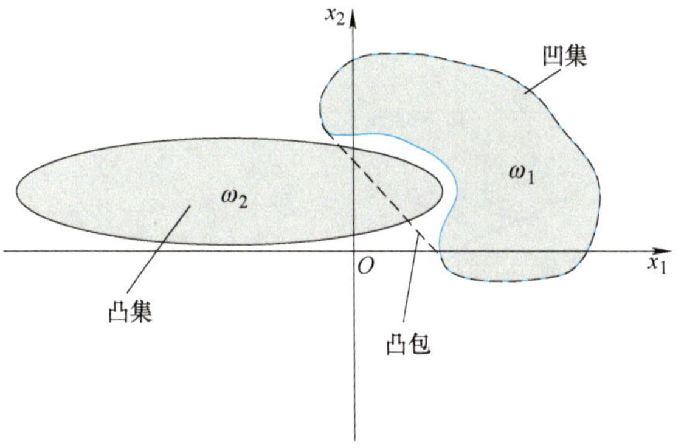


图 4-9 包含凹区域的线性不可分情况

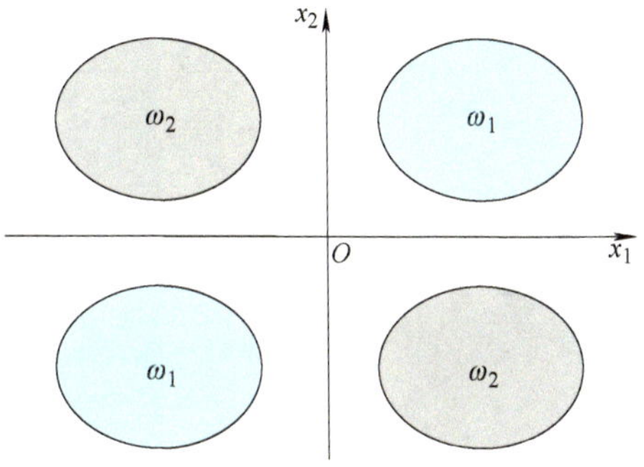


图 4-10 异或（XOR）问题

有一类线性不可分问题，可将其映射（Mapping）到另一个高维空间（High Dimensional Space）中，转化为一个线性可分问题。例如一维特征空间中的线性不可分问题，如图 4-11 所示。



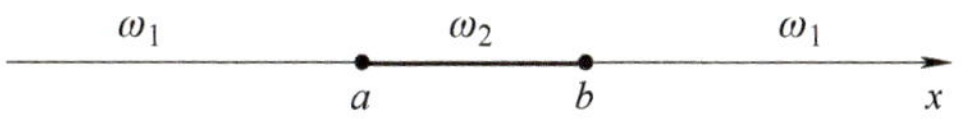


图 4-11 一维线性不可分问题

可设定判别函数为

$$G(x)=(x-a)(x-b) \tag{4-10}$$

当 $G(\boldsymbol{x})>0$ 时，可判别模式 $\boldsymbol{x}\in\omega_1$；当 $G(\boldsymbol{x})<0$ 时，可判别 $\boldsymbol{x}\in\omega_2$。此时的判别函数为非线性判别函数。

令 $y_1=x^2, y_2=x$，此时原始一维特征空间映射到二维的特征空间中，判别函数转化为

$$G(x)=(x-a)(x-b)=x^2-(a+b)x+ab=y_1-(a+b)y_2+ab \tag{4-11}$$

在二维空间 $\boldsymbol{Y}$ 中，决策区域的边界是一条直线，线性不可分问题转换成为了一个线性可分问题。判别函数为

$$G(\boldsymbol{y})=\boldsymbol{w}^{\mathrm{T}}\boldsymbol{y}+w_0 \tag{4-12}$$

式中，$\boldsymbol{y}=(y_1,y_2)^{\mathrm{T}}$；$\boldsymbol{w}=(1,-(a+b))^{\mathrm{T}}$；$w_0=ab$。该式称为广义线性判别函数（Generalized Linear Discriminant Function）。

在 $\boldsymbol{Y}$ 空间中决策区域边界是一条直线，与横坐标交点为 $y_1=-ab$，与纵坐标交点

为 $y_2=\dfrac{ab}{(a+b)}$，两个模式类上的点分布于一条抛物线上，分别位于决策线的两边，如图 4-12 所示。

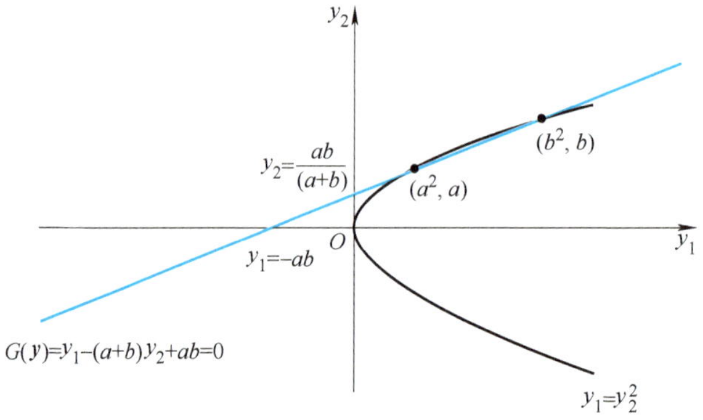


图 4-12　将一维线性不可分问题转化为二维线性可分问题

## 4.2　线性分类器原理

### 4.2.1　线性分类器设计



对于任意两个类之间，都可以使用一个线性判别函数来进行区分，决策边界方程为

$$G_{ij}(\boldsymbol{x})=\boldsymbol{w}^{\mathrm{T}}\boldsymbol{x}+w_0=0 \tag{4-13}$$

式中，$\boldsymbol{x}=(x_1,x_2,\cdots,x_n)^{\mathrm{T}}$，为模式对应的特征向量；$\boldsymbol{w}=(w_1,w_2,\cdots,w_n)^{\mathrm{T}}$，称为权向量；将其写成 $n$+1 维增广（Augmented）形式，即

$$G_{ij}(\boldsymbol{x})=\boldsymbol{w}^{\mathrm{T}}\boldsymbol{x} \tag{4-14}$$

式中，$\boldsymbol{x}=(x_1,x_2,\cdots,x_n,1)^{\mathrm{T}}$，即 $n$+1 维增广特征向量；$\boldsymbol{w}=(w_1,w_2,\cdots,w_n,w_0)^{\mathrm{T}}$，即 $n$+1 维增广权向量。

此时分类决策规则为

$$\text{若}G_{ij}(\boldsymbol{x})>0,\text{则}\boldsymbol{x}\in\omega_i;\quad \text{若}G_{ij}(\boldsymbol{x})<0,\text{则}\boldsymbol{x}\in\omega_j$$

如果给定一个分好类的样本集，则其中每个样本对应的增广特征向量都是已知的，此时要设计一个线性分类器可以实现两个类的分类决策，就是要求解出一个能使得样本集内所有样本都能划分到正确的类别中的增广权向量 $\boldsymbol{w}$，这就是线性分类器的设计目标。

### 4.2.2　线性分类器训练

假设用于学习的样本集中有 $l$ 个样本，其中有 $l_i$ 个属于 $\omega_i$ 类，对应的特征向量分别为 $\{\boldsymbol{x}^{(1)},\boldsymbol{x}^{(2)},\cdots,\boldsymbol{x}^{(l_i)}\}$；有 $l_j$ 个属于 $\omega_j$ 类，对应的特征向量分别为 $\{\boldsymbol{y}^{(1)},\boldsymbol{y}^{(2)},\cdots,\boldsymbol{y}^{(l_j)}\}$。则增广

权向量 $\boldsymbol{w}$ 应当满足

$$\begin{cases} G_{ij}(\boldsymbol{x}^{(1)}) = \boldsymbol{w}^{\mathrm{T}}\boldsymbol{x}^{(1)} > 0 \\ G_{ij}(\boldsymbol{x}^{(2)}) = \boldsymbol{w}^{\mathrm{T}}\boldsymbol{x}^{(2)} > 0 \\ \quad\cdots \\ G_{ij}(\boldsymbol{x}^{(l_i)}) = \boldsymbol{w}^{\mathrm{T}}\boldsymbol{x}^{(l_i)} > 0 \\ G_{ij}(\boldsymbol{y}^{(1)}) = \boldsymbol{w}^{\mathrm{T}}\boldsymbol{y}^{(1)} < 0 \\ G_{ij}(\boldsymbol{y}^{(2)}) = \boldsymbol{w}^{\mathrm{T}}\boldsymbol{y}^{(2)} < 0 \\ \quad\cdots \\ G_{ij}(\boldsymbol{y}^{(l_j)}) = \boldsymbol{w}^{\mathrm{T}}\boldsymbol{y}^{(l_j)} < 0 \end{cases} \tag{4-15}$$

当样本数 $l<n$ 时，该不等式方程组为不定的，没有有意义的解；当样本 $l \geqslant n$ 时，该不等式方程组为适定或超定的，有无穷多个解，但是这些解有一定的分布区域，称为解区域，如图 4-13 所示。

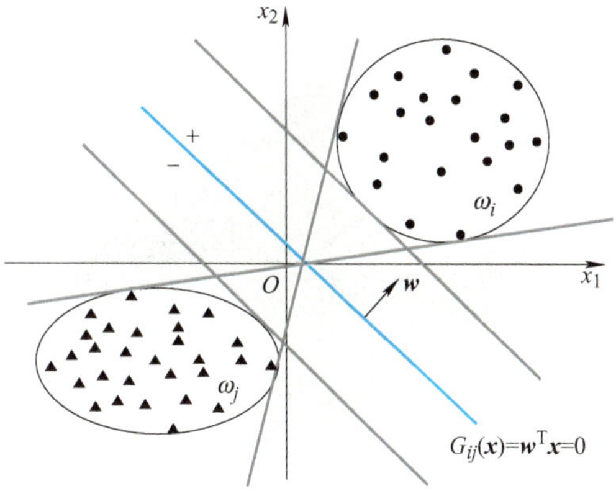


图 4-13　线性分类器设计的解区域

如果 $\omega_i$ 和 $\omega_j$ 两类线性不可分，则解区域不存在。

如果用于学习的训练样本集是线性可分的，则一定有无穷多个解向量 $\boldsymbol{w}$ 满足判别函数不等式方程组，设计出的线性分类器也有无穷多个。因此，求取线性分类器的设计结果一定是一个寻找最优解的过程，一般设计思路是：

1）设定一个标量函数 $J(\boldsymbol{w})$ 为准则函数（Criterion Function）；

2）使准则函数 $J(\boldsymbol{w})$ 取得极小值的增广权向量 $\boldsymbol{w}$，就是最优解。

由于准则函数 $J(\boldsymbol{w})$ 求极值一般无法直接依据 $\dfrac{\partial J(\boldsymbol{w})}{\partial \boldsymbol{w}}=0$ 获得解析解，只能设计一个逐步逼近的算法来根据训练集求取最优增广权向量 $\boldsymbol{w}$。

### 4.2.3　线性分类器分析

梯度法（Gradient Method）是传统的求极小值算法之一，它是从一个初始的权向量 $\boldsymbol{w}(0)$ 出发，在每一递推中沿当前准则函数 $J(\boldsymbol{w})$ 的负梯度方向前进一步，对权向量进行修正，逐步减小准则函数的值，直至其取得最小值，或近似取得最小值为止，即在第 $k+1$ 步递推中

$$\boldsymbol{w}(k+1) = \boldsymbol{w}(k) - \rho(k+1)\nabla J(\boldsymbol{w}(k)) \tag{4-16}$$

式中，$\nabla J(\boldsymbol{w}(k))$ 是准则函数 $J(\boldsymbol{w})$ 在 $\boldsymbol{w}(k)$ 处的梯度值。因为解空间中每一点的负梯度方向就是准则函数值减少最快的方向，因此梯度法又称为“最速下降法”。

梯度法中 $\rho(k+1)>0$ 是第 $k+1$ 步递推时对权向量的修正步长。$\rho(k+1)$ 取值越大，求解的速度越快，但求解精度越差，容易过冲甚至振荡。$\rho(k+1)$ 取值越小，求解的速度越慢，但求解精度越高。

## 4.3 感知器算法

### 4.3.1 感知器原理

感知器（Perceptron）是美国实验心理学家弗兰克·罗森布拉特（Frank Rosenblatt）在 1957 年提出的神经元模型，它没有反馈和内部状态，是对多个输入量加权求和后决定输出的值，如图 4-14 所示。

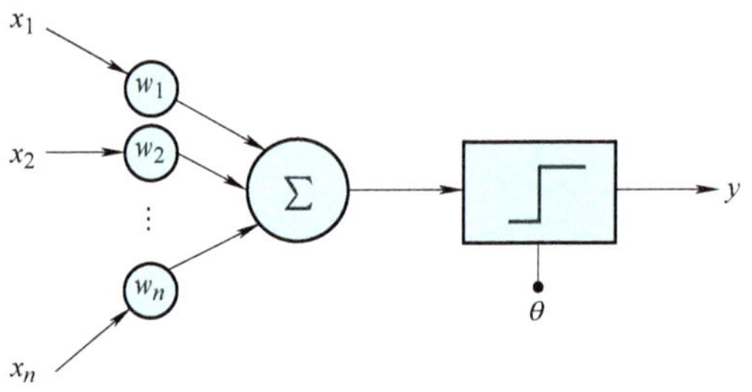




图 4-14　感知器模型

感知器输出是一个阶跃函数，其输入输出关系为

$$y=\begin{cases}1, & (\sum\limits_{i=1}^{n} w_i x_i)>\theta \\ 0, & (\sum\limits_{i=1}^{n} w_i x_i)\leqslant\theta\end{cases} \tag{4-17}$$

式中，$\theta$ 为输出阈值。显然，感知器可以作为两类的线性分类器。如果已有线性可分的训练样本集，罗森布拉特证明，通过分类错误信息调整权值的算法，总可以使权向量收敛到分类错误为 0 的最优解。

为求解权向量 $\boldsymbol{w}$，需要求解不等式方程组

$$\begin{cases}G_{ij}(\boldsymbol{x}^{(1)})=\boldsymbol{w}^{\mathrm{T}}\boldsymbol{x}^{(1)}>0 \\ G_{ij}(\boldsymbol{x}^{(2)})=\boldsymbol{w}^{\mathrm{T}}\boldsymbol{x}^{(2)}>0 \\ \quad\cdots \\ G_{ij}(\boldsymbol{x}^{(l_i)})=\boldsymbol{w}^{\mathrm{T}}\boldsymbol{x}^{(l_i)}>0 \\ G_{ij}(\boldsymbol{y}^{(1)})=\boldsymbol{w}^{\mathrm{T}}\boldsymbol{y}^{(1)}<0 \\ G_{ij}(\boldsymbol{y}^{(2)})=\boldsymbol{w}^{\mathrm{T}}\boldsymbol{y}^{(2)}<0 \\ \quad\cdots \\ G_{ij}(\boldsymbol{y}^{(l_j)})=\boldsymbol{w}^{\mathrm{T}}\boldsymbol{y}^{(l_j)}<0\end{cases} \tag{4-18}$$

该方程组的不等式有两种形式，不便于统一处理，因此把属于 $\omega_j$ 类的样本的增广特征向量取负号，即得到

$$\begin{cases} G_{ij}(\boldsymbol{x}^{(1)}) = \boldsymbol{w}^{\mathrm{T}}\boldsymbol{x}^{(1)} > 0 \\ G_{ij}(\boldsymbol{x}^{(2)}) = \boldsymbol{w}^{\mathrm{T}}\boldsymbol{x}^{(2)} > 0 \\ \qquad\cdots \\ G_{ij}(\boldsymbol{x}^{(l_i)}) = \boldsymbol{w}^{\mathrm{T}}\boldsymbol{x}^{(l_i)} > 0 \\ G_{ij}(\boldsymbol{y}^{(1)}) = -\boldsymbol{w}^{\mathrm{T}}\boldsymbol{y}^{(1)} > 0 \\ G_{ij}(\boldsymbol{y}^{(2)}) = -\boldsymbol{w}^{\mathrm{T}}\boldsymbol{y}^{(2)} > 0 \\ \qquad\cdots \\ G_{ij}(\boldsymbol{y}^{(l_j)}) = -\boldsymbol{w}^{\mathrm{T}}\boldsymbol{y}^{(l_j)} > 0 \end{cases} \tag{4-19}$$

此时可用统一的形式来表示判别函数对所有训练样本集中的样本的取值条件

$$G_{ij}(\boldsymbol{x}) = \boldsymbol{w}^{\mathrm{T}}\boldsymbol{x} > 0 \tag{4-20}$$

式中，$\boldsymbol{x} = (\boldsymbol{x}^{(1)}, \boldsymbol{x}^{(2)}, \cdots, \boldsymbol{x}^{(l_i)}, -\boldsymbol{y}^{(1)}, -\boldsymbol{y}^{(2)}, \cdots, -\boldsymbol{y}^{(l_j)})^{\mathrm{T}}$，属于 $\omega_j$ 类的样本对应的增广特征向量每一分量都为原始值的负值。这一过程称为样本特征向量的“规范化（Normalization）”。

### 4.3.2　感知器训练

感知器算法（Perceptron Algorithm，PA）也采用梯度法来求取权向量的最优值。其准则函数定义为

$$J(\boldsymbol{w}) = \sum_{\boldsymbol{x} \in X_0} (-\boldsymbol{w}^{\mathrm{T}}\boldsymbol{x}) \tag{4-21}$$

式中，$X_0$ 是规范化后的样本集中分类错误的子集。当存在错分样本时，$J(\boldsymbol{w}) > 0$；当不存在错分样本时，$J(\boldsymbol{w}) = 0$，取得极小值，此时的权向量 $\boldsymbol{w}$ 就是最优解。

根据梯度法，每一步递推时的权向量都由前一步的权向量向当前准则函数 $J(\boldsymbol{w})$ 的负梯度方向修正得到，即

$$\boldsymbol{w}(k+1) = \boldsymbol{w}(k) - \rho(k+1)\nabla J(\boldsymbol{w}(k)) \tag{4-22}$$

式中，$\nabla J(\boldsymbol{w}(k)) = (\frac{\partial J(\boldsymbol{w}(k))}{\partial w_1}, \frac{\partial J(\boldsymbol{w}(k))}{\partial w_2}, \cdots, \frac{\partial J(\boldsymbol{w}(k))}{\partial w_n}, \frac{\partial J(\boldsymbol{w}(k))}{\partial w_0}) = \sum_{\boldsymbol{x} \in X_0} (-\boldsymbol{x})$。

即等于规范化后的错分样本特征向量取负号后之和，则

$$\boldsymbol{w}(k+1) = \boldsymbol{w}(k) + \rho(k+1)\sum_{\boldsymbol{x} \in X_0} \boldsymbol{x} \tag{4-23}$$

这就是感知器算法的核心递推公式。

感知器算法的具体步骤为：

1）设定初始权向量 $\boldsymbol{w}(0)$，$k=0$；

2）对训练样本集的所有规范化增广特征向量进行分类，将分类错误的样本（即不满足 $G_{ij}(\boldsymbol{x}) = \boldsymbol{w}^{\mathrm{T}}\boldsymbol{x} > 0$ 的样本）放入集合 $X_0$ 中；

3）修正权向量 $\boldsymbol{w}(k+1) = \boldsymbol{w}(k) + \rho(k+1)\sum_{\boldsymbol{x} \in X_0} \boldsymbol{x}$；

4） $k=k+1$，返回步骤 2），直至所有样本都能被正确分类为止。

也可采取单样本修正的算法，步骤为：

1）设定初始权向量 $\boldsymbol{w}(0)$，$k=0$；

2）从训练样本集中顺序抽取一个样本，将其规范化增广特征向量 $\boldsymbol{x}$ 代入到判别函数中计算；

3）若分类正确（即 $G_{ij}(\boldsymbol{x})=\boldsymbol{w}^{\mathrm{T}}\boldsymbol{x}>0$）返回到步骤 2），抽取下一个样本；

4）若分类错误（即不满足 $G_{ij}(\boldsymbol{x})=\boldsymbol{w}^{\mathrm{T}}\boldsymbol{x}>0$），修正权向量 $\boldsymbol{w}(k+1)=\boldsymbol{w}(k)+\rho(k+1)\boldsymbol{x}$；

5）返回到步骤 2），抽取下一个样本，直至训练样本集中所有样本均被正确分类。

需要注意，因为感知器算法采用梯度下降法进行求解，其准则函数只与是否能够将所有样本都正确分类有关，只要没有错分样本，最终的解落入解区域内，从感知器算法的准则函数角度评判，就取得了极小值，得到了算法的最优解。而在解区域中是否还能优中选优，感知器算法就无能为力了。

因此，寻优过程中，评价方式所设定的目标高低，直接决定了算法最终能得到什么样的结果。这类似于我们经常强调要立鸿鹄志、志存高远的道理。

### 4.3.3 感知器分析

感知器算法中递推步长 $\rho(k+1)$ 决定了每次对权向量修正的幅度，它的大小会影响权向量求解的速度和精度。一般 $\rho(k+1)$ 的选择有以下一些方式。



（1）固定值　即 $\rho(k+1)$ 选择固定的非负数。

（2）绝对修正　在单样本修正算法中，为保证分类错误的样本在对权向量进行一次修正后能正确分类，需要满足

$$\boldsymbol{w}^{\mathrm{T}}(k+1)\boldsymbol{x}>0 \tag{4-24}$$

代入递推修正公式 $\boldsymbol{w}(k+1)=\boldsymbol{w}(k)+\rho(k+1)\boldsymbol{x}$，得

$$\boldsymbol{w}^{\mathrm{T}}(k+1)\boldsymbol{x}=\boldsymbol{w}^{\mathrm{T}}(k)\boldsymbol{x}+\rho(k+1)\boldsymbol{x}^{\mathrm{T}}\boldsymbol{x}>0 \tag{4-25}$$

即

$$\rho(k+1)>\frac{\left|\boldsymbol{w}^{\mathrm{T}}(k)\boldsymbol{x}\right|}{\boldsymbol{x}^{\mathrm{T}}\boldsymbol{x}} \tag{4-26}$$

满足该条件的 $\rho(k+1)$ 称为绝对修正因子。

（3）部分修正　若取

$$\rho(k+1)=\lambda\frac{\left|\boldsymbol{w}^{\mathrm{T}}(k)\boldsymbol{x}\right|}{\boldsymbol{x}^{\mathrm{T}}\boldsymbol{x}},\quad 0<\lambda\leqslant 2 \tag{4-27}$$

则称为部分修正。

（4）变步长法　可以取按照某种规律逐步减少的 $\rho(k+1)$，使得算法开始时收敛较快，接近最优解时收敛速度变慢，以提高求解的精度。比较常用的变步长法为

$$\rho(k+1)=\lambda\frac{1}{k},\quad \lambda>0 \tag{4-28}$$

（5）最优步长法　在每一步时，通过求准则函数 $J(\boldsymbol{w}(k+1))$ 对于不同的 $\rho(k+1)$ 可以取得的最小值，来确定最优的 $\rho(k+1)$。该方法的问题在于，相比采用小步长带来的递推次数增加，每步求最优步长会带来更大的计算量。

感知器算法简单明了，对线性可分问题收敛性有理论保证，但它以减少错分样本为求解目标，其最优解为无错分样本的权向量，因此该算法存在以下问题：

1）求解结果落入解区域中则算法停止，不能在解区域的所有解中求得最优解。

2）求解结果与初始权向量、样本处理顺序、递推步长都有关系，即求解结果不确定。

3）对于线性不可分问题无法在允许错分的情况下求得次优解。

### 4.3.4　感知器网络

单层感知器最大的缺点是，只能解决线性可分的分类模式问题。要增强网络的分类能力，唯一的方法是采用多层网络结构，即在输入层与输出层之间增加隐含层，从而构成多层感知器（MultiLayer Perceptrons，MLP）。这种输入层、隐含层（可以是一层或者多层）和输出层构成的神经网络称为多层前向神经网络。新增加的各层称为隐含层或中间层，其中的各个单元称为隐单元，也称为隐含单元或中间层单元。多层感知器是对单层感知器的推广，它能够成功解决单层感知器所不能解决的非线性可分问题。图 4-15 所示的是一个典型的三层感知器结构。



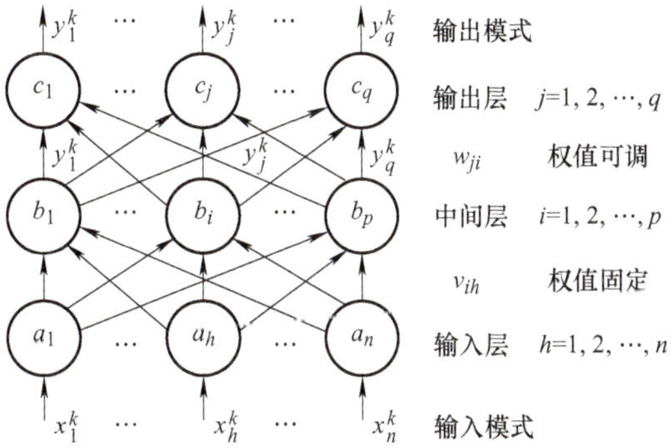


图 4-15　三层感知器结构

由图 4-15 可知，与基本感知器相比，除了输入层和输出层之外，它还增加了一个隐含层。隐含层中的隐单元用 $b_i$ 表示，其中 $i=1,2,\cdots,p$ 为隐单元的序号。$b_i$ 同时也表示隐单元的实际输出值。隐单元的功能是对所有的输入值加权求和，并通过阈值型作用函数产生一组输出值，然后再将它们传送给所有与之相连的输出层的各个单元。

与输出层一样，隐含层也有阈值，通常用 $\gamma_i$ 表示第 $i$ 个隐单元的阈值。所有的阈值构成了一个阈值向量。隐单元的作用相当于特征提取（检测）器，提取输入模式中包含的有效特征信息，以便使输出单元处理的模式是线性可分的。输出层与中间层的各个单元之

间的连接权值用 $w_{ji}$ 表示，而中间层与输入层的各个单元之间的连接权值用 $v_{ih}$ 表示，其中 $j=1,2,\cdots,q$ 为输出单元的序号， $h=1,2,\cdots,n$ 为输入单元的序号。

可以想象，正如可以用分段线性判别函数来实现复杂的非线性分类面一样，对于任意复杂形状的分类区域，总可以用多个神经元组成一定的层次结构来实现分类，即多个感知器的线性组合来实现非线性分类

$$y=\theta\left\{\sum_{j=1}^{q}w_j\theta\left(\sum_{h=1}^{n}v_{ih}x_h+v_{i0}\right)+w_0\right\} \tag{4-29}$$

式中， $\theta(\bullet)$ 为阶跃函数或符号函数。

遗憾的是，在 20 世纪 60 年代，人们发现感知器学习算法无法直接应用到这种多层模型的参数学习上。因此，弗兰克·罗森布拉特提出了这样的方案——除了最后一个神经元之外，事先固定其他所有神经元的权值，学习过程只是用感知器学习算法来寻找最后一个神经元的权系数。实际上，这样做就相当于通过第一层神经元把原始的特征空间变换到了一个新的空间，第一层的每个神经元构成新空间的一维，每一维取值都为二值 ((0,1} 或 (−1,1))，然后再在这个新空间里用感知器学习算法构造一个线性分类器。显然，由于第一层神经元的权值是需要人为给定的，模型的性能很大程度上取决于能否设计出恰当的第一层神经元模型，而这又取决于对所面临的数据和问题的了解。人们当时没有找到能够针对任意问题求解第一层神经元参数的方法，所以这方面没有进一步进展，人们对感知器的研究就此停滞了大约 25 年。



## 4.4 LMSE 算法

### 4.4.1 线性分类器的松弛求解

本节讨论线性不可分样本集的分类问题。在线性不可分的情况下，式（4-30）的不等式组不可能同时满足。一种直观的想法就是，希望求解一个 $\boldsymbol{w}$ 使被错分的样本尽可能少，即不满足式（4-30）的样本尽可能少，这种方法是通过解线性不等式组来最小化错分样本数目，通常采用搜索算法求解。

$$\begin{cases}G_{ij}(\boldsymbol{x}^{(1)})=\boldsymbol{w}^{\mathrm{T}}\boldsymbol{x}^{(1)}>0\\G_{ij}(\boldsymbol{x}^{(2)})=\boldsymbol{w}^{\mathrm{T}}\boldsymbol{x}^{(2)}>0\\\qquad\cdots\\G_{ij}(\boldsymbol{x}^{(l)})=\boldsymbol{w}^{\mathrm{T}}\boldsymbol{x}^{(l)}>0\end{cases} \tag{4-30}$$

但是求解线性不等式组有时不方便，为了避免此问题，对该不等式方程组松弛化，任意给定一个裕量向量 $\boldsymbol{b}=(b_1,b_2,\cdots,b_l)^{\mathrm{T}}$ ，令

$$\begin{cases}G_{ij}(\boldsymbol{x}^{(1)})=\boldsymbol{w}^{\mathrm{T}}\boldsymbol{x}^{(1)}=b_1>0\\G_{ij}(\boldsymbol{x}^{(2)})=\boldsymbol{w}^{\mathrm{T}}\boldsymbol{x}^{(2)}=b_2>0\\\qquad\cdots\\G_{ij}(\boldsymbol{x}^{(l)})=\boldsymbol{w}^{\mathrm{T}}\boldsymbol{x}^{(l)}=b_l>0\end{cases} \tag{4-31}$$

则求解线性不等式方程组的问题转化为求解线性方程组的问题。

再令矩阵

$$\boldsymbol{X}=\begin{pmatrix}\boldsymbol{x}^{(1)\mathrm{T}}\\ \boldsymbol{x}^{(2)\mathrm{T}}\\ \cdots\\ \boldsymbol{x}^{(l)\mathrm{T}}\end{pmatrix} \tag{4-32}$$

上述线性方程组可写为

$$\boldsymbol{X}\boldsymbol{w}=\boldsymbol{b} \tag{4-33}$$

当训练样本数 $l$ 小于样本特征维数 $n$ 时，权向量 $\boldsymbol{w}$ 有无穷多个解，不存在有意义的类别分界线。当 $l$ 等于 $n$ 时，权向量 $\boldsymbol{w}$ 也有无穷多个解，但这些解是线性相关的，其所决定的分类决策边界均满足 $G_{ij}(\boldsymbol{x})=\boldsymbol{w}^{\mathrm{T}}\boldsymbol{x}=0$，所以分类决策边界有精确解（Exact Solution）。

当训练样本数 $l$ 大于样本特征维数 $n$ 时，且方程组中的各方程不是线性相关的话，则线性方程组是超定的（Over-determined），权向量 $\boldsymbol{w}$ 无精确解。但是对于此类问题，可采用最小二乘法的方法，求得一个尽可能满足方程的近似解。

设定误差向量为 $\boldsymbol{e}=\boldsymbol{X}\boldsymbol{w}-\boldsymbol{b}$，均方误差准则函数为 $J(\boldsymbol{w})=\|\boldsymbol{e}\|^2=\|\boldsymbol{X}\boldsymbol{w}-\boldsymbol{b}\|^2$，则当均方误差 $J(\boldsymbol{w})$ 取得最小值时，所求得的权向量 $\boldsymbol{w}$ 是最优的。

仍然采用梯度法，权向量的递推公式为

$$\boldsymbol{w}(k+1)=\boldsymbol{w}(k)-\rho(k+1)\nabla J(\boldsymbol{w}(k)) \tag{4-34}$$



因为

$$J(\boldsymbol{w}(k))=\|\boldsymbol{X}\boldsymbol{w}(k)-\boldsymbol{b}\|^2=\sum_{i=1}^{l}(\boldsymbol{x}^{(i)\mathrm{T}}\boldsymbol{w}(k)-b_i)^2=\sum_{i=1}^{l}(\boldsymbol{w}^{\mathrm{T}}(k)\boldsymbol{x}^{(i)}-b_i)^2 \tag{4-35}$$

所以均方误差准则函数 $J(\boldsymbol{w})$ 在 $\boldsymbol{w}(k)$ 处的梯度为

$$\begin{aligned}\nabla J(\boldsymbol{w}(k))&=\nabla\sum_{i=1}^{l}(\boldsymbol{w}^{\mathrm{T}}(k)\boldsymbol{x}^{(i)}-b_i)^2\\&=\sum_{i=1}^{l}2(\boldsymbol{w}^{\mathrm{T}}(k)\boldsymbol{x}^{(i)}-b_i)\boldsymbol{x}^{(i)}\\&=2\boldsymbol{X}^{\mathrm{T}}(\boldsymbol{X}\boldsymbol{w}(k)-\boldsymbol{b})\end{aligned} \tag{4-36}$$

所以

$$\begin{aligned}\boldsymbol{w}(k+1)&=\boldsymbol{w}(k)-\rho(k+1)\cdot 2\boldsymbol{X}^{\mathrm{T}}(\boldsymbol{X}\boldsymbol{w}(k)-\boldsymbol{b})\\&=\boldsymbol{w}(k)-\rho'(k+1)\boldsymbol{X}^{\mathrm{T}}(\boldsymbol{X}\boldsymbol{w}(k)-\boldsymbol{b})\end{aligned} \tag{4-37}$$

即对任意给定的裕量向量 $\boldsymbol{b}$，可根据以上递推公式逐步求解最优的权向量 $\boldsymbol{w}$，$\rho'(k+1)>0$ 是递推修正的步长，该算法称为最小均方误差算法（Least Mean Square Error，LMSE）。该方法除了对线性可分的问题能够收敛以外，对于线性不可分问题也能够通过定义误差灵敏度进行近似求解。

值得注意的是，如果任意给定 $\boldsymbol{b}$，最小均方误差算法得到的最优权向量可能把一个原本线性可分的问题变成一个线性不可分的问题。也就是说，均方误差准则函数取得最小值和线性分类器的不等式方程组成立这两个条件可能无法同时满足。

### 4.4.2 H-K 算法

前述最小均方误差算法中裕量向量 $\boldsymbol{b}$ 是任意给定的，其值将影响最终分类器设计结果。对于一般的线性分类器设计，希望在求解权向量 $\boldsymbol{w}$ 的过程中 $\boldsymbol{b}$ 也能取得最优值。

设求解过程中权向量 $\boldsymbol{w}$ 和裕量向量 $\boldsymbol{b}$ 都可变，若两类线性可分，则最小均方误差准则函数可取得最小值 0，此时决策边界与所有以各样本为中心，以最优裕量向量 $\boldsymbol{b}$ 的各分量为半径指标的圆相切，如图 4-16 所示。

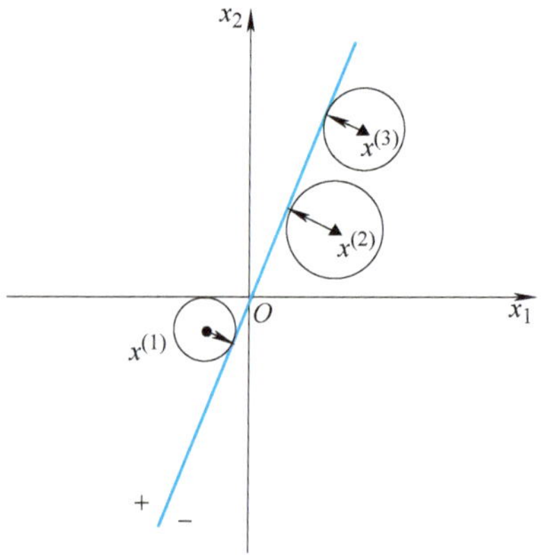


图 4-16　最优裕量向量 $\boldsymbol{b}$

求取最优裕量向量 $\boldsymbol{b}$ 的过程同样可采用梯度法，在第 $k+1$ 步递推中，有

$$\boldsymbol{b}(k+1)=\boldsymbol{b}(k)-\eta(k+1)\nabla J(\boldsymbol{w}(k))\big|_{\boldsymbol{b}} \tag{4-38}$$

$\eta(k+1)>0$ 是递推修正的步长。因为

$$\nabla J(\boldsymbol{w}(k))\big|_{\boldsymbol{b}}=\frac{\partial\|\boldsymbol{X}\boldsymbol{w}(k)-\boldsymbol{b}\|^2}{\partial\boldsymbol{b}}=-2(\boldsymbol{X}\boldsymbol{w}(k)-\boldsymbol{b}) \tag{4-39}$$



所以

$$\begin{aligned}\boldsymbol{b}(k+1)&=\boldsymbol{b}(k)+\eta(k+1)\cdot 2(\boldsymbol{X}\boldsymbol{w}(k)-\boldsymbol{b}(k))\\&=\boldsymbol{b}(k)+2\eta(k+1)(\boldsymbol{X}\boldsymbol{w}(k)-\boldsymbol{b}(k))\\&=\boldsymbol{b}(k)+2\eta(k+1)\boldsymbol{e}(k)\end{aligned} \tag{4-40}$$

由于误差向量 $\boldsymbol{e}(k)$ 有可能大于 0 也可能小于 0，而递推过程必须始终保证 $\boldsymbol{b}(k+1)>0$，一种做法是只在 $\boldsymbol{e}(k)>0$ 时进行修正，即取

$$\boldsymbol{b}(k+1)=\boldsymbol{b}(k)+\eta(k+1)(\boldsymbol{e}(k)+|\boldsymbol{e}(k)|) \tag{4-41}$$

若在已知每一步的 $\boldsymbol{b}(k)$ 后利用

$$\nabla J(\boldsymbol{w}(k))\big|_{\boldsymbol{w}(k)}=2\boldsymbol{X}^{\mathrm{T}}(\boldsymbol{X}\boldsymbol{w}(k)-\boldsymbol{b})=0 \tag{4-42}$$

来求取最优的 $\boldsymbol{w}(k)$，则

$$\boldsymbol{w}(k)=(\boldsymbol{X}^{\mathrm{T}}\boldsymbol{X})^{-1}\boldsymbol{X}^{\mathrm{T}}\boldsymbol{b}(k) \tag{4-43}$$

因此有

$$\begin{aligned}\boldsymbol{w}(k+1)&=(\boldsymbol{X}^{\mathrm{T}}\boldsymbol{X})^{-1}\boldsymbol{X}^{\mathrm{T}}\boldsymbol{b}(k+1)\\&=(\boldsymbol{X}^{\mathrm{T}}\boldsymbol{X})^{-1}\boldsymbol{X}^{\mathrm{T}}[\boldsymbol{b}(k)+\eta(k+1)(\boldsymbol{e}(k)+|\boldsymbol{e}(k)|)]\\&=(\boldsymbol{X}^{\mathrm{T}}\boldsymbol{X})^{-1}\boldsymbol{X}^{\mathrm{T}}\boldsymbol{b}(k)+\eta(k+1)(\boldsymbol{X}^{\mathrm{T}}\boldsymbol{X})^{-1}\boldsymbol{X}^{\mathrm{T}}(\boldsymbol{e}(k)+|\boldsymbol{e}(k)|)\\&=\boldsymbol{w}(k)+\eta(k+1)(\boldsymbol{X}^{\mathrm{T}}\boldsymbol{X})^{-1}\boldsymbol{X}^{\mathrm{T}}(\boldsymbol{e}(k)+|\boldsymbol{e}(k)|)\\&=\boldsymbol{w}(k)+\eta(k+1)(\boldsymbol{X}^{\mathrm{T}}\boldsymbol{X})^{-1}\boldsymbol{X}^{\mathrm{T}}(\boldsymbol{X}\boldsymbol{w}(k)-\boldsymbol{b}(k))+\eta(k+1)(\boldsymbol{X}^{\mathrm{T}}\boldsymbol{X})^{-1}\boldsymbol{X}^{\mathrm{T}}|\boldsymbol{e}(k)|\\&=\boldsymbol{w}(k)+\eta(k+1)[(\boldsymbol{X}^{\mathrm{T}}\boldsymbol{X})^{-1}\boldsymbol{X}^{\mathrm{T}}\boldsymbol{X}\boldsymbol{w}(k)-(\boldsymbol{X}^{\mathrm{T}}\boldsymbol{X})^{-1}\boldsymbol{X}^{\mathrm{T}}b(k)]+\eta(k+1)(\boldsymbol{X}^{\mathrm{T}}\boldsymbol{X})^{-1}\boldsymbol{X}^{\mathrm{T}}|\boldsymbol{e}(k)|\\&=\boldsymbol{w}(k)+\eta(k+1)(\boldsymbol{X}^{\mathrm{T}}\boldsymbol{X})^{-1}\boldsymbol{X}^{\mathrm{T}}|\boldsymbol{e}(k)|\end{aligned} \tag{4-44}$$

此时得到一种可同时求取最优权向量 $\boldsymbol{w}$ 和最优裕量向量 $\boldsymbol{b}$ 的递推算法，步骤为：

1）设定初始裕量向量 $\boldsymbol{b}(0)>0$，初始权向量 $\boldsymbol{w}(0)=(\boldsymbol{X}^{\mathrm{T}}\boldsymbol{X})^{-1}\boldsymbol{X}^{\mathrm{T}}\boldsymbol{b}(0)$，$k$=0；

2）计算误差向量 $\boldsymbol{e}(k)=\boldsymbol{X}\boldsymbol{w}(k)-\boldsymbol{b}(k)$；

3）对权向量进行递推修正 $\boldsymbol{w}(k+1)=\boldsymbol{w}(k)+\eta(k+1)(\boldsymbol{X}^{\mathrm{T}}\boldsymbol{X})^{-1}\boldsymbol{X}^{\mathrm{T}}\left|\boldsymbol{e}(k)\right|$；

4）对裕量向量进行递推修正 $\boldsymbol{b}(k+1)=\boldsymbol{b}(k)+\eta(k+1)(\boldsymbol{e}(k)+\left|\boldsymbol{e}(k)\right|)$；

5）$k$=$k$+1，返回步骤 2），直至 $\boldsymbol{e}(k)=0$，求得最优解；或者 $\boldsymbol{e}(k)\leqslant 0$，证明训练样本集线性不可分。

其中，$(\boldsymbol{X}^{\mathrm{T}}\boldsymbol{X})^{-1}\boldsymbol{X}^{\mathrm{T}}$ 称为 $\boldsymbol{X}$ 的伪逆，可以记为 $\boldsymbol{X}^{\#}$。该算法为 Ho–Kashyap 算法，简称 H–K 算法，其收敛性在线性可分和 $1>\eta(k+1)>0$ 的条件下已得到证明。

## 4.5　Fisher 算法

### 4.5.1　Fisher 分类器原理

把模式样本从高维空间投影到低维空间，如一条直线上，实现低维空间的区分，从而实现高维空间数据的分类，是费希尔（Fisher）线性判别法的主要思想。罗纳德 • 费希尔（Ronald Aylmer Fisher）是统计模式识别的开拓者，最早提出了这一方法。把高维空间中的模式样本投影到一条直线上，这条直线的方向选择很重要。若方向选择不当，即使样本在高维空间是可以分开的，而在直线上的投影点却混在一起无法区分。所以，选择最好的方向，使样本投影到这个方向的直线上最容易分开，是问题求解的关键，如图 4-17 所示。样本向 $\boldsymbol{W}_1$ 投影无法区分，而在 $\boldsymbol{W}_2$ 方向投影则可区分。如何找到最好的直线方向，如何实现向最好的方向投影变换，是费希尔线性判别法要解决的基本问题。



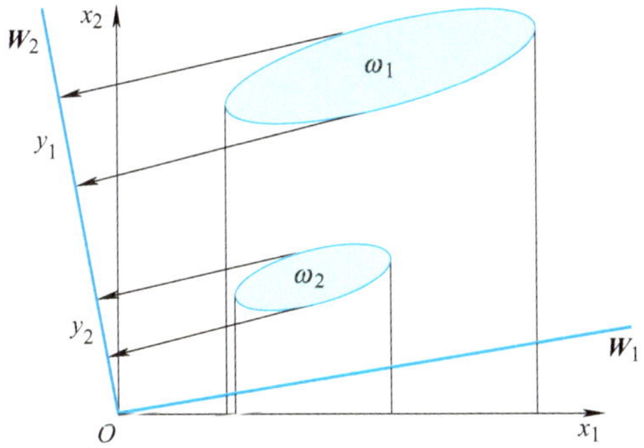


图 4-17　两类模式的费希尔投影

把 $\boldsymbol{X}$ 空间各点投影到一直线上，维数由多维降为一维。若适当选择 $\boldsymbol{W}$ 的方向，可以使两类分开。一旦两类的所有样本映射投影到一条直线上，且是分开的，则可在它们分开的中间选取一个分隔点，例如 $y_t$，使得：当 $\boldsymbol{X}^{\mathrm{T}}\boldsymbol{W}>y_t,\boldsymbol{X}\in\omega_1$；当 $\boldsymbol{X}^{\mathrm{T}}\boldsymbol{W}<y_t,\boldsymbol{X}\in\omega_2$。

下面从数学上寻找最好的投影方向，即寻找最好的变换向量 $\boldsymbol{W}$。

在 $\omega_1,\omega_2$ 两类问题中，假定有 $N$ 个训练样本 $\{\boldsymbol{X}_k\}(k=1,2,\cdots,N)$，其中 $N_i$ 个样本来自

$\omega_i$类 $(i=1,2), N=N_1+N_2$。

令 $y_k=\boldsymbol{W}^{\mathrm{T}}\boldsymbol{X}_k, k=1,2,\cdots,N$。$y_k$是向量$\boldsymbol{X}_k$通过变换$\boldsymbol{W}$得到的标量，它是一维的。$y_k$就是$\boldsymbol{X}_k$在$\boldsymbol{W}$方向上的投影。由子集$\omega_1,\omega_2$的样本映射后的两个子集分别为$\Omega_1,\Omega_2$。使$\Omega_1$和$\Omega_2$最容易区分开的$\boldsymbol{W}$方向正是区分超平面的法方向。图 4-18 中画出了二维样本投影到两条不同方向直线的示意图。图 4-18a 中，$\Omega_1$和$\Omega_2$还无法分开，而图 4-18b 可以使$\Omega_1$和$\Omega_2$分开。显然图 4-18b 中的直线方向是一个好的选择。

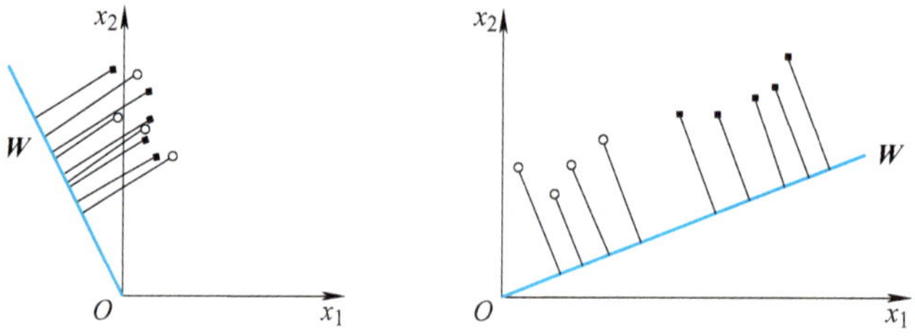


图 4-18　不同角度上的投影效果

### 1. 目标函数 $J(\boldsymbol{W})$ 的初步确定

各类在$d$维特征空间里的样本均值向量

$$\boldsymbol{m}_i=\frac{1}{N_i}\sum_{\boldsymbol{X}\in\omega_i}\boldsymbol{X},\quad i=1,2 \tag{4-45}$$



通过变换$\boldsymbol{W}$映射到一维特征空间后，各类的平均值为

$$M_i=\frac{1}{N_i}\sum_{y\in\Omega_i}y,\quad i=1,2 \tag{4-46}$$

映射后，各类样本“类内离散度”定义为

$$T_i^2=\sum_{y\in\Omega_i}(y-M_i)^2,\quad i=1,2 \tag{4-47}$$

显然，希望在映射之后，两类的平均值之间的距离越大越好，而各类的样本类内离散度越小越好。因此，定义费希尔准则函数为

$$J(\boldsymbol{W})=\frac{|M_1-M_2|^2}{T_1^2+T_2^2} \tag{4-48}$$

使$J(\boldsymbol{W})$最大的$\boldsymbol{W}$就是最佳解向量，记为$\boldsymbol{W}^*$，可用于确定费希尔线性判别函数。

### 2. 求解 $\boldsymbol{W}^*$

从$J(\boldsymbol{W})$的表达式可知，它并非$\boldsymbol{W}$的显函数，必须进一步变换。因为

$$M_i=\frac{1}{N_i}\sum_{y\in\Omega_i}y=\frac{1}{N_i}\sum_{\boldsymbol{X}\in\omega_i}\boldsymbol{W}^{\mathrm{T}}\boldsymbol{X}=\boldsymbol{W}^{\mathrm{T}}\left(\frac{1}{N_i}\sum_{\boldsymbol{X}\in\omega_i}\boldsymbol{X}\right)=\boldsymbol{W}^{\mathrm{T}}\boldsymbol{m}_i,\quad i=1,2 \tag{4-49}$$

所以有

$$\begin{aligned}|M_1-M_2|^2&=\|\boldsymbol{W}^{\mathrm T}\boldsymbol{m}_1-\boldsymbol{W}^{\mathrm T}\boldsymbol{m}_2\|^2\\&=\|\boldsymbol{W}^{\mathrm T}(\boldsymbol{m}_1-\boldsymbol{m}_2)\|^2\\&=\boldsymbol{W}^{\mathrm T}(\boldsymbol{m}_1-\boldsymbol{m}_2)(\boldsymbol{m}_1-\boldsymbol{m}_2)^{\mathrm T}\boldsymbol{W}\\&=\boldsymbol{W}^{\mathrm T}\boldsymbol{S}_b\boldsymbol{W}\end{aligned}\tag{4-50}$$

式中，$\boldsymbol{S}_b=(\boldsymbol{m}_1-\boldsymbol{m}_2)(\boldsymbol{m}_1-\boldsymbol{m}_2)^{\mathrm T}$，它是原 $d$ 维特征空间类内样本离散度矩阵，表示两类均值向量之间的离散程度。

将 $M_i=\boldsymbol{W}^{\mathrm T}\boldsymbol{m}_i$ 代入 $T_i^2$ 中，得

$$\begin{aligned}T_i^2&=\sum_{y\in\Omega_i}(y-M_i)^2\\&=\sum_{\boldsymbol{X}\in\omega_i}(\boldsymbol{W}^{\mathrm T}\boldsymbol{X}-\boldsymbol{W}^{\mathrm T}\boldsymbol{m}_i)^2\\&=\boldsymbol{W}^{\mathrm T}\sum_{\boldsymbol{X}\in\omega_i}(\boldsymbol{X}-\boldsymbol{m}_i)(\boldsymbol{X}-\boldsymbol{m}_i)^{\mathrm T}\boldsymbol{W}\\&=\boldsymbol{W}^{\mathrm T}\boldsymbol{S}_{\omega_i}\boldsymbol{W}\end{aligned}\tag{4-51}$$

式中，$\boldsymbol{S}_{\omega_i}=\sum_{\boldsymbol{X}\in\omega_i}(\boldsymbol{X}-\boldsymbol{m}_i)(\boldsymbol{X}-\boldsymbol{m}_i)^{\mathrm T}$，$i=1,2$。

因此有

$$T_1^2+T_2^2=\boldsymbol{W}^{\mathrm T}(\boldsymbol{S}_{\omega_1}+\boldsymbol{S}_{\omega_2})\boldsymbol{W}=\boldsymbol{W}^{\mathrm T}S_\omega\boldsymbol{W}\tag{4-52}$$



式中，$\boldsymbol{S}_\omega=\boldsymbol{S}_{\omega_1}+\boldsymbol{S}_{\omega_2}$，其中 $\boldsymbol{S}_{\omega_1},\boldsymbol{S}_{\omega_2}$ 均称为原 $d$ 维特征空间类内样本离散度矩阵，$\boldsymbol{S}_\omega$ 是类内总离散度矩阵。

这样 $J(\boldsymbol{W})$ 表达式为

$$J(\boldsymbol{W})=\frac{|M_1-M_2|^2}{T_1^2+T_2^2}=\frac{\boldsymbol{W}^{\mathrm T}\boldsymbol{S}_b\boldsymbol{W}}{\boldsymbol{W}^{\mathrm T}\boldsymbol{S}_\omega\boldsymbol{W}}\tag{4-53}$$

式中，$\boldsymbol{S}_b$ 和 $\boldsymbol{S}_\omega$ 皆可由样本集 $\{\boldsymbol{X}_k\}(k=1,2,\cdots,N)$ 计算出。$J(\boldsymbol{W})$ 是一个广义瑞利商求极值的问题，可用拉格朗日乘子法求 $J(\boldsymbol{W})$ 的极大值点。

定义拉格朗日函数为

$$L(\boldsymbol{W},\lambda)=\boldsymbol{W}^{\mathrm T}\boldsymbol{S}_b\boldsymbol{W}-\lambda(\boldsymbol{W}^{\mathrm T}\boldsymbol{S}_\omega\boldsymbol{W}-c)\tag{4-54}$$

式中，$\lambda$ 为拉格朗日乘子；$c$ 为一个常数。

$L$ 对 $\boldsymbol{W}$ 求偏导数，得

$$\frac{\partial L(\boldsymbol{W},\lambda)}{\partial\boldsymbol{W}}=2(\boldsymbol{S}_b\boldsymbol{W}-\lambda\boldsymbol{S}_\omega\boldsymbol{W})\tag{4-55}$$

令 $\frac{\partial L(\boldsymbol{W},\lambda)}{\partial\boldsymbol{W}}=0$，可求得 $\boldsymbol{S}_b\boldsymbol{W}=\lambda\boldsymbol{S}_\omega\boldsymbol{W}$。

式中，$\boldsymbol{S}_\omega$ 是 $d$ 维特征的样本协方差矩阵，它是对称的和半正定的。当样本数目 $N>d$ 时 $\boldsymbol{S}_\omega$ 是非奇异的，也就是可求逆。

$$\lambda \boldsymbol{W} = \boldsymbol{S}_\omega^{-1}\boldsymbol{S}_b\boldsymbol{W} \tag{4-56}$$

问题转化为求一般矩阵 $\boldsymbol{S}_\omega^{-1}\boldsymbol{S}_b$ 的特征值和特征向量。令 $\boldsymbol{S}_\omega^{-1}\boldsymbol{S}_b = \boldsymbol{A}$，则 $\lambda$ 是 $\boldsymbol{A}$ 的特征根，$\boldsymbol{W}$ 是对应 $\lambda$ 的特征向量。

$$\boldsymbol{S}_b\boldsymbol{W} = (\boldsymbol{m}_1 - \boldsymbol{m}_2)(\boldsymbol{m}_1 - \boldsymbol{m}_2)^{\mathrm{T}}\boldsymbol{W} = (\boldsymbol{m}_1 - \boldsymbol{m}_2)\bullet \gamma \tag{4-57}$$

式中，$\gamma = (\boldsymbol{m}_1 - \boldsymbol{m}_2)^{\mathrm{T}}\boldsymbol{W}$ 是一个标量，所以 $\boldsymbol{S}_b\boldsymbol{W}$ 总是在 $\boldsymbol{m}_1 - \boldsymbol{m}_2$ 方向上。

于是可得到

$$\boldsymbol{W}^* = \frac{\gamma}{\lambda}\boldsymbol{S}_\omega^{-1}(\boldsymbol{m}_1 - \boldsymbol{m}_2) \tag{4-58}$$

式中，$\frac{\gamma}{\lambda}$ 是一个比例因子，不影响 $\boldsymbol{W}$ 的方向，可以删除。从而得到最后解

$$\boldsymbol{W}^* = \boldsymbol{S}_\omega^{-1}(\boldsymbol{m}_1 - \boldsymbol{m}_2) \tag{4-59}$$

$\boldsymbol{W}^*$ 使 $J(\boldsymbol{W})$ 取得最大值。$\boldsymbol{W}^*$ 是使样本由 $d$ 维空间向一维空间投影最好的方向。

#### 3. 费希尔算法步骤

由费希尔线性判别法求解向量 $\boldsymbol{W}^*$ 的步骤为：

1）把来自两类的训练样本集分成两个子集 $\omega_1,\omega_2$。

2）由 $\boldsymbol{m}_i = \frac{1}{N_i}\sum_{X\in\omega_i}\boldsymbol{X}$，$i=1,2$，计算 $\boldsymbol{m}_i$。

3）由 $\boldsymbol{S}_{\omega_i} = \sum_{X\in\omega_i}(\boldsymbol{X}-\boldsymbol{m}_i)(\boldsymbol{X}-\boldsymbol{m}_i)^{\mathrm{T}}$，计算各类的类内离散度矩阵 $\boldsymbol{S}_{\omega_i}$，$i=1,2$。

4）计算类内总离散度矩阵 $\boldsymbol{S}_\omega = \boldsymbol{S}_{\omega_1} + \boldsymbol{S}_{\omega_2}$。

5）计算 $\boldsymbol{S}_\omega$ 的逆矩阵 $\boldsymbol{S}_\omega^{-1}$。

6）由 $\boldsymbol{W}^* = \boldsymbol{S}_\omega^{-1}(\boldsymbol{m}_1 - \boldsymbol{m}_2)$ 求得 $\boldsymbol{W}^*$

这里所研究的问题针对确定性模式分类器的训练，实际上，费希尔线性判别法对于随机模式也是适用的。



### 4.5.2 Fisher 分类器分析

费希尔算法的特点有：

1）费希尔线性判别法可直接求解权向量 $\boldsymbol{W}^*$；

2）对线性不可分的情况，费希尔线性判别法无法确定分类；

3）费希尔线性判别法可以进一步推广到多类问题中去。

当求得最优权向量 $\boldsymbol{W}^*$ 后（为书写方便起见，这里仍用 $\boldsymbol{W}$ 来表示），费希尔判别法的判别规则是

$$
\begin{aligned}
\boldsymbol{Y}=\boldsymbol{W}^{\mathrm{T}}\boldsymbol{X}>y_t \Rightarrow \boldsymbol{X}\in\omega_1 \\
\boldsymbol{Y}=\boldsymbol{W}^{\mathrm{T}}\boldsymbol{X}<y_t \Rightarrow \boldsymbol{X}\in\omega_2
\end{aligned} \tag{4-60}
$$

式中，$y_t$的选择可用如下几种方法：

1）取样本均值向量的映射值的中值

$$
y_t=\frac{M_1+M_2}{2}=\frac{\boldsymbol{W}^{\mathrm{T}}\boldsymbol{m}_1+\boldsymbol{W}^{\mathrm{T}}\boldsymbol{m}_2}{2} \tag{4-61}
$$

2）取样本均值向量的映射值的加权平均值

$$
y_t=\frac{N_1M_1+N_2M_2}{N_1+N_2}=\frac{N_1\boldsymbol{W}^{\mathrm{T}}\boldsymbol{m}_1+N_2\boldsymbol{W}^{\mathrm{T}}\boldsymbol{m}_2}{N_1+N_2} \tag{4-62}
$$

3）取样本均值向量的映射值的插值

$$
\begin{aligned}
y_t&=M_1+(M_2-M_1)\frac{\sum\limits_{y\in\Omega_1}(y-M_1)^2}{\sum\limits_{y\in\Omega_1}(y-M_1)^2+\sum\limits_{y\in\Omega_2}(y-M_2)^2} \\
&=\boldsymbol{W}^{\mathrm{T}}\boldsymbol{m}_1+(\boldsymbol{W}^{\mathrm{T}}\boldsymbol{m}_2-\boldsymbol{W}^{\mathrm{T}}\boldsymbol{m}_1)\frac{\sum\limits_{y\in\Omega_1}(\boldsymbol{W}^{\mathrm{T}}\boldsymbol{X}-\boldsymbol{W}^{\mathrm{T}}\boldsymbol{m}_1)^2}{\sum\limits_{y\in\Omega_1}(\boldsymbol{W}^{\mathrm{T}}\boldsymbol{X}-\boldsymbol{W}^{\mathrm{T}}\boldsymbol{m}_1)^2+\sum\limits_{y\in\Omega_2}(\boldsymbol{W}^{\mathrm{T}}\boldsymbol{X}-\boldsymbol{W}^{\mathrm{T}}\boldsymbol{m}_2)^2}
\end{aligned} \tag{4-63}
$$

4）取样本均值向量的映射值的中值，但结合先验概率

$$
\begin{aligned}
y_t&=\frac{M_1+M_2}{2}+\frac{\ln(P(\omega_1)/P(\omega_2))}{N_1+N_2-2} \\
&=\frac{\boldsymbol{W}^{\mathrm{T}}\boldsymbol{m}_1+\boldsymbol{W}^{\mathrm{T}}\boldsymbol{m}_2}{2}+\frac{\ln(P(\omega_1)/P(\omega_2))}{N_1+N_2-2}
\end{aligned} \tag{4-64}
$$

式中，$P(\omega_i)$为类$\omega_i$的先验概率，$i=1,2$。

上述各式中，$N_1$为$\omega_1$中样本数；$N_2$为$\omega_2$中样本数。当$y_t$选定后，费希尔线性判别法得到的两类的线性判别函数为

$$
d(\boldsymbol{X})=\boldsymbol{W}^{\mathrm{T}}\boldsymbol{X}-y_t \tag{4-65}
$$

## 4.6　支持向量机

### 4.6.1　线性支持向量机

#### 1. 分类间隔和支持向量

对于线性可分的两类问题，其分类决策边界为一个$n$维特征空间中的超平面$H$，其解有无穷多个。可以在一定的范围内平移超平面$H$，只要不达到或者越过两类中距离$H$最

近的样本，分类决策边界都可以正确地实现线性分类，中间的裕量为 $d$，称为分类间隔（Margin of Classification）。如果一个超平面能够将训练样本没有错误地分开，并且两类训练样本中离超平面最近的样本与超平面之间的距离是最大的，则把这个超平面称作最优分类超平面（Optimal Separating Hyperplane），简称最优超平面（Optimal Hyperplane）。显然最优超平面的分类间隔是最大的，故最优超平面也称作最大间隔超平面。具有最大分类间隔的权向量 $\boldsymbol{w}$ 优于其他的权向量，如图 4-19 所示，超平面 $H'$ 优于 $H$。因为如果取决策边界到两类最近的样本的距离相等（也就是"居中"划分），此时分类错误的可能性是最小的。

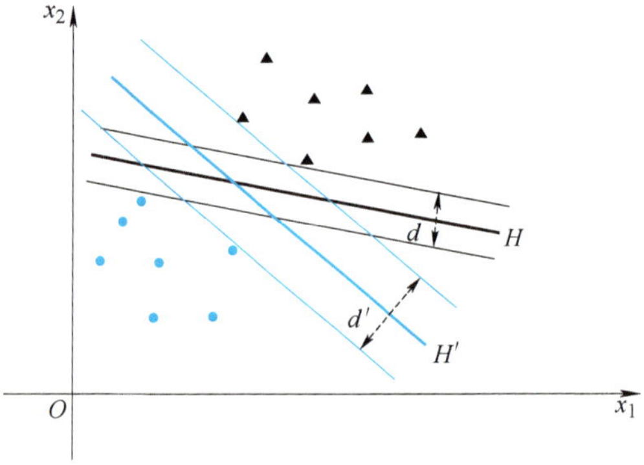


图 4-19　分类间隔与最优超平面

最优超平面定义的分类决策函数为



$$f(\boldsymbol{x}) = \operatorname{sgn}(G_{ij}(\boldsymbol{x}_s)) = \operatorname{sgn}((\boldsymbol{w} \cdot \boldsymbol{x}_s) + w_0) \tag{4-66}$$

式中，sgn(·) 为符号函数，当自变量为正值时函数取值为 1，自变量为负值时函数取值为 −1；$(\boldsymbol{w} \cdot \boldsymbol{x}_s)$ 表示向量 $\boldsymbol{w}$ 与 $\boldsymbol{x}_s$ 的内积，即 $\boldsymbol{w}^{\mathrm{T}}\boldsymbol{x}_s$。

当找到分类间隔最大的最优权向量 $\boldsymbol{w}$ 后，可以发现它是由距离决策边界最近的样本所决定的，这些样本与整个训练集相比数量并不多，并且除它们以外，其他的样本都不会影响到最优权向量的确定。这些训练集中的少量样本就称为"支持向量（Support Vector）"。

### 2. 支持向量机

分类间隔可以由支持向量到分类决策边界的距离来决定，即

$$d = 2\frac{|G_{ij}(\boldsymbol{x}_s)|}{\|\boldsymbol{w}\|} \tag{4-67}$$

设 $|G_{ij}(\boldsymbol{x}_s)| = 1$，则此时最大的分类间隔，等效长度最小的权向量，即

$$\max d = \max \frac{2|G_{ij}(\boldsymbol{x})|}{\|\boldsymbol{w}\|} \Leftrightarrow \min\|\boldsymbol{w}\| \tag{4-68}$$

如何求取到具有最大分类间隔的最优线性分类器，转化为如何求取到长度最小的权向量的问题。

支持向量机（Support Vector Machine，SVM）是由瓦普尼克等人于 1995 年首次提出的基于统计学习理论的模式识别方法，由于它在解决有限数量样本、非线性及高维度模式

识别问题上所具有的优秀性能，以及很强的泛化能力，得到了研究者普遍的重视和广泛的应用。支持向量机的主要特点如下。

（1）所需样本少　真正决定具有最大分类间隔的最优线性分类器的是少量的“支持向量”，因此即使用于训练的样本个数少，只要能包含合理的支持向量，就能得到一个最优的训练结果。

（2）泛化能力强　分类器设计过程是使用训练样本集来实现的，所得到的分类器一般都能对训练集实现良好的分类，但是否能对未知的其他样本也取得好的分类结果，就体现了分类器设计算法的泛化能力（Generalization Ability）。

分类器的泛化能力一般用泛化误差界来表示，即

$$R(w)\leqslant R_{\text{emp}}(w)+\varPhi(n/h) \tag{4-69}$$

式中，$R(w)$ 代表设计出的分类器分类错误的总风险，称为结构风险。它的上界由两部分构成，一部分是分类器对训练集中的样本分类的误差，称为经验风险 $R_{\text{emp}}(w)$，另一部分是设计出的分类器对训练集以外的其他样本分类的误差，称为置信风险 $\varPhi(n/h)$，它由训练集中的样本数多少和分类决策面方程的非线性程度决定。

支持向量机不仅能针对训练集找到最优的分类决策边界，而且具有最简单的线性形式，因此其设计出的分类器结构风险小，泛化能力强。

（3）能处理非线性分类问题　事实上，任意能用非线性方程表达的决策边界，都可以通过向高维度特征空间映射来转化为线性分类器问题，因此都可以用支持向量机来解决。

（4）能处理部分线性不可分问题　对于具有线性可分本质，但样本集由于各种扰动偏差而不完全具有线性可分形式的分类器设计问题，支持向量机同样可以处理。 

（5）对特征维度不敏感　在将非线性分类问题转化为线性分类问题的过程中，维度爆炸是一个非常难以解决的问题。支持向量机巧妙地通过“核函数”解决了这一问题，使得算法处理高维度特征空间并不增加太多的计算量。

### 3. 线性支持向量机的定义

对于线性分类问题，支持向量机问题的求解即求长度最小的权向量，该问题等价于求解二次规划问题

$$\min_{\boldsymbol{w},w_0}\frac{1}{2}\|\boldsymbol{w}\|^2 \tag{4-70}$$

对于两类中的所有样本 $\{\boldsymbol{x}^{(1)},\boldsymbol{x}^{(2)},\cdots,\boldsymbol{x}^{(l_i)}\}$ 和 $\{\boldsymbol{x}^{(l_i+1)},\boldsymbol{x}^{(l_i+2)},\cdots,\boldsymbol{x}^{(l)}\}$，其判别函数值还必须满足不等式方程组

$$\begin{cases}G_{ij}(\boldsymbol{x}^{(1)})=\boldsymbol{w}^{\mathrm{T}}\boldsymbol{x}^{(1)}+w_0\geqslant 1\\ G_{ij}(\boldsymbol{x}^{(2)})=\boldsymbol{w}^{\mathrm{T}}\boldsymbol{x}^{(2)}+w_0\geqslant 1\\ \qquad\cdots\\ G_{ij}(\boldsymbol{x}^{(l_i)})=\boldsymbol{w}^{\mathrm{T}}\boldsymbol{x}^{(l_i)}+w_0\geqslant 1\\ G_{ij}(\boldsymbol{x}^{(l_i+1)})=\boldsymbol{w}^{\mathrm{T}}\boldsymbol{x}^{(l_i+1)}+w_0\leqslant -1\\ G_{ij}(\boldsymbol{x}^{(l_i+2)})=\boldsymbol{w}^{\mathrm{T}}\boldsymbol{x}^{(l_i+2)}+w_0\leqslant -1\\ \qquad\cdots\\ G_{ij}(\boldsymbol{x}^{(l)})=\boldsymbol{w}^{\mathrm{T}}\boldsymbol{x}^{(l)}+w_0\leqslant -1\end{cases} \tag{4-71}$$

即要求第一类样本中 $G_{ij}(\boldsymbol{x}^{(i)})$ 最小等于 1，而第二类样本中 $G_{ij}(\boldsymbol{x}^{(i)})$ 最大等于 -1。把样本的类别标号 $y_i$ 值乘到不等式中，可以把两个不等式合并成一个统一的形式，为

$$y_i[(\boldsymbol{w}\bullet\boldsymbol{x}^{(i)})+w_0]-1\geqslant 0,\quad i=1,2,\cdots,l \tag{4-72}$$

上述二次规划问题整理如下

$$\begin{aligned}&\min_{\boldsymbol{w},w_0}\frac{1}{2}\|\boldsymbol{w}\|^2\\&\text{s.t.}\quad y_i[(\boldsymbol{w}\bullet\boldsymbol{x}^{(i)})+w_0]-1\geqslant 0,\quad i=1,2,\cdots,l\end{aligned} \tag{4-73}$$

这是一个在不等式约束下的优化问题，可以通过拉格朗日法求解。对每个样本引入一个拉格朗日系数

$$\alpha^{(i)}\geqslant 0,\quad i=1,2,\cdots,l \tag{4-74}$$

此时二次规划问题等价转化为如下的问题

$$\min_{\boldsymbol{w},w_0}\max_{\alpha}L(\boldsymbol{w},w_0,\alpha)=\frac{1}{2}\|\boldsymbol{w}\|^2-\sum_{i=1}^{l}\alpha^{(i)}\{y_i[(\boldsymbol{w}\bullet\boldsymbol{x}^{(i)})+w_0]-1\} \tag{4-75}$$

式中，$L(\boldsymbol{w},w_0,\alpha)$ 是拉格朗日泛函，式（4-73）的解等价于式（4-75）对 $\boldsymbol{w}$、$w_0$ 求最小而对 $\alpha$ 求最大，最优解在 $L(\boldsymbol{w},w_0,\alpha)$ 的鞍点上取得，此时目标函数 $L(\boldsymbol{w},w_0,\alpha)$ 对 $\boldsymbol{w}$、$w_0$ 的偏导数都为零，由此可以得到对最优解处有



$$\boldsymbol{w}=\sum_{i=1}^{l}y_i\alpha^{(i)}\boldsymbol{x}^{(i)} \tag{4-76}$$

且 $\sum_{i=1}^{l}y_i\alpha^{(i)}=0$。

将这两个条件代入拉格朗日泛函中可以得到，式（4-73）的最优超平面的解等价于式（7-77）的优化问题的解。

$$\begin{aligned}&\max_{\alpha}Q(\alpha)=\sum_{i=1}^{l}\alpha^{(i)}-\frac{1}{2}\sum_{i,j=1}^{l}\alpha^{(i)}\alpha^{(j)}y_iy_j(\boldsymbol{x}^{(i)}\bullet\boldsymbol{x}^{(j)})\\&\text{s.t.}\quad\sum_{i=1}^{l}y_i\alpha^{(i)}=0\\&\alpha^{(i)}\geqslant 0,\quad i=1,2,\cdots,l\end{aligned} \tag{4-77}$$

这是一个对 $\alpha^{(i)},i=1,2,\cdots,l$ 的二次优化问题，称作最优超平面的对偶问题，而式（4-73）的优化问题称作最优超平面的原问题，通过对偶问题的最优解 $\alpha^{(i)*},i=1,2,\cdots,l$，就可以求出原问题的解。

$$\boldsymbol{w}^*=\sum_{i=1}^{l}y_i\alpha^{(i)*}\boldsymbol{x}^{(i)} \tag{4-78}$$

$$\text{sgn}\{\boldsymbol{G}_{ij}(\boldsymbol{x})\}=\text{sgn}\{(\boldsymbol{w}^*\bullet\boldsymbol{x})+w_0\}=\text{sgn}\left\{\sum_{i=1}^{l}y_i\alpha^{(i)*}(\boldsymbol{x}^{(i)}\bullet\boldsymbol{x})+w_0\right\} \tag{4-79}$$

接下来进行 $w_0$ 的求取。根据最优化理论中的库恩 – 塔克（Kuhn–Tucker）条件，式（4-75）中的拉格朗日泛函的鞍点处满足

$$\alpha^{(i)}\{y_i[(\boldsymbol{w}\cdot\boldsymbol{x}^{(i)})+w_0]-1\}=0,\quad i=1,2,\cdots,l \tag{4-80}$$

再考虑到式（4-73）和式（4-74），可以看到，对于满足式（4-73）中大于号的样本，必定有 $\alpha^{(i)}=0$。而只有那些使式（4-73）中等号成立的样本所对应的 $\alpha^{(i)}$ 才会大于 0。这些样本就是离分类面最近的那些样本，即支持向量。

对于这些支持向量来说，有

$$y_i[(\boldsymbol{w}\cdot\boldsymbol{x}^{(i)})+w_0]-1=0 \tag{4-81}$$

因为已经求出了 $\boldsymbol{w}^*$，所以 $w_0^*$ 可以用任何一个支持向量根据上式求得。在实际的数值计算中，人们通常采用所有 $\alpha^{(i)}$ 非零的样本用上式求解 $w_0^*$ 后再取平均。

式（4-78）、式（4-79）中在加权求和时也只有这些 $\alpha^{(i)}>0$ 的样本参与求和，故最优权向量为（$\boldsymbol{w},w_0,\alpha$ 上角标 * 均已省略）

$$\boldsymbol{w}=\sum_{i=1}^{l_s}\operatorname{sgn}(G_{ij}(\boldsymbol{x}^{(i)})-1)\alpha^{(i)}\boldsymbol{x}_s^{(i)} \tag{4-82}$$

所得到的分类决策边界为

$$\begin{aligned}\boldsymbol{G}_{ij}(\boldsymbol{x})=\boldsymbol{w}^{\mathrm{T}}\boldsymbol{x}+w_0&=\left[\sum_{i=1}^{l_s}\operatorname{sgn}(G_{ij}(\boldsymbol{x}_s^{(i)})-1)\alpha^{(i)}\boldsymbol{x}_s^{(i)}\right]^{\mathrm{T}}\boldsymbol{x}+w_0\\&=\sum_{i=1}^{l_s}\operatorname{sgn}(G_{ij}(\boldsymbol{x}_s^{(i)})-1)\alpha^{(i)}\boldsymbol{x}_s^{(i)\mathrm{T}}\boldsymbol{x}+w_0\end{aligned} \tag{4-83}$$



式中，$l_s$ 是支持向量的个数；$\boldsymbol{x}_s^{(i)}$ 是支持向量。支持向量在求解前不需要确定，求解所得的 $\alpha^{(i)}$ 不为 0 的项就是支持向量。

### 4.6.2　软间隔支持向量机

前面介绍的支持向量机算法，也被称为“线性支持向量机”。因为它有解的一个前提条件，就是样本集是线性可分的，能够用一个线性分类决策边界把不同的类分开。然后才是在可能的线性判别函数中，去找到分类间隔最大的那一个。其最终解是由支持向量的线性组合所构成的。但实际上，支持向量机不仅能处理线性可分的模式识别问题，也能够处理线性不可分的模式识别问题。

支持向量机面临的线性不可分问题，可能有两种情形，一种是由于样本集中的异常点带来的线性不可分，另一种是问题本质上的线性不可分。先来看第一种情况。

如果一个模式识别问题，所有样本的采集过程没有噪声干扰，都是真实数据，并且样本集是线性可分的，那么，支持向量机的求解就是一个有约束的二次规划问题，能够得到最优解，如图 4-20 所示。

如果一个模式识别问题，其本质上是线性可分的，但是由于模式采集的过程中各种噪声干扰和采样误差，造成了一些异常点。这些异常点会带来最优解求取的偏差，甚至有

可能使线性可分的问题变成了线性不可分的问题，从而无法用线性支持向量机求解，如图 4-21 所示。

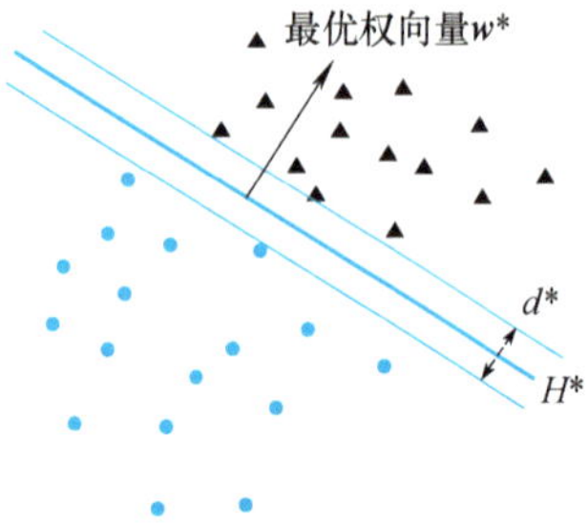


图 4-20　无噪声干扰下的支持向量机

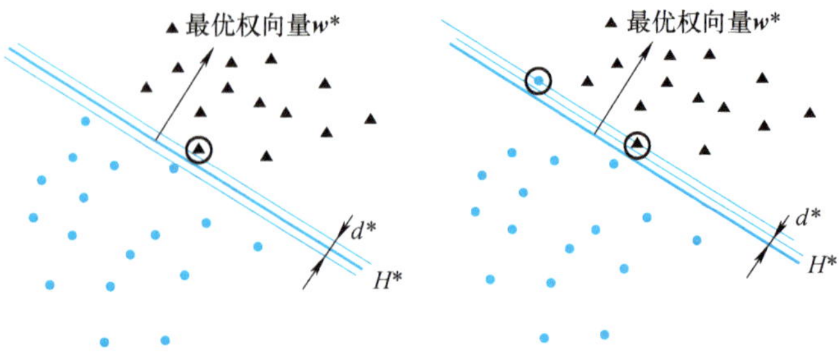


图 4-21　噪声干扰下的支持向量机

从上一节内容知道，线性支持向量机是把具有最大分类间隔的最优线性判别函数的求解转化为求解最短权向量的二次规划问题，而这个二次规划问题的约束条件，就是所有样本都在分类间隔区域以外，即判别函数的绝对值大于等于 1。

如果考虑异常点是噪声干扰下的数据，不能完全以异常点为基准来求解最优权向量，那么，如果求取到了不考虑异常点的最优权向量，则异常点到线性分类器决策边界的距离一定比支持向量到分类决策边界的距离更近，也就是说，异常点的判别函数值的绝对值，一定是小于 1 的。所以，如果要把异常点考虑进去，又不希望它们影响到合理的最优权向量求解，就可以在约束条件中减去一项正数 $\xi$，使判别函数的绝对值允许小于 1。软间隔支持向量机的公式为



$$\begin{cases}\min \dfrac{1}{2}\|\boldsymbol{w}\|^2 + C\displaystyle\sum_{i=1}^{l}\xi^{(i)} \\ \text{s.t.}\quad \operatorname{sgn}(G_{ij}(\boldsymbol{x}^{(l_i)}))(\boldsymbol{w}^{\mathrm{T}}\boldsymbol{x}^{(l_i)}+w_0)\geqslant 1-\xi^{(l_i)}\end{cases} \tag{4-84}$$

式中，$\xi^{(i)}$ 称为松弛变量。$\xi^{(i)}$ 的取值并非预先给定的，因为在支持向量机训练之前，根本不知道哪些样本是异常点，哪些是真正的支持向量。所以，可以把 $\xi^{(i)}$ 也作为优化的目标，就是希望 $\xi^{(i)}$ 越小越好。最理想的情况，绝大多数支持向量外侧的样本（包括支持向量），对应的松弛变量都应该是为 0 的。只有少数在支持向量内侧的异常点，才有一个尽可能小的松弛变量。

因此，将所有松弛变量的和值也作为优化目标的一个分项，即在原来的最短权向量的二次优化目标基础上，再加上一项 $C\sum_{i=1}^{l}\xi^{(i)}$，使它们的和能够取得最小值。松弛变量和值前面的权重 $C$，称为惩罚因子，表示对分类器中存在异常点的容忍程度。$C$ 越小，松弛变量的存在对整体优化过程的影响越小，说明对异常点的容忍度越高。$C$ 越大，松弛变量的存在对整体优化过程的影响越大，说明对异常点的容忍度较低，在结果中有较重的惩罚。极端情况，当 $C$ 为无穷大时，说明根本不能允许任何大于 0 的松弛变量存在，就回到了严格的线性支持向量机。如果 $C$ 取 0，松弛变量的大小根本对最终的优化毫无影响，或者说，线性分类决策边界简直可以随便乱画，无所谓对各个类别的样本是否能正确分类，因为约束条件被彻底破坏掉了。

含有松弛变量项的最短权向量求解问题仍然是凸二次规划的问题，其求解的过程与线性支持向量机无异。但是求解过程中拉格朗日乘子除了有大于等于 0 的约束外，还有不能大于惩罚因子 $C$ 的约束。最后得到的最优权向量 $\boldsymbol{w}^*$，仍然是由一组支持向量 $\boldsymbol{x}_s$ 的线性组合所构成的。只是其中拉格朗日乘子取到最大值 $C$ 时所对应的样本，其优化得到的松弛变量 $\xi$ 可能不为 0，而此时对应的样本就是被划分到最大分类间隔内部的那些异常点，甚至是被错误分类的异常点。

所以，采用松弛变量和惩罚因子的支持向量机，仍然是一个线性分类器，只是付出了经验风险不为 0（就是不能对所有训练集样本都正确分类）的代价，来减小了模式采样误差和噪声干扰对分类器训练的影响，得到的是性能更好、泛化能力更强的分类器。这种支持向量机，也被称为采用“软间隔”的支持向量机。

### 4.6.3 非线性支持向量机

#### 1. 非线性支持向量机的诞生

上一节中提到支持向量机面临的线性不可分问题有两种情形：一种是由于样本集中的异常点带来的线性不可分，这种情况可以通过松弛变量和惩罚因子的引入来解决；另一种是问题本质上的线性不可分，例如二维特征空间中的异或问题，它本质上就无法用一个线性分类器来实现正确的分类。支持向量机针对这种非线性分类的问题依然适用，所采用的方法就是广义线性化。

借由 4.1.2 节中广义线性化的知识，如果将一个非线性分类问题，映射到高维空间中变成一个线性问题，就可以用线性支持向量机算法来加以解决了。

假设原始特征空间中样本的特征向量为 $\boldsymbol{x}^{(i)}$，向高维特征空间映射变换为 $\phi$，则 $\boldsymbol{x}^{(i)}$ 在高维空间中的映射 $\boldsymbol{y}^{(i)}$ 为 $\phi(\boldsymbol{x}^{(i)})$，判别函数也从 $G_{ij}(\boldsymbol{x}^{(i)})$ 映射成为 $F_{ij}(\boldsymbol{y}^{(i)})$。但是因为样本的类别标签没有改变，所以判别函数的符号也没有改变，即

$$\operatorname{sgn}(F_{ij}(\boldsymbol{y}^{(i)}))=\operatorname{sgn}(G_{ij}(\boldsymbol{x}^{(i)})) \tag{4-85}$$

$$\max_{\alpha}\left(\sum_{i=1}^{l}\alpha^{(i)}-\frac{1}{2}\sum_{i,j=1}^{l}\alpha^{(i)}\alpha^{(j)}\operatorname{sgn}(G_{ij}(\boldsymbol{x}^{(i)}))\operatorname{sgn}(G_{ij}(\boldsymbol{x}^{(j)}))\phi(\boldsymbol{x}^{(i)})^{\mathrm{T}}\phi(\boldsymbol{x}^{(j)})\right) \tag{4-86}$$

$$F_{ij}(\phi(\boldsymbol{x}))=\sum_{i=1}^{l_s}\operatorname{sgn}(G_{ij}(\boldsymbol{x}_s^{(i)}))\alpha^{(i)}\phi(\boldsymbol{x}_s^{(i)})^{\mathrm{T}}\phi(\boldsymbol{x})+w_0 \tag{4-87}$$

如果在高维空间中原始的非线性可分模式识别问题转化为了一个线性可分的模式识别问题，那么其在高维特征空间中的支持向量机解，同样是求取最短权向量对应的线性分类决策边界，采用拉格朗日乘子法来求解时，最终是求解这样的一个无约束最优化问题，其解得的线性判别函数为

$$F_{ij}(\phi(\boldsymbol{x})) \tag{4-88}$$

看起来通过广义线性化可以用支持向量机来解决低维空间中的非线性分类问题。但是带来另一个问题，如何得知应该映射到多少维的特征空间，非线性分类问题才会转化成线

性分类问题？又如何找到合适的映射函数 $\phi$？此外将问题转化到高维空间中后，会带来巨大的计算量问题，甚至会因为维度灾难造成问题根本无法求解。

一系列学者致力于探索有没有可能真正用支持向量机来解决非线性分类问题，在1992年，线性支持向量机的提出者瓦普尼克和当时在美国贝尔实验室的同事伯恩哈德·波瑟（Bernhard E. Boser）、伊莎贝尔·盖伊（Isabelle M. Guyon）夫妇一起找到了在高维特征空间使用线性支持向量机的有效方法，提出了非线性支持向量机。

可以发现，无论是在高维空间的线性支持向量机求解过程中，还是在最终得到的线性判别函数中，除了类别标签以外，并没有用到原始空间中的样本 $\boldsymbol{x}^{(i)}$ 映射到高维空间中的像 $\boldsymbol{y}^{(i)}$，用到的只是高维空间中两个向量的内积。换句话说，如果能够不经过原始特征空间到高维特征空间的映射过程，直接计算出两个低维空间的向量在高维空间中的内积，就可以实现非线性支持向量机求解的目标，核函数理论就是用来解决这一问题的。

### 2. 核函数理论

核函数，就是可以在低维空间中直接计算高维空间中对应向量的内积的函数，即满足

$$K(\boldsymbol{x}^{(i)},\boldsymbol{x}^{(j)}) = <\phi(\boldsymbol{x}^{(i)}),\phi(\boldsymbol{x}^{(j)})> \tag{4-89}$$

式中，$\phi$ 是从低维空间到高维空间的映射；$<\bullet>$ 表示内积。核函数的输入是低维空间中的两个向量，输出是这两个向量经过同一个映射到另一个空间以后的内积。换句话说，使用核函数，可以在低维空间中直接计算某一些高维空间中的向量内积，而无需进行向量从低维空间到高维空间的映射变换。



可以证明，当有一个形为

$$K(\boldsymbol{x}^{(i)},\boldsymbol{x}^{(j)}) \tag{4-90}$$

的标量函数，对样本集中所有样本间的函数值构成的矩阵是半正定的，那么这个函数就是一个核函数。这个条件称为“Mercer 定理”。

所以，核函数的数量是非常多的，并且有不同的形式。常用的核函数形式包括：

高斯核函数 $$K(\boldsymbol{x}^{(i)},\boldsymbol{x}^{(j)}) = \exp(-\frac{\left\|\boldsymbol{x}^{(i)}-\boldsymbol{x}^{(j)}\right\|^2}{2\sigma^2})$$

多项式核函数 $$K(\boldsymbol{x}^{(i)},\boldsymbol{x}^{(j)}) = (\boldsymbol{x}^{(i)\mathrm{T}}\boldsymbol{x}^{(j)}+1)^d,\quad d=1,2,\cdots$$

Sigmoid 核函数 $$K(\boldsymbol{x}^{(i)},\boldsymbol{x}^{(j)}) = \tanh(\beta\boldsymbol{x}^{(i)\mathrm{T}}\boldsymbol{x}^{(j)}+\gamma)$$

采用核函数后，对非线性分类问题的支持向量机算法如下：

1）选择核函数，计算所有样本之间的核函数值矩阵；

2）在高维空间中基于线性支持向量机求解最优权型向量，算法中用到向量内积的地方用对应的核函数值代替；

3）如果得到了最优线性分类器，则此时原低维空间中的非线性分类器为

$$G_{ij}(\boldsymbol{x}) = \sum_{i=1}^{l_s}\operatorname{sgn}(G_{ij}(\boldsymbol{x}_s^{(i)})-1)\alpha^{(i)}K(\boldsymbol{x}_s^{(i)},\boldsymbol{x})+w_0 \tag{4-91}$$

使用核函数以后，假定在低维原始特征空间中的一个非线性分类问题

$$\max_{\alpha}\left(\sum_{i=1}^{l}\alpha^{(i)}-\frac{1}{2}\sum_{i,j=1}^{l}\alpha^{(i)}\alpha^{(j)}\operatorname{sgn}(G_{ij}(\boldsymbol{x}^{(i)}))\operatorname{sgn}(G_{ij}(\boldsymbol{x}^{(j)}))\phi(\boldsymbol{x}^{(i)})^{\mathrm{T}}\phi(\boldsymbol{x}^{(j)})\right) \tag{4-92}$$

$$F_{ij}(\phi(\boldsymbol{x}))=\sum_{i=1}^{l_s}\operatorname{sgn}(G_{ij}(\boldsymbol{x}_s^{(i)}))\alpha^{(i)}\phi(\boldsymbol{x}_s^{(i)})^{\mathrm{T}}\phi(\boldsymbol{x})+w_0 \tag{4-93}$$

映射到某个高维空间变成了一个线性可分的问题

$$\max_{\alpha}\left(\sum_{i=1}^{l}\alpha^{(i)}-\frac{1}{2}\sum_{i,j=1}^{l}\alpha^{(i)}\alpha^{(j)}\operatorname{sgn}(G_{ij}(\boldsymbol{x}^{(i)}))\operatorname{sgn}(G_{ij}(\boldsymbol{x}^{(j)}))K(\boldsymbol{x}^{(i)},\boldsymbol{x}^{(j)})\right) \tag{4-94}$$

$$G_{ij}(\boldsymbol{x})=\sum_{i=1}^{l_s}\operatorname{sgn}(G_{ij}(\boldsymbol{x}_s^{(i)}))\alpha^{(i)}K(\boldsymbol{x}_s^{(i)},\boldsymbol{x})+w_0 \tag{4-95}$$

然后就可以进行线性支持向量机的求解了，求解过程中需要用到样本集中样本之间的内积，就用核函数来计算，最后得到的高维空间中的线性判别函数，也用同样的核函数代入，就得到了低维空间中的判别函数。请注意，此时的判别函数不再是线性的了，而是一个非线性判别函数。

最后一个问题就是如何选择核函数。遗憾的是，无论是核函数的形式还是参数，都没有确定的选择方法，只能依靠经验来试。这里面深层次的问题是，我们并不知道一个低维空间中的非线性分类问题，映射到多高的维度，如何映射才能变成一个线性可分的问题，甚至是不是永远都无法变成一个线性可分的问题。所以，核函数方法只是提供一种可能，如果可以通过广义线性化来解决某一个非线性分类问题，那么这个问题的求解过程中，可以通过与所需的映射相一致的某个核函数方便地计算在高维空间中的向量内积，从而方便地得出分类器训练结果。如果反复尝试都没有找到支持向量机的解，也无法确定是没找到合适的核函数，还是该问题本身就没有线性分类器的解。 

不过一般情况下，核函数方法配合软间隔方法，能够为大多数问题都找到支持向量机的解，因此支持向量机才获得了那么大的成功，并且这种成功一直延续到面临深度学习的挑战为止。

## 算法案例 1

如果把感知器的输入信号看作是一个待识别样本的特征向量，那么感知器的数学模型就构成了一个典型的线性分类器，可以做出非常明确的二分类决策。因此，感知器算法采用了能够实现一个线性分类器的感知器模型，并通过设定错分样本判别函数之和的准则函数，采用梯度下降法得到了非常简单的递推式算法流程，能够对线性可分问题找到正确分类所有样本的解。

本实践项目使用 MNIST 手写数字数据集，以验证训练样本集数量对分类器识别精度的影响。采用感知器算法对手写数字进行识别的程序参考代码基于 MWorks 平台、采用 Julia 语言实现，主要使用 TyMachineLearning 工具箱的 API 函数，其调用函数为 perceptionLearn ()。

参考代码中，clear () 清除程序运行时占用的临时内存，clc () 清除命令窗口的历史输入。代码主要实现了数据集读入、感知器训练参数设置、获取训练集测试数据、标签转换、数据处理、感知器训练、测试集结果输出几个部分。perceptionLearn（）函数的功能是实现给定的训练数据和设定的学习参数，计算得到感知器的权向量“w”。

由于感知器是一个二分类输出，所以每次只能训练识别两类。从运行结果可以看出，在给定的参数下，对数字 2 和 8 的识别精度达到了 94.5%。

使用感知器算法进行手写数字识别的参考代码如下。

```
# Perception.jl
# 加载库
using TyBase
using TyMachineLearning
clear ()
clc ()
# 加载图像数据和标签数据
load ( "./mnist/test_images.mat" )
load ( "./mnist/test_labels.mat" )
train_num = 800
test_num = 200
# 临时变量以及各个感知器参数
j = 0
lr = 0.01   # 学习率
epoch = 10   # 设定训练多少轮
number = [2, 8]   # 要取的数字组合
data = []
label = []
result = []
# 提取 1000 个标签为选定组合的样本
for i = 1: 10000
    if test_labels1[i] in number
        push! ( data, test_images[: , : , i] ) # 取对应图像数据
        push! ( label, test_labels1[i] ) # 取相应标签数据
        global j = j + 1
        if j == train_num + test_num
            break
        end
    end
end
# 由于感知器输出结果仅为 0、1，因此要将标签进行转换
for k = 1: train_num+test_num
    if label[k] == number[1]
        label[k] = -1
    end
    if label[k] == number[2]
        label[k] = 1
    end
```

```
  end
# mat2vector.jl
# 输入：图片数据（矩阵），样本个数
# 函数作用：将图片组转化为列向量的组合，每个列向量作为一张图片的特征（Julia 中的所有向
量均为列向量，故转为列向量）
# 输出：样本数 * 图片像素数量大小的矩阵
        function mat2vector（data，num）
     row，col = size（first（data））
     data_ = zeros（row * col，num）
     for page = 1：num
          for rows = 1：row
             for cols = 1：col
              data_[（（rows-1）*col+cols），page] = Float64（data[page][rows，cols]）
             end
          end
     end
     return data_
end
data_ = mat2vector（data，train_num + test_num）# 将图像数据转换为列向量
test_data = [data_[：，train_num+1：train_num+test_num]；ones（1，test_num）]
# 这里对测试数据也进行增广变换，训练数据无需变换（pL 函数中已包含变换）
# perceptionLearn.jl
# 函数输入：数据（行向量），标签，学习率，终止轮次
# 输出：训练得到的权值向量
# 训练方法：单样本修正，学习率（步长）采用了固定值
function perceptionLearn（x，y，learningRate，maxEpoch）
     rows，cols = size（x）
     x = [x ones（rows）]  # 增广
     w = zeros（cols + 1）# 同上
     for epoch = 1：maxEpoch  # 不可分情况下整体迭代轮次
        flag = true  # 标志位为真则训练完毕
        for i = 1：rows
           if sign（first（x[i，：]' * w））!= y[i] # 判断分类是否正确，若错误更新权值
                    flag = false
                    w = w + learningRate * y[i] * x[i，：]
           end
           end
           if flag == true
                break
           end
     end
     return w
end
     # 训练权值
     w = perceptionLearn（data_[：，1：train_num]'，label[1：train_num]，lr，epoch）
```

```
# 预测
for k = 1: test_num
    if test_data[:, k]' * w > 0
        push! (result, 1)
    else
        push! (result, -1)
    end
end
println (" 前 20 个样本预测结果: ")
println (collect (x == -1? number[1]: number[2] for x in result[1: 20]))
println (" 前 20 个样本真实分布: ")
println (collect (x = = -1? number[1]: number[2] for x in label[train_num+1: train_num+20]))
# 计算分类准确率
acc = count (i -> (result[i] == label[train_num+i]), 1: test_num) / test_num
println (" 准确率为: ", acc * 100, "%")
```

演示运行结果为：

```
前 20 个样本预测结果:
[8, 8, 8, 8, 2, 8, 2, 8, 2, 2, 2, 8, 8, 8, 2, 2, 2, 8, 2, 2]
前 20 个样本真实分布:
[8, 8, 8, 8, 2, 8, 2, 8, 2, 8, 8, 8, 8, 8, 2, 2, 2, 8, 2, 2]
准确率为: 94.5%
```



## 算法案例 2

SVM 的工作原理是将输入数据映射到高维空间中，找到一个最优的超平面来分割不同类别的数据点。最优的超平面能够最大化不同类别之间的间隔，同时最小化分类错误的数量。如果采用 SVM 实现数字识别，SVM 首先通过对训练数据进行支持向量的选择来确定最优的超平面，这些支持向量是距离最优超平面最近的数据点。进而在测试数据上，SVM 可根据输入数据的特征向量与最优超平面的位置关系，预测出输入数据所属的类别。

本实践项目使用 MNIST 手写数字数据集，该数据集中数字书写不规范，同一个人每次书写都会有差别，程序识别困难，用于验证支持向量机的泛化能力和数据预处理对识别精度的影响。

算法案例基于 MWorks 软件采用 Julia 语言实现，算法实现来自于 MWorks 软件的 TyMachineLearning 工具箱的 API 函数。在采用支持向量机对手写数字进行识别的程序中，clear () 清除程序运行时占用的临时内存，clc () 清除命令窗口的历史输入。

核心算法首先基于设定的训练样本集和测试样本集数量将图像数据转换为列向量，然后采用 fitcecoc () 训练支持向量机分类器，最后利用训练完成的 SVM 分类器对测试样本集进行预测并统计正确率。其参考代码如下。

```
# svm.jl
# 加载库
using TyBase
```

```
using TyMachineLearning
clear ()
clc ()
# 加载图像数据和标签数据
load ("./mnist/test_images.mat")
load ("./mnist/test_labels.mat")
load ("./mnist/train_images.mat")
load ("./mnist/train_labels.mat")
train_num = 500
test_num = 200
# 将图像数据转换为列向量
data_train = reshape (train_images[:, :, 1:train_num], 784, train_num)
data_test = reshape (test_images[:, :, 1:test_num], 784, test_num)
# 训练 SVM 分类器，由于是多分类问题，因此不能使用 fitcsvm
svm_model = fitcecoc (data_train', train_labels1[1:train_num])
result = predict (svm_model, data_test')
println (" 前 20 个样本预测结果：")
println (Int. (result[1:20]))   # 输出整数
println (" 前 20 个样本真实分布：")
println (Int. (test_labels1[1:20]))
# 计算分类准确率
acc = count (i -> (result[i] == test_labels1[i]), 1:test_num) / test_num
println (" 准确率为：", acc * 100, "%")
```



运行结果：

```
前 20 个样本预测结果：
[7, 2, 1, 0, 4, 1, 4, 9, 4, 9, 0, 6, 9, 0, 1, 0, 9, 7, 3, 4]
前 20 个样本真实分布：
[7, 2, 1, 0, 4, 1, 4, 9, 5, 9, 0, 6, 9, 0, 1, 5, 9, 7, 3, 4]
准确率为：86.0%
```

## 思考题

4-1　分类决策规则一定可以用判别函数来表达吗？为什么？

4-2　对于二维异或问题，能转化为高维的线性可分问题吗？

4-3　线性判别函数几何意义中的判别函数与原判别函数相比有什么区别吗？

4-4　线性分类器求解中增广权向量有几个未知数？至少需要几个样本才能求解？

4-5　给定一个线性可分的训练集，使用感知器法一定能找到最优的线性判别函数吗？

4-6　LMSE 算法中为什么可以通过只在 $e(k)>0$ 时修正 $\boldsymbol{b}(k)$ 来保证 $\boldsymbol{b}(k+1)>0$？$\boldsymbol{b}(k)$ 的绝对值只增不减对最后的最优权向量有影响吗？

4-7　在 H-K 算法中，求 $\boldsymbol{w}(k+1)$ 利用了 $J$ 对 $\boldsymbol{w}(k)$ 的梯度等于 0 这一条件，为什么在 LMSE 算法中，不可以直接用 $J$ 对 $\boldsymbol{w}(k)$ 的梯度等于 0 来求 $\boldsymbol{w}(k)$ 呢？

4-8　工程实践中如何有效地使用支持向量机算法来解决模式识别问题?

4-9　支持向量机（SVM）的求解结果，只与少数的“支持向量”有关，那训练集中的其他样本是否在 SVM 求解过程中是无用的?

4-10　是否存在与支持向量机不同的增强分类器泛化能力的方法?

## 拓展阅读

支持向量机于 1995 年正式发表，由于在文本分类任务中显示出卓越性能，很快成为模式识别、机器学习领域的主流技术，并直接掀起了“统计学习”（Statistical Learning）在 2000 年前后的高潮。但实际上，支持向量的概念早在 20 世纪 60 年代就已出现，统计学习理论在 20 世纪 70 年代就已成型。对核函数的研究更早，Mercer 定理可追溯到 1909 年，但在统计学习兴起后，核函数技巧才真正成为模式识别、机器学习领域的通用基本技术。关于支持向量机和核函数方法有很多专门书籍和介绍性文章，统计学习理论则可参阅文献 [8–10]。

支持向量机的求解通常是借助于凸优化技术。如何提高效率，使 SVM 能适用于大规模数据，一直是研究重点。对线性核 SVM 已有很多成果，例如基于割平面法（Cuttingplane Algorithm）的 $SVM^{perf}$ 具有线性复杂度，基于随机梯度下降的 Pegasos 速度甚至更快，而坐标下降法则在稀疏数据上有很高的效率。非线性核 SVM 的时间复杂度在理论上不可能低于 $O(m^2)$，因此研究重点是设计快速近似算法，如基于采样的 CVM、基于低秩逼近的 Nyström 方法、基于随机傅里叶特征的方法等。最近有研究显示，当核矩阵特征值有很大差别时，Nyström 方法往往优于随机傅里叶特征方法。



## 参考文献


[1]　CORTES C，VAPNIK V. Support–vector networks [J]. Machine learning，1995，20：273–297.

[2]　JOACHIMS T. Text classifcation with support vector machines：Learning with many relevant features[C]//Proceedings of the 10th European conference on machine learning（ECML），1998，137–142，Chemnitz，Germany.

[3]　CRISTIANINI N，SHAWE–TAYLOR J. An introduction to support vector machines and other Kernel–Based learning methods：preface[M]. Cambridge：Cambridge University Press，2000.

[4]　BURGES C J C. A tutorial on support vector machines for pattern recognition[J]. Data Mining and Knowledge Discovery，1998，2（2）：121–167.

[5]　邓乃扬，田英杰 . 支持向量机：理论、算法与拓展 [M]. 北京：科学出版社，2009.

[6]　SCHÖLKOPF B，BURGES C J C，SMOLA A J. Advances in kernel methods：support vector learning[M]. Cambridge：MIT Press，1999.

[7]　SCHÖLKOPF B，SMOLA A J. Learning with kernels：support vector machines，regularization，optimization and beyond[M]. Cambridge：MIT Press，2002.

[8]　VAPNIK V N. The nature of statistical learning theory[M]. NewYork：Springer，1995.

[9]　VAPNIK V N. Statistical learning theory[M]. New York：Wiley，1998.

[10]　VAPNIK V N. An overview of statistical learning theory[J]. IEEE Transactions on Neural Networks，1999，10（5）：988–999.

[11]　BOYD S，VANDENBERGHE L. Convex optimization[M]. Cambridge：Cambridge University Press，

2004.

[12] JOACHIMS T. Training linear SVMs in linear time[C]//12th ACM SIGKDD International Conference on Knowledge Discovery and Data Mining, Philadelphia: ACM, 2006: 217-226.

[13] SHALEV-SHWARTZ S, SINGER Y, SREBRO N, COTTER A. Pegasos: primal estimated sub-gradient solver for SVM[J]. Mathematical Programming, 2011, 127 (1): 3-30.

[14] HSIEH C J, CHANG K W, LIN C J, KEERTHI S S, SUNDARARAJAN S. A dual coordinate descent method for large-scale linear SVM[C]//25th International Conference on Machine Learning, Helsinki: ACM, 2008: 408-415.

[15] TSANG I, KWOK J, CHEUNG P. Core vector machines, fast SVM training on very large data sets[J]. Journal of Machine Learning Research, 2006, 6: 363-392.

[16] WILIAMS C K I, SEEGER M. Using the Nystrom method to speedup kernel machines[J]. Advances in neural information processing systems, 2001, 682-688.

[17] RAHIMI A, RECHT B. Random features for large-scale kernel machines[J]. Advances in neural information processing systems, 2007, 1177-1184.

[18] YANG T B, LI Y F, MAHDAVI M, JIN R, ZHOU Z H. Nystrommethod vs random Fourier features: A theoretical and empirical comparison[J]. Advances in neural information processing systems, 2012, 485-493.

# 第 5 章　贝叶斯分类器

第 5 章
电子资源

## 导读

线性分类器可以实现线性可分的类别之间的分类决策，其形式简单，分类决策快速。但在许多模式识别的实际问题中，两个类的样本之间并没有明确的分类决策边界，线性分类器（包括广义线性分类器）无法完成分类任务，此时需要采用其他有效的分类方法。贝叶斯分类器就是另一种常见和实用的统计模式识别方法，采用基于统计决策的方法实现概率分类。本章首先介绍贝叶斯推理原理的基础知识，然后根据所采取的的分类决策规则不同，引入最小错误率贝叶斯分类、最小风险贝叶斯分类以及朴素贝叶斯分类三种方法，进一步分析贝叶斯分类器的错误率，最后给出贝叶斯分类器的训练原理和训练方法。



## 知识点

- 贝叶斯推理。
- 最小风险贝叶斯分类。
- 贝叶斯分类器的错误率。
- 贝叶斯分类器的训练方法。

## 5.1　贝叶斯推理原理

### 5.1.1　逆概率推理

推理是从已知的条件（Condition），得出某个结论（Conclusion）的过程。

推理可分为确定性（Certainty）推理和概率推理。所谓确定性推理是指类似如下的推理过程：若已知条件 $B$ 存在，就可以推知结果 $A$ 一定也存在。“如果考试作弊被查证，该科成绩就一定是 0 分。”这就是一条确定性推理。

而概率推理（Probabilistic Reasoning）是不确定性推理，它的推理形式可以表示为：若条件 $B$ 存在，则结果 $A$ 发生的概率为 $P(A|B)$。$P(A|B)$ 也称为结果 $A$ 发生的条件概率（Conditional Probability）。“如果考前未复习，该科成绩有 50% 的可能性不及格。”这就是一条概率推理。

需要说明的是，真正的确定性推理在真实世界中并不存在。即使条件概率 $P(A|B)$ 为 1，条件 $B$ 存在，也不意味着结果 $A$ 就一定会发生。

通常情况下，条件概率从大量实践中得来，它是一种经验数据的总结，但对于判别事物和预测未来没有太大的直接作用。我们更关注的是如果发现了某个结果（或者某种现象），那么造成这种结果的原因有多大可能存在？这就是逆概率推理的含义。即，若条件 $B$ 存在，则结果 $A$ 存在的概率为 $P(A|B)$。现在发现结果 $A$ 出现了，求结果 $B$ 存在的概率 $P(B|A)$ 是多少？

例如，如果已知地震前出现“地震云”的概率，现在发现了地震云，那么会发生地震的概率是多少？

再如，如果已知脑瘤病人出现头痛的概率，有一位患者头痛，他得脑瘤的概率是多少？

解决这种逆概率推理问题的理论就是以贝叶斯公式为基础的贝叶斯理论。

### 5.1.2　贝叶斯公式

贝叶斯（Bayes）定理于 1763 年被提出，它的表述为：设试验 $E$ 的样本空间为 $S$，$A$ 为 $E$ 的事件，$B_1,B_2,\cdots,B_c$ 为 $S$ 的一个划分，且 $P(A)>0,P(B_i)>0(i=1,2,\cdots,c)$，则

$$P(B_i \mid A)=\frac{P(A \mid B_i)P(B_i)}{\sum_{j=1}^{c}P(A \mid B_j)P(B_j)}=\frac{P(A \mid B_i)P(B_i)}{P(A)} \tag{5-1}$$



该公式称为“贝叶斯公式”，其中：

$P(B_i \mid A)$ 称为后验概率（Posterior Probability），表示事件 $A$（结果 $A$）出现后，各不相容的条件 $B_i$ 存在的概率，它是在结果出现后才能计算得到的，因此称为“后验”。

$P(A \mid B_j)$ 称为类条件概率（Class-conditional Probability），表示在各条件 $B_j$ 存在时，结果事件 $A$ 发生的概率。

$P(B_j)$ 称为先验概率（Priori Probability），表示各不相容的条件 $B_j$ 出现的概率，它与结果 $A$ 是否出现无关，仅表示根据先验知识或主观推断，是总体上各条件出现的可能性。

$P(A)=\sum_{j=1}^{c}P(A \mid B_j)P(B_j)$ 由先验概率和类条件概率计算得到，它表达了结果 $A$ 在各种条件下出现的总体概率，称为结果 $A$ 的全概率（Total Probability）。

贝叶斯公式给出了根据结果推测原因的数学方法，在许多方面都有广泛的应用，并在数理统计领域产生了基于该理论的贝叶斯学派。

**贝叶斯及贝叶斯公式**

托马斯·贝叶斯（Thomas Bayes）（1702—1763），是一位伟大的英国数学家，他是英国皇家学会会员，其主要数学成就体现在概率论和数理统计方面。贝叶斯公式发表于 1763 年其去世之后，首次将归纳推理法用于概率论基础理论，对于后续的统计决策、概率推理和参数估计等领域的发展起到了重要的促进作用，其影响延续至今，在

信息时代的经济学理论、数据处理与知识挖掘、信息检索、人工智能等方面都能看到贝叶斯公式深入和广泛的应用。

### 5.1.3 贝叶斯分类

如果把样本属于某个类别作为条件，样本的特征向量取值作为结果，则模式识别的分类决策过程可以看作是一种根据结果推测条件的推理过程。它可以分为两种类型。

（1）确定性分类决策（Certainty Classifying） 特征空间由决策边界划分为多个决策区域，当样本属于某类时，其特征向量一定落入对应的决策区域中，当样本不属于某类时，其特征向量一定不会落入对应的决策区域中。现有待识别的样本特征向量落入了某决策区域中，则它一定属于对应的类，确定性分类决策如图 5-1 所示。



（2）随机性分类决策（Stochastic Classifying） 特征空间中有多个类，当样本属于某类时，其特征向量会以一定的概率取得不同的值。现有待识别的样本特征向量取了某值，则它按不同概率有可能属于不同的类，分类决策将它按概率的大小划归到某一类别中，如图 5-2 所示。

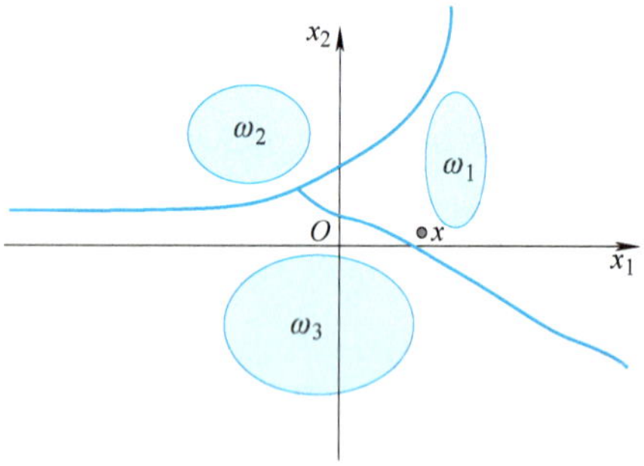

图 5-1 确定性分类决策

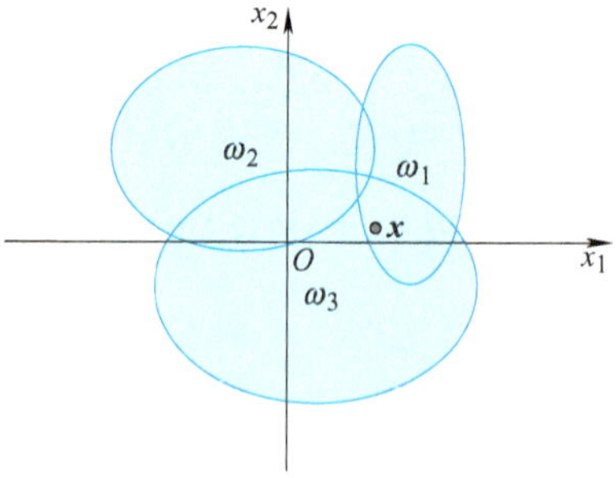

图 5-2 随机性分类决策

对于随机性分类决策，可以利用贝叶斯公式来计算样本属于各类的后验概率。设 $\omega_i, i=1,2,\cdots,c$ 是特征空间中不同的类，每类都有其出现的先验概率 $P(\omega_j)$。在每类中，样本特征向量的取值服从一定的概率分布，其类条件概率密度为 $P(\boldsymbol{x}|\omega_j)$。当有待识别的特征向量 $\boldsymbol{x}$ 时，其属于各类的后验概率 $P(\omega_i|\boldsymbol{x})$ 为

$$P(\omega_i \mid \boldsymbol{x}) = \frac{P(\boldsymbol{x} \mid \omega_i)P(\omega_i)}{\sum_{j=1}^{c} P(\boldsymbol{x} \mid \omega_j)P(\omega_j)} = \frac{P(\boldsymbol{x} \mid \omega_i)P(\omega_i)}{P(\boldsymbol{x})} \tag{5-2}$$

如果根据样本属于各类的后验概率及其他因素对该样本进行分类决策，就称为贝叶斯分类。

贝叶斯分类具有以下特点。

（1）需要知道先验概率　先验概率是计算后验概率的基础。在传统的概率理论中，先验概率可以由大量的重复实验所获得的各类样本出现的频率来近似获得，其基础是“大数定律”，这一思想称为“频率主义”。而被称为“贝叶斯主义”的数理统计学派，认为时间是单向的，许多事件的发生不具有可重复性，因此先验概率只能根据对置信度的主观判定来给出，也可以说由“信仰”来确定。这一分歧直接导致了对贝叶斯公式应用范围和合理性的争议。

（2）按照获得的信息对先验概率进行修正　在没有获得任何信息的时候，如果要进行分类判别，只能依据各类存在的先验概率，将样本划分到先验概率大的一类中。而在获得了更多关于样本特征的信息后，可以依照贝叶斯公式对先验概率进行修正，得到后验概率，提高了分类决策的准确性和置信度。

（3）分类决策存在错误率　由于贝叶斯分类是在样本取得某特征值时对它属于各类的概率进行推测，并无法获知样本真实的类别归属情况，所以分类决策一定存在错误率，即使错误率很低，分类错误的情况仍可能发生。



## 5.2　贝叶斯决策算法

根据分类决策规则的不同，贝叶斯分类有多种形式，下面介绍比较常见的几种贝叶斯分类器。

### 5.2.1　最小错误率贝叶斯分类

当已知类别出现的先验概率 $P(\omega_i)$ 和每个类中的样本分布的类条件概率密度 $P(\boldsymbol{x} \mid \omega_i)$ 时，可以求得一个待分类样本属于每类的后验概率 $P(\omega_i \mid \boldsymbol{x})$。将样本划归到后验概率最大的那一类中，这种分类器称为最小错误率贝叶斯分类器（Minimum Error Rate Bayes' Classifier），其分类决策规则可表示为：

1）两类问题中，当 $P(\omega_i \mid \boldsymbol{x}) > P(\omega_j \mid \boldsymbol{x})$ 时，判决 $\boldsymbol{x} \in \omega_i$；

2）对于多类情况，则当 $P(\omega_i \mid \boldsymbol{x}) = \max\limits_{1 \leqslant j \leqslant c} P(\omega_j \mid \boldsymbol{x})$ 时，判决 $\boldsymbol{x} \in \omega_i$。

可以发现，上述分类决策规则实为“最大后验概率分类器”，它与“最小错误率分类器”的关系可以简单分析如下。

当采用最大后验概率分类器时，分类错误的概率为

$$P(e) = \int_{-\infty}^{+\infty} P(error, \boldsymbol{x})\mathrm{d}\boldsymbol{x} = \int_{-\infty}^{+\infty} P(error \mid \boldsymbol{x})P(\boldsymbol{x})\mathrm{d}\boldsymbol{x} \tag{5-3}$$

式中，$P(error \mid \boldsymbol{x}) = \sum_{i=1}^{c} P(\omega_j \mid \boldsymbol{x}) - \max_{1\leqslant j\leqslant c} P(\omega_j \mid \boldsymbol{x})$。

因此，$P(error \mid \boldsymbol{x})$ 取得了最小值，$P(e)$ 也取得了最小值，“最大后验概率分类器”与“最小错误率分类器”是等价的。

对于最小错误率贝叶斯分类器，其分类决策规则也同时确定了分类决策边界，为

$$P(\omega_i \mid \boldsymbol{x}) = P(\omega_j \mid \boldsymbol{x}) \tag{5-4}$$

图 5-3 以两类问题为例，分类决策边界为 $G_{12}(\boldsymbol{x}) = P(\omega_1 \mid \boldsymbol{x}) - P(\omega_2 \mid \boldsymbol{x}) = 0$，分类决策规则为 $\begin{cases} G_{12}(\boldsymbol{x}) > 0, \boldsymbol{x} \in \omega_1 \\ G_{12}(\boldsymbol{x}) < 0, \boldsymbol{x} \in \omega_2 \end{cases}$，可以判断图中 $\boldsymbol{x} \in \omega_2$。

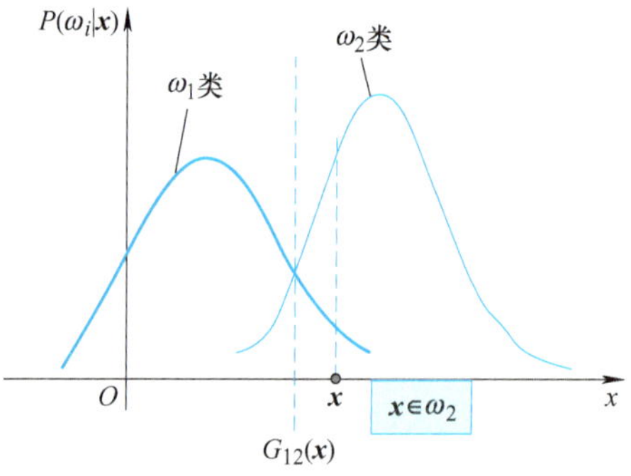


图 5-3　最小错误率贝叶斯分类器的分类决策边界



但是，如图 5-4 所示，其分类决策边界不一定是线性的，也不一定是连续的。

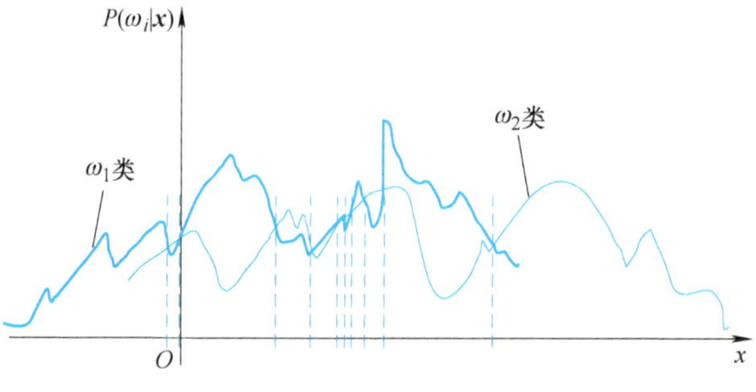


图 5-4　最小错误率贝叶斯分类器的非线性分类决策边界

**【例 5-1】** 地震预报是比较困难的一个课题，可以根据地震与生物异常反应之间的联系来进行研究。根据历史记录的统计，地震前一周内出现生物异常反应的概率为 50%，而一周内没有发生地震但也出现了生物异常反应的概率为 10%。假设某一个地区属于地震高发区，发生地震的概率为 20%，请问如果某日观察到明显的生物异常反应现象，是否应当预报一周内将发生地震？

**解：** 把地震是否发生设成两个类别：发生地震为 $\omega_1$，不发生地震为 $\omega_2$。

则两个类别出现的先验概率为 $P(\omega_1) = 0.2, P(\omega_2) = 1 - 0.2 = 0.8$。

地震前一周是否出现生物异常反应这一事件设为 $x$，当 $x$=1 时表示出现了生物异常反

应，$x$=0 时表示没有出现生物异常反应。则根据历史记录统计可得

$$p(x=1|\omega_1)=0.5, p(x=1|\omega_2)=0.1$$

所以，某日观察到明显的生物异常反应现象，此时可以得到将发生地震的概率为

$$p(\omega_1|x=1)=\frac{P(\omega_1)p(x=1|\omega_1)}{P(\omega_1)p(x=1|\omega_1)+P(\omega_2)p(x=1|\omega_2)}=\frac{0.2\times0.5}{0.2\times0.5+0.8\times0.1}=\frac{5}{9}$$

而不发生地震的概率为

$$p(\omega_2|x=1)=\frac{P(\omega_2)p(x=1|\omega_2)}{P(\omega_1)p(x=1|\omega_1)+P(\omega_2)p(x=1|\omega_2)}=\frac{0.8\times0.1}{0.2\times0.5+0.8\times0.1}=\frac{4}{9}$$

因为 $p(\omega_1|x=1)>p(\omega_2|x=1)$，所以在观察到明显的生物异常反应现象时，发生地震的概率更高，所以应当预报一周内将发生地震。

### 5.2.2 最小风险贝叶斯分类

在最小错误率贝叶斯分类器中，仅考虑了样本属于每一类的后验概率就做出了分类决策，而没有考虑每一种分类决策的风险（Risk）。事实上，在许多模式识别问题中，即使样本属于两类的后验概率相同，将其分到每一类中所带来的风险也会有很大差异。

例如，针对某项检测指标进行癌症的诊断，如果计算出患者患癌症和未患癌症的后验概率均为 50%，此时做出未患癌症的误诊（实际患癌）会延误治疗时机，比做出患癌症的误诊（实际未患癌）带来更为严重的后果。



因此，在获得样本属于每一类的后验概率后，需要综合考虑做出各种分类决策所带来的风险，选择风险最小的分类决策，称为最小风险贝叶斯分类器（Minimum Risk Bayes' Classifier）。

首先定义以下概念：

① 决策（Decision）$\alpha_i$——把待识别样本 $\boldsymbol{x}$ 归到 $\omega_i$ 类中；

② 损失（Loss）$\lambda_{ij}$——把真实属于 $\omega_j$ 类的样本归到 $\omega_i$ 类中带来的损失；

③ 条件风险（Conditional Risk）$R(\alpha_i|\boldsymbol{x})$——对 $\boldsymbol{x}$ 采取决策 $\alpha_i$ 后可能的总的风险，条件风险可以用采取某项决策的加权平均损失来计算，权值为样本属于各类的概率，即

$$R(\alpha_i|\boldsymbol{x})=E[\lambda_{ij}]=\sum_{j=1}^{c}\lambda_{ij}P(\omega_j|\boldsymbol{x}), i=1,2,\cdots,c \tag{5-5}$$

则最小风险贝叶斯分类器的分类决策规则为

$$\text{若}R(\alpha_k|\boldsymbol{x})=\min_{i=1,2,\cdots,c}R(\alpha_i|\boldsymbol{x}),\ \text{则}\boldsymbol{x}\in\omega_k \tag{5-6}$$

**【例 5-2】** 对于上例中的地震预报问题，假设预报一周内发生地震，可以预先组织抗震救灾，由此带来的防灾成本会有 2500 万元，而当地震确实发生时，由于地震造成的直接损失会有 1000 万元；假设不预报将发生地震而地震又发生了，造成的损失会达到 5000 万元。请问在观察到明显的生物异常反应后，是否应当预报一周内将发生地震？

**解：** 设决策 1 为发布地震预报，决策 2 为不发布地震预报，则：

① 发生了地震，而提前发布了地震预报，此时的损失为 $\lambda_{11}=(2500+1000)$万元 =

3500 万元；

② 发生了地震，而没有提前发布地震预报，此时的损失为 $\lambda_{21}=5000$ 万元；

③ 没有发生地震，而提前发布了地震预报，此时的损失为 $\lambda_{12}=2500$ 万元；

④ 没有发生地震，而没有提前发布地震预报，此时的损失为 $\lambda_{22}=0$ 元。

则在观察到明显的生物异常反应现象时，发布地震预报的条件风险为

$$\begin{aligned} R(\text{发布地震预报}|x=1) &= \lambda_{11}\times p(\omega_1|x=1)+\lambda_{12}\times p(\omega_2|x=1) \\ &= \left(3500\times\frac{5}{9}+2500\times\frac{4}{9}\right)\text{万元} \\ &\approx 3056\text{万元} \end{aligned}$$

而不发布地震预报带来的综合损失为

$$\begin{aligned} R(\text{不发布地震预报}|x=1) &= \lambda_{21}\times p(\omega_1|x=1)+\lambda_{22}\times p(\omega_2|x=1) \\ &= \left(5000\times\frac{5}{9}\right)\text{万元} \\ &\approx 2778\text{万元} \end{aligned}$$

因为 $R(\text{发布地震预报}|x=1)>R(\text{不发布地震预报}|x=1)$，所以发布地震预报风险更大，不应该发布地震预报。

下面再看最小错误率贝叶斯分类器和最小风险贝叶斯分类器之间的关系。对最小风险贝叶斯分类器而言，当损失函数取



$$\lambda_{ij}=\begin{cases}0, i=j \\ 1, i\neq j\end{cases} \tag{5-7}$$

即分类正确损失最小（为 0），分类错误损失最大（为 1）时，分类决策规则为

若 $R(\alpha_k \mid \boldsymbol{x})=\min\limits_{i=1,2,\cdots,c} R(\alpha_k \mid \boldsymbol{x})$，则$\boldsymbol{x}\in\omega_k$

因为

$$\begin{aligned} \min_{i=1,2,\cdots,c} R(\alpha_k \mid \boldsymbol{x}) &= \min_{i=1,2,\cdots,c}\sum_{j=1}^{c}\lambda_{ij}P(\omega_j \mid \boldsymbol{x}) \\ &= \min_{i=1,2,\cdots,c}\sum_{j=1,j\neq i}^{c}P(\omega_j \mid \boldsymbol{x}) \\ &= \min_{i=1,2,\cdots,c}(1-P(\omega_i \mid \boldsymbol{x})) \\ &= 1-\max_{i=1,2,\cdots,c}P(\omega_i \mid \boldsymbol{x}) \end{aligned} \tag{5-8}$$

即从最小风险贝叶斯分类器可以推导出最小错误率贝叶斯分类器，因此最小错误率贝叶斯分类器实质上是最小风险贝叶斯分类器的特例。

### 5.2.3 朴素贝叶斯分类

不难发现基于贝叶斯公式来估计后验概率的主要困难在于，类条件概率是所有类别上

的联合概率，难以从有限的训练样本直接估计而得。为避开这个障碍，朴素贝叶斯分类器（Naive Bayes Classifier，NBC）采用了“特征条件独立性假设”，即对已知类别，假设所有特征在类别已知的条件下是相互独立的，换言之，假设每个特征独立地对分类结果发生影响。样本类条件概率可以写为各特征条件概率的联乘，即

$$p(\boldsymbol{X}\mid\omega_i)=p(x_1,\cdots,x_d\mid\omega_i)=\prod_{j=1}^{d}p(x_j\mid\omega_i) \tag{5-9}$$

在构建分类器时，只需要逐个估计出每个类别的训练样本在每一维特征上的分布，就可以得到每个类别的条件概率密度，大大减少了需要估计参数的数量。

朴素贝叶斯分类器可以根据具体问题来确定样本在每一维特征上的分布形式，最常用的一种是假设每一个类别的样本都服从各维特征之间相互独立的高斯分布，代入式（5-9）得

$$p(\boldsymbol{X}\mid\omega_i)=\prod_{j=1}^{d}p(x_j\mid\omega_i)=\prod_{j=1}^{d}\left\{\frac{1}{\sqrt{2\pi}\sigma_{ij}}\exp\left[-\frac{(x_j-\mu_{ij})^2}{2\sigma_{ij}^2}\right]\right\} \tag{5-10}$$

式中，$\mu_{ij}$ 为第 $i$ 类样本在第 $j$ 维特征上的均值；$\sigma_{ij}^2$ 为相应的方差。这样可以得到对数判别函数

$$\begin{aligned}g_i(\boldsymbol{X})&=\ln p(\boldsymbol{X}\mid\omega_i)+\ln p(\omega_i)\\&=\sum_{j=1}^{d}\left[-\frac{1}{2}\ln 2\pi-\ln\sigma_{ij}-\frac{(x_j-\mu_{ij})^2}{2\sigma_{ij}^2}\right]+\ln p(\omega_i)\\&=-\frac{d}{2}\ln 2\pi-\sum_{j=1}^{d}\ln\sigma_{ij}-\sum_{j=1}^{d}\frac{(x_j-\mu_{ij})^2}{2\sigma_{ij}^2}+\ln p(\omega_i)\end{aligned} \tag{5-11}$$

式中的第 1 项与类别无关，可以忽略，由此得到判别函数

$$g_i(\boldsymbol{X})=\ln p(\omega_i)-\sum_{j=1}^{d}\ln\sigma_{ij}-\sum_{j=1}^{d}\frac{(x_j-\mu_{ij})^2}{2\sigma_{ij}^2} \tag{5-12}$$

## 5.3　贝叶斯分类器分析

### 5.3.1　正态分布下的贝叶斯分类

#### 1. 正态分布

正态分布（Normal Distribution）是自然界中最常见的概率分布形式，其定义为：设连续型随机变量 $x$ 具有概率密度（Probability Density）

$$p(x)=\frac{1}{\sqrt{2\pi}\sigma}\mathrm{e}^{-\frac{(x-\mu)^2}{2\sigma^2}},-\infty<x<\infty \tag{5-13}$$

则称 $x$ 服从参数为 $\mu$、$\sigma$ 的正态分布或高斯分布（Gaussian Distribution），记为 $N(\mu,\sigma^2)$。其分布函数为

$$F(x)=\frac{1}{\sqrt{2\pi}\sigma}\int_{-\infty}^{x}\mathrm{e}^{-\frac{(t-\mu)^2}{2\sigma^2}}\mathrm{d}t \tag{5-14}$$

式中，$\mu=E(x)=\int_{-\infty}^{\infty}xp(x)\mathrm{d}x$ 为均值或数学期望；$\sigma^2=E[(x-\mu)^2]=\int_{-\infty}^{\infty}(x-\mu)^2p(x)\mathrm{d}x$ 为方差。

正态分布概率密度曲线如图 5-5 所示，横轴与正态曲线之间的面积恒等于 1；横轴区间（$\mu-\sigma$，$\mu+\sigma$）内的面积为 68.268949%，横轴区间（$\mu-1.96\sigma$，$\mu+1.96\sigma$）内的面积为 95.449974%，如图中阴影部分所示，横轴区间（$\mu-2.58\sigma$，$\mu+2.58\sigma$）内的面积为 99.730020%。

对于 $n$ 维（n–Dimensional）正态分布，其概率密度公式见式（5-15），概率密度曲面如图 5-6 所示。

$$p(\boldsymbol{x})=\frac{1}{(2\pi)^{d/2}|\boldsymbol{\Sigma}|^{1/2}}\exp\left[-\frac{1}{2}(\boldsymbol{x}-\boldsymbol{\mu})^{\mathrm{T}}\boldsymbol{\Sigma}^{-1}(\boldsymbol{x}-\boldsymbol{\mu})\right] \tag{5-15}$$

式中，$\boldsymbol{x}=(x_1,x_2,\cdots,x_d)^{\mathrm{T}}$ 为 $d$ 维特征向量（Feature Vector）；$\boldsymbol{\mu}=(\mu_1,\mu_2,\cdots,\mu_d)^{\mathrm{T}}$ 为 $d$ 维均值向量（Mean Vector）；$\boldsymbol{\Sigma}$ 为 $d\times d$ 维协方差矩阵（Covariance Matrix），逆阵为 $\boldsymbol{\Sigma}^{-1}$，行列式为 $|\boldsymbol{\Sigma}|$。



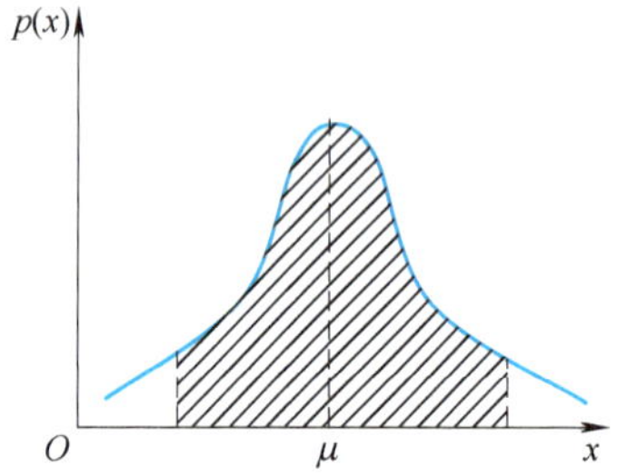


图 5-5　正态分布概率密度曲线

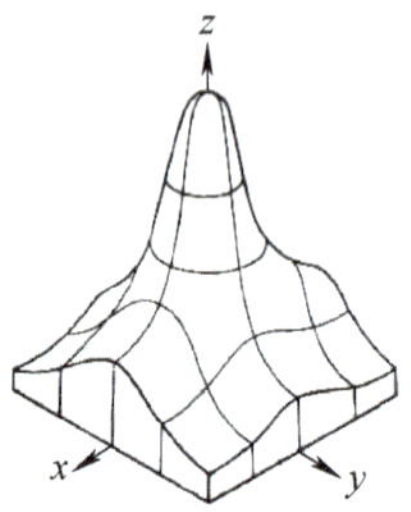


图 5-6　$n$ 维正态分布概率密度曲面

均值向量 $\boldsymbol{\mu}$ 的分量 $\mu_i$ 为

$$\mu_i=E(x_i)=\int_{-\infty}^{\infty}x_ip(x_i)\mathrm{d}x_i \tag{5-16}$$

协方差矩阵 $\boldsymbol{\Sigma}$ 为

$$\boldsymbol{\Sigma}=E[(\boldsymbol{x}-\boldsymbol{\mu})(\boldsymbol{x}-\boldsymbol{\mu})^{\mathrm{T}}]=\begin{pmatrix}\sigma_{11}^2 & \sigma_{12}^2 & \cdots & \sigma_{1d}^2\\ \vdots & \vdots & & \vdots\\ \sigma_{d1}^2 & \sigma_{d2}^2 & \cdots & \sigma_{dd}^2\end{pmatrix} \tag{5-17}$$

$n$ 维正态分布具有以下性质：

1）$\boldsymbol{\mu}$ 与 $\boldsymbol{\Sigma}$ 对分布起决定作用，$\boldsymbol{\mu}$ 由 $d$ 个分量组成，$\boldsymbol{\Sigma}$ 由 $d(d+1)/2$ 个元素组成，所以多维正态分布由 $d+d(d+1)/2$ 个参数组成。

2）等密度点的轨迹是一个超椭球面，区域中心由 $\boldsymbol{\mu}$ 决定，区域形状由 $\boldsymbol{\Sigma}$ 决定，如图 5-7 所示。

3）正态分布各维度的不相关性等价于独立性，若 $x_i$ 与 $x_j$ 互不相关，则 $x_i$ 与 $x_j$ 一定独立。

4）具有线性变换的正态性，若 $\boldsymbol{Y}=\boldsymbol{AX}$，$\boldsymbol{A}$ 为线性变换矩阵，如果 $\boldsymbol{X}$ 为正态分布，则 $\boldsymbol{Y}$ 也是正态分布。

5）正态分布的随机变量的线性组合也符合正态分布。

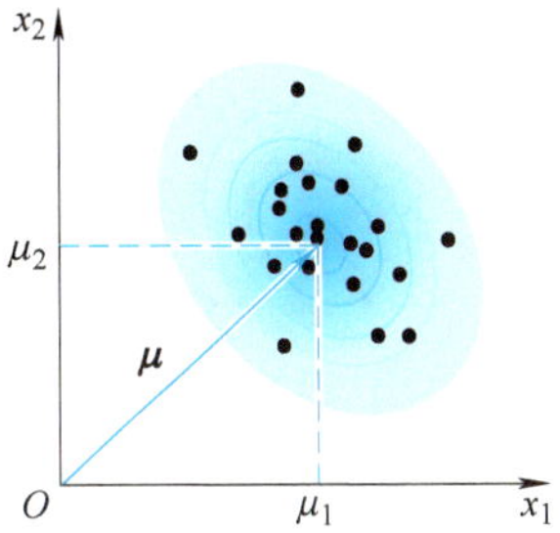

图 5-7　多维度正态分布的均值向量和等密度面

### 2. 多维度正态分布条件下的贝叶斯分布

对于最小错误率贝叶斯分类器，它把样本划分到后验概率最大的那一类中，因此可以定义每一类的判别函数为

$$g_i(\boldsymbol{x})=P(\omega_i\mid\boldsymbol{x}),\quad i=1,2,\cdots,c \tag{5-18}$$

因为在同一个模式识别问题中，对于不同的类，贝叶斯公式中全概率都是相同的，所以各类的判别函数也可以定义为

$$g_i(\boldsymbol{x})=p(\boldsymbol{x}|\omega_i)P(\omega_i),\quad i=1,2,\cdots,c \tag{5-19}$$

假设样本空间被划分为 $c$ 个类别决策区域，则分类判决规则为

$$g_i(\boldsymbol{x})>g_j(\boldsymbol{x}),\quad i=1,2,\cdots,c,\quad j\neq i\quad\Leftrightarrow\quad\boldsymbol{x}\in\omega_i \tag{5-20}$$

此时任两个类别之间的决策边界方程为

$$g_i(\boldsymbol{x})=g_j(\boldsymbol{x}) \tag{5-21}$$

判别函数中，先验概率 $P(\omega_i)$ 是一个与特征向量无关的常量，类条件概率密度 $p(\boldsymbol{x}|\omega_i)$ 则满足一定的概率分布。假设 $p(\boldsymbol{x}|\omega_i)$ 符合 $d$ 维正态分布，则判别函数为

$$g_i(\boldsymbol{x})=\frac{P(\omega_i)}{(2\pi)^{d/2}|\boldsymbol{\Sigma}_i|^{1/2}}\exp\left[-\frac{1}{2}(\boldsymbol{x}-\boldsymbol{\mu}_i)^{\mathrm{T}}\boldsymbol{\Sigma}_i^{-1}(\boldsymbol{x}-\boldsymbol{\mu}_i)\right] \tag{5-22}$$

该判别函数含有指数，不方便计算，考虑到对数函数是单调递增函数，可对原判别函数取对数后作为新的判别函数，即

$$\begin{aligned}g_i(\boldsymbol{x})&=\ln P(\omega_i)+\ln\left\{\frac{1}{(2\pi)^{d/2}|\boldsymbol{\Sigma}_i|^{1/2}}\exp\left[-\frac{1}{2}(\boldsymbol{x}-\boldsymbol{\mu}_i)^{\mathrm{T}}\boldsymbol{\Sigma}_i^{-1}(\boldsymbol{x}-\boldsymbol{\mu}_i)\right]\right\}\\&=\ln P(\omega_i)-\frac{1}{2}(\boldsymbol{x}-\boldsymbol{\mu}_i)^{\mathrm{T}}\boldsymbol{\Sigma}_i^{-1}(\boldsymbol{x}-\boldsymbol{\mu}_i)-\frac{d}{2}\ln 2\pi-\frac{1}{2}\ln|\boldsymbol{\Sigma}_i|\end{aligned} \tag{5-23}$$

因为 $\frac{d}{2}\ln 2\pi$ 与类别无关，所以判别函数可进一步简化为

$$g_i(\boldsymbol{x})=\ln P(\omega_i)-\frac{1}{2}(\boldsymbol{x}-\boldsymbol{\mu}_i)^{\mathrm{T}}\boldsymbol{\Sigma}_i^{-1}(\boldsymbol{x}-\boldsymbol{\mu}_i)-\frac{1}{2}\ln|\boldsymbol{\Sigma}_i| \tag{5-24}$$

此时分类决策面方程为

$$g_i(\boldsymbol{x})-g_j(\boldsymbol{x})=0 \tag{5-25}$$

即 $-\frac{1}{2}(\ln|\boldsymbol{\Sigma}_i|-\ln|\boldsymbol{\Sigma}_j|)-\frac{1}{2}[(\boldsymbol{x}-\boldsymbol{\mu}_i)^{\mathrm{T}}\boldsymbol{\Sigma}_i^{-1}(\boldsymbol{x}-\boldsymbol{\mu}_i)-(\boldsymbol{x}-\boldsymbol{\mu}_j)^{\mathrm{T}}\boldsymbol{\Sigma}_j^{-1}(\boldsymbol{x}-\boldsymbol{\mu}_j)]+\ln\frac{P(\omega_i)}{P(\omega_j)}=0$。

下面分几种情况来讨论。

（1）$\boldsymbol{\Sigma}_i=\sigma^2\boldsymbol{I}$，$P(\omega_i)=P(\omega_j)=P(\omega_c)$　每类的协方差矩阵都相等，类内各特征维度相互独立，且方差相同。各类的先验概率相等，此时判别函数为

$$\begin{aligned}g_i(\boldsymbol{x})&=-\frac{1}{2}(\boldsymbol{x}-\boldsymbol{\mu}_i)^{\mathrm{T}}\boldsymbol{\Sigma}_i^{-1}(\boldsymbol{x}-\boldsymbol{\mu}_i)-\frac{1}{2}\ln|\boldsymbol{\Sigma}_i|+\ln P(\omega_i)\\&=-\frac{1}{2}(\boldsymbol{x}-\boldsymbol{\mu}_i)^{\mathrm{T}}(\sigma^2I)^{-1}(\boldsymbol{x}-\boldsymbol{\mu}_i)-\frac{1}{2}\ln|\sigma^2\boldsymbol{I}|+\ln P(\omega_c)\\&=-\frac{1}{2}(\boldsymbol{x}-\boldsymbol{\mu}_i)^{\mathrm{T}}(I/\sigma^2)(\boldsymbol{x}-\boldsymbol{\mu}_i)-\frac{1}{2}\ln|\sigma^2\boldsymbol{I}|+\ln P(\omega_c)\end{aligned} \tag{5-26}$$

式中，后面两项 $\frac{1}{2}\ln|\sigma^2\boldsymbol{I}|$、$\ln P(\omega_c)$ 均与类别无关，所以判别函数可简化为

$$g_i(\boldsymbol{x})=-\frac{\|\boldsymbol{x}-\boldsymbol{\mu}_i\|^2}{2\sigma^2}，\ 其中\|\boldsymbol{x}-\boldsymbol{\mu}_i\|^2=(\boldsymbol{x}-\boldsymbol{\mu}_i)^{\mathrm{T}}(\boldsymbol{x}-\boldsymbol{\mu}_i) \tag{5-27}$$

显然，若样本 $\boldsymbol{x}$ 到某类均值点的距离小于到其他各类均值点的距离，该样本将被分到这一类中。这种分类器又被称为“最小距离分类器（Minimum Distance Classifier）”，如图 5-8 所示，它采用的相似度度量标准是“欧几里得距离”。

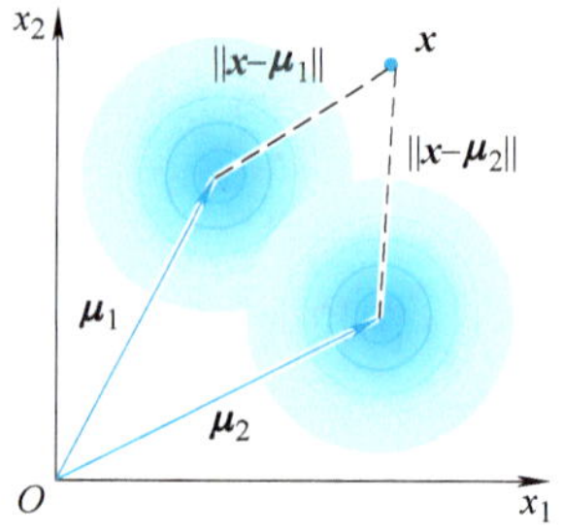

图 5-8　最小距离分类器



（2）$\boldsymbol{\Sigma}_i=\sigma^2\boldsymbol{I}$，$P(\omega_i)\neq P(\omega_j)$　此时判别函数为

$$\begin{aligned}g_i(\boldsymbol{x})&=-\frac{\|\boldsymbol{x}-\boldsymbol{\mu}_i\|^2}{2\sigma^2}+\ln P(\omega_i)\\&=-\frac{\boldsymbol{x}^{\mathrm{T}}\boldsymbol{x}-2\boldsymbol{\mu}_i\boldsymbol{x}+\boldsymbol{\mu}_i^{\mathrm{T}}\boldsymbol{\mu}_i}{2\sigma^2}+\ln P(\omega_i)\end{aligned} \tag{5-28}$$

又因为二次项 $\boldsymbol{x}^{\mathrm{T}}\boldsymbol{x}$ 与类别无关，所以判别函数可以写成线性形式，为

$$g_i(\boldsymbol{x})=\boldsymbol{w}_i^{\mathrm{T}}\boldsymbol{x}+w_{i0} \tag{5-29}$$

式中，$\boldsymbol{w}_i=\frac{1}{\sigma^2}\boldsymbol{\mu}_i$；$w_{i0}=-\frac{1}{2\sigma^2}\boldsymbol{\mu}_i^{\mathrm{T}}\boldsymbol{\mu}_i+\ln P(\omega_i)$。

分类决策规则为

$$g_i(\boldsymbol{x})=\boldsymbol{w}_i^{\mathrm{T}}\boldsymbol{x}+w_{i0}=\max_{1\leqslant j\leqslant c}\{\boldsymbol{w}_j^{\mathrm{T}}\boldsymbol{x}+w_{j0}\}\Rightarrow\boldsymbol{x}\in\omega_i \tag{5-30}$$

此时分类决策面方程为

$$\boldsymbol{W}^{\mathrm{T}}(\boldsymbol{x}-\boldsymbol{x}_0)=0 \tag{5-31}$$

式中，$\boldsymbol{W}=\boldsymbol{\mu}_i-\boldsymbol{\mu}_j$，$\boldsymbol{x}_0=\frac{1}{2}(\boldsymbol{\mu}_i-\boldsymbol{\mu}_j)-\frac{\sigma^2(\boldsymbol{\mu}_i-\boldsymbol{\mu}_j)}{\|\boldsymbol{\mu}_i-\boldsymbol{\mu}_j\|^2}\ln\frac{P(\omega_i)}{P(\omega_j)}$。

因为 $\boldsymbol{\Sigma}_i=\sigma^2\boldsymbol{I}$，协方差为零，所以等概率密度面是一个球面。又因为 $\boldsymbol{W}$ 与 $(\boldsymbol{x}-\boldsymbol{x}_0)$ 的点积为 0，因此分类决策面 $\boldsymbol{H}$ 与 $\boldsymbol{W}$ 垂直，而 $\boldsymbol{W}$ 与 $\boldsymbol{\mu}_i-\boldsymbol{\mu}_j$ 同方向，因此分类决策面 $\boldsymbol{H}$ 垂直于 $\boldsymbol{\mu}_i,\boldsymbol{\mu}_j$ 的联线。

对于任意两个类之间，如果先验概率相等即 $P(\omega_i)=P(\omega_j)$，分类决策面 $\boldsymbol{H}$ 垂直通过 $\boldsymbol{\mu}_i,\boldsymbol{\mu}_j$ 的中点，否则，$\boldsymbol{H}$ 远离先验概率大的一类，如图 5-9 所示。

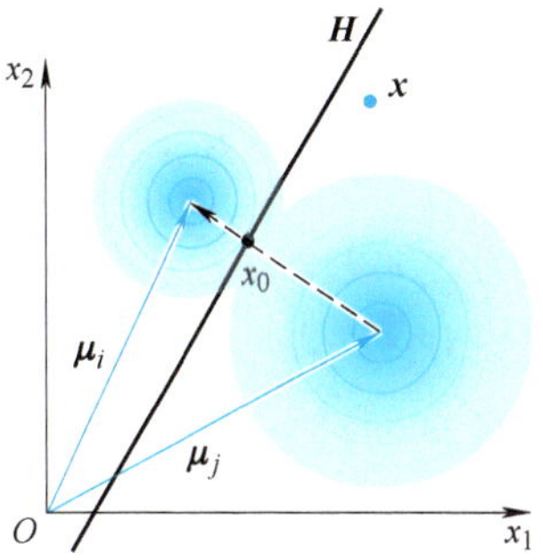

图 5-9　先验概率不同时的最小距离分类器

（3）$\boldsymbol{\Sigma}_i=\boldsymbol{\Sigma},P(\omega_i)=P(\omega_j)=P(\omega_c)$　即每类的协方差矩阵都相等。

因为 $\boldsymbol{\Sigma}_1=\boldsymbol{\Sigma}_2=\cdots=\boldsymbol{\Sigma}_c=\boldsymbol{\Sigma}$，以及 $\ln P(\omega_c)$ 均与类别无关，所以判别函数可以写为

$$g_i(\boldsymbol{x})=-\frac{1}{2}(\boldsymbol{x}-\boldsymbol{\mu}_i)^{\mathrm{T}}\boldsymbol{\Sigma}^{-1}(\boldsymbol{x}-\boldsymbol{\mu}_i)=\gamma^2 \tag{5-32}$$

式中，$\gamma$ 为协方差距离，也称为“马氏距离（Mahalanobis Distance）”，有 $\gamma=\sqrt{-\frac{1}{2}(\boldsymbol{x}-\boldsymbol{\mu}_i)^{\mathrm{T}}\boldsymbol{\Sigma}^{-1}(\boldsymbol{x}-\boldsymbol{\mu}_i)}$

此时的分类决策规则为：计算出待识别样本 $\boldsymbol{x}$ 到每类的均值点 $\boldsymbol{\mu}_i$ 的马氏距离 $\gamma$，把 $\boldsymbol{x}$ 归到马氏距离最小的那个类别中。



**马氏距离**

马氏距离是由印度统计学家马哈拉诺比斯（P. C. Mahalanobis）提出的，表示数据的协方差距离，它是一种有效的计算两个未知样本集的相似度的方法。与欧几里得距离不同的是它考虑到各维度特征之间的联系，并且是尺度无关的（scale-invariant），即独立于测量尺度。

（4）$\boldsymbol{\Sigma}_i=\boldsymbol{\Sigma},P(\omega_i)\neq P(\omega_j)$　此时判别函数为

$$\begin{aligned}g_i(\boldsymbol{x})&=-\frac{1}{2}(\boldsymbol{x}-\boldsymbol{\mu}_i)^{\mathrm{T}}\boldsymbol{\Sigma}^{-1}(\boldsymbol{x}-\boldsymbol{\mu}_i)+\ln P(\omega_i)\\&=-\frac{1}{2}\boldsymbol{x}^{\mathrm{T}}\boldsymbol{\Sigma}^{-1}\boldsymbol{x}+\boldsymbol{\mu}_i^{\mathrm{T}}\boldsymbol{\Sigma}^{-1}\boldsymbol{x}-\frac{1}{2}\boldsymbol{\mu}_i^{\mathrm{T}}\boldsymbol{\Sigma}^{-1}\boldsymbol{\mu}_i+\ln P(\omega_i)\end{aligned} \tag{5-33}$$

式中，第一项与类别无关，此时判别函数可写为线性形式

$$g_i(\boldsymbol{x})=\boldsymbol{W}_i^{\mathrm{T}}\boldsymbol{x}+w_{i0} \tag{5-34}$$

式中，$\boldsymbol{W}_i=\boldsymbol{\Sigma}^{-1}\boldsymbol{\mu}_i$，$w_{i0}=-\frac{1}{2}\boldsymbol{\mu}_i^{\mathrm{T}}\boldsymbol{\Sigma}^{-1}\boldsymbol{\mu}_i+\ln P(\omega_i)$。

分类决策规则为

$$g_i(\boldsymbol{x})=\boldsymbol{W}_i^{\mathrm{T}}\boldsymbol{x}+w_{i0}=\max_{1\leqslant j\leqslant c}\{\boldsymbol{W}_j^{\mathrm{T}}\boldsymbol{x}+w_{j0}\}\Rightarrow\boldsymbol{x}\in\omega_i$$

此时分类决策面方程为

$$\boldsymbol{W}^{\mathrm{T}}(\boldsymbol{x}-\boldsymbol{x}_0)=0 \tag{5-35}$$

式中，$\boldsymbol{W}=\boldsymbol{\Sigma}^{-1}(\boldsymbol{\mu}_i-\boldsymbol{\mu}_j)$；$\boldsymbol{x}_0=\dfrac{1}{2}(\boldsymbol{\mu}_i-\boldsymbol{\mu}_j)-\dfrac{\ln\dfrac{P(\omega_i)}{P(\omega_j)}(\boldsymbol{\mu}_i-\boldsymbol{\mu}_j)}{(\boldsymbol{\mu}_i-\boldsymbol{\mu}_j)^{\mathrm{T}}\boldsymbol{\Sigma}^{-1}(\boldsymbol{\mu}_i-\boldsymbol{\mu}_j)}$。

因为 $\boldsymbol{\Sigma}_i=\boldsymbol{\Sigma}\neq\sigma^2\boldsymbol{I}$，所以等概率密度面是椭球面，长轴由 $\boldsymbol{\Sigma}$ 本征值决定。

因为 $\boldsymbol{W}$ 与 $(\boldsymbol{x}-\boldsymbol{x}_0)$ 点积为 0，所以 $\boldsymbol{W}$ 与 $(\boldsymbol{x}-\boldsymbol{x}_0)$ 正交，且分类决策面 $\boldsymbol{H}$ 通过 $\boldsymbol{x}_0$ 点。

又因为 $\boldsymbol{W}=\boldsymbol{\Sigma}^{-1}(\boldsymbol{\mu}_i-\boldsymbol{\mu}_j)$，所以 $\boldsymbol{W}$ 与 $(\boldsymbol{\mu}_i-\boldsymbol{\mu}_j)$ 不同相，即分类决策面 $\boldsymbol{H}$ 不垂直于 $\boldsymbol{\mu}_i$、$\boldsymbol{\mu}_j$ 的连线。对于任意两个类，若先验概率相等，则 $\boldsymbol{x}_0=\dfrac{1}{2}(\boldsymbol{\mu}_i-\boldsymbol{\mu}_j)$，$\boldsymbol{H}$ 通过两类均值 $\boldsymbol{\mu}_i$、$\boldsymbol{\mu}_j$ 的连线中点，否则，$\boldsymbol{H}$ 远离先验概率大的一类。如图 5-10 所示。

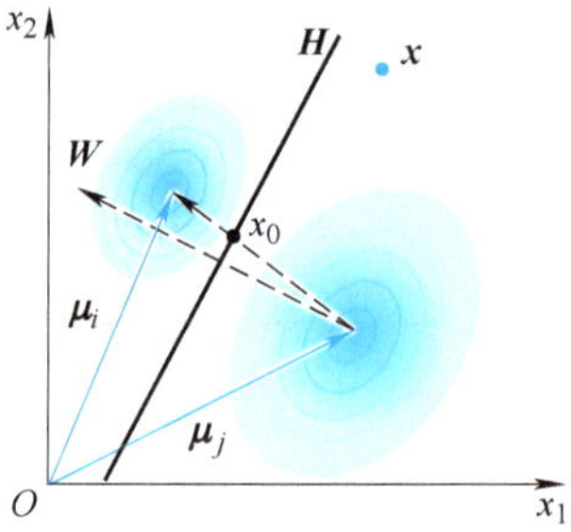


图 5-10　先验概率不同时的马氏最小距离分类器

（5）一般情况　即 $\boldsymbol{\Sigma}_i$ 为任意值，各类协方差矩阵不等，二次项 $\boldsymbol{x}^{\mathrm{T}}\boldsymbol{\Sigma}_i\boldsymbol{x}$ 与类别有关，此时判别函数为二次型函数

$$g_i(\boldsymbol{x})=-\frac{1}{2}(\boldsymbol{x}-\boldsymbol{\mu}_i)^{\mathrm{T}}\boldsymbol{\Sigma}_i^{-1}(\boldsymbol{x}-\boldsymbol{\mu}_i)-\frac{1}{2}\ln|\boldsymbol{\Sigma}_i|+\ln P(\omega_i) \tag{5-36}$$



可写为

$$g_i(\boldsymbol{x})=\boldsymbol{x}^{\mathrm{T}}\overline{\boldsymbol{W}}_i\boldsymbol{x}+\boldsymbol{W}_i^{\mathrm{T}}\boldsymbol{x}+w_{i0} \tag{5-37}$$

式中，$\overline{\boldsymbol{W}}_i=-\dfrac{1}{2}\boldsymbol{\Sigma}_i^{-1}$；$\boldsymbol{W}_i=\boldsymbol{\Sigma}_i^{-1}\boldsymbol{\mu}_i$；$w_{i0}=-\dfrac{1}{2}\boldsymbol{\mu}_i^{\mathrm{T}}\boldsymbol{\Sigma}_i^{-1}\boldsymbol{\mu}_i-\dfrac{1}{2}\ln|\boldsymbol{\Sigma}_i|+\ln P(\omega_i)$。

此时分类决策规则为

$$\begin{aligned}g_i(\boldsymbol{x})&=\boldsymbol{x}^{\mathrm{T}}\overline{\boldsymbol{W}}_i\boldsymbol{x}+\boldsymbol{W}_i^{\mathrm{T}}\boldsymbol{x}+w_{i0}\\&=\max_{1\leqslant j\leqslant c}\{\boldsymbol{x}^{\mathrm{T}}\overline{\boldsymbol{W}}_j\boldsymbol{x}+\boldsymbol{W}_j^{\mathrm{T}}\boldsymbol{x}+w_{j0}\}\Rightarrow\boldsymbol{x}\in\omega_i\end{aligned} \tag{5-38}$$

分类决策面方程为

$$\boldsymbol{x}^{\mathrm{T}}(\boldsymbol{W}_i-\boldsymbol{W}_j)\boldsymbol{x}+(\boldsymbol{W}_i-\boldsymbol{W}_j)^{\mathrm{T}}\boldsymbol{x}+w_{i0}-w_{j0}=0 \tag{5-39}$$

式（5-39）所决定的决策面为超二次曲面，随着 $\boldsymbol{\Sigma}_i,\boldsymbol{\mu}_i,P(\omega_i)$ 的不同而呈现为不同形式，包括超球面、超抛物面、超双曲面或超平面等。

## 5.3.2 贝叶斯分类的错误率

### 1. 分类错误率

分类错误率是指一个分类器按照其分类决策规则对样本进行分类，在分类结果中发生错误的概率。

例如在“最小错误率分类器”中，分类决策规则是将样本划分到后验概率大的那一类中。即 $P(\omega_i \mid x) = \max\limits_{1 \leqslant j \leqslant c} P(\omega_j \mid x)$ 时，判决 $x \in \omega_i$。

对于两类情况，则当 $P(\omega_1 \mid x) > P(\omega_2 \mid x)$，即 $x \in R_1$ 时，如果 $x \in \omega_2$ 而判定 $x \in \omega_1$，发生分类错误，此时错误率为 $P(\omega_2)p(x \mid \omega_2)$；当 $P(\omega_1 \mid x) < P(\omega_2 \mid x)$，即 $x \in R_2$ 时，如果 $x \in \omega_1$ 而判定 $x \in \omega_2$，发生分类错误，此时错误率为 $P(\omega_1)p(x \mid \omega_1)$，分类错误区域如图 5-11 所示。

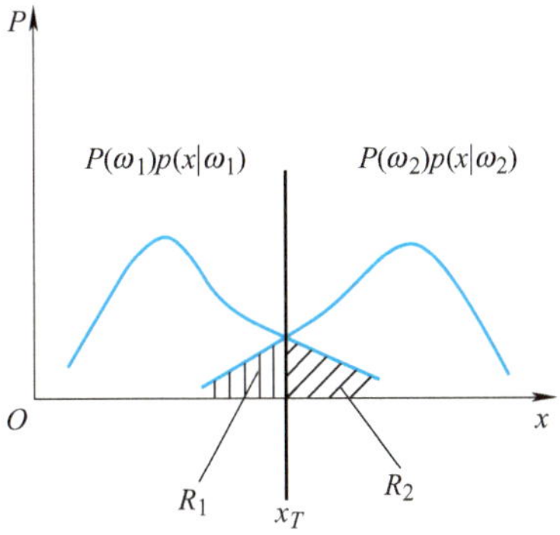


图 5-11　最小错误率贝叶斯分类器中出现分类错误的区域

此时分类器总的错误率计算方法为：

① 当 $x \in \omega_1$ 时，错误率为 $P_1(e) = \int_{R_2} P(\omega_1)p(x \mid \omega_1)\mathrm{d}x$；

② 当 $x \in \omega_2$ 时，错误率为 $P_2(e) = \int_{R_1} P(\omega_2)p(x \mid \omega_2)\mathrm{d}x$。

总错误率为两种错误率之和为

$$P(e \mid x) = P_1(e) + P_2(e) = P(\omega_1)\int_{R_2} p(x \mid \omega_1)\mathrm{d}x + P(\omega_2)\int_{R_1} p(x \mid \omega_2)\mathrm{d}x \tag{5-40}$$

对于多类情况，总错误率为

$$\begin{aligned} P(e \mid x) = &\left[\int_{R_{2,1}} p(x \mid \omega_1) + \int_{R_{3,1}} p(x \mid \omega_1) + \cdots + \int_{R_{c,1}} p(x \mid \omega_1)\right] P(\omega_1) \\ &+ \left[\int_{R_{1,2}} p(x \mid \omega_2) + \int_{R_{3,2}} p(x \mid \omega_2) + \cdots + \int_{R_{c,2}} p(x \mid \omega_2)\right] P(\omega_2) \\ &+ \qquad \cdots \\ &+ \left[\int_{R_{1,c}} p(x \mid \omega_c) + \int_{R_{2,c}} p(x \mid \omega_c) + \cdots + \int_{R_{c-1,c}} p(x \mid \omega_c)\right] P(\omega_c) \end{aligned} \tag{5-41}$$

为减少计算量，可以先求正确分类率

$$P(M \mid x) = \sum_{i=1}^{c} \int_{R_{i,i}} p(x \mid \omega_i) P(\omega_i) \tag{5-42}$$

再求错误分类率，即

$$P(e \mid x) = 1 - P(M \mid x) \tag{5-43}$$

### 2. 正态分布条件下的分类错误率

假设 $P(\omega_1)=P(\omega_2)=\dfrac{1}{2}$， $\omega_1$ 类和 $\omega_2$ 类的条件概率密度分布均为正态分布，即

$$p(x\mid\omega_1)=\frac{1}{\sqrt{2\pi}\sigma}\exp\left[-\frac{(x-\mu_1)^2}{2\sigma^2}\right],\quad p(x\mid\omega_2)=\frac{1}{\sqrt{2\pi}\sigma}\exp\left[-\frac{(x-\mu_2)^2}{2\sigma^2}\right] \tag{5-44}$$

此时分类错误率为

$$\begin{aligned}P(e\mid x)&=P(\omega_1)\int_{R_2}P(x\mid\omega_1)\mathrm{d}x+P(\omega_2)\int_{R_1}P(x\mid\omega_2)\mathrm{d}x\\&=\frac{1}{2}\int_{x_\mathrm{T}}^{+\infty}\frac{1}{\sqrt{2\pi}\sigma}\exp\left[-\frac{(x-\mu_1)^2}{2\sigma^2}\right]\mathrm{d}x+\frac{1}{2}\int_{-\infty}^{x_\mathrm{T}}\frac{1}{\sqrt{2\pi}\sigma}\exp\left[-\frac{(x-\mu_2)^2}{2\sigma^2}\right]\mathrm{d}x\end{aligned} \tag{5-45}$$

当判决门限 $x_\mathrm{T}$ 满足 $P(\omega_1)P(x\mid\omega_1)=P(\omega_2)P(x\mid\omega_2)$ 时，总错误率最小。

此时 $x_\mathrm{T}=\dfrac{u_1+u_2}{2}$，$P(e\mid x)=\displaystyle\int_{x_\mathrm{T}}^{+\infty}\frac{1}{\sqrt{2\pi}\sigma}\exp\left[-\frac{(x-\mu_1)^2}{2\sigma^2}\right]\mathrm{d}x$ 。

## 5.4 贝叶斯分类器的训练

### 5.4.1 贝叶斯分类器训练的原理



贝叶斯分类器的基础是贝叶斯公式，即

$$P(\omega_i\mid x)=\frac{P(\omega_i)p(x\mid\omega_i)}{P(x)}=\frac{P(\omega_i)p(x\mid\omega_i)}{\sum_{j=1}^{c}P(\omega_j)p(x\mid\omega_i)} \tag{5-46}$$

因此，只要知道先验概率 $P(\omega_j)$，类条件概率密度 $P(x\mid\omega_j)$ 就可以设计出一个贝叶斯分类器。而 $P(\omega_j)$、$P(x\mid\omega_j)$ 并不能预先知道，需要利用训练样本集的信息去进行估计。

先验概率 $P(\omega_j)$ 不是一个分布函数，仅仅是一个值，它表达了样本空间中各个类的样本所占数量的比例。依据大数定理，当训练集中样本数量足够多且来自于样本空间的随机选取时，可以以训练集中各类样本所占的比例来估计 $P(\omega_j)$ 的值。

类条件概率密度 $P(x\mid\omega_j)$ 是以某种形式分布的概率密度函数，需要从训练集中样本特征的分布情况进行估计。估计方法可以分为参数估计和非参数估计。

（1）参数估计（Parametric Estimate） 参数估计先假定类条件概率密度具有某种确定的分布形式，如正态分布、二项分布，再用已经具有类别标签的训练集对概率分布的参数进行估计。

（2）非参数估计（Non-parametric Estimate） 非参数是在不知道或者不假设类条件概率密度的分布形式的基础上，直接用样本集中所包含的信息来估计样本的概率分布情况。接下来介绍两种常见的参数估计方法。

## 5.4.2　最大似然估计

在最大似然估计中，满足以下几项基本条件。类概率密度的概率分布形式已知，因此待估参数 $\theta$ 是确定性的未知量。

1）一共有 $c$ 类样本，其中每一类的每个样本都是独立从样本空间中抽取的，因此每个类别都有其概率分布参数 $\boldsymbol{\theta}^i$ 需要进行估计，$\boldsymbol{\theta}^i$ 是向量，形式为 $(\theta_1,\theta_2,\cdots,\theta_n)^{\mathrm{T}}$；

2）第 $i$ 类的所有样本中不包含 $\boldsymbol{\theta}^j(i\neq j)$ 的信息，因此对每一类的样本单独处理来估计各自的参数 $\boldsymbol{\theta}^i$。

3）设包含第 $i$ 类样本的样本集为 $\boldsymbol{\chi}$，其中共有 $N$ 个样本，分别为 $\{x_1,x_2,\cdots,x_N\}$，则在参数 $\boldsymbol{\theta}^i$ 的条件下抽取到样本集 $\boldsymbol{\chi}$ 中所有样本的条件概率为 $p(\boldsymbol{\chi}\,|\,\boldsymbol{\theta}^i)=\prod_{k=1}^{N}p(\boldsymbol{x}_k\,|\,\boldsymbol{\theta}^i)$。

由于 $\boldsymbol{\theta}^i$ 未知，可以把 $p(\boldsymbol{\chi}\,|\,\boldsymbol{\theta}^i)$ 看作是 $\boldsymbol{\theta}^i$ 的函数，称为样本集 $\boldsymbol{\chi}$ 的 $\boldsymbol{\theta}^i$ 似然函数（Likelihood Function）。

最大似然估计是假设在估计值 $\hat{\boldsymbol{\theta}}^i$ 等于真值 $\boldsymbol{\theta}^i$ 时，似然函数取得最大值，即抽取到样本集 $\boldsymbol{\chi}$ 的概率最大。

按照一般性的极值点求取方法，假设似然函数满足连续可微的条件，则在极值点有

$$\frac{\mathrm{d}p(\boldsymbol{\chi}\,|\,\boldsymbol{\theta}^i)}{\mathrm{d}\boldsymbol{\theta}^i}=0 \tag{5-47}$$

由于似然函数是乘积形式，不容易求导，因此依据对数函数的单调递增性，可以用对数似然函数来进行参数估计，即取

$$\boldsymbol{H}(\boldsymbol{\theta}^i)=\ln p(\boldsymbol{\chi}\,|\,\boldsymbol{\theta}^i)=\sum_{k=1}^{N}\ln p(\boldsymbol{x}_k\,|\,\boldsymbol{\theta}^i) \tag{5-48}$$

由 $\dfrac{\mathrm{d}\boldsymbol{H}(\boldsymbol{\theta}^i)}{\mathrm{d}\boldsymbol{\theta}^i}=0$ 可得

$$\begin{cases}\displaystyle\sum_{k=1}^{N}\frac{\partial}{\partial\theta_1}\ln p(\boldsymbol{x}_k\,|\,\boldsymbol{\theta}^i)=0\\ \qquad\cdots\\ \qquad\cdots\\ \displaystyle\sum_{k=1}^{N}\frac{\partial}{\partial\theta_n}\ln p(\boldsymbol{x}_k\,|\,\boldsymbol{\theta}^i)=0\end{cases} \tag{5-49}$$

找到满足此方程的 $\hat{\theta}^i$，就是最优的参数估计值。

**注意：**求得满足方程的参数估计值有可能有多个，有的是局部最优解，如图 5-12 所示，需要寻找到全局最优解。

下面以多维正态分布为例说明如何利用最大似然法进行参数估计。

（1）$\boldsymbol{\Sigma}$已知，均值向量 $\boldsymbol{\mu}$ 未知　因为样本集符合正态分布，则

$$p(\boldsymbol{x}_k\,|\,\boldsymbol{\theta})=\frac{1}{(2\pi)^{d/2}|\boldsymbol{\Sigma}|^{1/2}}\exp\left[-\frac{1}{2}(\boldsymbol{x}_k-\boldsymbol{\mu})^{\mathrm{T}}\boldsymbol{\Sigma}^{-1}(\boldsymbol{x}_k-\boldsymbol{\mu})\right] \tag{5-50}$$

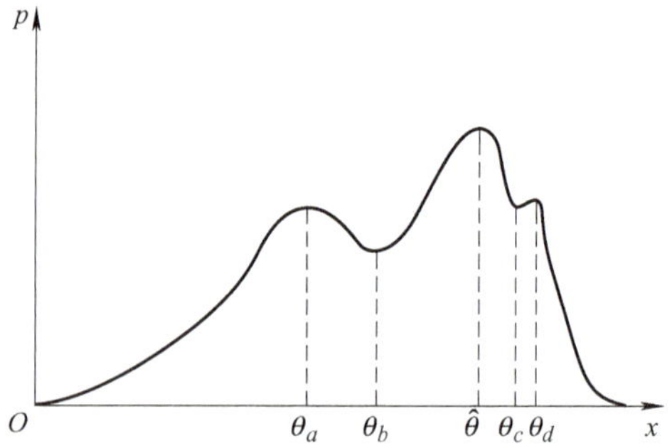


图 5-12　具有局部最优解的最大似然估计

对数似然函数为

$$\boldsymbol{H}(\boldsymbol{\theta})=\sum_{k=1}^{N}\ln p(\boldsymbol{x}_k\mid\boldsymbol{\theta}^i)=\sum_{k=1}^{N}-\frac{\ln(2\pi)^d\left|\boldsymbol{\Sigma}\right|}{2}-\frac{1}{2}(\boldsymbol{x}_k-\boldsymbol{\mu})^{\mathrm{T}}\boldsymbol{\Sigma}^{-1}(\boldsymbol{x}_k-\boldsymbol{\mu}) \tag{5-51}$$

因为只有 $\boldsymbol{\mu}$ 是未知参数，所以参数估计值 $\hat{\boldsymbol{\mu}}$ 满足

$$\left.\frac{\mathrm{d}\boldsymbol{H}(\boldsymbol{\theta})}{\mathrm{d}\boldsymbol{\mu}}\right|_{\mu=\hat{\mu}}=0 \tag{5-52}$$

即



$$\sum_{k=1}^{N}\boldsymbol{\Sigma}^{-1}(\boldsymbol{x}_k-\hat{\boldsymbol{\mu}})=0 \tag{5-53}$$

解得

$$\hat{\boldsymbol{\mu}}=\frac{1}{N}\sum_{k=1}^{N}\boldsymbol{x}_k \tag{5-54}$$

即均值向量的最优估计值是训练样本集中所有样本的均值。

（2）$\boldsymbol{\Sigma},\boldsymbol{\mu}$ 均未知　当 $d$=1，即 1 维情况时，只有 2 个未知参数，

$$\theta_1=\mu_1,\ \theta_2=\sigma_1^2 \tag{5-55}$$

对数似然函数为

$$H(\theta)=\sum_{k=1}^{N}\ln p(x_k\mid\theta^i)=\sum_{k=1}^{N}-\frac{1}{2}\ln 2\pi\theta_2-\frac{1}{2\theta_2}(x_k-\theta_1)^2 \tag{5-56}$$

参数估计值 $\hat{\theta}$ 应当满足方程组

$$\begin{cases}\displaystyle\sum_{k=1}^{N}\frac{\partial}{\partial\theta_1}\ln p(x_k|\theta^i)=0\\ \displaystyle\sum_{k=1}^{N}\frac{\partial}{\partial\theta_2}\ln p(x_k|\theta^i)=0\end{cases} \tag{5-57}$$

即

$$\begin{cases} \sum_{k=1}^{N} \dfrac{1}{\hat{\theta}_2}(x_k - \hat{\theta}_1) = 0 \\ \sum_{k=1}^{N} \left[ -\dfrac{1}{2\hat{\theta}_2} + \dfrac{(x_k - \hat{\theta}_1)^2}{2\hat{\theta}_2^2} \right] = 0 \end{cases} \tag{5-58}$$

解得 $$\hat{\theta}_1 = \hat{\mu} = \frac{1}{N}\sum_{k=1}^{N} x_k ,\quad \hat{\theta}_2 = \hat{\sigma}^2 = \frac{1}{N}\sum_{k=1}^{N}(x_k - \hat{\mu})^2 。$$

当多维情况时，可解得参数估计值为

$$\begin{cases} \hat{\boldsymbol{\theta}}_1 = \hat{\boldsymbol{\mu}} = \dfrac{1}{N}\sum_{k=1}^{N} \boldsymbol{x}_k \\ \hat{\boldsymbol{\theta}}_2 = \hat{\boldsymbol{\Sigma}} = \dfrac{1}{N}\sum_{k=1}^{N} (\boldsymbol{x}_k - \hat{\boldsymbol{\mu}})(\boldsymbol{x}_k - \hat{\boldsymbol{\mu}})^{\mathrm{T}} \end{cases} \tag{5-59}$$

### 5.4.3　贝叶斯估计

最大似然估计是把待估的参数看作确定性的未知量，而贝叶斯估计则是把待估的参数作为具有某种分布形式的随机变量，通过对第 $i$ 类学习样本 $\boldsymbol{x}^i$ 的观察，使概率密度分布 $P(\boldsymbol{x}^i|\boldsymbol{\theta})$ 转化为后验概率 $P(\boldsymbol{\theta}|\boldsymbol{x}^i)$，获得参数分布的概率密度函数，再通过求取其数学期望获得参数估计值。

贝叶斯估计的具体步骤为：

① 确定 $\boldsymbol{\theta}$ 的先验分布 $P(\boldsymbol{\theta})$，待估参数为随机变量；

② 用第 $i$ 类样本 $\boldsymbol{x}^i = (x_1, x_2, \cdots, x_N)^{\mathrm{T}}$ 求出样本的联合概率密度分布 $P(\boldsymbol{x}^i|\boldsymbol{\theta})$，它是 $\boldsymbol{\theta}$ 的函数；

③ 利用贝叶斯公式，求 $\boldsymbol{\theta}$ 的后验概率 $P(\boldsymbol{\theta}|\boldsymbol{x}^i) = \dfrac{P(\boldsymbol{x}^i|\boldsymbol{\theta})P(\boldsymbol{\theta})}{\int_{\theta} P(\boldsymbol{x}^i|\boldsymbol{\theta})P(\boldsymbol{\theta})\mathrm{d}\boldsymbol{\theta}}$；

④ 求参数估计值 $\boldsymbol{\theta} = \int_{\theta} \boldsymbol{\theta} P(\boldsymbol{\theta}|\boldsymbol{x}^i)\mathrm{d}\boldsymbol{\theta}$。

## 算法案例

如果要采用贝叶斯分类器实现数字识别，首先要确定训练样本和测试样本。训练样本是一组已知标签的手写数字图像，用于训练分类器。测试数据是一组没有标签的手写数字图像，用于评估分类器的性能。

接下来进行特征提取，数字识别的输入是包含数字的图片，经过模式采集、预处理和特征生成后，得到的是一个 784 维的特征向量，每一个维度上是该样本对应像素的颜色或灰度值。

接下来训练分类器，根据训练样本及特征向量来估计每个类别的先验概率和类条件概率，进而基于贝叶斯公式可得样本的类别概率，类别概率最大的项对应的类别即为样本的预测类别。最后利用训练出的模型对测试样本进行分类，并统计分类结果。

本实践项目使用 MNIST 手写数字数据集，以验证训练样本集数量对分类器识别精度的影响。需要注意的是，由于使用的是朴素贝叶斯分类器，而样本的各个特征维度是图片的像素点灰度值，不满足特征相互独立的基本条件，所以分类结果的正确率并不高。算法案例基于 MWorks 软件，采用 Julia 语言实现，算法实现来自于 MWorks 软件的 TyMachineLearning 工具箱的 API 函数，其调用函数为 fitcnb ()。

参考代码中，clear () 清除程序运行时占用的临时内存，clc () 清除命令窗口的历史输入。代码中引入了数据处理函数 function data_proc ()，避免由于训练样本特征空间中某些列向量全部为零导致计算后验概率时出现分母为零的情况。

核心算法首先基于设定的训练样本集和测试样本集数量将图像数据转换为列向量，然后采用 function data_proc () 对训练样本和测试样本进行数据处理，进而采用 fitcnb () 训练贝叶斯分类器，最后利用训练完成的分类器对测试样本集进行预测并统计正确率。

使用贝叶斯分类器进行手写数字识别的参考代码如下。

```
# Bayesian.jl
# 加载库
using TyBase
using TyMath
using TyMachineLearning
clear ()
clc ()
# 加载图像数据和标签数据
load ("./mnist/test_images.mat")
load ("./mnist/test_labels.mat")
load ("./mnist/train_images.mat")
load ("./mnist/train_labels.mat")
train_num = 2000
test_num = 200
# 将图像数据转换为列向量
data_train = reshape (train_images[:, :, 1:train_num], 784, train_num)
data_test = reshape (test_images[:, :, 1:test_num], 784, test_num)
# function data_proc
# 函数功能：删除同类数据特征中方差为 0 的特征行
# 输入：行向量数据及标签
# 输出：删除行之后的数据以及删除的行标
function data_proc (data, label)
    position = []
    # 创建向量存储每类中删除的列标
    for i = 0:9
        temp = Array{Int, 2} (undef, size (data, 1), 0)
        # 创建空数组
        pos = []
      for col in axes (data, 2)
            if label[col] == i
                temp = [temp data[:, col]]  # 同类数据存储在一起
```

```
                end
            end
        for row in axes（temp，1）
                    var_data = var（temp[row，：]）
                    if var_data == 0
                        push!（pos，row）# 记录方差为 0 的特征行
                    end
        end
                push!（position，pos）
                data = data[setdiff（1：end，pos），：]
        end
        output = data
        return output，position
        end
data_train，position=data_proc（data_train，train_labels1[1：train_num]）
# 对训练数据进行处理后，同时也要对测试数据进行同样的处理
 for row = 1：10
        global data_test = data_test[setdiff（1：end，position[row]），：]  # 使用切片操作删除行
end
# 训练贝叶斯分类模型
nb_model = fitcnb（data_train'，train_labels1[1：train_num]）
# 训练数据取转置，每行为一个样本
result = predict（nb_model，data_test'）
println（"前 20 个样本预测结果："）
println（Int.（result[1：20]））
# 取 20 个打印出来对比
println（"前 20 个样本真实分布："）
println（Int.（test_labels1[1：20]））
# 计算分类准确率
acc = count（i ->（result[i] == test_labels1[i]），1：test_num）/ test_num
println（"准确率为："，acc * 100，"%"）
```

运行结果为：

```
前 20 个样本预测结果：
[7，2，1，0，4，1，4，9，4，9，0，6，9，0，1，3，9，7，5，9]
前 20 个样本真实分布：
[7，2，1，0，4，1，4，9，5，9，0，6，9，0，1，5，9，7，3，4]
准确率为：77.5%
```

## 思考题

5-1　为什么 1763 年提出的贝叶斯理论，直到 20 世纪末期才在各个领域得到了广泛的应用？

5-2　贝叶斯网络是什么？它和贝叶斯分类器有什么联系？

5-3 贝叶斯分类器的分类决策边界是线性的吗？

5-4 朴素贝叶斯分类与最小错误率贝叶斯分类相比哪个更优？哪个应用更广？

## 拓展阅读

贝叶斯分类器（Bayes Classifer）与一般意义上的“贝叶斯学习”（Bayesian Learning）有显著区别，前者是通过最大后验概率进行单点估计，后者则是进行分布估计。关于贝叶斯学习的内容可参阅文献 [1]。

贝叶斯决策论在模式识别、机器学习等诸多关注数据分析的领域都有极为重要的地位。为避免贝叶斯定理求解时面临的组合爆炸、样本稀疏问题，朴素贝叶斯分类器引入了属性条件独立性假设。这个假设在现实应用中往往很难成立，但有趣的是，朴素贝叶斯分类器在很多情形下都能获得相当好的性能。一种解释是对分类任务来说，只需各类别的条件概率排序正确、无须精准概率值即可导致正确分类结果；另一种解释是，若属性间依赖对所有类别影响相同，或依赖关系的影响能相互抵消，则属性条件独立性假设在降低计算开销的同时不会对性能产生负面影响。朴素贝叶斯分类器在信息检索领域尤为常用，参考文献 [5]，[6] 对其在文本分类中的两种常见用法进行了比较。

## 参考文献

[1] BISHOP C M. Pattern recognition and machine Learning[M]. New York：Springer，2006.

[2] DOMINGOS P，PAZZANI M. On the optimality of the simple Bayesian classifer under zero-one loss[J]. Machine Learning，1997，29（2-3）：103-130.

[3] NG A Y，JORDAN M I. On discriminative vs. generative classifers：A comparison of logistic regression and naive Bayes[J]. Advances in Neural Information Processing Systems，2002，2：841-848.

[4] ZHANG H. The optimality of naive Bayes[C]//Proceedings of the 17th International Florida Artifcial Intelligence Research Society Conference（FLAIRS），2004：562-567，Miami，FL.

[5] LEWIS D D. Naive（Bayes）at forty：The independence assumption in information retrieval[C]//Proceedings of the 10th European Conference on Machine Learning（ECML），1998：4-15，Chemnitz，Germany.

[6] MCCALLUM A，NIGAM K. A comparison of event models for naive Bayes text classification[C]//Working Notes of the AAAI'98 Workshop on Learning for Text Categorization，1998，Madison，WI.

# 第 6 章　最近邻分类器

第 6 章
电子资源

## 导读

本章基于“距离”的策略构造相似性度量实现分类，首先介绍模板匹配算法，然后基于待分类样本到各个已知类别中心的距离给出最近邻分类器的概念，进一步依据最邻近的 $K$ 个样本的类别来决定待分样本所属的类别，介绍 KNN 算法的原理及相应的错误率，最后为解决 KNN 计算量和存储量大的问题，引入快速 KNN 算法以及压缩近邻法。

## 知识点

- 模板匹配。
- 最近邻分类器。
- KNN 算法及其改进。



## 6.1　模板匹配算法

能够识别不同对象似乎是人类一种与生俱来的能力，当问一个人为什么认为一个对象属于这一个类别，而不是那一个类别时，最可能得到的回答是目标与这个类别更像。例如当遇见一个人的时候，会在脑海中与以前见过的人进行比对，如果发现他（她）同某人长得非常相似，则很有可能判断遇见的就是这个人。识别对象与某个类别是否相似是人在做出判断时的一个基本依据，根据这个思路，也可以利用相似性来构造用于计算机识别的分类器，这就是本章将要介绍的“距离分类器”。只要能够判断样本与类别之间的相似程度或者样本与样本之间的相似程度，就可以构造出一个距离分类器，所以说这是一种最简单的分类方法。

模板匹配是一种最基本、最原始的距离分类器。早在 1929 年奥地利发明家陶舍克就申请了一种基于模板匹配的光电阅读机专利。模板匹配是指给定一些参考模式（模板），并判断目标模式（测试模式）与哪一种参考模式最佳匹配。这些模式可以是手写的字符，也可以是语音中的音节、图片中的物体、视频中的动作等。

模板匹配作为机器的模式识别方法被提出。使用该方法时需要获取并定义参考模式，更一般地，可以使用一些向量或矩阵来描述参考模板的特征并且制定一种衡量目标模式与参考模式之间相似程度的度量或指标，通过计算来判断目标与模板之间的匹配程度。

1. 相似性度量

相似度是衡量目标模式与模板匹配程度的重要指标。最基本的方法可以使用范数来计算目标与模板之间的误差关系来描述其相似程度，其误差越小则目标模式与模板越匹配。假设考虑二维连续模型情况下的目标 $g$ 和模板 $f$，假设某时刻模板移动至位置 $(i,j)$，$D$ 为此时刻模板覆盖的有效范围。无穷范数形式的相似度 $R$ 可描述为式（6-1），以获得模板和目标模式之间相似关系。

$$R(i,j)=\max_{(x,y)\in D}\left|f(x-i,y-j)-g(x,y)\right| \tag{6-1}$$

以一范数形式计算相似度由式（6-2）给出，即对模板有效范围内求取检测误差绝对值积分。

$$R(i,j)=\iint\limits_{(x,y)\in D}\left|f(x-i,y-j)-g(x,y)\right| \tag{6-2}$$

以式（6-3）所示的二范数形式描述模板与目标模式误差关系时，可以展开得到式（6-4）形式，其中被加数第一项固定不变，假设被加数第三项在模板移动过程中变化不大，即目标模式空间内变化平缓时，可进一步使用式（6-5）作为相似度衡量指标。当然，从误差形式的相似度计算转换为相关运算形式的相似度计算，式（6-5）的计算结果越大，则模板和目标模式的匹配程度越高。

$$R(i,j)=\iint\limits_{(x,y)\in D}[f(x-i,y-j)-g(x,y)]^2 \tag{6-3}$$

$$R(i,j)=\iint\limits_{(x,y)\in D}f(x,y)^2-2\iint\limits_{(x,y)\in D}f(x-i,y-j)g(x,y)+\iint\limits_{(x,y)\in D}g(x,y)^2 \tag{6-4}$$

$$R(i,j)=\iint\limits_{(x,y)\in D}f(x-i,y-j)g(x,y) \tag{6-5}$$

考虑更一般的由离散像素点组成的图像场景，使用离散二维矩阵描述模板与目标模式，可以将式（6-5）重写为离散形式，即

$$R(i,j)=\sum_x\sum_y f(x-i,y-j)g(x,y) \tag{6-6}$$

值得注意的是，在获得式（6-5）的相关运算形式时，进行了条件假设，这意味着以式（6-5）或式（6-6）计算时，面临着结果对目标模式 $g$ 局部敏感的问题。如对灰度图中的物体识别时，模板移动至图像中较亮区域（$g$ 较大）时，其计算 $R$ 值则很大概率比模板移动至图像中较暗区域（$g$ 较小）时大，从而引起误判。为了削弱模板本身 $f$ 的数值、目标模式 $g$ 的数值和范围 $D$ 的面积对相似度无意义的影响，通过规范化处理，即获得“互相关系数”的形式来计算模板与目标模式的相似程度，具体为

$$R(i,j)=\frac{\sum_x\sum_y(f(x-i,y-j)-\bar{f})(g(x,y)-\bar{g})}{\sqrt{\sum_x\sum_y(f(x,y)-\bar{f})^2}\sqrt{\sum_x\sum_y(g(x,y)-\bar{g})^2}} \tag{6-7}$$

式中，$\bar{f}$ 和 $\bar{g}$ 分别为 $f$ 和 $g$ 的平均值。

图 6-1 给出可视化示例。10×10 像素大小的模板中带有标准符号“×”，测试图像中带有采集到的模糊且有噪声的符号“×”及数字“1”“4”，如图 6-1a 所示，使用模板在测试目标中移动来识别测试图像中的“×”及其位置。通过式（6-7）互相关系数作为相似度指标，得到可视化结果如图 6-1b 所示，并根据结果图中最大值位置获得测试图中指定符号“×”位置，如本例中为（35，15）。

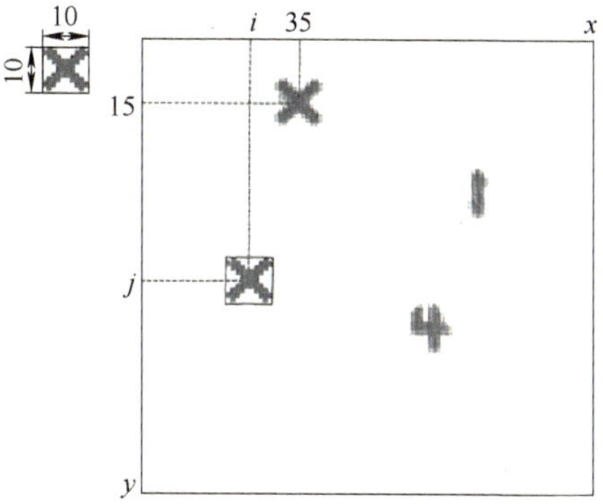


a) 移动模板进行匹配

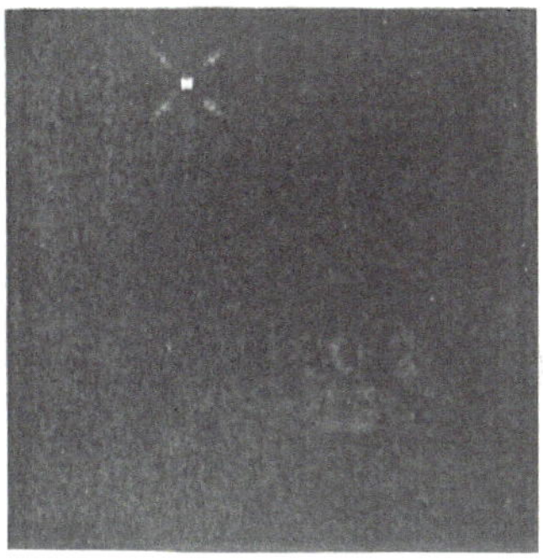

b) 相似度响应图

图 6-1　相似度响应可视化示例

2. 分类准则

假设对某一个目标样本需要判断其属于备选的 $S$ 个不同种类中的哪一种。为方便讨论，进一步假设目标模式 $g$ 中仅有一个待分类样本。

模板匹配方法运用到分类问题时，需要预先选定 $S$ 个标准模板 $\{f_1, f_2, \cdots, f_s\}$。根据选定的相似度计算方法，使用每一个模板对目标样本进行匹配测试，从而得到目标模式相似度分布。如使用式（6-7）方法获得第 $k$ 个模板检测结果的分布 $R_k(i, j)$，根据假设情况可使用其相似度分布最大值描述目标模式中与模板的匹配程度，即 $R_{k\max} = \max\{R_k(i, j)\}$，整理全部 $S$ 个样本匹配情况 $\{R_{1\max}, R_{2\max}, \cdots, R_{S\max}\}$ 并搜索其最优匹配，若 $R_{K_{\max}} = \max\{R_{k\max}\}, k = 1, 2, \cdots, S$，则目标模式属于第 $K$ 类。

关于分类情况的相似度计算，这里再次观察式（6-4）简化为式（6-5）的过程，分类问题时并不是使用唯一模板，即相似程度的计算将同时受到模板均值、模板面积、目标模板局部均值的影响，为了去除这些不必要的干扰，如式（6-7）形式的规范化处理显得更为重要。

为了更好地证明规范化处理相似度计算的鲁棒性，给出假设目标模式 $g$ 具有线性变换后 $g' = ag + b$ 的相似度计算情况，参数 $a$、$b$ 为常数。这可以理解为现实中待检测图片采集时光照不同的影响。

去除偏置 $b$ 影响。考虑式（6-7）形式相似度计算公式分子部分。式（6-8）给出目标模式线性变化前的公式展开情况。式中使用数学期望 $E$ 代替上文中求和，更强调弱化模板面积的影响，当然加入相关的分母计算后，结果与式（6-7）形式将完全一致。而式（6-9）给出线性变换后的目标模式线性变化前的公式展开情况，与目标模式线性变换前计算结果

具有 $a$ 倍关系。

$$\begin{aligned}R_{fg} &= E[(f-\bar{f})(g-\bar{g})] \\ &= E[fg]-\bar{g}E[f]-\bar{f}E[g]+\bar{f}\,\bar{g} \\ &= E[fg]-\bar{f}\,\bar{g}\end{aligned} \tag{6-8}$$

$$\begin{aligned}R_{fg'} &= E[fg']-\bar{f}\,\bar{g}' \\ &= E[f(ag+b)]-\bar{f}(\overline{ag+b}) \\ &= aE[fg]+b\bar{f}-a\bar{f}\,\bar{g}-b\bar{f} \\ &= aE[fg]-a\bar{f}\,\bar{g} \\ &= aR_{fg}\end{aligned} \tag{6-9}$$

利用方差（标准差）作为分母调整消去分子中的比例系数，式（6-10）～式（6-12）给出模板方差、原始目标模式方差和线性变换后目标模式的方差情况。结合分子和分母后得式（6-13），可知相似度计算结果不变，这使得在分类或其他模板匹配应用中，使用规范化处理的相似度计算方法，能更好地保证识别结果的稳定性。

$$\sigma_f^2 = E[f^2]-(\bar{f})^2 \tag{6-10}$$

$$\sigma_g^2 = E[g^2]-(\bar{g})^2 \tag{6-11}$$

$$\begin{aligned}\sigma_{g'}^2 &= E[g'^2]-(\bar{g}')^2 \\ &= E[(ag+b)^2]-(\overline{ag+b})^2 \\ &= a^2\{E[g^2]-(\bar{g})^2\} \\ &= a^2\sigma_g^2\end{aligned} \tag{6-12}$$

$$R = \frac{R_{fg'}}{\sigma_f\sigma_{g'}} = \frac{aR_{fg}}{a\sigma_f\sigma_g} = \frac{R_{fg}}{\sigma_f\sigma_g} \tag{6-13}$$

在以上小节的内容和举例中不难发现，所考虑的模板和目标模式在方向和尺度上需要完全一致。一般来说，最简单的模板匹配方法对尺度和旋转是不够鲁棒的。一些改进，如多分辨率金字塔方法，将会大大增加计算量，降低识别效率。现实世界中，假设物体三维空间旋转后再投影，单一的模板匹配很难完成需要的识别工作，例如使用人脸正面模板去识别人的侧脸。

实际生活中使用简单的模板匹配进行识别时，往往很难寻找到合适的模板。以印刷体文字识别为例，抛去尺度和角度问题，不同字体之间笔画位置存在差异，这使得选取某一种字体的文字作为模板时对其他字体识别时容易产生误差。此外，笔画的粗细也会对匹配产生影响。在一些更复杂的场景中，如手写体文字，则更难使用简单模板匹配完成识别。

模板匹配方法尽管有着诸多限制和困难，但其作为最基本的模式识别方法之一，其思想上仍有着重要的作用，为其他方法提供借鉴或者在特定场景应用。例如，可以对样本进行归一化处理，然后利用模板匹配，或者设计动态模板以适应渐变的情况。

## 6.2　最近邻分类器

在统计模式识别中，可以采用最小距离分类器，它是计算待分类的样本到各个已知类别的中心（通常是训练集中同类样本的重心）的距离，将其划分到距它最近的类别中去，这可以看做是一种最近邻的分类规则。

最近邻分类器是在最小距离分类的基础上进行扩展，将训练集中的每一个样本作为判别依据，寻找距离待分类样本最近的训练集中的样本，以此为依据来进行分类。

设训练集包含 $N$ 个样本 $\{x_1, x_2, \cdots, x_N\}$，分别属于 $c$ 个类别，定义待分类样本 $x$ 到训练集样本 $x_i$ 的距离为 $D(x, x_i) = \|x - x_i\|$。若有

$$D(x, x_k) = \min_{i=1,2,\cdots,N}\{D(x, x_i)\} \quad 且 \quad x_k \in \omega_j \tag{6-14}$$

则最近邻分类器的分类决策为 $x \in \omega_j$。

需要特别注意的是：距离定义决定了最近邻分类的结果，不同的距离定义得到的分类结果也不同。

如果采用欧几里得距离作为距离度量指标，对于训练集中不同类别的两个样本，最近邻分类器的分类决策边界就是特征空间中两个样本点连线的垂直平分线，如图 6-2 所示。

当训练集包含多类的许多样本时，最近邻分类器的分类决策区域是由任意两个相邻样本点连接线的垂直平分线所分割成为的网格状的图形，称为维诺图（Voronoi Diagram），如图 6-3 所示。



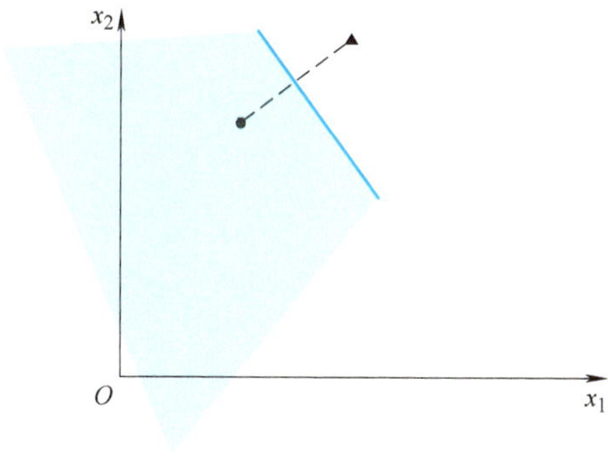


图 6-2　两个样本时的最近邻分类器

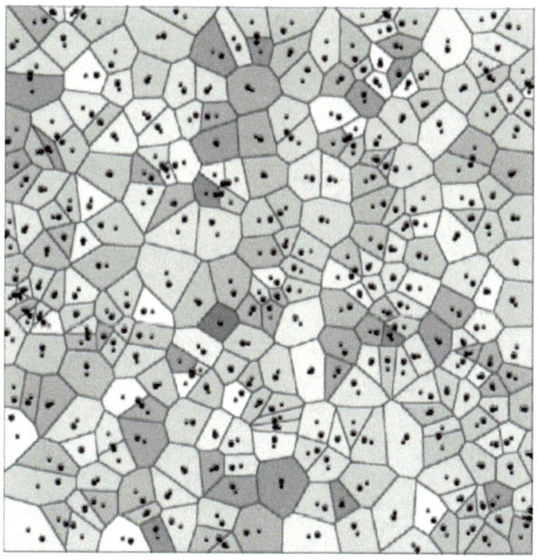

图 6-3　维诺图

当训练集中的样本点将特征空间划分为维诺图时，一个待识别的样本落入哪一个训练集样本周边的区域内，就可判定它属于哪一个类别。这就是最近邻分类器的分类决策算法。

最近邻分类器是典型的“非参数方法”（Non-parametric Method）。所谓的“非参数方法”，就是在设计分类器时，无需考虑各个类别样本在特征空间中的分布形式和参数，也无需对样本分布的形式和参数进行估计。贝叶斯分类器中，如果直接估计每个特征向量

的概率密度值 $P(x|\omega_i)$ 甚至跳过概率密度估计，直接估计后验概率 $P(\omega_i|x)$，就是非参数方法。常用的线性分类器或非线性分类器，仅依靠决策边界来对样本进行分类，也是非参数分类方法的一种。

**维诺图**

维诺图（Voronoi Diagram）是计算几何学中的一种著名结构，其最早出现可以追溯到 1644 年，命名来源于乌克兰数学家乔治•沃罗诺伊（Georgy Fedosievych Voronyi），他于 1908 年定义和研究了普遍意义上的多维维诺图。

维诺图中，任意一条分割边界对应的两个样本点之间的连线，可以构成一个由三角形组成的图形，称为 Delaunay 三角网，它是维诺图的对偶图。

维诺图在地理学、数据检索、医学、计算机科学、数学、物理学、化学等方面都有广泛的应用。

最近邻分类器是一种次优的算法，它的分类错误率不会小于最小错误率贝叶斯分类器。当训练集中的样本总数 $N\to\infty$ 时，任意一个待分类的样本 $x$ 和它的最近邻 $x'$ 之间会无限接近，此时 $P(\omega_i|x)\approx P(\omega_i|x')$。最小错误率贝叶斯分类是选择后验概率最大的类作为分类结果，而最近邻分类器则是选择 $x'$ 所对应的类，所以其分类错误率一定是大于等于最小错误率贝叶斯分类的。

设训练集中一共有 $N$ 个样本，则最近邻分类器的平均错误率可定义为

$$P_N(e)=\iint P_N(e|x,x')p(x'|x)\mathrm{d}x'p(x)\mathrm{d}x \tag{6-15}$$

设 $P$ 是最近邻分类器平均错误率在 $N\to\infty$ 时的极限值，即

$$P=\lim_{N\to\infty}P_N(e) \tag{6-16}$$

若 $P^*$ 是该分类问题对应的最小贝叶斯分类错误率，则可以证明，

$$P^*\leqslant P\leqslant P^*\left(2-\frac{c}{c-1}P^*\right) \tag{6-17}$$

式中，$c$ 为训练集包含的样本类别数。

因此，最近邻分类器的分类错误率下界是最小贝叶斯分类错误率 $P^*$，上界是 $P^*$ 的一条二次曲线，其具体取值会落入到图 6-4 所示的阴影区域中。

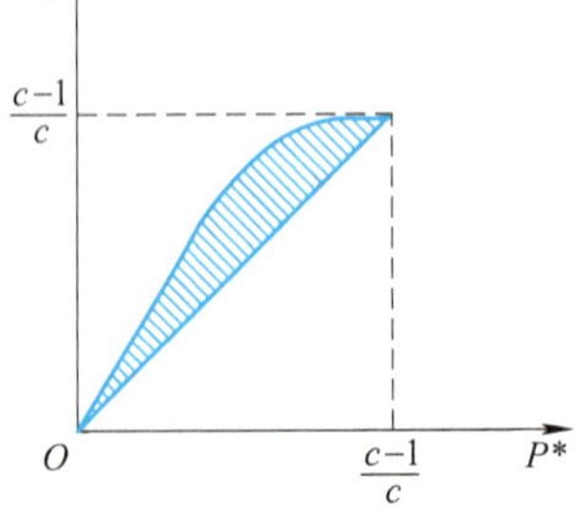


图 6-4　最近邻分类器分类错误率的上下界

可以看出，任何情况下，最近邻分类器的分类错误率上界总小于 $2P^*$，当 $P^*$ 非常小时，则逼近 $2P^*$。

## 6.3　KNN 算法

### 6.3.1　KNN 算法原理

$k$-近邻分类器又称为 KNN 算法（K Nearest Neighbors Algorithm）。设训练集包含 $N$ 个样本 $\{x_1,x_2,\cdots,x_N\}$，分别属于 $c$ 个类别。若距离待分类样本 $x$ 最近的 $k$ 个训练集样本为 $\{x_1',x_2',\cdots,x_k'\}$，其中属于 $\omega_i$ 类的样本有 $n_i$ 个。则如果 $n_j=\max\limits_{i=1,2,\cdots,c}\{n_i\}$，$k$-近邻分类器的分类决策为 $x\in\omega_j$。

对于二类问题，$k$ 一般取奇数，便于表决，$k$ 分别取 3 和 9 的 $k$-近邻两类分类器如图 6-5 所示。

### 6.3.2　KNN 算法的错误率

当训练集中的样本总数 $N\to\infty$ 时，$x$ 的 $k$ 个近邻都会收敛于 $x$。同时若 $k\to\infty$，$k$-近邻分类器的决策规则也就变成了最大后验概率贝叶斯分类，也就是最小错误率贝叶斯分类。

当 $N\to\infty$ 时，可以证明 $k$-近邻分类器的错误率上下界为

$$P^*\leqslant P\leqslant\sum_{i=0}^{(k-1)/2}C_k^i[(P^*)^{i+1}(1-P^*)^{k-i}+(P^*)^{k-i}(1-P^*)^{i+1}] \tag{6-18}$$

式中，$P^*$ 是该分类问题对应的最小贝叶斯分类错误率。

因此，$k$-近邻分类器的分类错误率下界是最小贝叶斯分类错误率 $P^*$，上界是 $P^*$ 的一条二次曲线。当 $k$=1 时，$k$-近邻分类器就是最近邻分类器，其分类错误率上界为 $P^*\left(2-\dfrac{c}{c-1}P^*\right)$，$c$ 是训练集包含的样本类别数。$k$ 越大，$k$-近邻分类器的分类错误率上界越逼近 $P^*$，如图 6-6 所示。

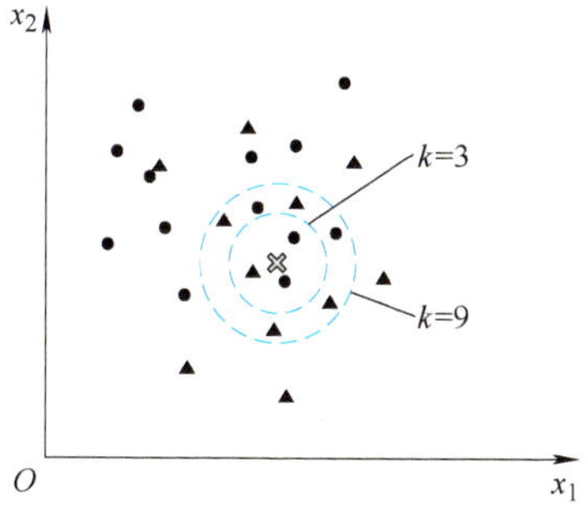


图 6-5　$k$=3 和 $k$=9 时的 $k$-近邻两类分类器

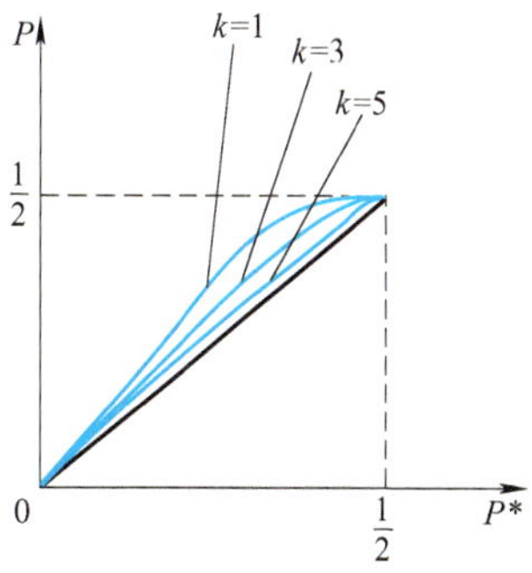


图 6-6　$k$-近邻两类分类器的分类错误率上下界

当 $N$ 有限时，同样有 $k$ 越大，分类的错误率越低。但与此同时，$x$ 的 $k$ 个近邻分布范围越广，意味着后验概率 $P(\omega_i \mid x)$ 和 $P(\omega_i \mid x')$ 之间差别越大，分类结果的随机偏差也越大。因此必须折中选择 $k$ 的大小。

虽然 $N$ 越大，分类错误率也会越低，但是训练集中样本个数 $N$ 的增加，带来的是计算复杂度和存储复杂度的迅速增加，与此同时，分类错误率仅按照 $\sim (1/N^2)$ 降低，因此代价非常巨大。

## 6.4 改进 KNN 算法

$k$–近邻分类器原理简单，无需对样本集进行回归分析或者概率分布统计，实现起来十分方便。但是它有如下两个问题。

1）对于每一个待分类的样本 $x$，都必须计算 $x$ 到样本集中所有样本的距离，从而找出 $x$ 的 $k$ 个近邻来完成分类，因此算法的计算量随着样本集的增大而增大。

2）样本集中的所有样本都必须被使用，这给算法带来了巨大的存储压力。

为解决这两个问题，许多研究者对 $k$–近邻分类器进行了改进。下面简单介绍两种比较有效的改进算法。

### 6.4.1 快速 KNN 算法



快速 KNN 算法的基本思想，是通过对原始样本集的整理，将其组织为分层的树形结构，计算待分类样本到样本集中样本的距离时，先利用三角关系考虑某一组样本是否有计算的必要，如无必要，则该组样本全部不参与计算，从而大幅度减少 $k$–近邻分类器的计算量。算法的具体设计如下。

1）首先将原始样本集中的样本按照聚集关系分组，即相近的样本归为一组，并计算该组所有样本的重心值来代替该组。

2）对已有的组再按照同样的聚集关系进行分组并计算重心，最终构成一棵样本集的搜索树，如图 6-7 所示。定义 $p$ 为搜索树中的一个节点，代表了一组样本；$M_p$ 为节点 $p$ 中所有样本的重心；$r_p$ 为节点 $p$ 的半径，即 $p$ 中样本到 $M_p$ 的最大距离。

3）在寻找待分类样本 $x$ 的最近邻时，如果节点 $p$ 满足条件 $B < D(x, M_p) - r_p$，则 $p$ 中的所有样本都不可能是 $x$ 的最近邻，无需再一一计算。上式中 $B$ 是 $x$ 到当前最近邻的距离。

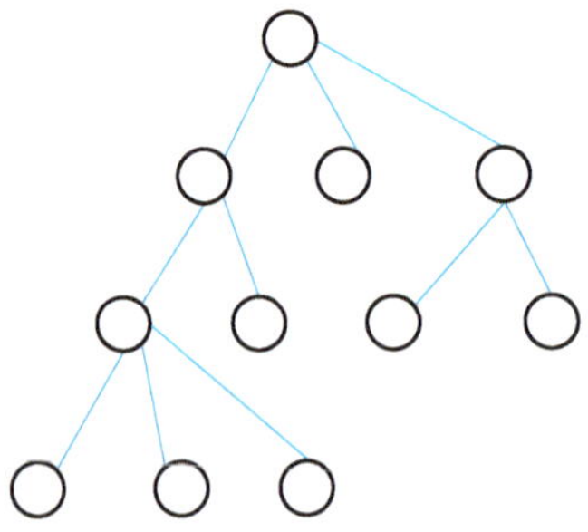

图 6-7　搜索树

4）如果需要计算 $p$ 中的某一个样本 $x_i$，而条件 $B < D(x, M_p) - D(x_i, M_p)$ 满足，则 $x_i$ 不是 $x$ 的最近邻。

由于 $M_p$、$r_p$ 和 $D(x_i, M_p)$ 都可以事先计算，而不用对每一个待识别的样本 $x$ 都计算一次，因此快速 KNN 算法确实有可能减少计算量。但是由于算法对于原始样本集的所有样本还都必须进行存储，故在存储量方面并没有得到优化。

### 6.4.2　压缩近邻法

快速 KNN 算法是在不改变原始样本集样本数量的前提下，通过改进搜索路径来提高算法计算速度。而压缩近邻法则是通过对原始样本集中样本的删减，寻找到一个分类效果与原始样本集相当、但样本数量更少的新样本集，从而同步提升最近邻算法在速度和存储量两方面的性能。

压缩近邻法对原始样本集的处理按照如下流程进行。

1）首先将第 1 个样本放入集合 $C$，其他样本放入集合 $D$。

2）使用集合 $C$ 中的样本对集合 $D$ 中的所有样本进行最近邻分类，如果某一个样本被错误分类，则将该样本放入到集合 $C$ 中。

3）重复进行步骤 2）直至集合 $D$ 中样本不再变化为止，此时的集合 $C$ 就是压缩后的样本集，可用于对未知样本进行最近邻分类。

从上述流程可以看出，集合 $D$ 中的样本就是原始样本集中被删除掉的样本，它们都可以被压缩后的样本集 $C$ 很好地分类，说明其自身对于新的未知样本的分类不会起到有意义的积极作用。一般来说，以下两种情况的样本会被处理。

1）四周都是同一个类的其他样本的样本会被删除，如图 6-8a 所示。

2）距离很近的同类样本会被合并，如图 6-8b 所示。

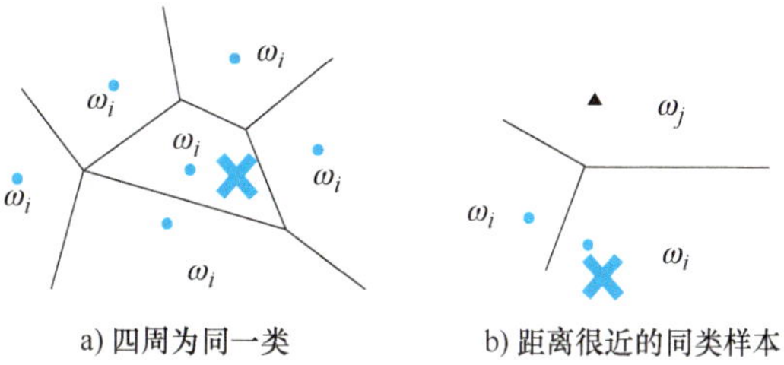


图 6-8　删除样本示例



## 算法案例

KNN 算法进行手写数字体识别的算法步骤为：①计算测试样本和训练样本中每个样本点的距离（常见的距离度量有欧几里得距离、马氏距离等）；②对上面所有的距离值进行排序；③选前 $k$ 个最小距离的样本；④根据这 $k$ 个样本的标签进行投票，得到最后的分类类别。

本实践项目使用 MNIST 手写数字数据集，重点验证 KNN 算法中三个基本要素——距离度量、$k$ 值的选择以及分类决策规则对于分类器识别精度的影响。算法案例基于 MWorks 软件采用 Julia 语言实现，主要使用 TyMachineLearning 工具箱的 API 函数，其调用函数为 fitcknn ()。

参考代码中，clear () 清除程序运行时占用的临时内存，clc () 清除命令窗口的历史输入。核心算法首先基于设定的训练样本集和测试样本集数量将图像数据转换为列向量，进而采用 fitcknn () 训练 $k$–近邻分类器，这里邻近样本数 $k$ 设为 20，欧几里得距离、权重等项采用默认设置，最后利用训练完成的分类器对测试样本集进行预测并统计正确率。

使用 $k$-近邻算法进行手写数字识别的参考代码如下：

```
# KNN.jl
# 加载库
using TyBase
using TyMachineLearning
clear ()
clc ()
# 加载图像数据和标签数据
load ("./mnist/test_images.mat")
load ("./mnist/test_labels.mat")
load ("./mnist/train_images.mat")
load ("./mnist/train_labels.mat")
train_num = 2000
test_num = 200
# 将图像数据转换为列向量
data_train = reshape (train_images[:, :, 1:train_num], 784, train_num)
data_test = reshape (test_images[:, :, 1:test_num], 784, test_num)
# 参数说明：KNN 要求在一个范围内选取近邻样本，这里 k 设为 20
# 其他参数如距离计算模式、权重函数均为默认，即采用欧几里得距离、等权重
# 具体结果可以在运行后查看 knn_model 的属性来详细观察
knn_model = fitcknn (data_train', train_labels1[1:train_num]', n_neighbors=20)
result = predict (knn_model, data_test')
# 取 20 个打印出来对比
println ("前 20 个样本预测结果：")
println (Int. (result[1:20]))
println ("前 20 个样本真实分布：")
println (Int. (test_labels1[1:20]))
# 计算分类准确率
acc = count (i -> (result[i] == test_labels1[i]), 1:test_num) / test_num
println ("准确率为：", acc * 100, "%")
```

运行结果为：

```
前 20 个样本预测结果：
[7, 2, 1, 0, 4, 1, 4, 9, 6, 9, 0, 6, 9, 0, 1, 5, 9, 7, 3, 4]
前 20 个样本真实分布：
[7, 2, 1, 0, 4, 1, 4, 9, 5, 9, 0, 6, 9, 0, 1, 5, 9, 7, 3, 4]
准确率为：90.5%
```

## 思考题

6-1 最近邻分类器的分类错误率下界 $P^*$ 会大于 $\frac{c-1}{c}$ 吗？为什么？

6-2 最近邻规则的误差率 $P$ 在下面两种情况下等价于贝叶斯误差率：$P^*=0$ 时（最好

的情况），或者 $P^*=\dfrac{c-1}{c}$ 时（最坏的情况）。思考在介于这两种情况之间时，有没有可能使得 $P=P^*$？以一维情况下 $P(\omega_i)=1/c, P(x\mid\omega_i)=\begin{cases}1 & 0\leqslant x\leqslant \dfrac{cr}{c-1}\\ 1 & i\leqslant x\leqslant i+1-\dfrac{cr}{c-1}\\ 0 & \text{其他}\end{cases}$ 为例，证明在该情况下，贝叶斯误差率 $P^*=$ 最近邻误差率 $P=r$。

6-3　最近邻分类、模版匹配和贝叶斯分类这三者有什么联系和区别？

## 拓展阅读

最早在 20 世纪 50 年代，参考文献 [1]，[2] 介绍了最近邻方法，但是 15 年以后，随着计算机的处理能力得到了大幅度提高，这种方法才被真正重视起来，并得到了许多理论性的分析和探讨，以及用于实际的分类场合。Devroye 进一步发展了由 Cover 和 Hart 最先开展的关于渐进误差界的研究。关于剪辑算法或剪枝算法的研究最初是在参考文献 [5] 中提出的，然后许多类似的算法也被提出，具体请参见参考文献 [6]，[7]。参考文献 [8] 探讨了 $k$- 近邻规则。而参考文献 [9] 分析了 $k$- 近邻规则（Voronoi）的计算复杂度，其中利用搜索技术的方法，比如 Knuth 的经典研究（见参考文献 [10]），被证明是非常有用的。关于降低 $k$- 近邻规则的计算复杂度的研究工作，受到矢量量化和压缩领域的常用方法的启发。参考文献 [11] 描述了部分距离方法。Friedman 对高维空间中的一些不很直观的特性、不直接的最近邻算法等问题进行过出色的分析。他和同事还研究了分类时使用树形结构能大大加快搜索速度这一问题。参考文献 [14] 中收集了最近邻规则分类的一些经典的论文。



## 参考文献


[1] FIX E，HODGES JR J L. Discriminatory analysis-nonparametric discrimination：Consistency properties[J]. USAF School of Aviation Medicine，1951，4：261-279.

[2] FIX E，HODGES JR J L. Discriminatory analysis-nonparametric discrimination：Small sample performance[J]. USAF School of Aviation Medicine，1952，11：280-322.

[3] DEVROYE L. On the inequality of Cover and Hartin nearest neighbor discrimination[J]. IEEE Transactions on Pattern Analysis and Machine Intelligence，1981，3（1）：75-78.

[4] THOMAS M C，PETER E H. Nearest neighborpattern classification[J]. IEEE transactions on information theory，1967，13（1）：21-27.

[5] HARTP E. The condensed nearest neighbor rule[J]. IEEE transactions on information theory，1968，14（3）：515-516.

[6] AVIS D，BHATTACHARYA B K. Algorithms for computing d-dimensional Voronoi diagrams and their duals[J]. Advances in compuing research：computational geometry，1983：159-180.

[7] TOUSSAINT G T，BHATTACHARYA B K，POULSEN R S. Application of Voronoi diagrams bnonparametric decision rules[J]. Computer science and statistics：the interface，1984：97-108.

[8] PATRICK E A，FISCHER F P. A generalized k-nearest neighbor rule[J]. Information and control，

1970，16（2）：128-152.

[9] PREPARATA F P，SHAMOS M L. Computational geometry：an introduction[M]. NevYork：Springer-Verlag，1985.

[10] DONALD E K. The art of computer programming[M]. Reading：Addison-Wesley，1973.

[11] GERSHO A，GRAY R M. Vector quantizationand signal compression[M]. Boston：Kluwer Academic Publishers，1992.

[12] FRIEDMAN J H. An overview of predictive learning and function approximation[C]//From statistics to neural networks—theory and pattern applications. Berlin：Springer-Verlag，1994：1-61.

[13] FRIEDMAN J H，BENTLEY J L，FINKEL R A. An algorithm for finding best matches in logarithmic expected time[J]. ACM transactions on mathematical sofware，1977，3（3）：209-226.

[14] DASARATHY B V. Nearest neighbor（NN）norms：NN pattern classifcation techniques[M]. Washington：IEEE Computer Society，1991.

# 第 7 章　组合分类器

第 7 章
电子资源

## 导读

组合分类器是由多个个体分类器组合而成的一个复合模型，其性能一般要优于个体分类器，且对其中各个体分类器的性能要求较低。根据个体分类器的组合方式，组合分类器大致可以分为两类：一是个体分类器之间不存在依赖关系，个体之间并行构成组合分类器，代表算法是 Bagging；二是个体分类器之间存在依赖关系，个体之间串行构成组合分类器，代表算法是 Boosting 和 Stacking。

## 知识点

- 组合分类器原理。
- 组合分类器的类型。
- 随机森林算法。
- Adaboost 算法。



## 7.1　组合分类器原理

我国有句俗话，叫“三个臭皮匠，顶个诸葛亮”。是说三个水平一般的人，大家一起来商量，共同决策，结果可能会跟一个水平很高的人差不了多少。

那么，这句话仅仅是直觉猜测，还是在数学上有依据？来简单分析一下。

假设有三个人，他们各自做一个决策的正确率为 $p$，那么如果他们把决策意见综合一下，按照多数的意见做出集体决策，正确率会是多少？集体决策结果正确的情况，会有几种可能性，或者三个人个体的决策都正确，或者三个人中有两个人决策正确，因此总的正确率是一种以 $p$ 为基础的组合问题，即总的正确率为

$$p_{\text{total}} = C_3^3 p^3 + C_3^2 p^2 (1-p) = p^2 (3-2p) \tag{7-1}$$

当每个人做决策没什么依据，就是胡乱猜一个结果时，个体正确率 $p = 0.5$，此时总的正确率 $p_{\text{total}} = 0.5$，集体决策也没什么长进。当个体比较烂，决策的正确率还不如随机猜测，即 $p < 0.5$ 时，集体决策就会比个体正确率更小。但是当个体决策稍微有一点依据，

即正确率 $p > 0.5$ 时，就会发现总体的正确率上升了。如图 7-1 所示。

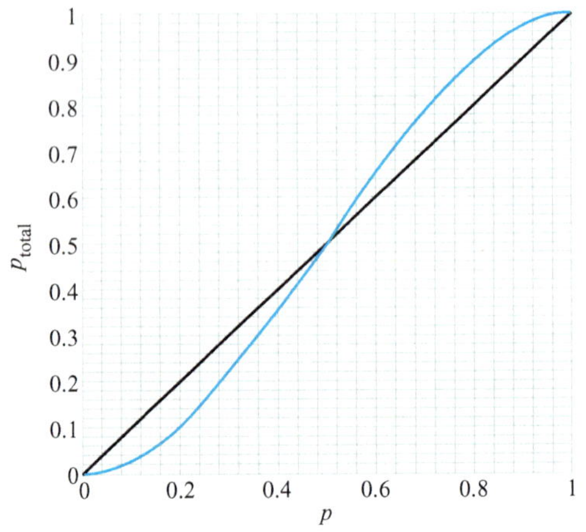


图 7-1　总体与个体决策正确关系示意图

所以，“三个臭皮匠，顶个诸葛亮”是有数学依据的，并且可以发现，参与决策的人越多，总体正确率提升得就越多。

如果把“臭皮匠”替换成分类器，就得到了组合分类器的基本思想：可以将多个性能不太好的分类器（称为弱分类器），组合成一个性能更好的分类器（称为强分类器）。这样，就不必要求每一个分类器训练时正确率特别高，可以节省大量用于训练的时间和资源，也可以获得一个性能大幅度提升的强分类器。当然，前提条件是弱分类器必须要稍微训练一下，正确率要高于随机猜测，也就是大于 0.5。因为这种思路是将学习得到的一组弱分类器集成为一个强分类器，所以也称为“集成学习”。



通过以上的分析可知，如果要设计一个组合分类器，需要考虑以下要求。

1）基分类器，也就是组成强分类器的弱分类器，它的分类准确率要大于 50%，就是要比随机猜测好，否则组合分类器的性能会比单个基分类器更差。

2）每个基分类器的训练集要有差异，这样保证基分类器的训练结果也有差异，才能使基分类器进行组合时能各自提供不同的信息，使得组合分类器性能得到提升。

3）虽然基分类器的数量越多，组合分类器的性能会越好，但随基分类器数量的增加，整个组合分类器的训练代价也会越来越高，而组合分类器性能提升的幅度则会逐渐减小，组合分类器的性价比也就逐渐变小。因此，基分类器的数量并不是越多越好。

4）由于使用多个弱分类器进行组合，每个弱分类器的训练结果都具有随机性，会存在一定的方差和偏差，此时组合分类器需要同时考虑如何保证方差和偏差都能取得较小的结果。比较常见的思路是：如果基分类器选择的是方差较大，但无偏性较好的算法，则应该选择能减小方差的组合方法，例如均值方法或投票方法；如果基分类器选择的是方差较小，但存在较大训练误差的算法，则应该选择能减小偏差的组合方法，例如序列训练方法。

组合分类器是将多个弱分类器组合成为一个强分类器的模式识别方法。如果弱分类器都属于同一类别，例如都是决策树或者神经网络，则称该组合为同质的。若弱分类器包含多种类型的学习算法，例如既有决策树又有神经网络，则称该组合为异质的。要使组合分类器的泛化性能比单个弱分类器都要好，就需要弱分类器满足两个重要概念——准确性和多样性。准确性指的是个体弱分类器不能太差，要有一定的准确度（对任一模式的分类正确率高于 50%）。多样性则是指个体弱分类器之间的输出分类结果要具有差异性。

## 7.2　组合分类器的主要类型

组合分类器根据个体弱分类之间组合依赖关系以及训练学习模式的不同，主要有 Bagging、Boosting 和 Stacking 三类算法，下面分别做介绍。

### 7.2.1　Bagging 算法

Bagging 是 Bootstrap aggregating 的简写，意为“自举聚合”。其基础是统计学中的“Bootstrapping 抽样”。该算法一般采用相同类型的弱分类器并行构成一个强分类器。

Bootstrapping 抽样是为了从一个有限的样本集中估计出样本集真实概率分布，而采用的一种样本集再造方法。它是通过对原始样本集的有放回抽样，来取得一个子样本集，再多次重复这样的抽样，得到很多规模相同的子样本集。而每个子样本集的某个相同统计量的值的分布，就可以作为样本整体的该统计量的近似分布。如图 7-2 所示，对原始样本集进行 Bootstrapping 抽样，生成了 $N$ 个抽样子集，然后对采样子集进行某种参数估计，最后得到对原始样本集的参数分布估计。

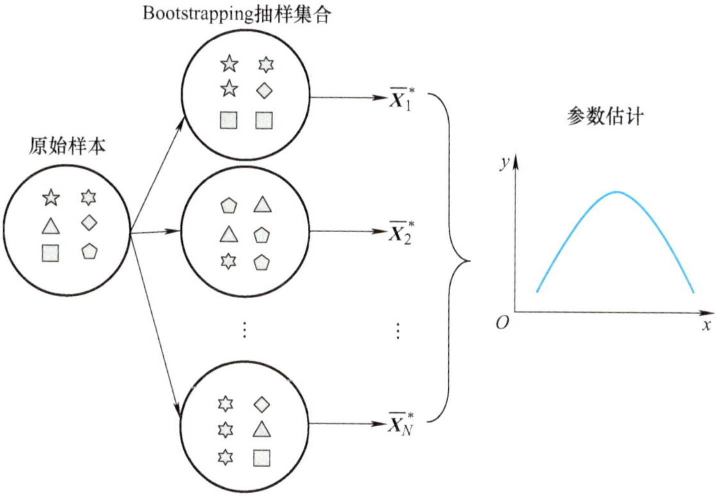


图 7-2　Bootstrapping 抽样示意图



因此，Bootstrapping 是一种从有限样本集中估计真实统计量概率分布的重抽样方法，也可以利用有限的样本集，构造出彼此独立又具有相同分布的一组新样本集，正好为组合分类器的训练集生成提供了一种有效的途径。

Bagging 算法就是基于 Bootstrapping 抽样的组合分类器类型。它是使用 Bootstrapping 抽样从原始样本集中获得若干独立同分布的子样本集，然后使用这些样本集分别训练出一组相同形式的弱分类器，再通过投票多数决定的方式将弱分类器组合成一个强分类器，如图 7-3 所示。

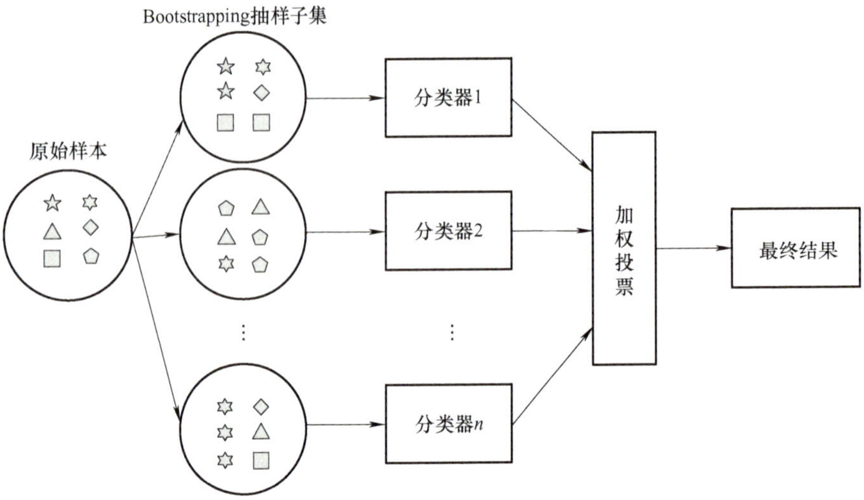


图 7-3　Bagging 算法示意图

显然，Bagging 算法具有以下一些特点。

1）由于 Bagging 算法用于训练各弱分类器的子样本集是相互独立且同分布的，因此可以同时并行地对各个弱分类器进行训练，大大提升训练速度。

2）Bagging 算法的弱分类器组合采用了投票的方式，事实上是对各弱分类器进行了均值操作，因此各弱分类器训练结果的方差会大大减小。



3）正因为组合算法能够减小方差，所以弱分类器算法应当选择误差较小的方法。

4）在 Bootstrapping 抽样中，$m$ 次都未被抽样到的样本概率为 $\left(1-\frac{1}{m}\right)^m$，当 $m\to\infty$ 时，为 $1/e$，约等于 37%。因此，原始样本集中有 63% 左右的样本会被选中，剩余的 37% 左右的样本被称为“袋外数据”，可以用作分类器的验证集。

## 7.2.2　Boosting 算法

Boosting 算法是一类通用的用于提高弱分类器性能的方法。与 Bagging 算法类似，该算法也是通过对原始数据集重采样获取样本对分类器进行训练得到弱分类器，然后对得到的多个弱分类器串联组合形成强分类器，其算法原理如图 7-4 所示。与 Bagging 算法不同的是，Boosting 算法对样本重采样机制进行了改进，为每一个样本引入权重的概念。其基本流程是首先训练一个弱分类器，然后用得到的弱分类器对未参与训练的样本进行分类，将分类错误的样本权重进行调整，通过提高其权重使其在下一次样本重采样时有较大概率被抽中。对权重调整后的样本进行重采样，进行第二个弱分类的训练，如此反复多次迭代，直到由多个弱分类器合成的强分类器性能达到要求。

因此，Boosting 算法可以看作是对 Bagging 算法在弱分类器训练样本生成方式上的改进，其基本流程可以归纳如下。

1）先对初始训练集中的所有样本赋予相同的权重，抽取部分样本用于训练出第一个弱分类器。

2）用得到的弱分类器对未参与训练的样本进行分类，加大错分样本的权重，减小正确分类样本的权重，然后抽取新的样本集合训练下一个弱分类器。

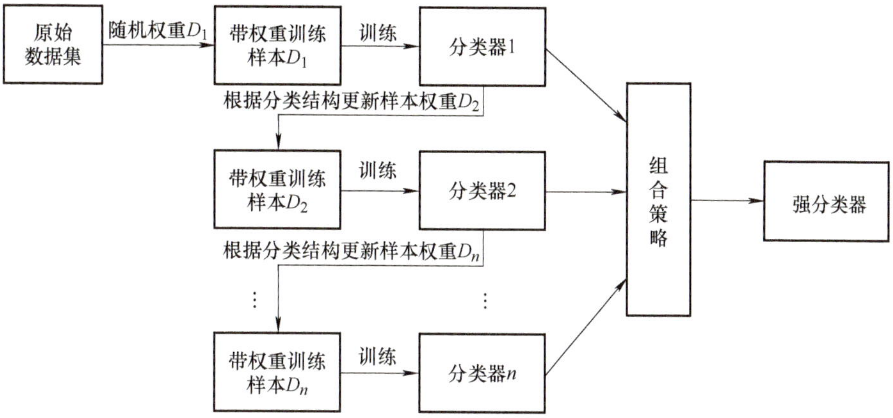


图 7-4 Boosting 算法原理图

3）重复步骤 2)，直至弱分类器数达到预先设定的数量。

4）将所有弱分类器输出加权求和，则为组合分类器的输出结果。

通过上面的分析，可以总结出 Boosting 算法的大多数具体实现方法的特点如下。

1）通过迭代的方式生成多个弱分类器。

2）各个弱分类器的训练是串行进行的，并且彼此关联，训练过程关注被错分的样本。

3）将弱分类器组合成强分类器时，通常会根据各弱分类器的准确性设置不同的权重。

4）组合算法能减小分类器训练偏差，所以弱分类器自身应当选择方差较小的算法。

Boosting 算法在生成每一个弱分类器时，都会重新调整训练样本的权重，被错误分类的样本会增加其权重，正确分类的样本会减少其权重，所有后续生成的弱分类器会更多关注前面错分的样本。因此，弱分类器训练的目的是通过改变样本分布，使得分类器关注很难区分的样本上，对容易错分的样本加强学习，增加错分样本的权重。这样做的目的是使错分样本在下一轮的迭代中起到更大的作用，这也是对错分样本的一种惩罚机制。这种机制有两方面的好处，一方面可以根据权重的分布情况，提高数据抽样的依据；另一方面可以利用权重提升弱分类器的决策能力，使弱分类器也能达到强分类器的效果。

Boosting 算法一般通过投票的方式将多个弱分类器组合成一个强分类器。只有弱分类器的分类精度高于 50%，才可以将它组合到强分类器里，这种方式会逐渐降低强分类器的分类误差。由于 Boosting 算法将注意力集中在难分样本上，这使得它对训练集内的噪声样本非常敏感，把关注点都集中在噪声样本上，从而影响最终的分类性能，也容易造成过拟合现象。因此，对于 Boosting 算法的讨论，主要集中在两个方面，一是在每轮迭代中如何改变训练样本的分布，二是如何将多个弱分类器组合成一个强分类器。使用的学习策略不同，算法的效果也不同。

### 7.2.3 Stacking 算法

Stacking 是一种用于增强机器学习模型性能的算法，其通过结合不同算法模型的预测结果来生成最终的结果，该算法能够解决许多单一算法不足以解决的机器学习问题。Bagging 和 Boosting 方法最终得到的组合分类器，都是各基分类器输出结果的确定性组合，而 Stacking 算法在基分类器的组合方法上，利用上层基分类器的输出结果来训练一个高层的元分类器（Meta-Classifier）的方式，最终的元分类器的输出结果为 Stacking 分类器的分类决策结果。

所以，Stacking 是一种分层模型集成框架。集成可以有多层的情况，以设计两层框架为例，第一层由多种基模型组成，输入为原始训练集，而输出为各种基模型的预测值；第二层只有一个元模型，采用第一层的各种模型的预测值和真实值进行训练，从而得到完整的集成模型。同理，预测测试集的过程也要先经过所有基模型的预测，组成第二层的特征，再用第二层的元模型预测出最终的结果。其组合原理如图 7-5 所示。

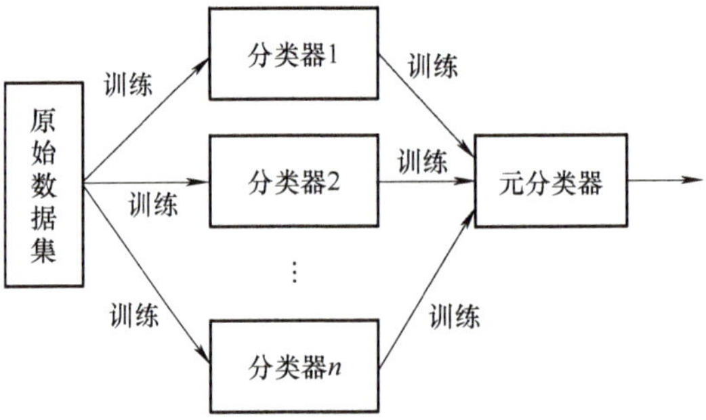


图 7-5　Stacking 算法基本原理图



因此，总结 Stacking 算法的特点如下。

1）需要有两个不同的训练集，分别用于训练各个基分类器和元分类器。

2）各个基分类器可以采用不同的算法分别训练。

3）元分类器训练时的输入是训练集样本驱动的各基分类器的输出。

4）元分类器的训练，实质上是寻找基分类器的一种最佳组合方式，而这种组合方式是通过元分类器的输入输出映射关系来体现的。

## 7.3　随机森林算法

随机森林（Random Forest，RF）是 Bagging 算法的一种典型具体实现。该算法是以决策树为基分类器，采用各种随机化措施来增强整体泛化能力的一种 Bagging 组合分类器。因此，随机森林的“随机”不但意味着构建每个决策树的训练集是随机抽取的，而且在构建每个决策树时所使用的特征也是随机选择的，甚至在决策树构造时的阈值都可以采用随机阈值。这些“随机化”特性，都是为了使每一个基分类器之间的独立性尽可能好，覆盖的数据分布尽可能全面，这样经过投票器组合后的组合分类器泛化能力会增强，过拟合现象能够得到有效削弱。

随机森林算法的基础是决策树，它是一种原理非常简单的决策方法。决策树通过树形结构来对数据进行分类或者回归，其中树的每个节点代表一个特征属性的决策，每个分支代表该特征属性的某个值域，叶节点存放分类结果或预测值。

例如，有一种“猜猜猜”的游戏，其中甲方手上有一种物品的名字，乙方可以提出各种问题，甲方只回答“是”或者“否”。而乙方通过一系列连续的问题，一般能猜到物品是什么。其猜测推理过程如图 7-6 所示。

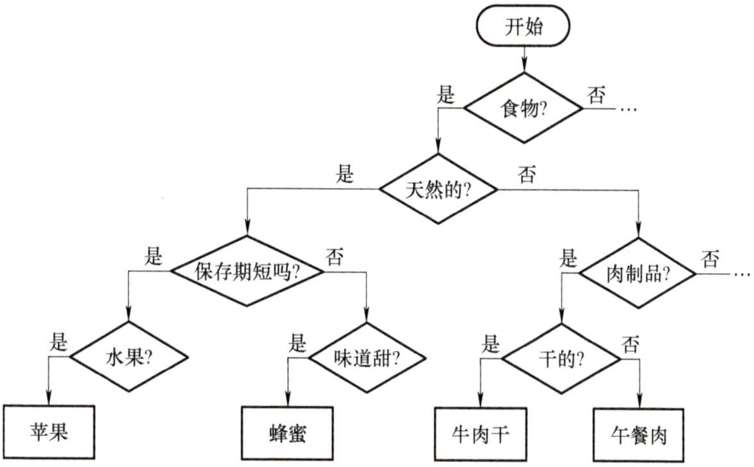


图 7-6　游戏猜测推理过程

例如，乙方可以先问是食物吗？如果得到肯定的回答，继续问是天然的吗？等等。这就是决策树的一个典型案例。

要使用决策树分类器，首先要构造出决策树。从一个根节点出发，该根节点代表整个样本集，然后在根节点上选择一个特征进行测试，其下属分支子节点则代表按该特征的不同取值将样本集进行的某种划分，这样持续下去，直至节点中仅包含同一类的样本，或者已没有合适特征可用于测试，或者再进行划分后两个子集差别太小为止。此时无分支的节点则为叶节点，其代表的类别为所包含样本中样本数量最多的那一类。用决策树进行分类时，则是将待分类样本按照决策树的特征测试顺序进行测试，看最后到达哪一个叶节点，则该样本就属于对应的那一类。



显然，决策树分类器有以下一些特点。

1）决策树分类器采用有监督学习模式，必须知道训练集中每个样本的类别标签，才能够构造出决策树。

2）决策树分类器的训练和分类都非常高效，每级测试只使用一个最有效的特征，因此分类决策规则非常明确清晰。

3）在理论上，可以根据每一个样本与其他样本在特征上的细微差别，构造出一个能精确分类所有训练集样本的决策树。但这个树的深度会非常深，并且泛化能力很差。因此，构造决策树时，每一级节点的测试特征都需要从所有特征中选择出最有效的一个，而所谓的有效，就是分裂后两个子节点对应的样本集各自“纯度”最高，即取得紧致性最好的结果。由于决策树并不要求样本集的各个维度的特征具有同质性，所以一般无法用基于距离的指标来衡量样本集划分结果的紧致性，而是用熵的概念来度量每个子样本集的纯度，具体的指标可以用信息增益（ID3 算法）、信息增益率（C4.5 算法）或基尼指数（CART 算法）。

4）决策树分类器每次测试只使用一个特征，并且两级之间的特征选择并无关联，因此特征间的相关性并未考虑在内。

5）由于决策树是从根节点开始逐级构造的，每一次子节点分裂，都是选择当前一步最好的结果，因此最终的分类偏差会比较小，但对异常数据的容忍性较差，容易陷入过拟合。

随机森林算法是基于决策树的 Bagging 算法，它的基本流程如下。

1）对原始训练集，采用 Bootstrapping 抽样方法，得到多个彼此独立又同分布的训练子集，这是在训练集准备上引入的随机性。

2）基于每一个训练子集构造出一棵决策树，所使用的算法为 CART 算法，即用基尼指数作为特征选择的指标。在这一步，随机森林算法再次引入了随机性，即所使用的供选择的特征，不是样本集全部的特征维度，而只是随机抽取出的一小部分特征，这使得决策树之间的相关性进一步减弱，过拟合的风险也进一步减小。

3）构造完所有决策树后，组合分类器的分类决策结果，就是各个决策树分类输出进行投票得到的结果，这种组合策略使得组合分类器的输出方差得到缩减。

随机森林算法使用的基分类器是简单、高效的决策树，分类器的无偏性也较好，同时又引入了很多随机性来抑制过拟合现象，提升了系统的泛化能力。组合后的多分类器投票又使得系统的方差也得以减小。因此，从工程实践上看，随机森林算法是一种非常优秀的组合分类器算法，得到了广泛的应用。



## 7.4 Adaboost 算法

Adaboost 算法是 Boosting 算法中的一种经典算法，全称为 Adaptive Boost，即自适应提升算法。在 Adaboost 算法中，不对训练集进行 Bootstrapping 抽样，而是直接使用全部的训练集样本进行基分类器的训练。最终的组合分类器，以各个基分类器的输出加权和来作为分类决策依据。Adaboost 的“自适应”体现在它以每一个基分类器的分类错误率为依据，来决定该基分类器在整个组合分类器中的权重，分类错误率越低的基分类器，权重越大。“自适应”还体现在上一个基分类器分类错误的样本，会在下一个基分类器训练时获得更大的权重，以此逐步使得基分类器性能越来越好。

Adaboost 推导方式较多，比较常用的一种是“线性加性模型”，其步骤为：首先初始训练样本权重和基分类器的权重，然后开始迭代计算，每一轮样本的权重根据上一轮的计算结果更新，如果上一轮的计算过程中某一样本分类正确，则其对应权重相应减少，反之增加。再根据样本权重计算该轮基分类器的分类正确率，若分类正确率提高，则增大该分类器的权重，反之则减少，经过若干次迭代计算后，最终得到一个强分类器。

下面给出该 Adaboost 算法的具体流程。

### 1. 参数说明

$N$ 为样本总数。

$w_{m,i}$ 为第 $m$ 轮中第 $i$ 个样本的权重。

$e_m$ 为第 $m$ 轮中分类器的错误率。

$\alpha_m$ 为第 $m$ 轮中分类器的权重。

$y_i$ 为第 $i$ 个样本的标签值。

$G_m(x_i)$ 为第 $m$ 轮中分类器的输出结果。

$G(x_i)$ 为组合分类器的输出结果。

2. 具体步骤

1）初始化训练集样本的权值分布 $D$，如果没有先验知识，一般都假设所有样本的初始权值相等，即都为 $1/N$。

$$D_1=\{w_{1,1},w_{1,2},\cdots,w_{1,N}\},\qquad w_{1,i}=\frac{1}{N} \tag{7-2}$$

2）用加权的训练集训练一个弱分类器，训练目标是分类总误差最小，然后计算出当前的总分类错误率，即所有错分样本权值之和。

$$e_m=\sum_{i=1}^{N}w_{m,i}I(G_m(x_i)\neq y_i) \tag{7-3}$$

3）以该分类器的分类错误率为基础，计算出该分类器在组合分类器中的权重。

$$\alpha_m=\frac{1}{2}\ln\frac{1-e_m}{e_m} \tag{7-4}$$

4）以该分类器的权重和分类结果来更新样本的权值分布，使正确分类的样本权重下降（因为 $y_i$ 与 $G_m(x_i)$ 相乘为 1，$\exp(-\alpha_m)<1$），错误分类的样本权重提升（因为 $y_i$ 与 $G_m(x_i)$ 相乘为 $-1$，$\exp(-\alpha_m)>1$），并进行权重的规范化，即使得所有样本的权重之和为 1。

$$w_{m+1,i}=\frac{w_{m,i}}{Z_m}\exp(-\alpha_m y_i G_m(x_i)) \tag{7-5}$$

$$Z_m=\sum_{i=1}^{N}w_{m,i}\exp(-\alpha_m y_i G_m(x_i)) \tag{7-6}$$

5）用新的样本权重分布训练下一个基分类器，直至达到所需的基分类器数量为止。并计算最终组合分类器的输出为

$$G(x)=\operatorname{sign}\left(\sum_{m=1}^{M}\alpha_m G_m(x)\right) \tag{7-7}$$

Adaboost 算法中最重要的两个公式是组合分类器中各个基分类器的权重计算和样本权重分布的更新，下面来分析一下这两个公式是如何得到的。

Adaboost 算法的核心是一个基分类器加权的组合分类器，其基本模型称为“加法模型”，即需要求取使得一个损失函数 $L$ 取得极小值的所有最优基分类器 $G_m$ 和对应的权重 $\alpha_m$。但是一次求取所有最优的 $G_m$ 和 $\alpha_m$ 太困难，所以采用逐步递推的办法，即在已经获得的 $G_{m-1}$ 和 $\alpha_{m-1}$ 的基础上，求取使得损失函数 $L$ 取得极小值的 $G_m$ 和 $\alpha_m$。这种算法称为

“前向分布算法”，本质是用局部最优化的“贪心法”来逼近全局最优解。

那么，为什么这个优化问题对 $\alpha_m$ 来说，其解为

$$\alpha_m = \frac{1}{2}\ln\frac{1-e_m}{e_m} \tag{7-8}$$

这是因为 Adaboost 算法采用的是指数型损失函数，其形式为

$$L = \exp(-y_i G(x)) \tag{7-9}$$

在前向分布算法的单步优化时，损失函数可简化为

$$L\left(y,\alpha_m G_m\left(x\right)\right) = \sum_{i=1}^{N}\exp(-y_i\alpha_m G_m(x_i)) \tag{7-10}$$

由于 $y_i$ 与 $G_m(x_i)$ 的乘积在样本错分时为 −1，样本正确分类时为 1。所以，损失函数 $L$ 对 $\alpha_m$ 求偏导并令其为 0，则得到

$$\mathrm{e}^{\alpha_m} e_m - \mathrm{e}^{-\alpha_m}(1-e_m) = 0 \tag{7-11}$$

可求解出该迭代轮次的基分类器权重为

$$\alpha_m = \frac{1}{2}\ln\frac{1-e_m}{e_m} \tag{7-12}$$

同样，Adaboost 算法的样本权重又有什么特点呢？如果考虑第 $m$ 步时完整的损失函数，则



$$L_m = \sum_{i=1}^{N}\exp\left(-y_i\sum_{k=1}^{m-1}\alpha_k G_k(x_i)\right)\exp(-y_i\alpha_m G_m(x_i)) \tag{7-13}$$

那么该式前一项

$$\exp\left(-y_i\sum_{k=1}^{m-1}\alpha_k G_k(x_i)\right)$$

是前向分布算法的上一步得到的组合分类器的损失函数值，对第 $m$ 步的分类器优化过程来说是一个已知常数。因此，最小化第 $m$ 步的损失函数值，就是最小化

$$\exp(-y_i\alpha_m G_m(x_i))$$

令

$$L_{i,m-1} = \exp\left(-y_i\sum_{k=1}^{m-1}\alpha_k G_k(x_i)\right) \tag{7-14}$$

则第 $m$ 步时的损失函数可写为

$$L_m = \sum_{i=1}^{N} L_{i,m-1}\exp(-y_i\alpha_m G_m(x_i)) \tag{7-15}$$

由于 $y_i$ 与 $G_m(x_i)$ 的乘积在样本错分时为 −1，样本正确分类时为 1，所以损失函数可以进一步简化为

$$L_m = \mathrm{e}^{\alpha_m}\sum_{i=1}^{N} L_{i,m-1} I(G_m(x_i)\neq y_i) + \mathrm{e}^{-\alpha_m}\sum_{i=1}^{N} L_{i,m-1} I(G_m(x_i)= y_i) \tag{7-16}$$

再变形为

$$L_m = (\mathrm{e}^{\alpha_m} - \mathrm{e}^{-\alpha_m})\sum_{i=1}^{N} L_{i,m-1} I(G_m(x_i)\neq y_i) + \mathrm{e}^{-\alpha_m}\sum_{i=1}^{N} L_{i,m-1} \tag{7-17}$$

因为

$$(\mathrm{e}^{\alpha_m} - \mathrm{e}^{-\alpha_m}) \quad \text{和}\ \mathrm{e}^{-\alpha_m}\sum_{i=1}^{N} L_{i,m-1}$$

均与要优化的第 $m$ 个基分类器 $G_m$ 无关，因此要使损失函数取得最小值，就需要求能使

$$\sum_{i=1}^{N} L_{i,m-1} I(G_m(x_i)\neq y_i) \tag{7-18}$$

取得最小值的 $G_m$。回顾一下，前面提到过，每个基分类器的训练目标，是使样本加权后的分类错误率最小，即满足

$$e_m = \sum_{i=1}^{N} w_{m,i} I(G_m(x_i)\neq y_i) \tag{7-19}$$

如何同时满足 $G_m$ 的这两个优化目标呢？可发现，如果把第 $m$ 步的样本权重设定为归一化后的前向分布算法的上一步得到的组合分类器的损失函数值，即令

$$w_{m,i} = \frac{L_{i,m-1}}{Z_{m-1}} \tag{7-20}$$

两个优化目标就能够同时得到满足，这就是 Adaboost 算法样本权重更新公式的来历。

总结一下，Adaboost 算法有以下一些特点。

1）各个基分类器是针对错分样本不断优化得到的，组合分类器输出又是依据每个基分类器的错误率来加权求和计算的，所以算法能有效地减小组合分类器的输出偏差，结果更加精确。

2）正因为组合过程在不断减小偏差，因此基分类器需要选择方差小、泛化能力强的算法，也就是要选择结构简单、VC 维低的弱分类器，其分类正确率不要求太高。

3）因为 Adaboost 算法的组合分类器输出是各基分类器输出加权求和后再二值化得到的，所以只能实现二分类，对于多分类问题，则需要设计多个 Adaboost 分类器。

4）因为 Adaboost 算法的过程更加关注分类精度，所以异常数据由于容易分错，反倒会被重点关注，导致过拟合现象的出现。

5）Adaboost 算法精度高，自适应能力强，需要设定和调节的参数少，用起来非常方便。

6）其主要缺点在于基分类器的训练是序列化的，不易实现并行化训练，效率比较低。

## 算法案例

本小节以手写数字识别为任务，基于 MNIST 数据集，探讨组合分类器在数字识别任务上的性能，主要包括随机森林算法和 Adaboost 算法。

### 1. 随机森林算法

采用随机森林算法对手写数字进行识别的程序参考代码基于 MWorks 平台、采用 Julia 语言实现，主要使用 TyBase 和 TyMachineLearning 工具箱的 API 函数。

参考代码中，clear（）清除程序运行时占用的临时内存，clc（）清除命令窗口的历史输入，接下来采用 load（）函数加载训练和测试数据及对应标签数据。

核心算法通过调用 TyMachineLearning 工具箱中的 randomcforest（）函数实现。详细代码如下。

```
1.   # Forest.jl
2.   # 加载库
3.   using TyBase
4.   using TyMachineLearning
5.   clear（）
6.   clc（）
7.   # 加载图像数据和标签数据
8.   load（"./mnist/test_images.mat"）
9.   load（"./mnist/test_labels.mat"）
10.  load（"./mnist/train_images.mat"）
11.  load（"./mnist/train_labels.mat"）
12.  train_num = 2000
13.  test_num = 200
14.  # 将图像数据转换为列向量
15.  data_train = reshape（train_images[:，:，1: train_num]，784，train_num）
16.  data_test = reshape（test_images[:，:，1: test_num]，784，test_num）
17.  # 随机森林算法中，需要调整的主要参数是决策树的个数和最大深度
18.  # 这里分别设为 50 和 5，其他可变参数详见文档
19.  mdl = randomcforest（data_train', train_labels1[1: train_num]; max_depth=5，n_estimators=50）
20.  result = predict（mdl, data_test'）
21.  println（"前 20 个样本预测结果："）
22.  println（Int.（result[1: 20]））   #输出整数
23.  println（"前 20 个样本真实分布："）
24.  println（Int.（test_labels1[1: 20]））
25.  # 计算分类准确率
26.  acc = count（i -> （result[i] == test_labels1[i]），1: test_num）/ test_num
27.  println（"准确率为: ", acc * 100, "%"）
```

上述参考代码中，手写数字训练样本数量选取了 2000 个，测试样本为 200 个。运行程序后，整体识别精度为 83.5%，选取前 20 个测试样本可视化一下具体识别结果，在这 20 个样本中有 3 个样本识别错误，其中第 8 个样本数字"9"识别为"4"，第 9 个样本数

字 "5" 识别为 "9"，第 19 个样本数字 "3" 识别为 "6"。这三个识别错误的样本图像如图 7-7 所示。



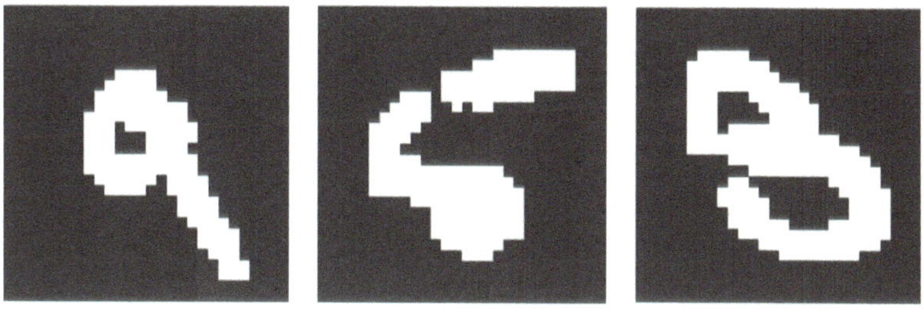

样本数字9　　　　　　样本数字5　　　　　　样本数字3

图 7-7　随机森林算法识别错误的三个样本

代码运行结果为：

前 20 个样本预测结果：

[7, 2, 1, 0, 4, 1, 4, 4, 9, 9, 0, 6, 9, 0, 1, 5, 9, 7, 6, 4]

前 20 个样本真实分布：

[7, 2, 1, 0, 4, 1, 4, 9, 5, 9, 0, 6, 9, 0, 1, 5, 9, 7, 3, 4]

准确率为：83.5%

### 2. Adaboost 算法

采用 Adaboost 算法对手写数字进行识别的程序参考代码基于 MWorks 平台、采用 Julia 语言实现，主要使用 TyBase 和 TyMachineLearning 工具箱的 API 函数。

参考代码中，clear（）清除程序运行时占用的临时内存，clc（）清除命令窗口的历史输入，接下来采用 load（）函数加载训练和测试数据及对应标签数据。

核心算法通过调用 TyMachineLearning 工具箱中的 AdaBoostTree（）函数实现。详细代码如下。

```
1.  # Adaboost.jl
2.  # 加载库
3.  using TyBase
4.  using TyMachineLearning
5.  clear（）
6.  clc（）
7.  # 加载图像数据和标签数据
8.  load（"./mnist/test_images.mat"）
9.  load（"./mnist/test_labels.mat"）
10.  load（"./mnist/train_images.mat"）
11.  load（"./mnist/train_labels.mat"）
12.  train_num = 2000
13.  test_num = 200
14.  # 将图像数据转换为列向量
```

```
data_train = reshape ( train_images[ : , : , 1 : train_num], 784, train_num )
data_test = reshape ( test_images[ : , : , 1 : test_num], 784, test_num )
# adaboost 为多个弱分类器级联，因此需要选择弱分类器模型
# 这里选择了决策树，也方便与随机森林进行结果的比较
# 设置弱分类器基数为 10
X = DataFrame ( [data_train' train_labels1[1 : train_num]], : auto )
mdl = AdaBoostTree ( X, 10, 1 )
result = predict ( mdl, data_test' )
println ( " 前 20 个样本预测结果：" )
println ( Int. ( result[1 : 20] ) )   # 输出整数
println ( " 前 20 个样本真实分布：" )
println ( Int. ( test_labels1[1 : 20] ) )
# 计算分类准确率
acc = count ( i -> ( result[i] == test_labels1[i] ), 1 : test_num ) / test_num
println ( " 准确率为：", acc * 100, "%" )
```

上述参考代码中，手写数字训练样本数量选取了 2000 个，测试样本为 200 个。运行程序后，整体识别精度为 86.5%，选取前 20 个测试样本可视化一下具体识别结果（与随机森林算法测试样本一致），在这 20 个样本中有两个样本识别错误，其中第 8 个样本数字“9”识别为“8”，第 9 个样本数字“5”识别为“3”。这两个识别错误的样本图像如图 7-8 所示。



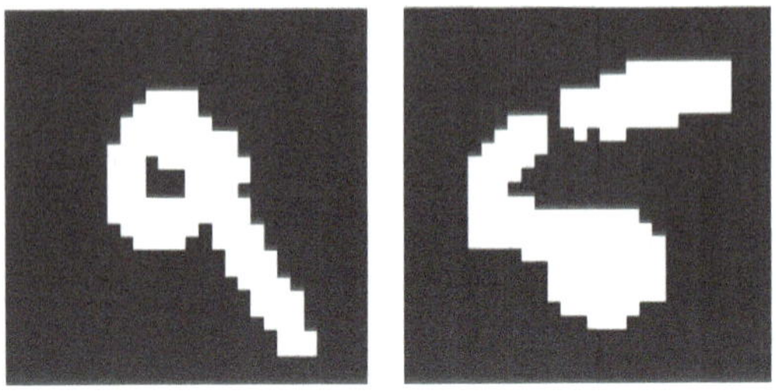

样本数字9　　样本数字5

图 7-8　Adaboost 算法识别错误的两个样本

代码运行结果为：

```
前 20 个样本预测结果：
[7, 2, 1, 0, 4, 1, 4, 8, 3, 9, 0, 6, 9, 0, 1, 5, 9, 7, 3, 4]
前 20 个样本真实分布：
[7, 2, 1, 0, 4, 1, 4, 9, 5, 9, 0, 6, 9, 0, 1, 5, 9, 7, 3, 4]
准确率为：86.5%
```

## 思考题

7-1　组合分类器性能为什么优于基分类器？

7-2　Bagging 算法中进行 Bootstrapping 抽样，为什么会产生 37% 的“袋外数据”？

7-3　随机森林算法在各个环节增强随机性，为什么就会提高算法的性能？

7-4　Adaboost 算法中如何选择基分类器？基分类器的性能如何影响最终分类结果？

7-5　一些研究发现，Adaboost 算法在训练误差已经达到 0 时，继续增加基分类器数量后测试误差仍然能够减小，原因是什么？

## 拓展阅读

随机森林算法是以决策树作为基分类器的组合分类器算法，决策树构建常用算法有 ID3（Iterative Dichotomiser 3）、C4.5（改进 ID3 算法的改进）和 CART（Classification And Regression Trees）等。ID3 算法是澳大利亚学者 Ross Quinlan 在 1986 年提出的，随后对该算法进行了改进产生了 C4.5 算法。CART 算法是美国学者 Breiman 在 1984 年提出的，该算法可以处理分类或回归问题，而 ID3 和 C4.5 算法只能处理分类问题。

## 参考文献

[1] BREIMAN L. Bagging predictors[J]. Machine learning. 1996，24（2）：123–140.

[2] SCHAPIRE R E. The strength of weak learnability[J]. Machine learning. 1990，5（2）：197–227

[3] FREUND Y，SCHAPIRE R E. Experiments with a new boosting algorithm[C]. Machine Learning：Proceedings of the Thirteenth International Conference，1996.6：325–332

[4] FREUND Y，SCHAPIRE R E. A decision–theoretic generalization of on–line learning and an application to boosting[J]. Journal of Computer and System Sciences，1997.55（1）：119–139.

[5] ROKACH L. 模式分类的集成方法 [M]. 北京：国防工业出版社，2015.

[6] 周志华 . 机器学习 [M]. 北京：清华大学出版社，2016.

[7] 张学工，汪小我 . 模式识别 [M]. 4 版 . 北京：清华大学出版社，2021.

[8] QUINLAN J R. Induction of decision trees[J]. Machine learning，1986，1（1）：81–106.

[9] QUINLAN J R. C4.5：Programs for machine learning[M]. San Mateo，CA：Morgan Kaufman Publisher，1993.

[10] BREIMAN L，FRIEDMAN JH，OLSHEN，RA. Classification and regression trees[M]. Belmont：Wadsworth International Group，1984.

# 第 8 章　数据聚类

第 8 章
电子资源

## 导读

数据聚类是一种非监督分类方法，其基本思想就是“物以类聚”，根据模式之间的相似性对模式进行分类，对一批类别未知的模式样本集，将相似的归为一类。本章从数据聚类的定义、特点和应用介绍出发，详细讲述常用的数据聚类算法，包括试探法聚类、层次聚类和动态聚类等，最后总结了数据聚类的流程。通过本章的学习可以理解数据聚类的基本原理和流程。

## 知识点



- 数据聚类原理。
- 数据聚类算法。
- 数据聚类的流程。

## 8.1　数据聚类原理

### 8.1.1　数据聚类的定义

线性分类器与贝叶斯分类器等算法，都依赖于大量已标注类别标签的样本对分类器进行训练，即采用“有监督学习”的方式。而这种方式一般需要通过人工标注，给大量的样本数据打上类别标签，从而形成供分类器学习的训练样本。因此数据标注是一种费时费力的工作。近年来，随着人工智能产业的发展，越来越多的数据标注是通过机器自动完成的。自动标注技术背后的算法基础，其实就是数据聚类。

那么，数据聚类与分类有何区别呢？通过两个例子来理解一下。

在农场中，常使用孔板对水果进行等级划分，如果水果正好能通过某一个级别对应的孔，而不能通过更小一级的孔，分拣人员就把这枚水果的等级划分到这一级。这是一种典型的分类器分类方法，孔板上每个等级对应的孔径大小就是每个类别的标准，而分类方法可以看作是模板匹配，也可以看作是线性分类器，因此都有确定的分类决策规则。

与此同时，市场上的水果摊主也需要对批发来的水果按大小进行分类，不同大小的水果可以卖不同价格，以获得最高的总利润。他们采用的分类方法与农场的孔板法不同，他们不会设定每一个级别的具体尺寸标准，而是按照某种准则，把大小差不多的水果分成一类。这个过程中虽然有样本集划分的准则（尺寸相近），但是并没有每个类别的具体标准和每个类对应的分类决策规则，这就是聚类的方法。

通过上面的两个实例，可以大致了解聚类的概念：就是把样本集中的样本按照相似的程度划分成不同的类别。

聚类的英文表述为 Clustering，有些文献也称为聚类分析（Clustering Analysis）。而在中文中，“聚类”一词也有其由来，最早诞生于我国 2000 多年前的古籍中。《周易 · 系辞传》中有“动静有常　刚柔断矣　方以类聚　物以群分　吉凶生矣”一语，意思是方术和事物都会按其特性聚集成群，划分为不同的类别。

聚类的基本思想就是“物以类聚”，普遍存在于实际生活中。实际上，数据聚类是一种非监督分类方法，一般无先验知识可参考，通常根据模式之间的相似性对模式进行分类，对一批类别未知的模式样本集合，将相似的归为一类。相似性是聚类中的一个重要概念，相似性如何衡量也就决定着聚类的定义，因此聚类大多数定义是模糊的，对聚类进行一个准确定义具有一定难度。

## 8.1.2　数据聚类的特点

虽然聚类的定义一般不能普遍适用，但试着从数学语言描述的角度对聚类进行认识。设在模式空间 $S$ 中，给定 $N$ 个样本，按照样本间的相似程度，将 $S$ 划分为 $k$ 个决策区域 $S_i(i=1,2,\cdots,k)$，该过程使得各样本均能归入其中一个类，且不会同时属于两个类。即

$$S_1 \cup S_2 \cup S_3 \cup \cdots \cup S_k = S,$$
$$S_i \cap S_j = 0, \qquad i \neq j$$

从这个定义中，可以总结以下对聚类的理解。

1）聚类是对整个样本集的划分，而不是对单个样本的识别，这与分类任务是不同的。换句话说，就是聚类关注的是样本集整体，而分类关注的是具体样本。

2）聚类的依据是“样本间的相似程度”。通常情况，聚类中被划分到同一类中的样本，一定是与同类其他样本的相似程度远高于与其他类中的样本的相似程度的，也就是说，类内样本间的相似程度，要远大于类间样本的相似程度。这种样本间相似度的特点其实就是符合“紧致性”要求。

3）聚类结果是“无遗漏”“无重复”的。每一个样本都确定地属于某一个类，而不会同时属于两个类，这种聚类形式称为“硬聚类”。这个限制也可能会被突破，每个样本可以在不同程度上同时属于不同的类别，称为“软聚类”，如果采用模糊聚类的方法，就允许出现这样的结果。

4）聚类所依赖的样本集是没有预先分好类的，无法从中得到每个类别的先验知识；其次，既然没有分好类的样本集，也就不存在已知的类别决策区域或分类决策规则；最后，聚类完全由样本集的内在特性和样本集所蕴含的内在规律来驱动的。正因为聚类完全是数据驱动的，所以聚类结果必然呈现多样化的特点。

通过上面对聚类的数学定义，结合前面的实例和分析，可以发现数据聚类的如下

特点。

（1）聚类结果会受到特征选取和聚类准则设定的影响　例如有一组动物：猫、麻雀、蝙蝠、海鸥、牛、鳄鱼、金鱼、青蛙、海豚等，如果选择的聚类特征是繁殖方式，那么聚类的结果将是：麻雀、海鸥、鳄鱼、金鱼和鲤鱼是卵生生物，而猫、蝙蝠、牛和海豚是胎生生物。如果选择的聚类特征是生活空间，那么聚类的结果将是：麻雀、蝙蝠和海鸥是在空中生活，猫和牛在陆地生活，金鱼和海豚在水中生活，而鳄鱼和青蛙可以同时在陆地和水中生活。

所以，对于同一个样本集，选择不同的特征，以及不同的聚类准则，可以得到完全不同的聚类结果。

（2）聚类结果会受到相似度度量标准的影响　例如图 8-1 所示的样本集，很容易就能看出，应当将其聚成两个类，并且能将样本空间划分成 $S_1$、$S_2$ 两个类别的区域。但是，这种直觉上的聚类结果，其实隐含了所采用的相似度定义，即采用的是欧几里得距离（越近越相似）作为相似度的度量标准，才能够明显地看出，聚类结果中，类间样本的相似度，远低于类内样本的相似度。

甚至同样是采用距离作为相似度度量标准，如果距离的定义不一样，那么，聚类的结果也可能不一样。如图 8-2 所示的三个样本，如果采用欧几里得距离来聚成两类，a 和 c 更近，应当聚为同一类；如果采用曼哈顿距离来聚成两类，则 a 和 b 更近，应当聚为同一类。



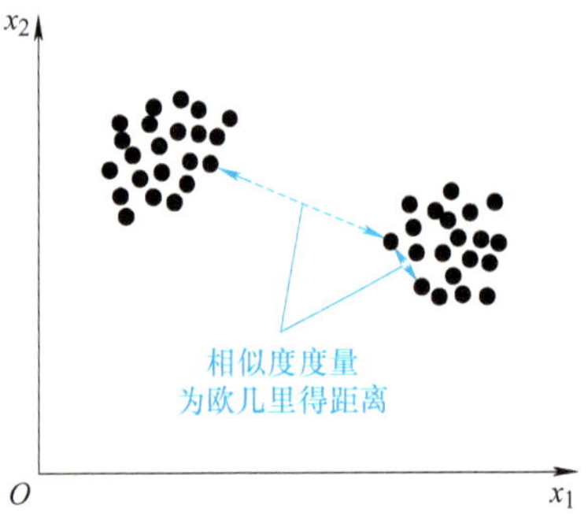


图 8-1　欧几里得距离作为相似度度量的数据聚类

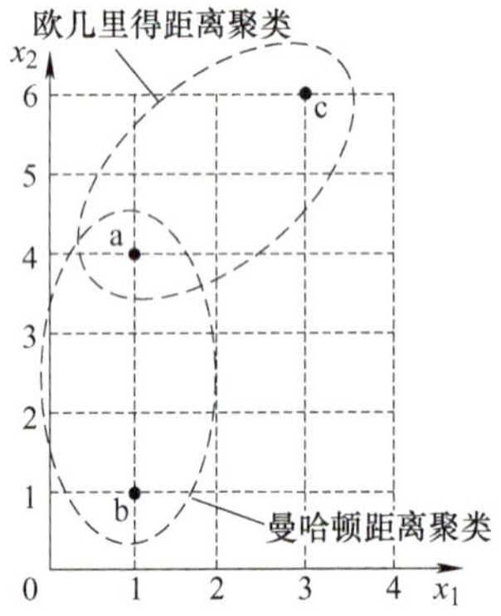


图 8-2　不同距离度量对聚类结果的影响

（3）聚类结果会受到各个特征的量纲标尺的影响　再看一个实例。图 8-3a 给出了四个样本在一个二维特征空间中的位置。显然，如果以欧几里得距离作为相似度的度量标准，那么 a 和 b 样本应当聚为一类，c 和 d 样本应当聚为一类。注意，此时两维特征的单位分别为斤（1 斤 =0.5 千克）和尺（1 尺 =3.33 分米）。

如果图 8-3a 中的四个样本其两维特征的单位变为千克和分米，聚类结果又会怎样呢？此时同样样本的同样特征，在新的量纲标尺下特征值变化了，使得样本在特征空间中的位置发生了移动，如图 8-3b 所示。如果同样还是以欧几里得距离作为相似度度量标准的话，显然 a 和 c 样本应当聚为一类，而 b 和 d 样本应当聚为一类。聚类结果与刚才完全不同了！

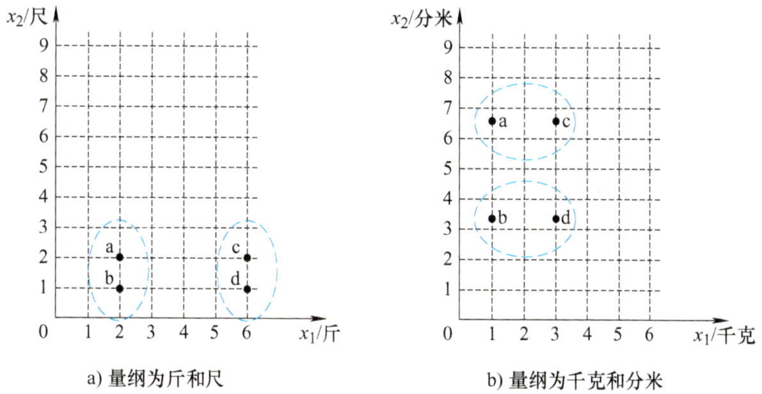


图 8-3　不同量纲对聚类结果的影响

每一个特征维度量纲标尺对聚类结果的影响，实际上是在不同量纲标尺下特征取值大小出现了差异，在计算相似度时，相当于不同类型的特征被赋予了不同的权重，即取值越大的特征维度，在相似度计算中影响就越大。但是通常情况下，并不希望在不同类型的特征之间出现数据权重的差异（除非是由于模式识别任务自身的要求，人为赋予不同特征不同的权重）。所以，需要在进行数据预处理的过程中，消除这种量纲标尺带来的不良影响。而最常用的方法，就是归一化。

所谓归一化，可以简单理解为将所有特征值按样本集中的实际取值范围统一调整到一个消除了量纲标尺影响的取值区间中，例如最大最小归一化，见式（8-1）。



$$x' = \frac{x - x_{\min}}{x_{\max} - x_{\min}} \tag{8-1}$$

当然，这是一种非常简单的归一化方法，在实际使用时也会使用其他的归一化方法，以将特征值分布等其他因素考虑进去。另外，是否进行量纲尺度的标准化，也要根据样本集的具体情况决定。例如在某些聚类任务中，某些特征确实应该具有比其他特征更大的权重，所以进行归一化处理，反而会造成聚类结果变差。

### 8.1.3　数据聚类的应用

从总体上，数据聚类可以实现以下几个方面的目标。

1）数据聚类是无监督学习，它是从数据中去学习类别划分的知识，因此聚类的基本功能就是去主动挖掘数据中隐藏的知识和规律，解释样本间的内在联系。

2）当我们面对一个非常庞杂的数据集时，对数据的整理，使之形成良好的数据组织结构，可以为后续的数据利用奠定良好的基础，而数据聚类正好可以以数据之间的内在关联为依据，来自动完成这一任务。

3）如果要训练一个分类器完成指定的模式识别任务，往往需要一个包含各个类别大量数据的训练集，而得到这个训练集的方式，就需要对采集到的样本进行类别标注。标注的方法可以是人工的，也可以是自动完成的。聚类算法能够实现样本集样本的初始划分，为分类器后续学习过程的启动准备好初始数据，这也是“无监督学习”为“有监督学习”做出的贡献。

4）数据聚类也常用于样本集的简化中，即通过聚类，将相似度比较高的样本数据进行合并或删减，或用典型的样本来代替非典型的样本，以大幅度减少样本集中的样本数量，降低问题求解的复杂度。

数据聚类的具体应用领域非常广泛，在经济领域可用于对客户进行分类，发现最有价值的客户群；在信息检索领域可用于合并相似检索结果，减少检索返回量；在生物领域可以用于基因分析和生物的分类；在数据处理领域可以用于对数据进行自动标注，从大量数据中挖掘知识，或者进行数据集简化。

## 8.2 数据聚类算法

### 8.2.1 试探法聚类

试探法聚类是一种“试凑”的方法，它先设定初始的聚类中心，然后依次处理各个样本，按照某种聚类准则，或者将该样本归入已有类别，或者建立新的类别，处理完所有样本后就完成了全部数据聚类。

试探法的优点是简单快速，但由于它在处理一个样本时，并不以其他未处理样本的特征值为依据，所以信息是不完整的，得到的聚类结果也不是最优的聚类结果。

由于试探法聚类的结果受到初始聚类中心选择、样本处理顺序和聚类准则的影响，除非已知比较充分的样本集先验知识，否则不能保证取得满意的聚类效果，所以聚类结束后必须对聚类结果进行评估，以决定聚类结果是否能够接受。



#### 1. 基于最近邻规则的试探法聚类算法

基于最近邻规则的试探法聚类算法是最基础的聚类算法，其流程图如图 8-4 所示。具体过程如下。

1）选取一个阈值 $T$，然后任取一个样本作为初始聚类中心，如 $Z_1 = X_1$。

2）取下一个样本 $X_2$，计算 $X_2$ 到初始聚类中心 $Z_1$ 的距离 $D_{21}$；若 $D_{21} \leqslant T$，则将 $X_2$ 归入以 $Z_1$ 为中心的类，若 $D_{21} > T$，则将 $X_2$ 作为新的类的聚类中心 $Z_2$。

3）继续取样本 $X_i$，分别计算 $X_i$ 到现有各个聚类中心 $Z_j(j=1,2,\cdots,k)$ 的距离 $D_{ij}$，如所有 $D_{ij} > T(j=1,2,\cdots,k)$，则将 $X_i$ 作为第 $k+1$ 个聚类中心 $Z_{k+1}$；否则，将 $X_i$ 归入距离最近的聚类中心所属的类中。

以此类推，直至全部样本分到正确的模式类中。

基于最近邻规则的试探法聚类算法，本质上是设定了每类样本距离该类聚类中心的距离的最大容许值 $T$，聚类结果中所有类内的样本距聚类中心的距离都在以 $T$ 为半径的范围内。其分类结果受到以下因素的影响：第一个聚类中心的选择、待分类模式样本的排列顺序、阈值 $T$ 的大小、样本分布的几何性质。

最近邻规则的试探聚类算法，似乎可以满足误差平方和最小的准则。但是，由于阈值 $T$ 是人为给定的，并且一个样本一旦划归到某一类中之后，就无法再剔除或调整，所以最后的结果不能保证满足误差平方和最小的准则。基于最近邻规则的试探法聚类算法仅仅依靠阈值 $T$ 来决定聚类中心，而 $T$ 是一个预先设定的常数，不能根据样本集中样本的分布情况进行动态调整。

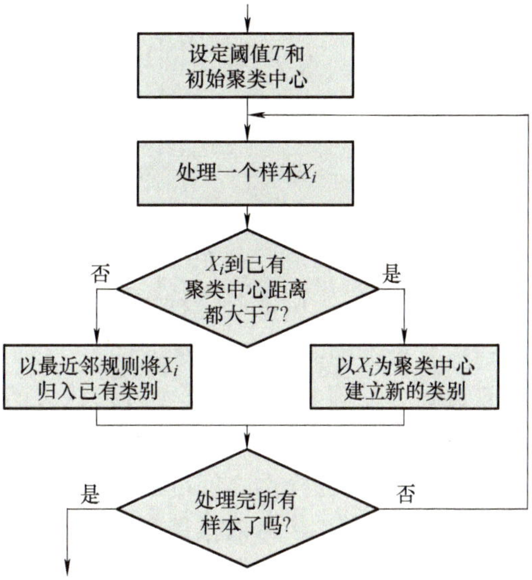


图 8-4　基于最近邻规则的试探法聚类算法流程图

### 2. 基于最大最小距离的试探法聚类算法

最大最小距离聚类算法也是一种试探性算法，但它的聚类中心选择是一种全局性的方法，考察的是样本间距离大小的相对性，比基于最近邻规则的试探法聚类算法在聚类中心确定上有更强的适应能力。

最大最小距离聚类算法流程图如图 8-5 所示，具体过程如下。



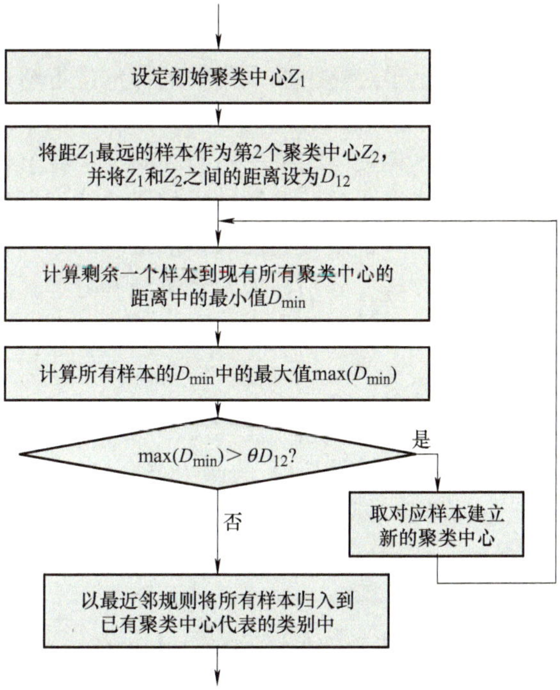


图 8-5　基于最大最小距离的试探法聚类算法流程图

1）任取一个样本作为第一个聚类中心，如 $Z_1 = X_1$。

2）计算其余样本到 $Z_1$ 的距离 $D_{i1}$，取 $D_{i1}$ 最大的样本为第二个聚类中心 $Z_2$；并计算 $Z_1$ 和 $Z_2$ 的距离为 $D_{12}$。

3）计算剩余样本中的一个样本到现有所有聚类中心的距离，取其最小值，记为 $D_{\min}$。

4）将所有剩余样本的 $D_{\min}$ 计算出来，找到其中的最大值 $\max(D_{\min})$，如果满足 $\max(D_{\min}) > \theta D_{12}$，$(0<\theta<1$，通常取 1/2)，则取对应样本为新的聚类中心。

5）重复这个流程，直到所有聚类中心都找出来。

6）将所有样本按最近邻规则分配到最近的聚类中心所代表的类中。

所以，最大最小距离聚类算法是将聚类中心寻找和样本聚类分成两个独立的步骤来进行，第一步以初始聚类中心和距它最远的样本之间的距离为标准，来寻找出所有彼此间足够远的样本来作为各类的聚类中心，第二步再依据最近邻规则对样本进行归类。

最大最小距离聚类算法的结果与参数 $\theta$ 及第一个聚类中心的选择有关（第一个聚类中心越靠近整个样本集的边缘，获得的聚类结果紧致性会越好）。如果没有先验知识指导 $\theta$ 和 $Z_1$ 的选取，可适当调整 $\theta$ 和 $Z_1$，比较多次试探聚类结果，选取最合理的一种聚类。

## 8.2.2 层次聚类



层次聚类算法是一种特殊的聚类算法，它不是将样本集做一次性划分，而是在不同的层次上对样本集中的所有样本进行整理，按照其相似程度进行聚类，最终形成一个二叉树的分类结构。在树的根节点上，整个样本集作为一个类，而在树的叶节点上，每个样本独立成为一类。

因此，层次聚类算法既可以用于对整个样本集中的样本进行整理，也可以根据所需的聚类类别数，在整个层次聚类树中去找到最优的聚类方案。即使不指定类别的数量，层次聚类法也可以用于寻找最优的样本集聚类结果——当在某个层次上聚类结果具有比较好的紧致性，再继续进行下一层次的聚类会破坏聚类结果的紧致性，导致类内样本间相似度大幅度降低、类间相似度大幅度增加时，则代表已取得了最优的聚类结果。

完成层次聚类有两种基本的算法，分别称为融合算法和分解算法。

### 1. 融合算法

层次聚类算法的融合算法流程为：

1）对于含 $n$ 个样本的样本集，先令每个样本自成一类，总分类数 $k = n$；

2）计算类间距离，将距离最小（最相似）的两个类合并，总分类数减少为 $k = n-1$；

3）继续合并类，直至总分类数 $k$ 或类间距离 $D_{ij}$ 满足要求。

如果进行某次类别合并后，计算得到的类间距离大幅上升，则意味着已经得到了较好的聚类结果。

通过一个实例来看一下融合算法是如何运行的。有如图 8-6 所示的一维特征样本集，定义样本间距离度量标准为欧几里得距离，类间距离则定义为重心距离。

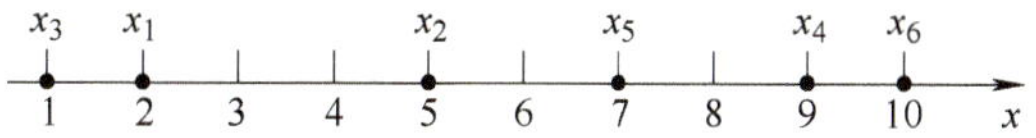


图 8-6　一维特征样本集

第一步：令分类数 $k=6$，每个样本自成一类，计算类间距离见表 8-1。

表 8-1　$k=6$ 时各类之间的类间距离表

| | $\omega_1$ | $\omega_2$ | $\omega_3$ | $\omega_4$ | $\omega_5$ |
|---|---|---|---|---|---|
| $\omega_2$ | 3 | | | | |
| $\omega_3$ | 1 | 4 | | | |
| $\omega_4$ | 7 | 4 | 8 | | |
| $\omega_5$ | 5 | 2 | 6 | 2 | |
| $\omega_6$ | 8 | 5 | 9 | 1 | 3 |

将类间距离最小的类 $\omega_1$ 和 $\omega_3$ 合并为 $\omega_7$，分类数 $k=5$，分类结果如图 8-7 所示。

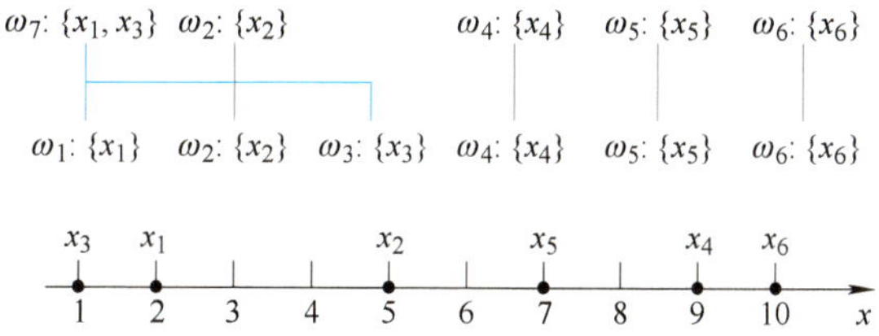


图 8-7　第一次聚类示意图

第二步：在 $k=5$ 时，再次计算类间距离见表 8-2。

表 8-2　$k=5$ 时各类之间的类间距离表

| | $\omega_2$ | $\omega_4$ | $\omega_5$ | $\omega_6$ |
|---|---|---|---|---|
| $\omega_4$ | 4 | | | |
| $\omega_5$ | 2 | 2 | | |
| $\omega_6$ | 5 | 1 | 3 | |
| $\omega_7$ | 3.5 | 7.5 | 5.5 | 8.5 |

注意，类别 $\omega_7$ 与其他类进行类间距离计算时，使用的是类别中所有样本的均值，此时为 1.5。将类间距离最小的类 $\omega_4$ 和 $\omega_6$ 合并为 $\omega_8$，分类数 $k=4$，分类结果如图 8-8 所示。

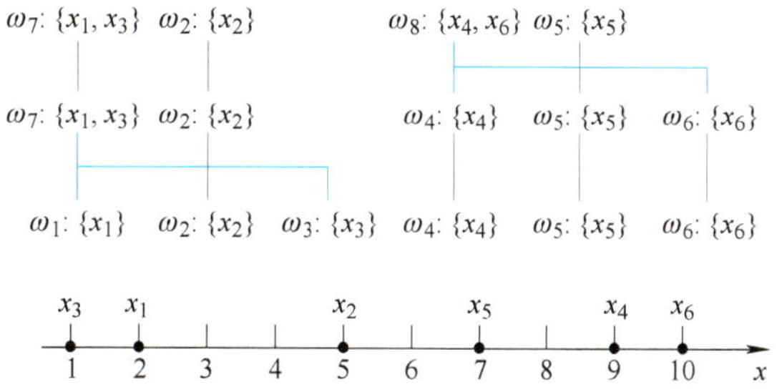


图 8-8　第二次聚类示意图

第三步：在 $k=4$ 时，计算类间距离见表 8-3。

表 8-3　$k=4$ 时各类之间的类间距离表

| | $\omega_2$ | $\omega_5$ | $\omega_7$ |
|---|---|---|---|
| $\omega_5$ | 2 | | |
| $\omega_7$ | 3.5 | 5.5 | |
| $\omega_8$ | 4.5 | 2.5 | 8 |

将类间距离最小的类 $\omega_2$ 和 $\omega_5$ 合并为 $\omega_9$，分类数 $k=3$，分类结果如图 8-9 所示。

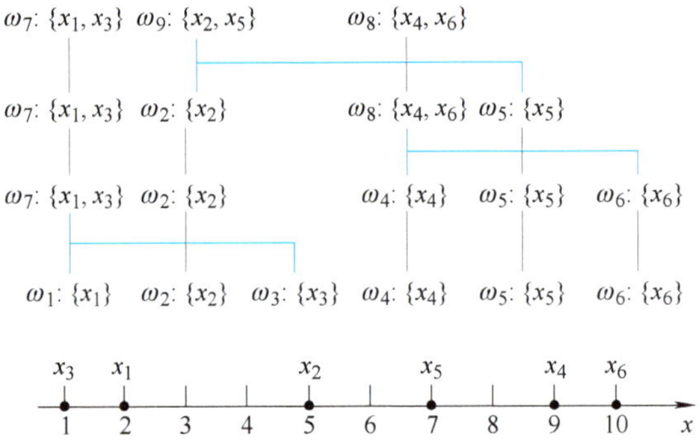

图 8-9　第三次聚类示意图



第四步：在 $k=3$ 时，再次计算类间距离见表 8-4。

表 8-4　$k=3$ 时各类之间的类间距离表

| | $\omega_7$ | $\omega_8$ |
|---|---|---|
| $\omega_8$ | 8 | |
| $\omega_9$ | 4.5 | 3.5 |

将类间距离最小的类 $\omega_8$ 和 $\omega_9$ 合并为 $\omega_{10}$，分类数 $k=2$，分类结果如图 8-10 所示。

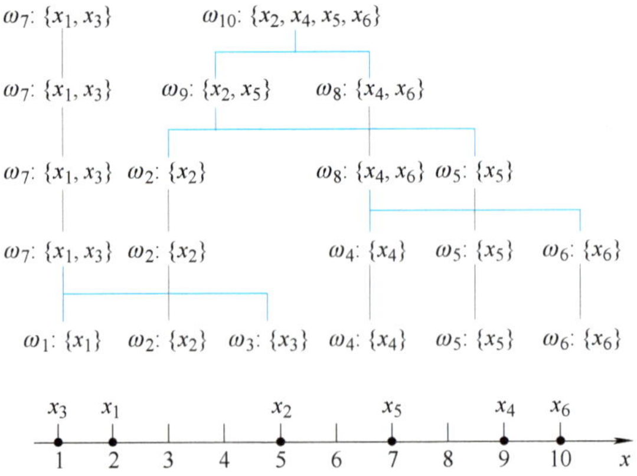

图 8-10　第四次聚类示意图

第五步：合并 $\omega_7$ 和 $\omega_{10}$。至此，完整的层次聚类树也就得到了，如图 8-11 所示。

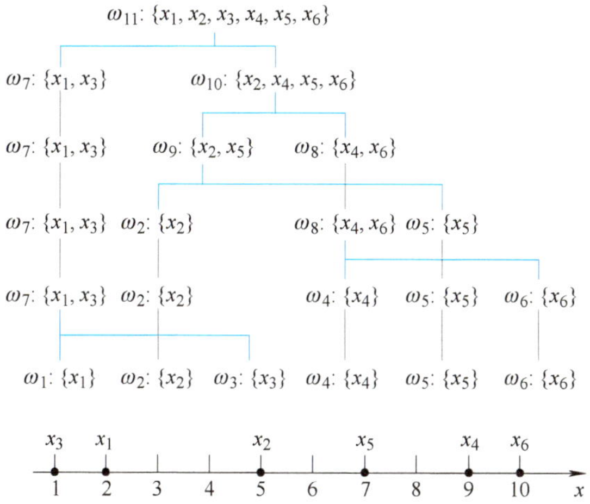


图 8-11　完整的层次聚类树

### 2. 分解算法

分解算法的流程与融合算法相反，不是从每个样本独立成为一类开始不断聚合到所有样本属于同一类，而是先从所有样本属于同一类出发，不断分解样本集，并保持在每一次分解时，得到的结果都是当前步骤中紧致性最好的结果。

具体的分解算法流程是：

1）对于含 $n$ 个样本的样本集，先将所有样本作为一类，总分类数 $k=1$；

2）将已得到的类分成两类，计算类间距离，将类间距离最大（最不相似）的分类方法作为本级分类结果，总分类数增加为 $k=2$；

3）对每一个得到的类再进行分类，直至总分类数 $k$ 或类间距离 $D_{ij}$ 满足要求。

注意，如果进行某次类别分解后，计算得到的类间距离上升幅度减少很多，则意味着已经得到了较好的聚类结果。

仍用图 8-6 所示的实例来看一下分解算法是如何计算的。

第一步：令分类数 $k=1$，所有样本作为一类。

计算出将样本集划分成两类时各种分法所对应的类间距离，如图 8-12 所示，一共有 $C_6^1+C_6^2+\dfrac{1}{2}C_6^3=31$ 种可能性，其中类间距离最大值为 6.25，对应的样本集划分为 $x_1$ 和 $x_3$ 为一类，$(x_2,x_4,x_5,x_6)$ 为一类。此时分类数 $k=2$，分类结果如图 8-13 所示。

第二步：在 $k=2$ 的情况下，分别计算 $\omega_2$ 和 $\omega_3$ 两类再各分为 2 个类时的类间距离，其中，$\omega_2$ 只有 1 种分法，$\omega_3$ 有 6 种分法，如图 8-14 所示。所有这 7 种分法中，类间距离最大值为 3.67。

对应的样本集划分为 $x_1$ 和 $x_3$ 仍然为一类，$x_2$ 单独为一类，$(x_4,x_5,x_6)$ 为一类，此时分类数 $k=3$，分类结果如图 8-15 所示。

| | |
|---|---|
| $\{x_1\}, \{x_2, x_3, x_4, x_5, x_6\}$ | 4.4 |
| $\{x_2\}, \{x_1, x_3, x_4, x_5, x_6\}$ | 0.8 |
| $\{x_3\}, \{x_1, x_2, x_4, x_5, x_6\}$ | 5.6 |
| $\{x_4\}, \{x_1, x_2, x_3, x_5, x_6\}$ | 4 |
| $\{x_5\}, \{x_1, x_2, x_3, x_4, x_6\}$ | 1.6 |
| $\{x_6\}, \{x_1, x_2, x_3, x_4, x_5\}$ | 5.2 |
| $\{x_1, x_2\}, \{x_3, x_4, x_5, x_6\}$ | 3.25 |
| $\{x_1, x_3\}, \{x_2, x_4, x_5, x_6\}$ | 6.25 |
| $\{x_1, x_4\}, \{x_2, x_3, x_5, x_6\}$ | 0.25 |
| $\{x_1, x_5\}, \{x_2, x_3, x_4, x_6\}$ | 1.75 |
| $\{x_1, x_6\}, \{x_2, x_3, x_4, x_5\}$ | 0.5 |
| $\{x_2, x_3\}, \{x_1, x_4, x_5, x_6\}$ | 4 |
| … | … |

图 8-12　两分类组合示意图

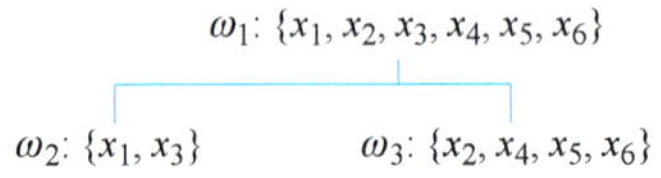


图 8-13　$k$=2 时分类结果

| | |
|---|---|
| $\{x_1\}, \{x_3\}$ | 1 |
| $\{x_2\}, \{x_4, x_5, x_6\}$ | 3.67 |
| $\{x_4\}, \{x_2, x_5, x_6\}$ | 1.67 |
| $\{x_5\}, \{x_2, x_4, x_6\}$ | 1 |
| $\{x_6\}, \{x_2, x_4, x_5\}$ | 3 |
| $\{x_2, x_4\}, \{x_5, x_6\}$ | 1.5 |
| $\{x_2, x_5\}, \{x_4, x_6\}$ | 3.5 |
| $\{x_2, x_6\}, \{x_4, x_5\}$ | 0.5 |

图 8-14　$k$=2 时两分类组合示意图

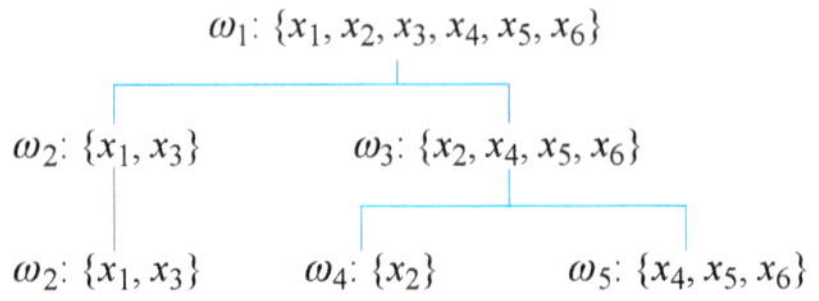


图 8-15　$k$=3 时分类结果



第三步：在 $k=3$ 的情况下，分别计算 $\omega_2$ 和 $\omega_5$ 两个类再各分为 2 个类时的类间距离，$\omega_4$ 因为只包含一个样本，无需再分了。其中，$\omega_2$ 只有 1 种分法，$\omega_3$ 有 3 种分法，如图 8-16 所示。所有这 4 种分法中，类间距离最大值为 2.5。

对应的样本集划分为 $x_1$ 和 $x_3$ 仍然为一类，$x_5$ 单独为一类，$(x_4, x_6)$ 为一类。此时分类数 $k=4$，分类结果如图 8-17 所示。

| | |
|---|---|
| $\{x_1\}, \{x_3\}$ | 1 |
| $\{x_4\}, \{x_5, x_6\}$ | 0.5 |
| $\{x_5\}, \{x_4, x_6\}$ | 2.5 |
| $\{x_6\}, \{x_4, x_5\}$ | 2 |

图 8-16　$k$=3 时两分类组合示意图

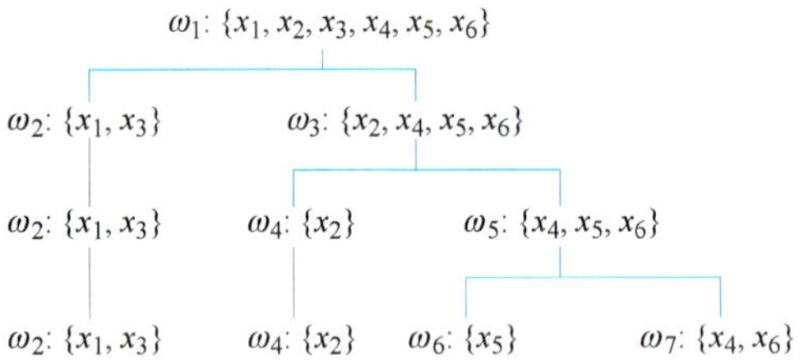


图 8-17　$k$=4 时分类结果图

第四步：在 $k=4$ 的情况下，分别计算 $\omega_2$ 和 $\omega_7$ 两个类再各分为 2 个类时的类间距离，$\omega_4$ 和 $\omega_6$ 因为只包含一个样本，无需再分了。其中，$\omega_2$ 和 $\omega_7$ 都只有 1 种分法，如图 8-18 所示。所有这 2 种分法中，类间距离都为 1。

| | |
|---|---|
| $\{x_1\}, \{x_3\}$ | 1 |
| $\{x_4\}, \{x_6\}$ | 1 |

图 8-18　$k$=5 时两分类组合示意图

因此可任意选择一个类别来分为 2 个类，可以将 $x_1$ 和 $x_3$ 仍然保留为一类，$x_4$ 和 $x_6$ 各分为一类。此时分类数 $k=5$，分类结果如图 8-19 所示。

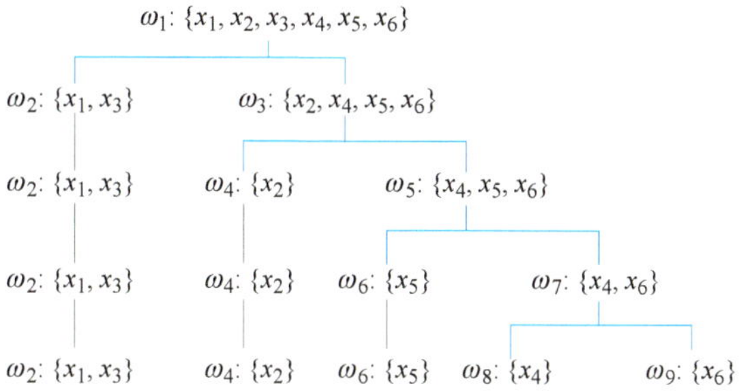


图 8-19　$k$=5 时分类结果图

最后一步：将 $\omega_2$ 分解为 2 个类，分别包含 $x_1$ 和 $x_3$。此时，得到了完整的层次聚类树，如图 8-20 所示。

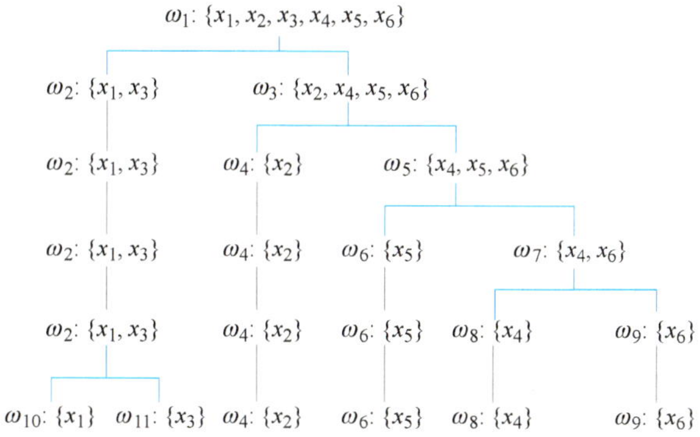


图 8-20　最终分类结果图

比较一下融合算法和分解算法对同一个聚类问题求解的结果，可以发现如下两个特点。

1）分解算法因为要考虑各种组合分类情况，因此在算法流程的前期，计算量比融合算法要大很多，后期下降很快。而融合算法的计算量是平稳下降的。

2）两种聚类算法得到的层次聚类树并不完全相同，在某些类别数相同的层次上，最优聚类结果出现差异。这是因为无论是融合算法还是分解算法，都是局部最优化的算法，虽然在每一步融合或分解时求得了当前一步的最优聚类，但是此时被合并的样本，以后就无法再分开；此时被分开的样本，以后就无法再聚集，导致不能保证求得全局最优解。

那么，有没有能够保证求得全局最优的聚类结果的算法呢？下面将介绍的动态聚类算法，就可以实现这一目标。

### 8.2.3　动态聚类

动态聚类算法是一种迭代算法，通过反复修改聚类结果来进行优化，以达到最满意的聚类结果。

动态聚类算法首先以一些初始点为聚类中心，对样本集进行初始分类。然后判定分类结果是否能使一个确定的准则函数取得极值，若能，聚类算法结束；若不能，改变聚类中心，重新进行分类，并重复进行判定。其流程示意如图 8-21 所示。

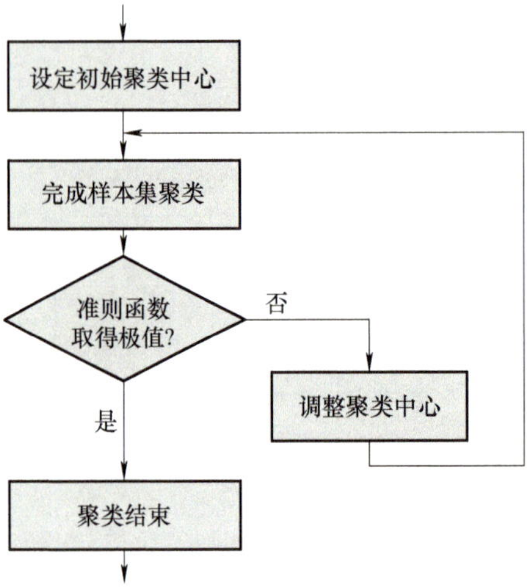


图 8-21　动态聚类算法流程示意图

### 1. K-均值聚类

K-均值算法是一种非常典型的动态聚类算法，是基于函数准则的聚类算法。针对分类数已知（=K）的聚类问题，算法流程如下。



1）选取 K 个样本点为初始聚类中心，记为 $z_1(l), z_2(l), \cdots, z_K(l)$，迭代序号 $l=1$。

2）使用最近邻规则将所有样本分配到各聚类中心所代表的 K 类 $\omega_j(K)$ 中，各类所包含的样本数为 $N_j(l)$。

3）计算各类的重心（均值向量），并令该重心为新的聚类中心，因为在该步中要计算 K 个聚类中的样本均值，故称作 K-均值算法。

$$z_j = \frac{1}{N_j} \sum_{\substack{i=1 \\ X_i \in \omega_j}}^{N_j} X_i \tag{8-2}$$

4）若 $z_j(l+1) \neq z_j(l)$，表示尚未得到最佳聚类结果，返回步骤 2），继续迭代计算。

5）若 $z_j(l+1) = z_j(l)$，迭代过程结束，此时的聚类结果就是最优聚类结果。

还是通过一个实例来看看 K-均值聚类是如何运行的。假设一个样本集，含有 6 个样本，每个样本具有 2 维的特征，特征值见表 8-5。

表 8-5　样本特征

| 样本序号 | 1 | 2 | 3 | 4 | 5 | 6 |
|---|---|---|---|---|---|---|
| 样本 | $\boldsymbol{x}_1$ | $\boldsymbol{x}_2$ | $\boldsymbol{x}_3$ | $\boldsymbol{x}_4$ | $\boldsymbol{x}_5$ | $\boldsymbol{x}_6$ |
| 特征值 1 | 1 | 2 | 1 | 3 | 4 | 4 |
| 特征值 2 | 1 | 2 | 2 | 5 | 4 | 5 |

如果要用 $K$-均值算法将这些样本聚成两类，步骤如下。

① 要将样本聚成两类，所以 $K=2$；

② 选取初始聚类中心为 $z_1(1)=\boldsymbol{x}_1, z_2(1)=\boldsymbol{x}_2$；

③ 根据最近邻规则，将所有样本分别归到两类中，得 $\omega_1(1)=\{\boldsymbol{x}_1,\boldsymbol{x}_3\}$，$\omega_2(1)=\{\boldsymbol{x}_2,\boldsymbol{x}_4,\boldsymbol{x}_5,\boldsymbol{x}_6\}$；

④ 计算新的聚类中心为 $z_1(2)=(1,1.5)^{\mathrm{T}}, z_2(2)=(3.25,4)^{\mathrm{T}}$；

⑤ 因为 $z_1(2)\neq z_1(1), z_2(2)\neq z_2(1)$，重新根据最近邻规则调整聚类结果，得 $\omega_1(2)=\{\boldsymbol{x}_1,\boldsymbol{x}_2,\boldsymbol{x}_3\}$，$\omega_2(2)=\{\boldsymbol{x}_4,\boldsymbol{x}_5,\boldsymbol{x}_6\}$；

⑥ 计算新的聚类中心为 $z_1(3)=(1.33,1.67)^{\mathrm{T}}, z_2(3)=(3.67,4.67)^{\mathrm{T}}$；

⑦ 因为 $z_1(3)\neq z_1(2), z_2(3)\neq z_2(2)$，重新根据最近邻规则调整聚类结果，得 $\omega_1(3)=\{\boldsymbol{x}_1,\boldsymbol{x}_2,\boldsymbol{x}_3\}$，$\omega_2(3)=\{\boldsymbol{x}_4,\boldsymbol{x}_5,\boldsymbol{x}_6\}$；

⑧ 计算新的聚类中心为 $z_1(4)=(1.33,1.67)^{\mathrm{T}}, z_2(4)=(3.67,4.67)^{\mathrm{T}}$；

⑨ 因为 $z_1(4)=z_1(3), z_2(4)=z_2(3)$，聚类算法结束。

从 $K$-均值算法的流程和结果可以看出如下特点。

1）$K$-均值算法在对样本分类时，采用的是最近邻规则，同时其各类的聚类中心是该类样本的重心，因此其聚类准则是误差平方和准则，聚类目标是误差平方和最小。

2）理论上可以证明，$K$-均值算法是收敛的，其最终聚类结果收敛于一个确定的解。但是需要注意的是，算法不一定会收敛到唯一最优解上。

3）$K$-均值算法的聚类结果虽然收敛，但并不确定。首先类别边界处的样本一旦被随机分到某一个类中会使得该类的重心更靠近它，增强这种分类方式的牢固性。其次，$K$-均值分类的结果还受到设定的聚类数 $K$、初始聚类中心和样本的分布情况影响。

$K$-均值聚类的初始聚类中心不会严重地影响最终聚类的整体结果，但是会影响到聚类算法收敛速度的快慢和边界样本的最终归属类别，因此需要对初始聚类中心进行选择。常用的选择方法有以下几种。

1）选择几何意义明显的特殊样本作为初始聚类中心。

2）选择距离最远的 $K$ 个样本作为初始聚类中心。

3）先进行随机分类，再将每个分类的重心作为初始聚类中心。

4）随机选择 $K$ 个样本作为初始聚类中心。

$K$-均值算法需要预先指定分类数 $K$，但在许多情况下，并不知道样本集能够聚成几类，此时可计算不同分类数 $K$ 下聚类结果的准则函数值，取其曲线的拐点作为最佳分类数，如图 8-22 所示。

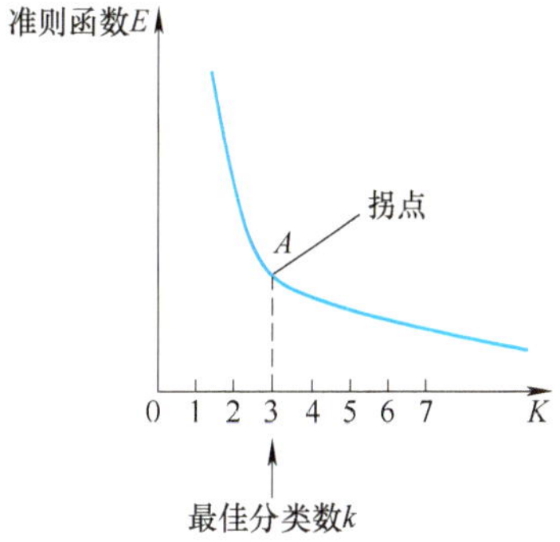


图 8-22　拐点法确定最佳分类数

### 2. ISODATA 算法

迭代自组织数据分析算法（Iterative Self-Organizing Data Analysis Techniques Algorithm，ISODATA），是在 $K$-均值算法的基础上，增加对聚类结果的“合并（Merge）”和“分裂（Split）”两个操作，并设定算法运行控制参数的一种聚类算法。

ISODATA 中，“合并”操作是指当聚类结果中某一类的样本数太少，或两个类间的距离太近时，将相关的类合并；“分裂”操作是指当聚类结果中某一类样本的某个特征方差太大，则将该类以这一特征维度为准进行分裂。

ISODATA 有以下特点。

1）使用误差平方和作为基本聚类准则。

2）设定指标参数来决定是否进行“合并”或“分裂”。

3）设定算法控制参数来决定算法总体的运算次数。

4）具有自动调节最优类别数 $k$ 的能力。

5）算法规则明确，便于计算机实现。

ISODATA 的流程如下。

1）输入 $N$ 个模式样本 $\{\boldsymbol{x}_i, i=1,2,\cdots,N\}$，预选 $N_c$ 个初始聚类中心 $\{\boldsymbol{z}_1,\boldsymbol{z}_2,\cdots,\boldsymbol{z}_{Nc}\}$（它可以不等于所要求的聚类中心的数目，其初始位置可以从样本中任意选取），期望聚类簇数 $K$，一个聚类中的最少样本数 $\theta_N$，标准偏差参数 $\theta_s$，合并参数 $\theta_c$，每次迭代允许合并的最大聚类对数 $L$，允许迭代的次数 $I$。

2）将 $N$ 个模式样本分给最近的聚类 $S_j$，假如 $D_j=\min\{\|\boldsymbol{x}-\boldsymbol{z}_i\|\boldsymbol{x}_i, i=1,2,\cdots,N_c\}$，即 $\|\boldsymbol{x}-\boldsymbol{z}_i\|$ 的距离最小，则 $\boldsymbol{x}\in S_j$。

3）如果 $S_j$ 中的样本数目 $S_j<\theta_N$，则取消该样本子集，此时 $N_c$ 减去 1。

4）修正各聚类中心为



$$\boldsymbol{z}_j=\frac{1}{N_j}\sum_{\boldsymbol{x}\in S_j}\boldsymbol{x}, j=1,2,\cdots,N_c \tag{8-3}$$

5）计算各聚类域 $S_j$ 中模式样本与各聚类中心间的平均距离

$$\bar{D}_j=\frac{1}{N_j}\sum_{\boldsymbol{x}\in S_j}\|\boldsymbol{x}-\boldsymbol{z}_j\|, j=1,2,\cdots,N_c \tag{8-4}$$

6）计算全部模式样本和其对应聚类中心的总平均距离

$$\bar{D}=\frac{1}{N}\sum_{j=1}^{N}N_j\bar{D}_j \tag{8-5}$$

7）判别分裂、合并及迭代运算：

① 若迭代运算次数已达到 $I$ 次，即最后一次迭代，则置 $\theta_c=0$，转至第 11）步；

② 若 $N_c\leqslant\frac{K}{2}$，即聚类中心的数目小于或等于规定值的一半，则转至第 8）步，对已有聚类进行分裂处理；

③ 若迭代运算的次数是偶数次，或 $N_c\leqslant 2K$，不进行分裂处理，转至第 11）步，否则转至第 8）步，进行分裂处理。

8）计算每个聚类中样本距离的标准差向量 $\boldsymbol{\sigma}_j=(\sigma_{1j},\sigma_{2j},\cdots,\sigma_{nj})^{\mathrm{T}}$，其中向量的各个分量为

$$\sigma_{ij}=\sqrt{\frac{1}{N_j}\sum_{k=1}^{N_j}(\boldsymbol{x}_{ik}-z_{ij})^2} \tag{8-6}$$

式中，$i=1,2,\cdots,n$ 为样本特征向量的维数；$j=1,2,\cdots,N_c$ 为聚类数；$N_j$ 为 $S_j$ 中的样本个数。

9）求每一标准差向量 $\{\boldsymbol{\sigma}_j, j=1,2,\cdots,N_c\}$ 中的最大分量，以 $\{\sigma_{j\max}, j=1,2,\cdots,N_c\}$ 为代表。

10）在任一最大分量集 $\{\sigma_{j\max}, j=1,2,\cdots,N_c\}$ 中，若有 $\sigma_{j\max}>\theta_s$，同时又满足如下两个条件之一：

① $\bar{D}_j>\bar{D}$ 和 $N_j>2(\theta_N+1)$，即 $S_j$ 中样本总数超过规定值的两倍以上；

② $N_c\leqslant\frac{K}{2}$；则将 $z_j$ 分裂为两个新的聚类，中心分别 $z_j^+=z_j+\gamma_j$ 和 $z_j^-=z_j-\gamma_j$，其中分裂项 $\boldsymbol{\gamma}_j=k\boldsymbol{\sigma}_{j\max}$，$N_c$ 加 1。

如果本步骤完成了分裂运算，则转至第 2）步，否则继续。

11）计算全部聚类中心的距离

$$D_{ij}=\|z_i-z_j\|,\quad i=1,2,\cdots,N_c-1,\quad j=i+1,\cdots,N_c$$

12）比较 $D_{ij}$ 与 $\theta_c$ 的值，将 $D_{ij}<\theta_c$ 的值按最小距离次序递增排列，即

$$\{D_{i1j1},D_{i2j2},\cdots,D_{iLjL}\}\text{，其中 } D_{i1j1}<D_{i2j2}<\cdots<D_{iLjL}$$

13）将距离为 $D_{ikjk}$ 的两个聚类中心 $Z_{ik}$ 和 $Z_{jk}$ 合并，得到新的中心为

$$z_k^*=\frac{1}{N_{ik}+N_{jk}}[N_{ik}\boldsymbol{z}_{ik}+N_{jk}\boldsymbol{z}_{jk}],\quad k=1,2,\cdots,L \tag{8-7}$$

式中，被合并的两个聚类中心向量分别以其聚类域内的样本数加权，使 $z_k^*$ 为真正的平均向量。

14）如果是最后一次迭代运算（即第 $I$ 次），则算法结束；否则，若需要操作者改变输入参数，转至第 1）步；若输入参数不变，转至第 2）步，迭代运算的次数每次应加 1。

以上步骤中，第 8）、9）、10）步对应分裂处理，第 11）、12）、13）步对应合并处理。

## 8.3　数据聚类的流程

完整的数据聚类过程，一般包括以下这些步骤：特征选择、确定相似度、设定聚类准则、聚类算法选择、聚类结果评价。

### 8.3.1　聚类特征选择

特征的选择是数据聚类首先要确定的问题，因为样本集中的样本可能具有维度数量巨大的不同特征，而选择哪些特征作为聚类特征来使用，会直接影响到聚类的结果。

具体来说，聚类中特征的选择，要考虑以下的一些因素。

1）选择特征的首要因素是聚类任务自身的需求，也就是说，哪些特征是任务本身所关注的。

2）选择对聚类最有效的那些特征，要使得采用这些特征完成聚类后，聚类的结果比较理想。

3）要考虑特征的数量和计算复杂度。尽量减少维度，提高聚类算法的效率，这是选择聚类所使用的特征时必须重视的一个问题。

## 8.3.2 相似度度量标准

确定相似度度量标准可以分为两方面来考虑，一是样本间的相似度如何度量；二是在此基础上，类间的相似度如何度量。

首先来看样本间的相似度度量。计算两个样本间的相似度，最常用的是各种距离度量，包括曼哈顿距离、欧几里得距离、闵可夫斯基距离、切比雪夫距离等。也可以采用非距离度量来表达相似度，例如在结构模式识别中的情况。

曼哈顿距离又称为棋盘格距离，是指各个维度上的特征值差的总和。其计算公式为

$$d_{ij}=\sum_{k=1}^{n}\left|\boldsymbol{x}_{ik}-\boldsymbol{x}_{jk}\right| \tag{8-8}$$

欧几里得距离是指特征空间中两点间的直线距离。其计算公式为



$$d_{ij}=\sqrt{\sum_{k=1}^{n}(\boldsymbol{x}_{ik}-\boldsymbol{x}_{jk})^2} \tag{8-9}$$

闵可夫斯基距离是欧几里得距离的扩展，当 $q=2$ 时，就是欧几里得距离。其计算公式为

$$d_{ij}(q)=\left(\sum_{k=1}^{n}\left|\boldsymbol{x}_{ik}-\boldsymbol{x}_{jk}\right|^{q}\right)^{\frac{1}{q}} \tag{8-10}$$

切比雪夫距离又称为“最大值距离”，是各维度上的特征值差的最大值。其计算公式为

$$d_{ij}(\infty)=\max_{1\leqslant k\leqslant n}\left|\boldsymbol{x}_{ik}-\boldsymbol{x}_{jk}\right| \tag{8-11}$$

在确定了两个样本间的相似度度量标准的基础上，确定两个类之间的相似程度，常用的有类间最短距离、最长距离、重心距离、类平均距离等。

类间最短距离是两类中相距最近的两个样本之间的距离，其计算公式为

$$D_{h,k}=\min\{D(\boldsymbol{x}_i,\boldsymbol{y}_j)\},\boldsymbol{x}_i\in\omega_h,\boldsymbol{y}_j\in\omega_k \tag{8-12}$$

类间最长距离是两类中相距最远的两个样本之间的距离，其计算公式为

$$D_{h,k}=\max\{D(\boldsymbol{x}_i,\boldsymbol{y}_j)\},\boldsymbol{x}_i\in\omega_h,\boldsymbol{y}_j\in\omega_k \tag{8-13}$$

类重心距离是两类的均值点（重心）之间的距离，其计算公式为

$$D_{h,k} = D(\boldsymbol{m}_i, \boldsymbol{m}_j) \tag{8-14}$$

式中，$\boldsymbol{m}_i$ 为类 $h$ 的重心，$\boldsymbol{m}_j$ 为类 $k$ 的重心。

类平均距离是两类中各样本两两之间的距离相加后取平均值，其计算公式为

$$D_{h,k} = \frac{1}{n_h n_k} \sum_{\substack{u \in h \\ m \in k}} D(\boldsymbol{x}_u, \boldsymbol{x}_m) \tag{8-15}$$

### 8.3.3　聚类准则

聚类准则就是怎样来判定哪些样本应该聚到一个类中。聚类准则决定了聚类的方向和对聚类结果的评价。常用的聚类准则有以下几种。

（1）紧致性准则　指聚类结果要满足紧致性的要求。紧致性准则是所有聚类都要满足的概念性基本准则，但它无法直接进行计算。

（2）散布准则　样本集中所有样本之间的相互距离可以构成散布矩阵，它可以分解为类内散布矩阵和类间散布矩阵，分别代表了属于同一类的样本间的距离和属于不同类的样本间的距离。散布准则以散布矩阵为基础，构造准则函数，使得准则函数取得极值时，类内平均距离最小，类间平均距离最大，因此能从数学上较好地反映紧致性要求。

（3）误差平方和准则　误差平方和准则指聚类结果要满足每个样本与各自所属的类的重心之间的误差的平方和最小，即准则函数可写为

$$\min J = \sum_{i=1}^{c} \sum_{\boldsymbol{x} \in \omega_i} \left\| \boldsymbol{x} - \boldsymbol{m}_i \right\|^2 \tag{8-16}$$



误差平方和准则具有明确的几何意义，计算简单，但在各类样本的数量相差很大的时候可能与紧致性要求不完全一致。

（4）分布形式准则　分布形式准则不仅考虑紧致性，而且考虑各类别应当具有的分布形式，以和客观情况相吻合，或使得分类器的结构得以简化。

### 8.3.4　聚类算法选择

聚类过程的第四个步骤，是选择合适的聚类算法（Algorithm）并完成聚类。常用聚类算法可以分为以下几个类别。

（1）试探法　试探法是直接算法，它依次处理每个样本，得到聚类结果，但由于在对每个样本进行聚类处理时，无法获知和利用还未处理的其他样本的信息，因此无法保证得到的聚类结果对所选定的聚类准则而言是最优的。

（2）层次法　层次法是将样本集中的所有样本按照层次组成聚类树，在每一级上都分析可能的各种聚类方式，按照最符合聚类准则的聚类方式完成聚类。层次聚类既可以实现完整的聚类层级，也可以实现未知类别数的最优聚类。

（3）动态法　动态法又称为迭代法聚类，它不是一次性完成聚类，而是根据准则函数不断动态调整聚类结果，直至达到最优的聚类指标。

（4）密度法　密度法以样本分布密度的变化来完成聚类，使得围绕一个密度中心的

样本都能聚到同一个类中。

## 8.3.5 聚类结果评价

由于数据聚类是数据驱动的无监督学习方式，因此，聚类结果必然呈现多样化的特点。对于聚类结果是否达到了聚类的任务目标，无法通过已知的训练集来检验，必须通过一些评价指标来评价，并在聚类结果评价的基础上调整聚类参数和聚类过程，以达到更好的聚类效果。

在评价聚类结果时，可参照以下内容进行考察。

1）聚类得到的各个类别分布是否合理。

2）聚类结果是否能发现和适应样本集的样本分布特点。

3）是否存在大量的孤立样本或边界样本。

4）聚类过程是否需要大量的人工干预。

5）聚类后是否便于发现样本集中的分类规则，建立决策边界。

**算法案例**

采用 $K$–均值算法对手写数字样本集进行聚类的程序参考代码基于 MWorks 平台、采用 Julia 语言实现，主要使用 TyBase、TyImages 和 TyMachineLearning 工具箱的 API 函数。

参考代码中，调用 clear（）清除程序运行时占用的临时内存，clc（）清除命令窗口的历史输入；接下来采用 load（）函数加载训练和测试数据及对应标签数据。

核心算法通过调用 TyMachineLearning 工具箱中的 kmeans（）函数实现。参考代码中第一个 for 循环对聚类结果进行遍历，分别存放到一个字典变量中；第二个 for 循环对字典中的聚类结果生成图像进行显示。其详细参考代码如下。

```
1.  # Kmeans.jl
2.  # 加载库
3.  using TyBase
4.  using TyImages
5.  using TyMachineLearning
6.  clear（）
7.  clc（）
8.  # 加载图像数据和标签数据
9.  load（"./mnist/train_images.mat"）
10.  load（"./mnist/train_labels.mat"）
11.  train_num = 100
12.  # 将图像数据转换为列向量
13.  data_train = reshape（train_images[：，：，1：train_num]，784，train_num）
14.  # 输入参数为训练数据和聚类数量，其他可选参数见文档
15.  kmdl = kmeans（data_train'；n_clusters=10）
16.  # 按聚类结果将数据从原集中分类出来
17.  # 创建一个空字典来存储标签对应的二维数组
```

```
result = Dict ()
# 遍历所有标签和对应的数据
for (label, data) in zip (kmdl.labels_, eachcol (data_train))
        # 如果该标签已经在字典中，则将数据添加到该标签对应的数组中
        if haskey (result, label)
                push! (result[label], data)
        # 如果该标签不在字典中，则创建一个新的数组来存储该标签对应的数据
        else
                result[label] = [data]
        end
end
# 按分类结果生成图片
max_len = maximum ([size (result[key], 1) for key in keys (result) ])
image = []
for key in keys (result)
        sub_image = Array{Int, 2} (undef, 28, 0)
        len = size (result[key], 1)
        for i = 1: len
                sub_image = [sub_image reshape (result[key][i], 28, 28) ]
        end
        if len < max_len
                sub_image = [sub_image zeros (28, (max_len - len) * 28) ]
        end
        global image = [image; sub_image]
end
imshow (image)
```



代码运行结果如图 8-23 所示。

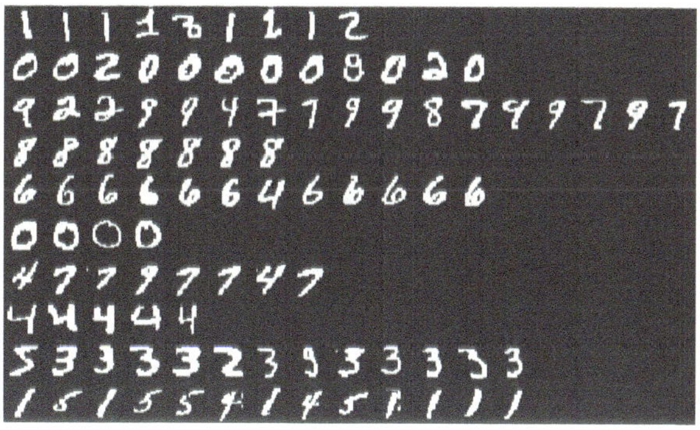

图 8-23 例程运行结果

从结果可以看出，*K*-均值聚类方法对手写体数字识别任务的效果并不好，在选取的 100 个样本中，大部分类别有存在错误分类的情况。当然这也与选择的特征有关系，在本代码实现中采用了图片原始的像素值作为聚类特征。

## 思考题

8-1 聚类与分类有何区别？

8-2 数据聚类的基本思想是什么，其步骤包括哪些？

8-3 为什么说 $K$-均值算法具有收敛性？它能收敛到全局最优解吗？

8-4 影响聚类结果的因素有哪些？

## 拓展阅读

数据聚类是一种无监督的学习方式，在数据挖掘领域有着广泛的应用。除了本章介绍的聚类算法外，还有一类算法是基于密度的聚类算法，其代表性算法是 DBSCAN（Density-Based Spatial Clustering of Applications with Noise），它是马丁·伊斯特（Martin Ester）等人在 1996 提出的，算法详细原理与步骤见参考文献 [5]。

## 参考文献

[1] 吴陈，等 . 模式识别 [M]. 北京：机械工业出版社，2020.

[2] 张学工，汪小我 . 模式识别 [M]. 4 版 . 北京：清华大学出版社，2021.

[3] 西奥多里蒂，库斯坦提诺斯 . 模式识别 [M]. 2 版 . 李晶皎，等译 . 北京：电子工业出版社，2004.

[4] 余正涛，郭剑毅，毛存礼，等 . 模式识别原理及应用 [M]. 北京：科学出版社，2013.

[5] MARTIN ESTER，HANS-PETER KRIEGEL，JÖRG SANDER，et al. A density-based algorithm for discovering clusters in large spatial databases with noise[C]. Proceedings of the Second International Conference on Knowledge Discovery and Data Mining，1996，8：226-231.

[6] LING R F. On the theory and construction of k-clusters[J]. The computer journal，1972，15（4）：326-332.

[7] BALL G H，HALL D J. ISODATA：a novel method of data analysis and pattern classification[R]. Technical report AD0699616. Menlo Park，CA：Stanford Research Institute，1965.

# 第 9 章　模糊模式识别

第 9 章
电子资源

## 导读

本章旨在深入探讨模糊模式识别的基本理论、关键技术和算法，以及其在实际应用中的体现。将从模糊集合的基本概念讲起，详细介绍模糊模式识别的方法和技术，最后通过具体的应用案例，展示这些技术如何解决实际问题。通过本章的学习，读者将能够全面理解模糊模式识别的理论框架，掌握其关键算法，以及认识到其在实际应用中的重要价值和巨大潜力。

## 知识点

- 模糊的基本概念和数学描述。
- 隶属度函数与模糊集合。
- 择近原则识别。
- 模糊聚类算法和应用。



## 9.1　模糊数学基础

在现代科学和工程问题的解决过程中，处理不确定性信息是一个普遍而复杂的挑战。传统集合理论，以其明确的界限和二元逻辑（即元素要么属于某个集合，要么不属于），为处理确定性问题提供了强有力的工具。然而，当面对现实世界中的模糊性和不确定性时，传统集合理论显示出了局限性。正是在这样的背景下，模糊集合理论应运而生。

模糊数学（Fuzzy Mathematics）又称为“模糊集理论（Fuzzy Set Theory）”，由扎德（L.A. Zadeh）于 1965 年在康托尔（Georg Cantor）的经典集合理论基础上提出，旨在通过引入元素隶属度的概念来扩展传统集合理论，从而更好地描述和处理信息的模糊性。在模糊集合中，每个元素属于某个集合的程度由一个介于 0 和 1 之间的隶属度值来表示，这个概念的引入为处理具有模糊边界的现象提供了一种新的数学工具。

传统集合与模糊集合的主要区别在于隶属度的概念。在传统集合中，一个元素对于某个集合的隶属性是明确的——要么是 0（不属于集合），要么是 1（属于集合）。而在模糊集合中，这种隶属性是一个从 0 到 1 之间连续取值的变量，能够反映出元素属于集合的程度，这为模糊性的数学表达和量化提供了可能。

模糊集合理论与概率论都是处理不确定性的数学工具，但它们关注的不确定性类型不同。概率论关注的是事件发生的不确定性和随机性，它通过概率值来描述一个事件发生的可能性。而模糊集合理论关注的是概念或系统状态的不确定性，即无法清晰定义或分类的模糊性，通过隶属度来描述元素对某个模糊概念的归属程度。

简而言之，概率论的关键在于“可能性”，而模糊集合理论的关键在于“模糊性”。例如，在概率论中，关心“明天下雨”的概率；而在模糊集合理论中，讨论的是“雨好大”这一形容降雨程度的模糊概念。这种概念的模糊性是可以用数学来精确地描述的，这就是“模糊数学”。

## 9.1.1 模糊集合的定义及基本运算

### 1. 集合及其特征函数

（1）集合（Set） 经典集合是具有精确边界的集合，是具有某种特定属性的对象的汇总。在经典集合理论中，集合可以用来说明概念，它是具有某种共同属性的事物的全体，即论域 $E$ 中具有性质 P 的元素（Element）组成的总体称为集合。集合可以是具体的，如所有小于 10 的自然数，或是抽象的，如所有正整数。集合通常用大写字母表示，元素用小写字母表示，元素属于集合的关系用符号“$\in$”表示。

**示例：** $A=\{1,2,3\}$ 表示集合 $A$ 包含元素 1，2 和 3。如果 $x$=2，则 $x\in A$，意味着 $x$ 是集合 $A$ 的一个元素。



（2）集合的运算（Operation） 集合运算是对集合进行的操作，包括并集、交集、差集和补集等。

1）并集（Union）：两个集合 $A$ 和 $B$ 的并集是包含 $A$ 中所有元素和 $B$ 中所有元素的集合，不包括重复元素。记作 $A\cup B$。

**示例：** 如果 $A=\{1,2,3\}$ 和 $B=\{3,4,5\}$ 则 $A\cup B=\{1,2,3,4,5\}$

2）交集（Intersection）：两个集合 $A$ 和 $B$ 的交集是同时属于 $A$ 和 $B$ 的所有元素的集合。记作 $A\cap B$。

**示例：** 继续以上例子，$A\cap B=\{3\}$。

3）差集（Difference）：集合 $A$ 和 $B$ 的差集是属于 $A$ 但不属于 $B$ 的所有元素的集合。记作 $A-B$ 或 $A\setminus B$。

**示例：** 继续以上例子，$A\setminus B=\{1,2\}$。

4）补集（Complement）：集合 $A$ 的补集是不属于 $A$ 的所有元素的集合。在讨论补集时，通常有一个作为前提的全集 $U$，$A$ 的补集记作 $A^c$。

**示例：** 如果 $U=\{1,2,3,4,5,6\}$ 且 $A=\{1,2,3\}$，则 $A^c=\{4,5,6\}$。

（3）特征函数（Characteristic Function） 特征函数是集合理论中的一个重要概念，用于描述元素是否属于某个集合。对于论域 $E$ 上的集合 $A$ 和元素 $x$，如有以下函数：

$$\mu_A(x)\begin{cases}1, & x\in A\\0, & x\notin A\end{cases}$$

则称 $\mu_A(x)$ 为集合 $A$ 的特征函数。在经典集合中，一个元素对一个集合的隶属程度或是属于，或是不属于，特征函数值或者是 1，或者是 0。所以，经典集合也被称为“脆集”。

**示例：** 假设集合 $A=\{1,2,3\}$，那么：$\mu_A(2)=1$，因为 2 属于集合 $A$；$\mu_A(4)=0$，因为 4 不属于集合 $A$。

特征函数的概念也是理解模糊逻辑和模糊集合的基础，因为在模糊逻辑中，特征函数表达了元素 $x$ 对集合 $A$ 的隶属程度（Grade of Membership），这个函数被扩展为可以取 [0,1] 区间内任何值的隶属度函数，而不仅是 0 和 1。这种扩展允许描述元素属于某个集合的程度，而不再仅是属于或不属于的是非逻辑，从而引入了模糊性的概念。

### 2. 模糊集合

（1）概念的模糊性　在现实世界中，很多概念并非黑白分明，难以用康托尔集合来直接表示。例如当讨论身高、体重、年龄、温度、情感等，很难给出一个明确的界限来定义何为“高、矮”“胖、瘦”“年轻、年老”“冷、热”或“快乐、悲伤”等。这种现象就是概念的模糊性，它指的是在某些情况下，无法将事物简单地分类为是或否。

理解和处理模糊性对于模拟人类思维方式至关重要。人类在做决策时往往会考虑许多不确定和模糊的因素。模糊逻辑是一种数学工具，它允许对一个变量属性的描述存在于一个范围内，而不局限于经典集合中布尔逻辑的 0 或 1。这更贴近人类的思维习惯，提供了一种更加灵活和现实的处理不确定性的方法。

（2）隶属度函数　在模糊集合理论中，隶属度函数（Membership Function，MF）是一个核心概念，它为处理模糊概念提供了数学基础。与经典集合理论中元素要么属于要么不属于一个集合的二元特性（即一个集合的特征函数 $\mu_A(x)$ 是 $\{0,1\}$ 二值取值）不同，模糊逻辑允许元素以不同程度属于一个或多个集合（即特征函数可以在闭区间 [0,1] 中连续取值），则 $\mu_A(x)$ 是表示一个对象 $x$ 隶属于集合 $A$ 的程度的函数，称为隶属度函数。

$$\mu_A(x)=\begin{cases}1, & \text{当} x\in A \\ 0<\mu_A(x)<1, & \text{当}x\text{在一定程度上属于}A \\ 0, & \text{当} x\notin A\end{cases} \tag{9-1}$$

**示例：** 假设定义一个模糊集合“温度”，其中包括“冷”“温暖”和“热”。在经典逻辑中，如果温度是 25℃，可能难以判断它是“温暖”还是“热”，因为经典逻辑要求非黑即白的分类。但在模糊逻辑中，可以使用隶属度函数来描述这种情况，例如：对于“温暖”这一集合，25℃可以有 0.7 的隶属度，而对于“热”，它可以有 0.3 的隶属度，这样既反映了 25℃是相对温暖的，也留有一定程度成为“热”。

上述例子表明，隶属度函数可以通过更灵活和细腻的方式来描述和处理模糊概念，这是经典逻辑所不能做到的。事实上，隶属度函数是用精确的数学方法描述了概念的模糊性。这种处理模糊性的能力，使得模糊逻辑在多种应用中（如模式识别、控制系统和决策支持系统等）成为一个强大的工具。

隶属度函数一般来源于统计调查和专家经验总结，常见的形式有：

1）三角形隶属度函数（如图 9-1 所示）。

$$\mu_A(x)=\begin{cases}0 & x\leqslant a\\ \dfrac{x-a}{b-a} & a\leqslant x<b\\ \dfrac{c-x}{c-b} & b\leqslant x\leqslant c\\ 0 & c\leqslant x\end{cases}$$

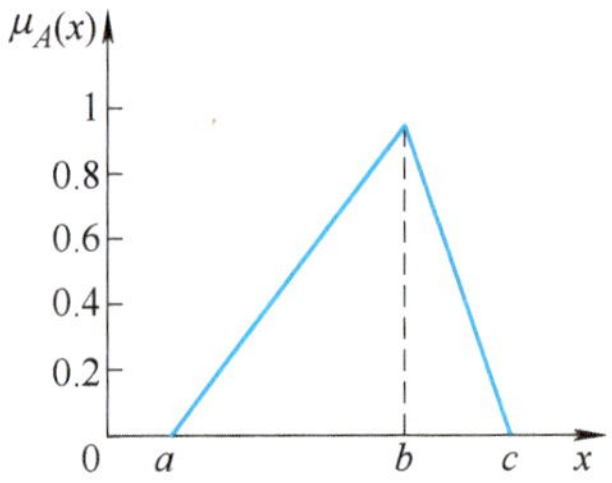


图 9-1　三角形隶属度函数

2）梯形隶属度函数（如图 9-2 所示）。

$$\mu_A(x)=\begin{cases}0 & x\leqslant a\\ \dfrac{x-a}{b-a} & a\leqslant x<b\\ 1 & b\leqslant x<c\\ \dfrac{d-x}{d-c} & c\leqslant x\leqslant d\\ 0 & d\leqslant x\end{cases}$$

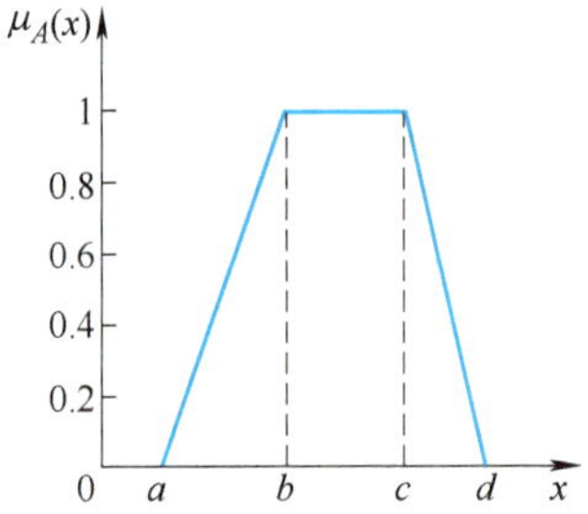


图 9-2　梯形隶属度函数

3）高斯形隶属度函数（如图 9-3 所示）。



$$\mu_A(x)=\exp\left[-\frac{1}{2}\left(\frac{x-c}{\sigma}\right)^2\right]$$

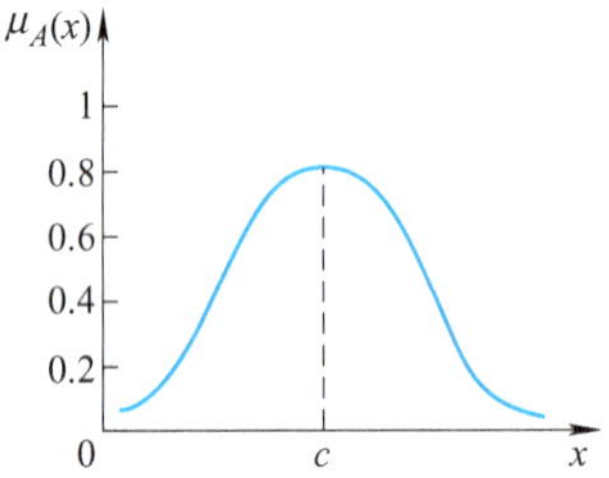


图 9-3　高斯形隶属度函数

4）柯西形隶属度函数（如图 9-4 所示）。

$$\mu_A(x)=\frac{1}{1+\left(\dfrac{x-c}{a}\right)^b}$$

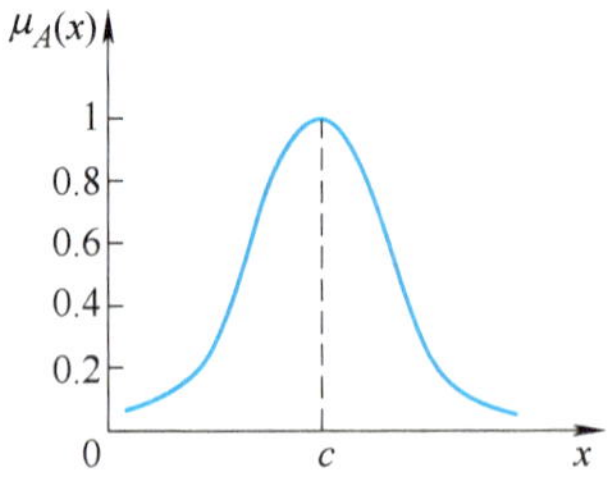


图 9-4　柯西形隶属度函数

需要注意的是，尽管隶属度和概率都采用 0 到 1 之间的实数来表达，但它们在概念上存在本质的区别。

隶属度描述了一个对象对某一模糊概念的归属程度，这种程度是具体和确定的，不涉及随机性。例如，“今天天气热的程度是 0.8”描述的是一个确切的气温状态，而这个温度状态在 0.8 的程度上可以算作“热”，直接反映了气温的物理状态与“热”这一概念之间的关系。

相反，概率表达的是某个命题具有某个概念的可能性，命题对这个概念的取值仍旧是二值的，“属于”或者“不属于”，只是具有随机性。例如，“明天天气热的概率是 0.8”描述的是在“热”或者“不热”这两个明确的概念之中，“热”的发生概率为 0.8。表达了一事件发生的可能性，而非程度。

因此，模糊集合的主观性和非随机性是模糊集合与概率论研究的根本差异，概率论则是对随机现象的客观处理。

（3）模糊子集　在隶属度函数的基础上，扎德于 1965 年提出了模糊子集（Fuzzy Subset）的概念，创立了模糊数学。

**【定义 9.1】**　模糊集合与隶属度函数

设 $X$ 是对象 $x$ 的论域，$x$ 是 $X$ 的一个元素。$X$ 上的模糊集合 $A$ 定义为

$$A=\{(x,\mu_A(x))\mid x\in X\} \tag{9-2}$$

其中，$\mu_A(x)$ 被称为模糊集合 $A$ 的隶属度函数。

隶属度函数将 $X$ 中的每个元素 $x$ 映射为 0 和 1 之间的一个实数，表示 $x$ 在集合 $A$ 中的隶属程度。值 0 表示 $x$ 完全不属于 $A$，值 1 表示 $x$ 完全属于 $A$，而介于 0 和 1 之间的值表示 $x$ 以某种程度属于 $A$。

论域也称为全集，是模糊集合理论中用来描述研究对象范围的基本集合。在模糊集合中，考虑的对象通常属于某个领域或范围。这个领域中的所有元素 $x$ 构成了一个基本集合，称之为论域 $X$。模糊集合 $A$ 是论域中的一个集合。$x$ 可以以不同的程度（隶属度）属于不同的模糊集合，这是同经典集合理论的区别，也是对经典集合理论的扩展。



**示例：** 离散域上的模糊集合。分析典型一周的五天工作日内大学生的忙碌程度。一周的工作日构成了论域 $X$={ 周一，周二，周三，周四，周五 }。那么模糊集合 $A$=“忙碌日”可以表示为 $A$= 周一 /0.8+ 周二 /0.4+ 周三 /0.9+ 周四 /0.3+ 周五 /0.7，隶属度函数如图 9-5a 所示。

显然，这个模糊集合中度量忙碌的隶属度也是主观的，比如，周一是因为课程满和晚上的学习小组活动所以觉得忙碌，周三是学生会例会和晚上兼职工作等事情都赶一起了。

**示例：** 连续域上的模糊集合。假设对于成年人而言，理想体重大约为 70kg，可以使用高斯函数来定义“理想体重”这一模糊概念的隶属度函数。则模糊集合 $B$=“理想体重”可以表示为

$$B=\{(x,\mu_B(x))\mid x\in X\}$$

式中，$\mu_B(x)=\mathrm{e}^{-\frac{(x-70)^2}{2\sigma^2}}$；$x$ 为体重；$\sigma$ 为标准差。隶属度函数如图 9-5b 所示。

以上例子可以看出，模糊集合的两个核心因素是确定明确的论域和定义合适的隶属度函数。隶属度函数的定义主观性很强，同一个概念由不同的人定义，其隶属度函数会有很大不同。这个主观性是感知或表达抽象概念的个体差异造成的，与随机性无关。

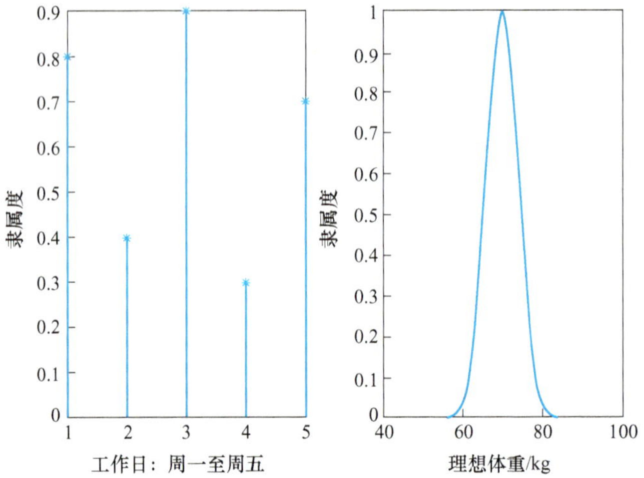


a) $A$=“忙碌日”　　b) $B$=“理想体重”

图 9-5　隶属度函数图

为了表述方便，使用一种常用的模糊集合表示方式，模糊集合 $A$ 表示为

$$A=\begin{cases}\sum_{x_i\in X}\mu_A(x_i)/x_i & \text{如果}X\text{是离散对象集}\\ \int_x \mu_A(x)/x & \text{如果}X\text{是连续空间}\end{cases} \tag{9-3}$$



式中，$x_i$ 称为模糊子集 $A$ 的支持点（Supports）。式（9-3）中的求和符号和积分符号表示有序对 $(x, \mu_A(x))$ 的“并”的关系，是集合的组成，不是表示求和以及积分的数值计算。同样，“/”只是一个记号，不表示除法。

（4）模糊集合的基本运算　模糊子集与经典集合一样，也有交、并、补等类似的基本运算，扎德在参考文献 [1] 中最初给出了这些集合的定义。首先给出模糊集合的基础概念“包含”的定义，这也是在经典集合理论基础上的扩展。

**【定义 9.2】**　包含或子集

模糊集合 $A$ 包含于模糊集合 $B$（或等价地，$A$ 是 $B$ 的子集，或 $A\leqslant B$），当且仅当对任意 $x$，有 $\mu_A(x)\leqslant\mu_B(x)$。记为：

$$A\subseteq B \Leftrightarrow \forall x\in X, \mu_A(x)\leqslant\mu_B(x) \tag{9-4}$$

**【定义 9.3】**　交集（合取）

模糊集合 $A$ 和 $B$ 的交集 $C=A\cap B$，其中每个元素 $x$ 的隶属度函数值 $\mu_C(x)$ 定义为 $\mu_A(x)$ 和 $\mu_B(x)$ 的最小值。数学表达式为

$$\mu_C(x)=\min(\mu_A(x), \mu_B(x))=\mu_A(x)\wedge\mu_B(x) \tag{9-5}$$

这表示元素 $x$ 同时属于 $A$ 和 $B$ 的程度由这两个集合中较低的隶属度决定。

**【定义 9.4】**　并集（析取）

模糊集合 $A$ 和 $B$ 的并集 $C=A\cup B$，其中每个元素 $x$ 的隶属度函数值 $\mu_C(x)$ 定义为 $\mu_A(x)$ 和 $\mu_B(x)$ 的最大值。数学表达式为

$$\mu_C(x) = \max(\mu_A(x), \mu_B(x)) = \mu_A(x) \vee \mu_B(x) \tag{9-6}$$

这表示元素 $x$ 同时属于 $A$ 和 $B$ 的程度由这两个集合中较高的隶属度决定。

**【定义 9.5】**　补集（否）

对于一个模糊集合 $A$，它的补集 $B$ 在每个元素 $x$ 上的隶属度函数值 $\mu_B(x)$ 定义为 $1-\mu_A(x)$，数学表达式为

$$\mu_B(x) = 1 - \mu_A(x) \tag{9-7}$$

这便是如果 $x$ 属于 $A$ 的程度为 $\mu_A(x)$，那么 $x$ 不属于 $A$ 的程度为 $1-\mu_A(x)$。

图 9-6 中通过集合 $A$ 和 $B$ 的隶属度函数给出了模糊集合交集、并集、补集这些基本运算的示例图。正是基于这些基本运算，模糊集合理论提供了一种灵活处理不确定性和模糊性的数学工具。理解这些概念和运算对于深入学习模糊逻辑和应用模糊集合理论至关重要。

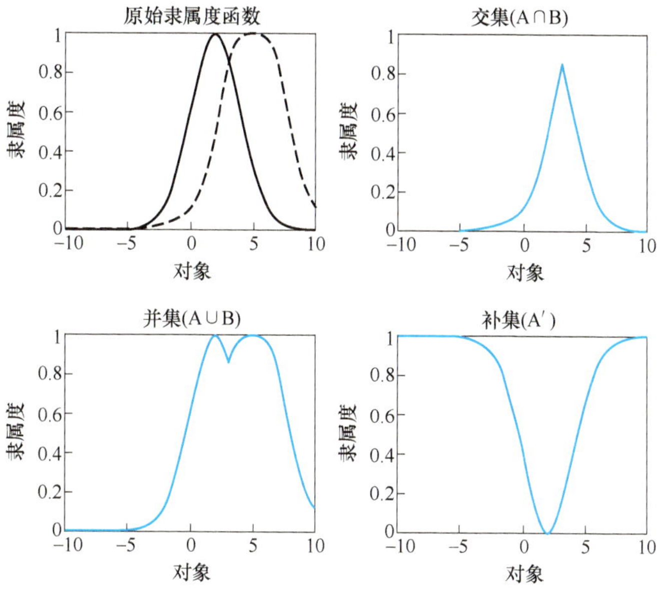


图 9-6　模糊集合基本运算图示

**【定义 9.6】**　模糊集合的 $\alpha$ 水平截集（Superlevel Set）

论域 $U$ 上的模糊子集 $A$，对于任意 $\alpha \in [0,1]$，模糊集合 $A$ 的 $\alpha$ 水平截集是如下精确集合：

$$A_\alpha = \{x \in U \mid \mu_A(x) \geqslant \alpha\}$$

水平截集的概念来源于水平集理论（Level Set Theory），其中对应函数值大于某个阈值的元素的集合称为超水平集，定义为

$$L_c(f) = \{x \in U \mid f(x) \geqslant c\}$$

因此，模糊子集的水平截集就是一种超水平集（Superlevel Set）。

**示例：**年龄的模糊表示。定义年龄集合 $U$={25 岁，30 岁，35 岁，40 岁，45 岁，50

岁}，并设一个模糊集合“$A$：年轻”如下：

$$A=1/25岁+0.9/30岁+0.5/35岁+0.3/40岁+0.1/45岁+0/50岁$$

对于不同的 $\alpha$ 值，可以得到见表 9-1 的 $\alpha$-水平截集，$\alpha$=0.5 水平截集如图 9-7 阴影部分所示。

表 9-1　模糊集合“年轻”不同 $\alpha$-水平截集

| $\alpha$ 取值 | $\alpha$-水平截集 | 含义 |
|---|---|---|
| $\alpha=0$ | $A_0$={50 岁，45 岁，40 岁，35 岁，30 岁，25 岁} | 包括所有年龄 |
| $\alpha=0.1$ | $A_{0.1}$={45 岁，40 岁，35 岁，30 岁，25 岁} | $A_{0.1}$ 包括 45 岁及以下 |
| $\alpha=0.3$ | $A_{0.3}$={40 岁，35 岁，30 岁，25 岁} | $A_{0.3}$ 包括 40 岁及以下 |
| $\alpha=0.5$ | $A_{0.5}$={35 岁，30 岁，25 岁} | $A_{0.5}$ 包括 35 岁及以下 |
| $\alpha=0.9$ | $A_{0.9}$={30 岁，25 岁} | $A_{0.9}$ 仅包括 30 岁及以下 |
| $\alpha=1$ | $A_1$={25 岁} | $A_1$ 仅包括 25 岁 |

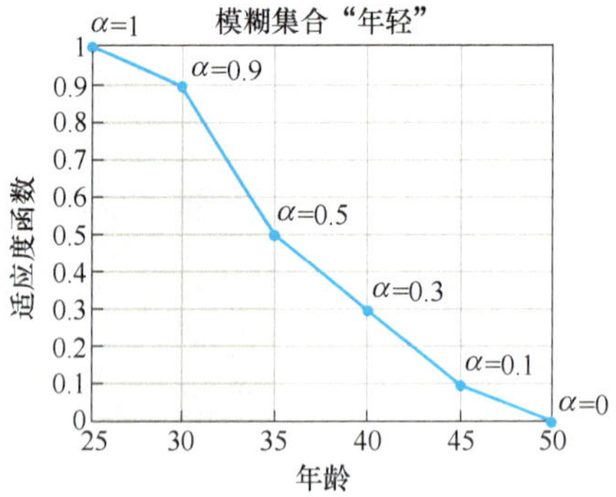


图 9-7　模糊集合“年轻”的 $\alpha$=0.5 水平截集



这个例子介绍了 $\alpha$-水平截集如何从模糊的概念（如“年轻”）中提取出具体的、确定的子集，从而为进一步分析和决策提供支持。从中可以看到 $\alpha$-水平截集在模糊理论中的重要性不仅在于“模糊子集本身没有确定边界，而它能够将模糊集合转化为确定集合（Crisp Set）”，更在于它提供了一种量化模糊集合的方法，这就建立了模糊集合和确定集合之间的桥梁，对于模糊概念的去模糊化（Defuzzification）有重要的意义。

## 9.1.2　模糊关系及模糊矩阵

### 1. 集合关系的基本概念

模糊关系是从经典集合论中关系的概念拓展而来。经典集合论中的关系，是定义在两个集合的笛卡儿乘积上的子集。模糊关系则是在模糊集合的框架下对此概念的扩展，它考虑了元素之间关系的隶属度，从而能够更加细致和灵活地描述现实世界中的复杂关系。

设 $U$ 和 $V$ 为两个集合，则它们的笛卡儿乘积集为

$$U \times V = \{(u,v) \mid u \in U, v \in V\} \tag{9-8}$$

$(u,v)$ 是 $U$ 和 $V$ 元素间的有序对（Ordered Pair）。笛卡儿乘积中的元素对是一种无约束有顺序（Unrestricted and Ordered）的组合。上式的定义表示：$U$ 和 $V$ 的笛卡儿乘积 $U\times V$ 是所有可能的有序对 $(u,v)$ 的集合。笛卡儿乘积的运算不满足交换律，除了 $U$ 和 $V$ 这两个集合相等，即 $A=\{a\},A\times A=\{(a_i,a_j)\,|\,a_i,a_j\in A\}$ 这类特殊的情况。

设 $U$ 和 $V$ 为两个集合，$R$ 为式（9-8）定义的笛卡儿乘积 $U\times V$ 的一个子集，则称其为 $U\times V$ 中的一个关系（Relation）。关系 $R$ 代表了对笛卡儿乘积集合 $U\times V$ 中元素的一种选择约束，只有满足一定条件的元素对 $(u,v)$ 才是关系 $R$ 的元素，这个条件就是 $u$ 和 $v$ 之间的某种“关系”。关系可以有多种表示方法。

枚举表示法：$R=\{(u_1,v_1),(u_2,v_2),\cdots\}$

描述表示法：$R=\{(u,v)\,|\,u\in U,v\in V,u>v\}$

图形表示法：最常用的是矩阵表示法，如图 9-8 所示。

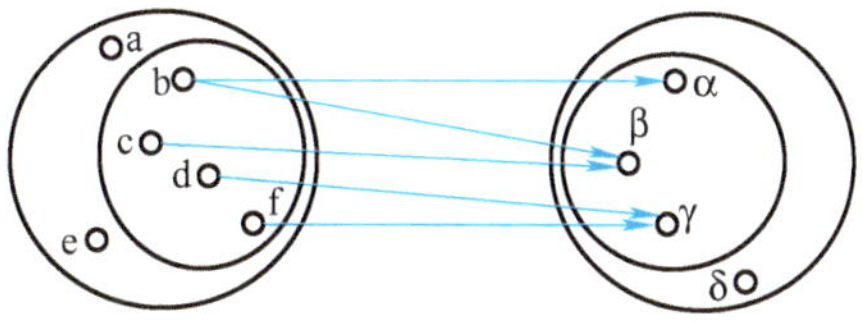


图 9-8　“关系”的图形表示法

矩阵表示法：对有限集合上的关系，可以用矩阵表示，称为关系矩阵（Relation Matrix），如下示例。

**示例：** 关系矩阵的表示。设存在集合 $U$={ 张三，李四，王五 } 和 $V$={ 数学，英语，政治 }，则表示“选修的课程”这个关系 $R$，可以表示为： 

| | 张三 | 李四 | 王五 |
|---|---|---|---|
| 数学 | 1 | 0 | 1 |
| 英语 | 1 | 1 | 0 |
| 政治 | 0 | 1 | 1 |

### 2. 集合上的等价关系和相似关系

设 $R$ 是 $U=\{u\}$ 上一个关系，其三个基本性质分别定义为：

1）自反性（Reflexivity）。对于集合内的所有元素 $u$，与其自身等价，即 $(u,u)\in R$。

2）对称性（Symmetry）。如果元素 $u_i$ 与元素 $u_j$ 等价，则元素 $u_j$ 与元素 $u_i$ 也等价，即若 $(u_i,u_j)\in R$，则有 $(u_j,u_i)\in R$。

3）传递性（Transitivity）。如果元素 $u_i$ 与元素 $u_j$ 等价，元素 $u_j$ 与元素 $u_k$ 等价，那么元素 $u_i$ 与元素 $u_k$ 也等价，即：若 $(u_i,u_j)\in R$ 和 $(u_j,u_i)\in R$，则有 $(u_i,u_k)\in R$。

根据上述三种性质，可以定义单个集合上的等价关系和相似关系。

若关系 $R$ 满足上述自反性、对称性和传递性，则称 $R$ 是 $U$ 上一个等价关系，如式（9-9）中 $R_e$。等价关系定义了“等价”的概念，当 $U$ 上有一个等价关系 $R$ 时，并不是 $U$ 中所有元素都有等价关系，而是 $U$ 中的元素可以按等价关系分成若干类。因此，等价关系事实上是对一个样本集的类别划分。若关系 $R$ 满足上述自反性和对称性，但不满足传递性，则称 $R$ 是 $U$ 上一个相似关系，如式（9-9）中 $R_s$。

$$R_e = \begin{array}{c|cccc} & x_1 & x_2 & x_3 & x_4 \\ \hline x_1 & 1 & 1 & 1 & 0 \\ x_2 & 1 & 1 & 1 & 0 \\ x_3 & 1 & 1 & 1 & 0 \\ x_4 & 0 & 0 & 0 & 1 \end{array} \qquad R_s = \begin{array}{c|cccc} & x_1 & x_2 & x_3 & x_4 \\ \hline x_1 & 1 & 0 & 1 & 0 \\ x_2 & 0 & 1 & 1 & 0 \\ x_3 & 1 & 1 & 1 & 0 \\ x_4 & 0 & 0 & 0 & 1 \end{array} \tag{9-9}$$

### 3. 模糊关系矩阵的定义

若关系 $R$ 是 $X\times Y$ 的一个模糊子集，则称 $R$ 为 $X\times Y$ 的一个模糊关系，其隶属度函数为 $\mu_R(x,y)$，表示 $x$，$y$ 具有关系 $R$ 的程度。模糊关系的矩阵称为模糊矩阵（Fuzzy Matrix），$X\times Y$ 上的模糊关系矩阵 $\boldsymbol{R}$ 可以表示为

$$\begin{array}{c|cccc} & x_1 & x_2 & x_3 & x_4 \\ \hline y_1 & \mu_R(x_1,y_1) & \mu_R(x_2,y_1) & \mu_R(x_3,y_1) & \mu_R(x_4,y_1) \\ y_2 & \mu_R(x_1,y_2) & \mu_R(x_2,y_2) & \mu_R(x_3,y_2) & \mu_R(x_4,y_2) \\ y_3 & \mu_R(x_1,y_3) & \mu_R(x_2,y_3) & \mu_R(x_3,y_3) & \mu_R(x_4,y_3) \\ y_4 & \mu_R(x_1,y_4) & \mu_R(x_2,y_4) & \mu_R(x_3,y_4) & \mu_R(x_4,y_4) \end{array} \tag{9-10}$$

**示例：**$x$ 为身高，$y$ 为体重，各自取值域为：$x$=(1.4,1.5,1.6,1.7,1.8)，单位为 m；$y$=(40,50,60,70,80)，单位为 kg。则描述一个“符合身高－体重标准”的模糊关系和模糊矩阵可以表示为

| | | | | | |
|---|---|---|---|---|---|
| 1.4 | 1 | 0.8 | 0.2 | 0 | 0 |
| 1.5 | 0.8 | 1 | 0.8 | 0.2 | 0 |
| 1.6 | 0.2 | 0.8 | 1 | 0.8 | 0.2 |
| 1.7 | 0 | 0.2 | 0.8 | 1 | 0.8 |
| 1.8 | 0 | 0 | 0.2 | 0.8 | 1 |

$$\boldsymbol{R} = \begin{pmatrix} 1 & 0.8 & 0.2 & 0 & 0 \\ 0.8 & 1 & 0.8 & 0.2 & 0 \\ 0.2 & 0.8 & 1 & 0.8 & 0.2 \\ 0 & 0.2 & 0.8 & 1 & 0.8 \\ 0 & 0 & 0.2 & 0.8 & 1 \end{pmatrix}$$



### 4. 模糊关系的合成运算

**【定义 9.7】** 两个模糊关系的合成运算 $C = A \circ B$，算法定义为：$\mu_{c_{ij}}(x,y) = \vee(\mu_{a_{ik}}(x) \wedge \mu_{b_{kj}}(x))$。

符号“$\wedge$”表示在两个隶属度值中取最小值，见式（9-5），符号“$\vee$”表示在所有隶属度值中取最大值，见式（9-6）。因此，这一模糊关系合成方法称为极大－极小（max-min）合成法。其他方法还有极大－乘积合成法、加法－相乘合成法等。

**示例：**模糊矩阵 $\boldsymbol{A}$、$\boldsymbol{B}$ 的合成运算：$\boldsymbol{C} = \boldsymbol{A} \circ \boldsymbol{B}$。

$$\boldsymbol{A} = \begin{array}{c|cccc} & x_1 & x_2 & x_3 & x_4 \\ \hline y_1 & 1 & 0 & 0.2 & 0.8 \\ y_2 & 0.6 & 0.5 & 0.7 & 0.9 \\ y_3 & 0.1 & 0.3 & 0 & 0.1 \\ y_4 & 0.3 & 0 & 1 & 0.9 \end{array} \qquad \boldsymbol{B} = \begin{array}{c|cccc} & x_1 & x_2 & x_3 & x_4 \\ \hline y_1 & 0 & 1 & 0.2 & 0.2 \\ y_2 & 0.4 & 0.7 & 0.1 & 0.3 \\ y_3 & 0.3 & 0.2 & 1 & 0.1 \\ y_4 & 0.1 & 1 & 0.8 & 1 \end{array}$$

则 $\boldsymbol{C} = \boldsymbol{A} \circ \boldsymbol{B}$ 中各元素为

$$\mu_{c_{11}}(x,y)=\vee[(1\wedge 0),(0\wedge 0.4),(0.2\wedge 0.3),(0.8\wedge 0.1)]=\vee[0,0,0.2,0.1]=0.2$$

$$\mu_{c_{12}}(x,y)=\vee[(1\wedge 1),(0\wedge 0.7),(0.2\wedge 0.2),(0.8\wedge 1)]=\vee[1,0,0.2,0.8]=1$$

$$\mu_{c_{13}}(x,y)=\vee[(1\wedge 0.2),(0\wedge 0.1),(0.2\wedge 1),(0.8\wedge 0.8)]=\vee[0.2,0,0.2,0.8]=0.8$$

$$\mu_{c_{14}}(x,y)=\vee[(1\wedge 0.2),(0\wedge 0.3),(0.2\wedge 0.1),(0.8\wedge 1)]=\vee[0.2,0,0.1,0.8]=0.8$$

$$\mu_{c_{21}}(x,y)=\vee[(0.6\wedge 0),(0.5\wedge 0.4),(0.7\wedge 0.3),(0.9\wedge 0.1)]=\vee[0,0.4,0.3,0.1]=0.4$$

$$\mu_{c_{22}}(x,y)=\vee[(0.6\wedge 1),(0.5\wedge 0.7),(0.7\wedge 0.2),(0.9\wedge 1)]=\vee[0.6,0.5,0.2,0.9]=0.9$$

$$\mu_{c_{23}}(x,y)=\vee[(0.6\wedge 0.2),(0.5\wedge 0.1),(0.7\wedge 1),(0.9\wedge 0.8)]=\vee[0.2,0.1,0.7,0.8]=0.8$$

$$\mu_{c_{24}}(x,y)=\vee[(0.6\wedge 0.2),(0.5\wedge 0.3),(0.7\wedge 0.1),(0.9\wedge 1)]=\vee[0.2,0.3,0.1,0.9]=0.9$$

$$\mu_{c_{31}}(x,y)=\vee[(0.1\wedge 0),(0.3\wedge 0.4),(0\wedge 0.3),(0.1\wedge 0.1)]=\vee[0,0.3,0,0.1]=0.3$$

$$\mu_{c_{32}}(x,y)=\vee[(0.1\wedge 1),(0.3\wedge 0.7),(0\wedge 0.2),(0.1\wedge 1)]=\vee[0.1,0.3,0,0.1]=0.3$$

$$\mu_{c_{33}}(x,y)=\vee[(0.1\wedge 0.2),(0.3\wedge 0.1),(0\wedge 1),(0.1\wedge 0.8)]=\vee[0.1,0.1,0,0.1]=0.1$$

$$\mu_{c_{34}}(x,y)=\vee[(0.1\wedge 0.2),(0.3\wedge 0.3),(0\wedge 0.1),(0.1\wedge 1)]=\vee[0.1,0.3,0,0.1]=0.3$$

$$\mu_{c_{41}}(x,y)=\vee[(0.3\wedge 0),(0\wedge 0.4),(1\wedge 0.3),(0.9\wedge 0.1)]=\vee[0,0,0.3,0.1]=0.3$$

$$\mu_{c_{42}}(x,y)=\vee[(0.3\wedge 1),(0\wedge 0.7),(1\wedge 0.2),(0.9\wedge 1)]=\vee[0.3,0,0.2,0.9]=0.9$$

$$\mu_{c_{43}}(x,y)=\vee[(0.3\wedge 0.2),(0\wedge 0.1),(1\wedge 1),(0.9\wedge 0.8)]=\vee[0.2,0,1,0.8]=1$$

$$\mu_{c_{44}}(x,y)=\vee[(0.3\wedge 0.2),(0\wedge 0.3),(1\wedge 0.1),(0.9\wedge 1)]=\vee[0.2,0,0.1,0.9]=0.9$$



$$\boldsymbol{C}=\boldsymbol{A}\circ\boldsymbol{B}=\begin{array}{c} \\ y_1 \\ y_2 \\ y_3 \\ y_4 \end{array}\begin{array}{c} \begin{array}{cccc} x_1 & x_2 & x_3 & x_4 \end{array} \\ \begin{pmatrix} 0.2 & 1 & 0.8 & 0.8 \\ 0.4 & 0.9 & 0.8 & 0.9 \\ 0.3 & 0.3 & 0.1 & 0.3 \\ 0.3 & 0.9 & 1 & 0.9 \end{pmatrix} \end{array}$$

### 5. 模糊等价关系

**【定义 9.8】** 若 $R$ 是 $U=\{x\}$ 上一个模糊关系，若满足：

① 自反性：$\mu_R(x,x)=1$

② 对称性：$\mu_R(x_i,x_j)=\mu_R(x_j,x_i)$

③ 传递性：对于任意 $x_j\in U$，有 $\mu_R(x_i,x_k)\geqslant\vee(\mu_R(x_i,x_j)\wedge\mu_R(x_j,x_k))$

则称 $R$ 是 $U$ 上一个模糊等价关系。

模糊等价关系兼容一般等价关系，当一个模糊等价关系的隶属度函数值仅取为 0 或者 1 时，就是一般的等价关系。在进行传递性计算时，采用的是模糊矩阵的合成运算。由此可得出一个重要结论：模糊等价关系具有传递闭包性，即 $R=R\circ R$。

不具有传递性的模糊关系称为模糊相似关系，反复进行合成运算，求 $R^2$，$R^4$，$R^8$，…可将一个模糊相似关系逼近为一个模糊等价关系。模糊等价关系表达了一个集合中各个元素之间等价的程度，因此可以用它来作为样本集相似度的度量指标，实现对样本集的分类。

## 9.2 最大隶属度识别

模糊模式识别就是基于模糊性概念的模式识别，即依据对象的模糊信息，按照模糊数学原理进行的模式识别。常见的两种基本方法是，基于最大隶属度原则的直接方法和基于择近原则的间接方法。

直接使用隶属度函数来进行模式识别称为最大隶属度识别法（Maximum Grade of Membership Classifying），它有两种形式。

### 9.2.1 形式一

设 $A_1,A_2,\cdots,A_n$ 是 $U$ 中的 $n$ 个模糊子集，且对每一 $A_i$ 均有隶属度函数 $\mu_i(x)$，$x_0$ 为 $U$ 中的任一元素，若有隶属度函数 $\mu_k(x_0)=\max[\mu_1(x_0),\ \mu_2(x_0),\cdots,\mu_n(x_0)]$，则 $x_0\in$ 类 $A_k$。

该方法直接把隶属度函数 $\mu(x)$ 作为判别函数使用，$U$ 中的每一个元素，代表了样本的一种取值情况，而 $A_k$ 代表了不同的类别。能否获得准确的隶属度函数，是此方法的关键。

**示例：**在利用 BMI 指数进行体型判断的问题中：BMI= 体重（kg）/ 身高（m）$^2$。可以对以下三种体型用模糊子集进行定义：

“偏瘦”=0.9/15+0.5/18+0.3/21+0.1/24+0/27+0/30

“标准”=0.4/15+0.7/18+1/21+0.8/24+0.2/27+0.1/30

“偏胖”=0/15+0.1/18+0.4/21+0.6/24+0.8/27+1/30



如果某人的 BMI 指标为 24，则根据最大隶属度原则，可分到“标准”这一类。

### 9.2.2 形式二

设 $A$ 是 $U$ 中的一个模糊子集，$x_1$，$x_2$，…，$x_n$ 为 $U$ 中的 $n$ 个元素，若 $A$ 的隶属度函数中，$\mu(x_k)=\max[\mu(x_1),\ \mu(x_2),\ \cdots,\ \mu(x_n)]$，则 $A$ 属于 $x_k$ 对应的类别。

在该方法中，$U$ 中的每一个元素对应了一个类别，$A$ 代表一个待识别的样本，其隶属度函数代表了这个样本属于不同类别的程度。此法不仅能得到样本的分类结果，还可以得到样本与各个类间的相似程度排序。

**示例：**设 $U$ 为 5 种空中飞行目标的集合，$U$={ 直升飞机，大型飞机，战斗机，飞鸟，气球 }。根据对一个飞行物体的运动特征检测，得到其模糊子集表达为

$A$=0.7/ 直升飞机 +0.3/ 大型飞机 +0.1/ 战斗机 +0.4/ 飞鸟 +0.8/ 气球

根据最大隶属度原则，可判断该飞行物体为“气球”。在该方法中的每一个元素对应了一个类别，代表一个待识别的样本，其隶属度函数代表了这个样本属于不同类别的程度。此法不仅能得到样本的分类结果，还可以得到样本与各个类间的相似程度排序。

## 9.3 择近原则识别

对论域 $U$ 中的识别对象模糊集 $B$ 进行分类，将其归到 $n$ 个模糊集中的某一个，首先就需要确定衡量模糊集合之间距离和贴近程度的度量，从而为模糊分类问题确立基础。

## 9.3.1　贴近度

“贴近度”（Closeness）是一个衡量元素与模糊集合相似程度的指标，用于描述一个元素或模糊集合与一个或多个模糊集合之间的接近程度。

**【定义 9.9】** 设论域 $U$ 上的所有模糊集组成集合为 $F(X)$，模糊集合 $A$、$B$ 和 $C$ 都是 $F(X)$ 的子集。如果映射 $\sigma$：$F(X)\times F(X)\rightarrow[0,1]$，称 $\sigma$ 为贴近度，并且满足以下性质：

① $\sigma(A,A)=1$；

② $\sigma(A,B)=\sigma(B,A)\geqslant 0$；

③ 若对任意 $x\in U$，有 $\mu_A(x)\leqslant\mu_B(x)\leqslant\mu_C(x)$ 或有 $\mu_A(x)\geqslant\mu_B(x)\geqslant\mu_C(x)$，则 $\sigma(A,C)\leqslant\sigma(B,C)$。

满足以上性质的贴近度定义很多，例如可定义贴近度

$$\sigma(A,B)=\frac{\sum\limits_{x\in U}(\mu_A(x)\wedge\mu_B(x))}{\sum\limits_{x\in U}(\mu_A(x)\vee\mu_B(x))} \tag{9-11}$$

因为贴近度的定义众多，常见的贴近度类型包括：海明贴近度、欧几里得贴近度、黎曼贴近度等。因此对不同问题的求解，贴近度的值不具有绝对的意义，不能直接相互比较。

## 9.3.2　择近识别算法

**【定义 9.10】** 设 $U$ 上有 $n$ 个模糊子集 $A_1$，$A_2$，…，$A_n$ 及待分类模糊子集 $B$。若贴近度

$$\sigma(B,A_i)=\max_{1\leqslant j\leqslant n}(B,A_j) \tag{9-12}$$



则称 $B$ 与 $A_i$ 最贴近，此时可判决类 $B\in A_i$ 类。该方法称为择近原则识别法。

按照择近原则分类，即使用计算两个模糊集合间距离或贴近度来进行一种集合分类的方法。在这一方法中，样本和类都用模糊子集来表示，隶属度函数值表达了样本或类在某一个特征维度上具有某种特定取值的程度。

**示例：** 某气象台对于当日气象条件的晨练指数预报分为三级，是用模糊集的方式，依据气温、风力、污染程度三个指标来表达的，具体隶属度关系见表 9-2。

表 9-2　晨练指数预报模糊集

| 晨练指数级别 | 对“标准气温”的隶属度 | 对“标准风力”的隶属度 | 对“有污染”的隶属度 |
|---|---|---|---|
| 适宜晨练 | 0.7 | 0.9 | 0.2 |
| 可以晨练 | 0.5 | 0.6 | 0.6 |
| 不适宜晨练 | 0.4 | 0.5 | 0.8 |

某天的气象条件用模糊集合来表达为

$B$=0.8/ 标准气温 +0.7/ 标准风力 +0.5/ 有污染

请问：该天的晨练指数应该预报为哪一级？

求解：用 $a$ 来代表“标准气温”，$b$ 代表“标准风力”，$c$ 代表“有污染”，则该天的气象条件可表示为

$$B=0.8/a+0.7/b+0.5/c$$

用 $A_1$ 表示“适宜晨练”，$A_2$ 表示“可以晨练”，$A_3$ 表示“不适宜晨练”，则各晨练指数级别可表示为

$$A_1=0.7/a+0.9/b+0.2/c$$
$$A_2=0.5/a+0.6/b+0.6/c$$
$$A_3=0.4/a+0.5/b+0.8/c$$

分别求 $B$ 和 $A_1$、$A_2$、$A_3$ 的贴近度为

$$\sigma(A_1,B)=\frac{(0.7\wedge0.8)+(0.9\wedge0.7)+(0.2\wedge0.5)}{(0.7\vee0.8)+(0.9\vee0.7)+(0.2\vee0.5)}=\frac{0.7+0.7+0.2}{0.8+0.9+0.5}=0.73$$

$$\sigma(A_2,B)=\frac{(0.5\wedge0.8)+(0.6\wedge0.7)+(0.6\wedge0.5)}{(0.5\vee0.8)+(0.6\vee0.7)+(0.6\vee0.5)}=\frac{0.5+0.6+0.5}{0.8+0.7+0.6}=0.76$$

$$\sigma(A_3,B)=\frac{(0.4\wedge0.8)+(0.5\wedge0.7)+(0.8\wedge0.5)}{(0.4\vee0.8)+(0.5\vee0.7)+(0.8\vee0.5)}=\frac{0.4+0.5+0.5}{0.8+0.7+0.8}=0.61$$

因为 $B$ 和 $A_2$ 的贴近度最大，根据择近识别原则有 $B\in A_2$，所以该天的晨练指数应该预报为“可以晨练”。

## 9.4 模糊聚类算法



### 9.4.1 模糊层次聚类

在 9.1.2 节，定义了模糊等价关系和相似关系。模糊等价关系表达了一个集合中各个元素之间等价的程度，因此可以用它来作为样本集相似度度量标准，实现对样本集的类别划分。对于模糊等价关系，有如下等价关系定理。

**定理：**若 $R$ 是 $U$ 上的一个模糊等价关系，则对任意阈值 $\alpha$（$0\leqslant\alpha\leqslant1$）的水平截集 $R_\alpha$ 是 $U$ 上的一个等价关系。

利用等价关系定理，已知样本集 $X$ 上的模糊等价关系 $R$，则可通过 $R$ 的不同 $\alpha$ 水平截集得到多种等价类划分，也就实现了样本集在不同隶属度要求下的层次聚类，称为模糊层次聚类（Fuzzy Hierarchical Clustering）。

**示例：**基于模糊等价关系的聚类。设待聚类的样本集为 $X=\{x_1, x_2, x_3, x_4, x_5\}$，有一个模糊等价 $R$ 为

$$\boldsymbol{R}=\begin{array}{c} \quad x_1 \quad x_2 \quad x_3 \quad x_4 \quad x_5 \\ \begin{pmatrix} 1 & 0.4 & 0.8 & 0.5 & 0.5 \\ 0.4 & 1 & 0.4 & 0.4 & 0.4 \\ 0.8 & 0.4 & 1 & 0.5 & 0.5 \\ 0.5 & 0.4 & 0.5 & 1 & 0.6 \\ 0.5 & 0.4 & 0.5 & 0.6 & 1 \end{pmatrix} \end{array} \begin{array}{c} \\ x_1 \\ x_2 \\ x_3 \\ x_4 \\ x_5 \end{array}$$

对照定义 9.8，显然矩阵 $\boldsymbol{R}$ 满足自反性和对称性。计算验证 $\boldsymbol{R}=\boldsymbol{R}\circ\boldsymbol{R}$ 成立，则 $\boldsymbol{R}$ 具备传递性。因此，$\boldsymbol{R}$ 同时具备自反性、对称性和传递性，是一模糊等价矩阵。可以对这个模糊等价矩阵取不同 $\alpha$ 时的水平截集，对集合 $X$ 中各样本进行分类。

1）取 $\alpha=0.4$，得到水平截集为

$$R_{0.4}=\begin{pmatrix}1&1&1&1&1\\1&1&1&1&1\\1&1&1&1&1\\1&1&1&1&1\\1&1&1&1&1\end{pmatrix}$$，此时所有样本等价，属于一类 $\{x_1, x_2, x_3, x_4, x_5\}$。

2）取 $\alpha=0.5$，得到水平截集为

$$R_{0.5}=\begin{pmatrix}1&0&1&1&1\\0&1&0&0&0\\1&0&1&1&1\\1&0&1&1&1\\1&0&1&1&1\end{pmatrix}$$，此时样本聚成两类，$\{x_1, x_3, x_4, x_5\}$ 和 $\{x_2\}$。

3）取 $\alpha=0.6$，得到水平截集为

$$R_{0.6}=\begin{pmatrix}1&0&1&0&0\\0&1&0&0&0\\1&0&1&0&0\\0&0&0&1&1\\0&0&0&1&1\end{pmatrix}$$，此时样本聚成三类，$\{x_1, x_3\}$、$\{x_4, x_5\}$ 和 $\{x_2\}$。

4）取 $\alpha=0.8$，得到水平截集为

$$R_{0.8}=\begin{pmatrix}1&0&1&0&0\\0&1&0&0&0\\1&0&1&0&0\\0&0&0&1&0\\0&0&0&0&1\end{pmatrix}$$，此时样本聚成四类，$\{x_1, x_3\}$、$\{x_4\}$、$\{x_5\}$ 和 $\{x_2\}$。

5）取 $\alpha=1$，得到水平截集为

$$R_{1}=\begin{pmatrix}1&0&0&0&0\\0&1&0&0&0\\0&0&1&0&0\\0&0&0&1&0\\0&0&0&0&1\end{pmatrix}$$，此时样本聚成五类，每个样本自成一类。

从以上的过程可以看到，根据所需的类别数，通常可选择合适的 $\alpha$ 水平截集得到相应的分类结果，将 $\alpha$ 从 1 逐渐降为 0，分类由细变粗，相当于逐步归并，形成一个动态聚类图，如图 9-9 所示。

可以通过模糊等价关系直接进行分类操作。但是，不能用模糊相似关系对应的模糊相似矩阵直接用其截矩阵分类。此时，可以根据定义 9.8 说明中的方法“对模糊相似矩阵反复进行合成运算，求 $\boldsymbol{R}^2$，$\boldsymbol{R}^4$，$\boldsymbol{R}^8$，…，可将一个模糊相似关系逼近为一个模糊等价关系”，然后对生成的等价矩阵，利用截矩阵的办法进行分类。

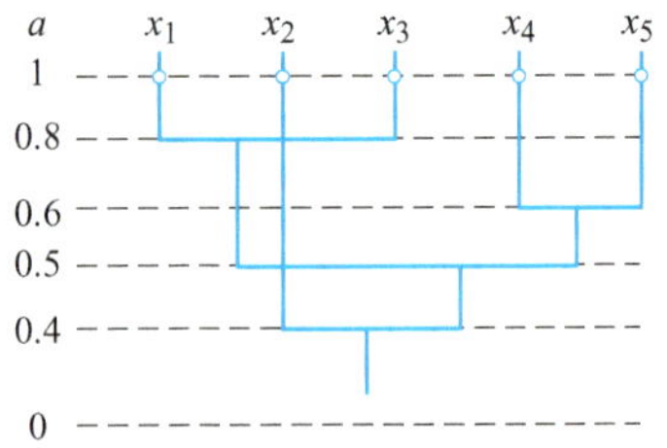

图 9-9　不同 $\alpha$ 水平截集的动态聚类图

**示例：**基于模糊相似关系的聚类。设待聚类的样本集为 $X=\{x_1,\ x_2,\ x_3,\ x_4,\ x_5\}$，有一个模糊关系 $R$ 的关系矩阵为

$$\boldsymbol{R}=\begin{array}{c}\begin{matrix}x_1 & x_2 & x_3 & x_4 & x_5\end{matrix}\\ \begin{pmatrix}1 & 0.3 & 0.5 & 0.4 & 0.7\\ 0.3 & 1 & 0.6 & 0.5 & 0.8\\ 0.5 & 0.6 & 1 & 0.7 & 0.4\\ 0.4 & 0.5 & 0.7 & 1 & 0.6\\ 0.7 & 0.8 & 0.4 & 0.6 & 1\end{pmatrix}\begin{matrix}x_1\\x_2\\x_3\\x_4\\x_5\end{matrix}\end{array}$$

因为矩阵 $\boldsymbol{R}$ 的主对角线上的元素全为 1，且为对称阵，所以 $\boldsymbol{R}$ 具有自反性和对称性。据定义 9.7，反复进行合成计算，求 $\boldsymbol{R}^2$，$\boldsymbol{R}^4$，$\boldsymbol{R}^8$，…，直至验证 $\boldsymbol{R}=\boldsymbol{R}\circ\boldsymbol{R}$ 条件满足。



$$\boldsymbol{R}^2=\boldsymbol{R}\circ\boldsymbol{R}=\begin{pmatrix}1 & 0.3 & 0.5 & 0.4 & 0.7\\ 0.3 & 1 & 0.6 & 0.5 & 0.8\\ 0.5 & 0.6 & 1 & 0.7 & 0.4\\ 0.4 & 0.5 & 0.7 & 1 & 0.6\\ 0.7 & 0.8 & 0.4 & 0.6 & 1\end{pmatrix}\circ\begin{pmatrix}1 & 0.3 & 0.5 & 0.4 & 0.7\\ 0.3 & 1 & 0.6 & 0.5 & 0.8\\ 0.5 & 0.6 & 1 & 0.7 & 0.4\\ 0.4 & 0.5 & 0.7 & 1 & 0.6\\ 0.7 & 0.8 & 0.4 & 0.6 & 1\end{pmatrix}=\begin{pmatrix}1.0 & 0.7 & 0.5 & 0.6 & 0.7\\ 0.7 & 1.0 & 0.6 & 0.6 & 0.8\\ 0.5 & 0.6 & 1.0 & 0.7 & 0.6\\ 0.6 & 0.6 & 0.7 & 1.0 & 0.6\\ 0.7 & 0.8 & 0.6 & 0.6 & 1.0\end{pmatrix}$$

$$\boldsymbol{R}^4=\boldsymbol{R}^2\circ\boldsymbol{R}^2=\begin{pmatrix}1.0 & 0.7 & 0.5 & 0.6 & 0.7\\ 0.7 & 1.0 & 0.6 & 0.6 & 0.8\\ 0.5 & 0.6 & 1.0 & 0.7 & 0.6\\ 0.6 & 0.6 & 0.7 & 1.0 & 0.6\\ 0.7 & 0.8 & 0.6 & 0.6 & 1.0\end{pmatrix}\circ\begin{pmatrix}1.0 & 0.7 & 0.5 & 0.6 & 0.7\\ 0.7 & 1.0 & 0.6 & 0.6 & 0.8\\ 0.5 & 0.6 & 1.0 & 0.7 & 0.6\\ 0.6 & 0.6 & 0.7 & 1.0 & 0.6\\ 0.7 & 0.8 & 0.6 & 0.6 & 1.0\end{pmatrix}=\begin{pmatrix}1.0 & 0.7 & 0.6 & 0.6 & 0.7\\ 0.7 & 1.0 & 0.6 & 0.6 & 0.8\\ 0.6 & 0.6 & 1.0 & 0.7 & 0.6\\ 0.6 & 0.6 & 0.7 & 1.0 & 0.6\\ 0.7 & 0.8 & 0.6 & 0.6 & 1.0\end{pmatrix}$$

以上计算表明，$\boldsymbol{R}\neq\boldsymbol{R}\circ\boldsymbol{R}$，模糊关系不满足传递性，进一步计算 $\boldsymbol{R}^2\neq\boldsymbol{R}^2\circ\boldsymbol{R}^2$，直到 $\boldsymbol{R}^4=\boldsymbol{R}^4\circ\boldsymbol{R}^4$ 时，满足传递性要求。

取 $\alpha$=0.8，得到水平截集为

$$\boldsymbol{R}_{0.8}^4=\begin{pmatrix}1 & 0 & 0 & 0 & 0\\ 0 & 1 & 0 & 0 & 1\\ 0 & 0 & 1 & 0 & 0\\ 0 & 0 & 0 & 1 & 0\\ 0 & 1 & 0 & 0 & 1\end{pmatrix}$$，此时样本聚成四类，$\{x_1\}$、$\{x_2,\ x_5\}$、$\{x_3\}$ 和 $\{x_4\}$。

### 9.4.2 模糊 $K$-均值聚类

$K$-均值聚类算法把 $n$ 个样本 $x_j$（$j$=1，2，…，$n$）分为 $k$ 个类别 $m_i$（$i$=1，2，…，$k$），并求每组的聚类中心，使得非相似性（或距离）指标的准则函数（或目标函数）达到最小值。当选择欧几里得距离作为各样本与相应聚类中心 $m_i$ 之间的非相似性指标时，准则函数为

$$J_k=\sum_{i=1}^{k}\sum_{j=1}^{n}u_{ij}\left\|x_j-m_i\right\|^2 \tag{9-13}$$

式中，$n$ 表示整个样本集中的样本个数；$k$ 表示类别数。$u_{ij}\in U$ 为每集迭代的聚类结果，$u_{ij}$ 的值表示第 $j$ 个样本是否属于第 $i$ 类，属于则 $u_{ij}$=1，否则 $u_{ij}$=0，即

$$\boldsymbol{U}=k\left\{\overbrace{\begin{pmatrix}1&0&0&\cdots&0\\0&0&1&\cdots&1\\\vdots&\vdots&\vdots&\vdots&\vdots\\0&1&0&\cdots&0\end{pmatrix}}^{n}\right. \tag{9-14}$$

$K$-均值聚类算法是一种硬划分（Crisp Partition），即每次得到的每个聚类是一个确定的子集，对于每个样本具有“非此即彼”的性质，因此这种类别的划分界限是明确的。然而实际中很多问题并没有严格的分类属性，它们的类型和属性具有“亦此亦彼”的性质，因此适合引入模糊理论方法，来进行软化分。

模糊 $K$-均值聚类算法（Fuzzy K-Means Clustering Algorithm）最早由 Dunn 提出，后由贝兹德克（Bezkek）于 1981 年进行了扩展和总结，它推广了精确 $K$-均值聚类（硬聚类，HCM）算法，引入模糊集作为分类结果，得到了非常广泛的应用。与传统的 $K$-均值算法通过硬划分将数据点归属于某一确定类别不同，模糊 $K$-均值聚类允许数据点以一定的隶属度属于多个模糊子集，这种模糊性更加符合现实世界的复杂性和不确定性。分类矩阵 $\boldsymbol{U}$，可以表示为

$$\boldsymbol{U}=k\left\{\overbrace{\begin{pmatrix}u_{11}&u_{12}&u_{13}&\cdots&u_{1n}\\u_{21}&u_{22}&u_{23}&\cdots&u_{2n}\\\vdots&\vdots&\vdots&\vdots&\vdots\\u_{k1}&u_{k2}&u_{k3}&\cdots&u_{kn}\end{pmatrix}}^{n}\right. \tag{9-15}$$

式中，$u_{ij}\in[0,1]$，是第 $j$ 个样本对第 $i$ 个类别的隶属度。这里要求：

1）每个样本属于各类的隶属度之和为 1，即 $\sum_{i=1}^{k}u_{ij}=1,\quad j=1,2,\cdots,n$；

2）每个类别都不为空集，即 $\sum_{j=1}^{n}u_{ij}>1,\quad i=1,2,\cdots,k$。

模糊 $K$-均值聚类算法采用类似的误差平方和准则函数，见式（9-16）。

$$J_m(U,m_1,m_2,\cdots,m_k)=\sum_{i=1}^{k}J_i=\sum_{i=1}^{k}\sum_{j=1}^{n}{u_{ij}}^m\left\|x_j-m_i\right\|^2 \tag{9-16}$$

式中，$u_{ij}$ 是 [0,1] 间取值的隶属度；这里加入了模糊度的加权指数 $m\in[1,\infty)$。$m_i$ 位模糊集合第 $i$ 个的聚类中心，$\|x_j-m_i\|^2$ 是第 $i$ 个聚类中心与第 $j$ 个数据点间的欧几里得距离。算法的迭代过程，就是使准则函数 $J_m$ 能逐步逼近其极值。

式（9-16）定义的准则函数是一个有约束的准则函数，其约束条件为 $\sum_{i=1}^{k}u_{ij}=1$ 和 $\sum_{j=1}^{n}u_{ij}>1$，引入拉格朗日乘子 $\lambda_j$，将准则函数化为无约束的准则函数，见式（9-17）。

$$F=\sum_{i=1}^{k}\sum_{j=1}^{n}{u_{ij}}^m\left\|x_j-m_i\right\|^2-\sum_{j=1}^{n}\lambda_j\left(\sum_{i=1}^{k}u_{ij}-1\right) \tag{9-17}$$

式（9-17）取极值的必要条件是对 $u_{ij}$ 和拉格朗日乘子 $\lambda_j$ 求偏导为 0，可求解得到 $u_{ij}$ 为

$$\begin{aligned}&\partial F/\partial u_{ij}=m{u_{ij}}^{m-1}\left\|x_j-m_i\right\|^2-\lambda_j=0\\&\partial F/\partial\lambda_j=-\left(\sum_{i=1}^{k}u_{ij}-1\right)=0\end{aligned} \tag{9-18}$$

可解得

$$u_{ij}=\left[\sum_{l=1}^{k}\left(\frac{\left\|x_j-m_i\right\|}{\left\|x_j-m_l\right\|}\right)^{\frac{2}{m-1}}\right]^{-1} \tag{9-19}$$



对于新的聚类中心，也应当使准则函数取得极值，即：$\partial J_m/\partial m_i=0$。可解得 $m_i$ 为

$$m_i(t)=\frac{\sum_{j=1}^{n}{u_{ij}}^m x_j}{\sum_{j=1}^{n}{u_{ij}}^m} \tag{9-20}$$

模糊 $K$–均值聚类的算法流程为：

① 设定类别数 $k$、模糊度控制权重 $m$ 和误差限值 $\varepsilon$，随机产生初始分类矩阵 $\boldsymbol{U}$（0），迭代次数 $t$=0；计算各类的初始聚类中心 $m_i$（0）为

$$m_i(0)=\frac{\sum_{j=1}^{n}{u_{ij}}^m x_j}{\sum_{j=1}^{n}{u_{ij}}^m} \tag{9-21}$$

② 按照以下规则计算新的分类矩阵 $\boldsymbol{U}(t+1)$，获得新的模糊聚类结果

$$u_{ij}(t+1)=\left[\sum_{l=1}^{k}\left(\frac{\left\|x_j-m_i(t)\right\|}{\left\|x_j-m_l(t)\right\|}\right)^{\frac{2}{m-1}}\right]^{-1} \tag{9-22}$$

③ 计算新的聚类中心

$$m_i(t+1)=\frac{\sum_{j=1}^{n}u_{ij}{}^{m}(t+1)x_j}{\sum_{j=1}^{n}u_{ij}{}^{m}(t+1)} \tag{9-23}$$

④ 计算分类误差 $E=\sum_{i=1}^{k}\|m_i(t+1)-m_i(t)\|$，若 $E<\varepsilon$，则结束迭代；否则 $t=t+1$，返回步骤②进行下一次聚类迭代。

模糊 $K$-均值聚类最终得到的是一个模糊分类矩阵，如果希望得到一个明确的聚类结果，则可以对结果进行去模糊化，通过一定法则（如最大隶属度法）将模糊聚类转化为确定性聚类。

在模糊 $K$-均值聚类算法中，模糊度控制权重 $m$ 表达了对于每次聚类结果的模糊程度的要求，$u_{ij}{}^{m}$ 的物理意义是隶属度的语义增强（“非常”的概念）。$m$ 的取值对聚类结果的影响有许多研究，目前尚无定论。通常取 1.5 ～ 2.5 之间比较有效，常取 $m=2$。当 $m=1$ 时 FCM 也就退化成了 HCM。

## 算法案例

**【例 9-1】** 用模糊 $K$-均值聚类算法解决手写数字识别问题

### 1. 算法说明

模糊 $K$-均值聚类算法的核心在于将模糊集的概念创造性地引入聚类结果的表达之中。这一创举不仅丰富了聚类分析的理论体系，更极大地拓展了其在实际应用中的广度与深度。与传统 $K$-均值算法截然不同的是，模糊 $K$-均值聚类算法摒弃了数据点必须严格归属于某一类别的硬性规定，转而允许数据点以差异化的隶属度同时关联于多个模糊聚类子集之中，从而更为精准地捕捉并表达了现实世界中事物间错综复杂且充满模糊性的相互关系。

模糊 $K$-均值聚类算法的基本流程如下：首先进行初始化，随机选择或根据某种策略（如 K-means++）选择 $K$ 个初始聚类中心；然后计算隶属度，对于每个数据点，根据其与各个聚类中心的距离，计算该数据点对各个簇的隶属度；接着更新聚类中心，根据数据点对各个簇的隶属度，重新计算每个簇的聚类中心；接下来重复计算隶属度和更新聚类中心操作，直到聚类中心的变化小于某个阈值或达到预设的最大迭代次数；最后根据最终得到的隶属度矩阵，将每个数据点分配到隶属度最高的簇中，完成聚类任务。

模糊 $K$-均值聚类算法的优点包括高精度、低计算复杂度、对异常值抗性强等，适用于处理复杂的数据分布和大规模数据集。然而，该算法也存在一些缺点，如效率较低、容易受参数设置的影响等。

本实践项目基于 MNIST 手写数字数据集。手写数字具有书写不规范，同一个人每次书写都会有差别的特点，这给程序识别数字任务带来巨大困难。

### 2. 参考代码和运行结果

在采用模糊 *K*-均值聚类算法对手写数字进行识别的程序中，首先加载 MWorks 软件的四个类库工具箱 TyBase、TyMath、TyImages 和 Clustering；随后调用 clear（）清除程序运行时占用的临时内存，clc（）清除命令窗口的历史输入；接下来采用 load（）函数加载训练数据及对应标签数据；然后使用 reshape（）函数处理图像数据。

核心算法通过调用 Clustering 工具箱中的 fuzzy_cmeans（）函数实现，设置参数为训练数据、聚类数量和模糊度控制权重。参考代码中，手写数字训练样本数量选取了 300 个。聚类数量设置为 10，模糊度权重为 1.2 的情况下，运行程序后，聚类结果为 9 类，如图 9-10 所示。在后续工作中，可以尝试多次调整模糊度权重，探索模糊度权重对于聚类效果的影响，寻找最优模糊度权重。

使用模糊 *K*-均值聚类算法进行手写数字识别的详细代码如下。

```
# fcm.jl
# 加载库 本程序基于 Clustering 包实现，具体安装步骤详见 readme.txt
using TyBase
using TyMath
using TyImages
using Clustering
clear（）
clc（）
# 加载图像数据和标签数据
load（"./mnist/train_images.mat"）
load（"./mnist/train_labels.mat"）
train_num = 300
# 将图像数据转换为列向量
data_train = reshape（train_images[:，:，1:train_num]，784，train_num）
# 输入参数为训练数据、聚类数量和模糊度控制权重。
kmdl = fuzzy_cmeans（data_train，10，1.2）
U = kmdl.weights  # 分类矩阵
# 聚类结果
labels = zeros（train_num）
for i = 1:train_num
    labels[i] = argmax（U[i，:]）
end
# 创建一个空字典来存储标签对应的二维数组
result = Dict（）
# 遍历所有标签和对应的数据
for（label，data）in zip（labels，eachcol（data_train））
    # 如果该标签已经在字典中，则将数据添加到该标签对应的数组中
    if haskey（result，label）
        push!（result[label]，data）
        # 如果该标签不在字典中，则创建一个新的数组来存储该标签对应的数据
    else
        result[label] = [data]
```

```
        end
    end
    # 按分类结果生成图片
    max_len = maximum ( [size ( result[key], 1) for key in keys ( result ) ] )
    image = []
    for key in keys ( result )
        sub_image = Array{Int, 2} ( undef, 28, 0)
        len = size ( result[key], 1)
        for i = 1: len
            sub_image = [sub_image reshape ( result[key][i], 28, 28) ]
        end
        if len < max_len
            sub_image = [sub_image zeros (28, ( max_len - len ) * 28) ]
        end
        global image = [image; sub_image]
    end
    imshow ( image ) 正确匹配个数为 ", correct_num, " 个 ")
```

运行结果如图 9-10 所示。

图 9-10　手写数字聚类结果



## 思考题

9-1　什么是模糊集合？与传统的集合有什么区别？

9-2　模糊集合的主观性和概率论的随机性在理论上有哪些根本差异？

9-3　什么是模糊关系？它在模糊数学中的作用是什么？

9-4　基于最大隶属度原则的直接方法和基于择近原则的间接方法各自的适用场景和局限性是什么？

9-5　模糊模式识别中的模糊聚类算法是如何工作的？与传统的聚类算法有何不同？

## 拓展阅读

### 扎德 L. A. Zadeh 简介

扎德 L. A. Zadeh（1921—2017）美国控制论专家，美国工程科学院院士，伯克利加利福尼亚大学电机工程与计算机科学系教授。因发展模糊集理论的先驱性工作而获电气与电子工程师学会（IEEE）的教育勋章。1965 年，扎德在《信息与控制》杂志第 8 期上发表《模糊集》的论文，开创了以精确数学方法研究模糊概念的模糊数学领域。

**《神经－模糊和软计算》**

此书系统地介绍了神经－模糊和软计算这一新兴交叉学科的基本理论及其应用。该书由张智星、孙春在及日本学者水谷英二共同撰写，并由西安交通大学出版社出版，自问世以来便成为了智能控制领域内的重要参考书籍。

书中内容广泛且深入，从模糊逻辑的基本理论和术语讲起，逐步深入到系统辨识理论、多种先进的优化技术，再到神经元网络的各种实现思想和原理。尤为值得一提的是，书中详细探讨了模糊－神经元网络的结构辨识、模糊建模方法，以及多种神经－模糊控制器的设计技术，并提供了大量的工程应用实例，使读者能够直观理解这些理论在实际问题中的应用。

## 参考文献


[1] ZADEH L A. Fuzzy sets[J]. Information and control，1965，8（3）：338-353.

[2] ROSS T J. Fuzzy logic with engineering applications[M]. New Jersey：John Wiley & Sons，2010.

[3] PEDRYCZ W，GOMIDE F. Fuzzy systems engineering：toward human-centric computing[M]. Hoboken：John Wiley & Sons，2007.

[4] CIVANLAR M R，TRUSSELL H J. Constructing membership functions using statistical data[J]. Fuzzy sets and systems，1986，18（1）：1-13.

[5] DAUBEN J W. Georg Cantor and Pope Leo XIII：Mathematics，theology，and the infinite[J]. Journal of the history of ideas，1977，38（1）：85-108.

[6]《数学辞海》编委编辑委员会 . 数学辞海第五卷 [M]. 北京：中国科学技术出版社，2002.

[7] SANCHEZ E. Resolution of composite fuzzy relation equations[J]. Information and control，1976，30（1）：38-48.

[8] 周润景 . 模式识别与人工智能（基于 MATLAB）[M]. 北京：清华大学出版社，2018.

[9] DUDA R O，HART P E. Pattern classification[M]. New Jersey：John Wiley & Sons，2006.

[10] 张智星，孙春在，水谷英二 . 神经—模糊和软计算 [M]. 张智星，孙春在，等译 . 西安：西安交通大学出版社，2000.

[11] 吴陈，等 . 模式识别 [M]. 北京：机械工业出版社，2020.

[12] YAGER R R，FILEV D P. Essentials of fuzzy modeling and control[J]. ACM SIGART bulletin，1994，388：22-23.

[13] BEZDEK J C. Pattern recognition with fuzzy objective function algorithms[M]. Berlin：Springer，1981.

[14] BEZDEK J C，EHRLICH R，FULL W. FCM：The fuzzy c-means clustering algorithm[J]. Computers & geosciences，1984，10（2-3）：191-203.

# 第 10 章　神经网络模式识别

第 10 章
电子资源

## 导读

本章旨在深入剖析人工神经网络如何从原始数据直接提炼出对模式识别至关重要的特征数据。我们将从人工神经网络的基本原理出发，逐步揭示浅层神经网络的模型构建与学习规则。在此基础上，进一步探索深度学习领域的三类核心网络模型，展现它们在模式识别中的不同优势。最后，简要介绍最前沿的预训练大模型的工作原理，以揭示其在处理大规模数据和提高模型泛化能力方面的强大潜力。通过本章的学习，读者将能够全面把握人工神经网络在特征提取与模式识别方面的优势，并对最前沿的预训练大模型有初步的认识和理解。



## 知识点

- 人工神经网络原理。
- 多层感知机网络。
- 深度学习模型。
- 预训练大模型。

## 10.1　人工神经网络的原理

人工神经网络（Artificial Neural Network，ANN）是一种模拟生物神经网络结构和功能的计算模型。它由大量的人工神经元相互连接而成，这些神经元按照不同的层次和方式组织起来，形成一个复杂的网络结构。每个神经元接收来自其他神经元的输入信号，并根据一定的规则进行计算和输出，从而实现对信息的处理和传递。

本节将对人工神经元及其网络的建模与学习规则进行深入探讨。首先，从生物神经元的结构和功能出发，对人工神经元的建模过程进行系统的阐述。通过模拟生物神经元复杂的信号传递机制，成功地构建了人工神经元模型，并精确地定义了其激活函数、阈值等关键参数。这一步骤不仅为进一步构建人工神经网络提供了坚实的基础，同时也为模拟生物神经系统的信息处理过程奠定了基础。

随后，基于人工神经元模型，构建具有复杂层次结构和连接关系的人工神经网络。通过对网络的结构和特性进行详尽的分析，发现人工神经网络具备强大的并行处理能力、自学习能力和泛化能力等特点。

接下来，对两种重要的神经元学习规则进行简要介绍——误差反馈学习和Hebb学习。误差反馈学习是一种通过比较实际输出与期望输出之间的差异，动态调整神经元权重的学习规则。而 Hebb 学习则是一种基于神经元之间活动相关性的学习规则，它通过加强活动频率相近的神经元之间的连接强度，实现信息的有效传递和学习。

最后，介绍人工神经网络的三种主要学习规则：逐层更新学习、竞争学习和概率型学习。逐层更新学习是一种从输入层到输出层逐层更新权重的学习规则，它能够有效地处理具有层次结构的任务，实现信息的逐层传递和处理。竞争学习则是一种通过神经元之间的竞争来确定网络输出的学习规则，它适用于需要分类和聚类的任务，能够有效地提取数据的内在结构和特征。概率型学习则是一种基于概率统计原理的学习规则，它能够处理具有不确定性和模糊性的任务，提供更为灵活和可靠的学习结果。

简而言之，本节对人工神经元及网络的建模与学习规则进行了详细阐述，为后续章节的研究和应用提供了坚实的理论基础和指导。通过对人工神经元和网络的深入探索，可以更好地理解生物神经系统的信息处理机制，并为实际问题的解决提供新的思路和方法。

## 10.1.1 人工神经元模型

### 1. 人工神经元的数学模型



生物神经元包括四个主要部分：细胞体、树突、轴突和突触，如图 10-1 所示。树突用于接收其他神经元传入的神经冲动，轴突通过轴突末梢向其他神经元传出神经冲动。每个神经细胞传递的基本信息是兴奋或抑制。两个神经细胞之间的接触点称为突触。

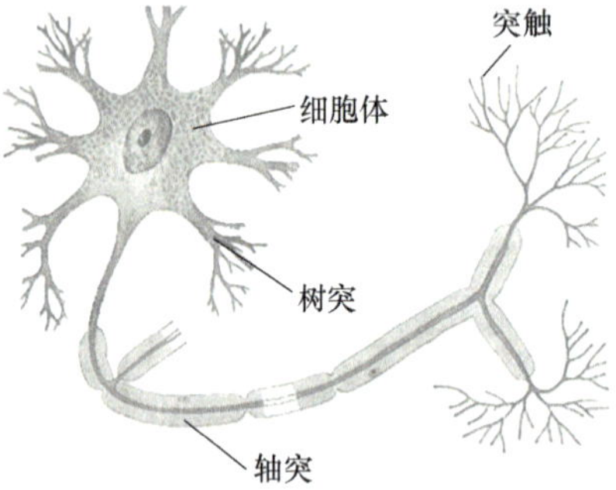


图 10-1　生物神经元的模型

树突在突触处从其他神经细胞接收信号，这些信号可能是激发性的，也可能是抑制性的。所有树突接收到的信号传到细胞体进行综合处理。当在某一时间范围内，某细胞接收到的激发性信号量达到足以激活该细胞的程度时，该细胞将生成一个脉冲信号。该信号沿着轴突传递出去，并通过突触传递至其他神经细胞，形成神经网络。因此，神经元的工作机制可以视为对所有输入信号加权求和并与设定的阈值比较，若输入信号的强度超过阈值，则触发输出并传播。这一过程可通过简化图形描述，输入输出之间的关系可通过激活函数表达，见式（10-1）。

$$y = f\left(\sum_{i=1}^{n} w_i x_i - \theta\right) \tag{10-1}$$

人工神经元从生物模型向数学模型的转换经历了一个抽象与简化的过程，数学语言能够描述和模拟生物神经元的结构和功能。人工神经元模型如图 10-2 所示。

建模过程中引入了权重和偏置的概念。权重用于模拟生物神经元中突触的强度，决定了不同输入信号对神经元输出的影响程度。偏置则用于调整神经元的输出阈值，使得神经元能够更灵活地响应不同的输入。

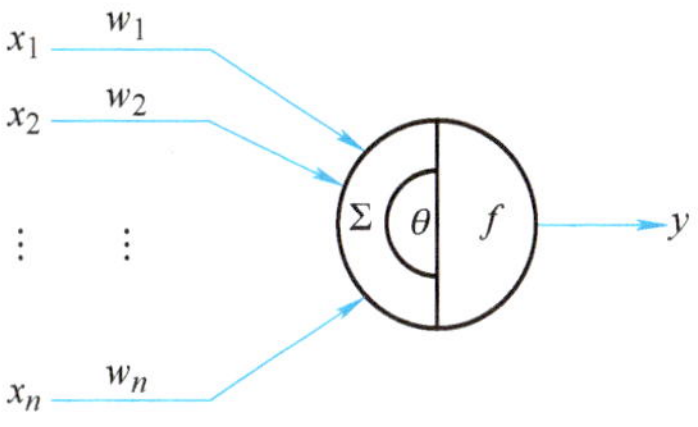

图 10-2　人工神经元模型图

### 2. 人工神经元的激活函数

激活函数用于模拟生物神经元中的动作电位产生过程，根据加权输入和偏置计算出神经元的输出。常见的激活函数包括阶跃函数、Sigmoid 函数、ReLU 函数等，它们具有不同的数学形式和特性，可根据具体任务选择合适的激活函数。

（1）阶跃型激活函数（简称阶跃函数）　激活函数反映了人工神经元模型中输入输出之间的关系。输入信号加权后减去阈值，所得值作为激发神经元输出的“净激励 $u$”，则 $y$ 和 $u$ 之间是一个单变量函数关系，常见函数形式见式（10-2）。

$$f(u) = \begin{cases} 0, u < 0 \\ 1, u \geqslant 0 \end{cases} \tag{10-2}$$



阶跃函数具有二值化输出，如图 10-3 所示。当净激励大于等于 0 时，输出 1。净激励小于 0 时，输出 0。因此，采用阶跃函数作为激活函数得到一个简单的二类分类器，可以根据输入向量做出明确的分类决策。这就是著名的“感知器”。但是，阶跃函数在 0 点处的导数是无穷大的，给很多数学算法的实现带来了困难。

（2）S 型激活函数（简称 Sigmoid 函数）　Sigmoid 函数是一个连续、光滑、单调的函数形式，见式（10-3），其导数形式简单易于计算，见式（10-4）。输入输出关系与生物神经元的响应模式接近，因此常被选为激活函数。

$$f(u) = \frac{1}{1+\mathrm{e}^{-u}} \tag{10-3}$$

$$f'(u) = f(u)(1 - f(u)) \tag{10-4}$$

Sigmoid 函数的一个缺点是饱和特性，如图 10-4 所示，在净激励稍大的情况下，输出基本不再变化，这会在深度神经网络训练中产生梯度消失或梯度爆炸的问题。

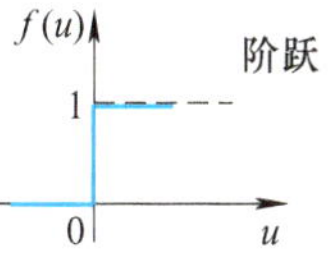

图 10-3　阶跃型激活函数

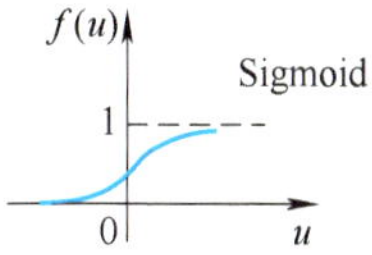

图 10-4　S 型激活函数

（3）分段型激活函数

1）分段型激活函数 ReLU 是一种分段线性化函数，见式（10-5），形式简单。如图 10-5 所示，净激励小于 0 时没有输出，大于等于 0 时输出与 $u$ 相同。ReLU 在 $u$ 大于 0 时没有饱和问题，因此在多层神经网络中信号传递不会衰减，使训练更高效。然而，ReLU 函数在 $u$ 小于 0 时，输出不再变化，此时神经元相当于“死掉了”，对其他神经元不再产生影响，对神经网络训练不利。

$$f(u)=\begin{cases}0,u<0\\u,u\geqslant 0\end{cases} \tag{10-5}$$

需要注意的是，真实的神经元不能产生无限大的输出信号，这与 ReLU 函数的特性不符。因此，尽管使用 ReLU 函数的人工神经网络在性能上表现优异，但它们在机理上与真实的生物神经网络存在差异。这意味着基于 ReLU 的人工智能系统在某些方面可能无法完全模拟生物智能系统的行为。

2）分段型激活函数 ELU，见式（10-6），是对 ReLU 的一种改进。如图 10-6 所示，当 $u$ 小于 0 时，神经元有输出，避免了神经元在网络训练过程中的“死亡”。ELU 自 2015 年提出后，被验证效果优于 ReLU 及其各种变体。

$$f(u)=\begin{cases}e^{u}-1,u<0\\u,\quad u\geqslant 0\end{cases} \tag{10-6}$$



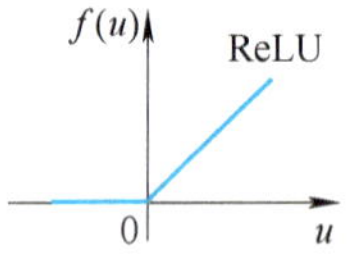

图 10-5　分段型激活函数 ReLU

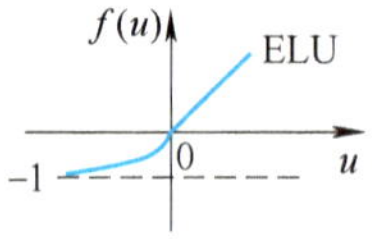

图 10-6　分段型激活函数 ELU

本小节内容主要聚焦于人工神经元的模型以及常用的激活函数类型。尽管人工神经元模型在结构上相对简单，但它只是对真实生物神经元复杂机理的一种高度简化的抽象。然而，正是这种看似简单的神经元，在通过相互连接形成复杂网络后，展现出了实现众多复杂功能的强大能力。下一小节的学习将探索人工神经元网络的基本架构及其显著特点，以更深入地理解其工作原理和应用领域。

### 10.1.2　人工神经网络模型

在深入了解了人工神经元模型后，认识到单个神经元的功能有限。只有当这些神经元相互连接，构建成一个复杂的网络时，才能展现出强大的能力。根据神经元之间的连接方式和信息流通方向，人工神经网络分为前馈型网络和反馈型网络两大类。

#### 1. 前馈型网络

前馈型网络中，神经元呈现出清晰的层次结构，如图 10-7 所示。信息在网络中单向流动，从一层神经元传递到下一层神经元。输入层接收外界信息，输出层将信息输出到外界，隐含层（或隐层）则位于输入层和输出层之间，起着处理和转换信息的关键作用。

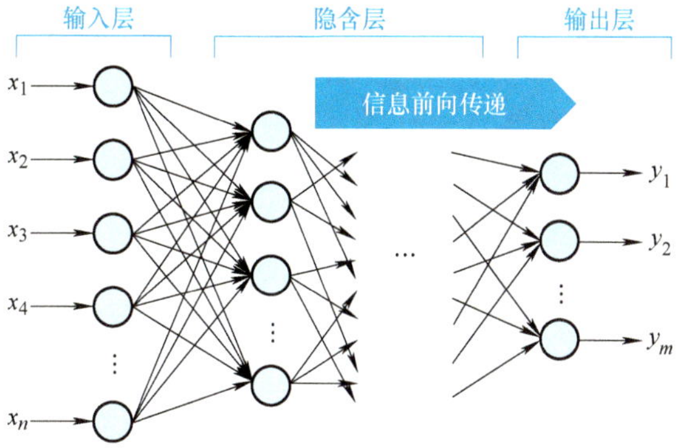


图 10-7　前馈型网络结构

隐含层的神经元虽然外界无法直接访问，但它们与输入层、输出层之间的连接，以及隐含层神经元互相之间的连接，是人工神经网络实现复杂功能的核心。这使得人工神经网络成为一个“黑箱”，只能获得输入和输出数据，无法直接解析输入输出之间的映射关系及其内部计算过程。

前馈型网络是一个静态模型，当前时刻的输出仅与当前输入和神经元的模型有关，而与历史输入输出无关。这种特性可以根据输入得到确定的输出，从而便于对网络进行训练和模型修正。

### 2. 反馈型网络

反馈型网络是一种存在信息从输出端返回到输入端的路径信息传递的网络，即部分后端神经元的输出连接到了前端神经元的输入，使得网络输出不仅与当前输入有关，还与之前时刻的输入和输出有关，如图 10-8 所示。比如，Hopfield 网络具有输出层到输入层的反馈特征，受限玻尔兹曼机（RBM）具有仅仅是后一层向前一层的反馈特征。反馈型网络具有“记忆”能力，可以处理时间序列数据和动态变化的信息。

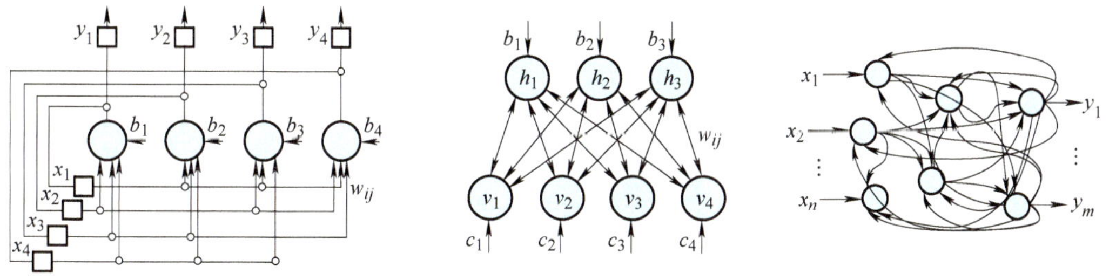

a) Hopfield网络　　b) 受限玻尔兹曼机　　c) 任意反馈连接

图 10-8　反馈型网络结构

在人工神经网络中，网络结构和参数共同决定了输入输出之间的映射关系。神经元之间的连接关系和每个神经元的参数（包括加权权值和偏置量）是关键因素。调整这些参数以符合训练集中的特征，即为神经网络的学习过程。

生物神经网络的学习依赖于神经元数量和连接关系的变化，而人工神经网络一旦搭建完成，则主要通过调整神经元参数进行学习。这一点在脑科学和学习科学的研究中得到了确凿的证实。对于人工神经网络来说，网络结构一旦确定，神经元数量和连接关系就难以轻易改变。因此，网络的学习主要集中在调整每个神经元的参数上。如果将每个神经元的输入权值组成一个权向量，则学习的主要目标是求解最优的权向量 $\boldsymbol{w}$ 和偏置量 $\theta$。

神经网络的学习模式包括有监督学习和无监督学习。由于人工神经网络的复杂性，目前大多数无监督学习算法效果有限，因此主要采用有监督学习。人工神经网络作为模拟生物智能的尝试，与传统计算机原理有许多不同的特点。

（1）简单单元构成复杂的网络　人工神经网络由简单的神经元组成，通过复杂的连接实现复杂的功能。这是复杂性科学研究的重点，即整体复杂性如何从大量简单个体的网络中涌现。

（2）本质上的并行计算　每个神经元都是独立计算单元，根据输入和激活函数产生输出，使整个网络成为巨大的并行计算装置，其计算能力远超传统的冯·诺依曼架构计算机。

（3）分布式信息存储　通过学习，每个神经元的权向量和偏置量被调整到最优值，存储了数据中的知识。也就是说，数据集中所蕴含的知识被网络学习到了。这种分布式存储提高了可靠性和冗余度，并在信息检索和使用上具有显著优势。

（4）非线性逼近能力　神经网络能产生的复杂功能与所使用的非线性激活函数密切相关。若使用线性激活函数，网络的功能将非常有限。理论证明，只要使用非线性激活函数并选择适当的权值、阈值和足够的隐含层单元，三层的神经网络（输入层、输出层和一个隐含层）即可逼近任意连续的非线性函数映射。

（5）自适应学习能力　人工神经网络是具有学习能力的，并且是从数据中去自主学习，这也是人工智能的基本特征之一。



### 3. 人工神经网络的硬件实现

从人工神经网络的独特性质来看，硬件实现是最理想的途径。由于单个人工神经元模型简洁且激活函数连续，通过阻容元件的组合可以搭建一个基础的神经网络。然而，这种方法受物理条件限制，难以实现大规模集成，且难以自主调节网络参数。因此，采用集成电路技术实现人工神经网络成为当前最合理的选择。这种实现方式下，人工神经网络芯片可以是模拟的或数字的，各有其独特优势。

目前，业界最流行的方案之一是利用 GPU、FPGA 和专门设计的 AI 芯片，在现有架构下加速神经网络的运算和存储。这些技术不仅大幅提升了神经网络的运算效率，还通过高度集成化设计，解决了网络规模受限和参数调节困难的问题。通过集成电路技术实现的人工神经网络，无论在模拟还是数字领域，都展现出广阔的应用前景和巨大的发展潜力。

GPU 最初用于计算机图形的高速处理，设计了大量运算单元，可以并行处理图像像素点矩阵，如图 10-9a 所示。尽管 GPU 单个单元运算能力不高，但由于采用了并行处理模式，非常适合用其实现人工神经网络。这也对近些年来的人工智能快速发展起到了重要的推动作用。

FPGA（现场可编程门阵列）是一种可以通过软件编程改变电路结构的半定制大规模集成电路，如图 10-9b 所示。FPGA 结合了软件编程的灵活性和专用硬件电路的高效性，使其能够完成特定计算功能。微软等公司就是用 FPGA 来完成人工神经网络的搭建。

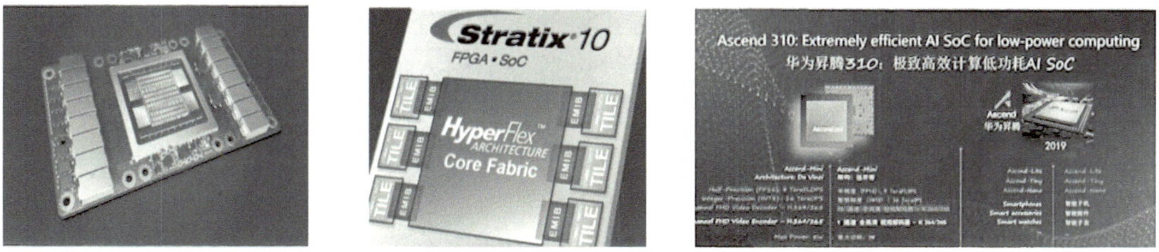


a) GPU　　b) FPGA　　c) AI芯片

图 10-9　硬件实现平台

目前还有一些专门设计的 AI 芯片，其实是一种综合性的设计，包含了部分 GPU、FPGA 的元素，但最主要是通过各种设计来突破传统计算架构中影响高速并行计算的各种瓶颈，如 CPU 核间通信、内存访问速度、任务分配策略等，从而更高效地实现人工神经网络。图 10-9c 是华为昇腾（Ascend）310 AI 芯片，采用华为自研达芬奇架构，集成丰富的计算单元，提高 AI 计算完备度和效率，进而扩展该芯片的适用性。

在多数非商业应用和人工智能理论研究中，仍然使用运行在现有计算机体系上的软件系统来模拟大规模并行计算的人工神经网络。虽然这种软件模拟方便灵活，算法调试和修改容易，但由于未能充分发挥人工神经网络的本质优势，运行效率相对较低。

## 10.1.3　人工神经元的学习规则

神经网络的输入输出映射关系由以下几个因素决定：每个神经元的激活函数形式，输入权向量 $\boldsymbol{w}$ 和偏置量 $\theta$，以及网络结构。设计一个网络需要确定网络的结构，包括神经元的数量、神经元之间的连接关系，以及每个神经元的激活函数形式。训练过程中，通过调整输入权向量 $\boldsymbol{w}$ 和偏置量 $\theta$ 来优化网络性能。

人工神经网络将所有输入组合成一个输入向量，经过多层神经元的处理后，产生一个输出向量，如图 10-10 所示。神经网络的学习过程即是根据输入向量的特征值分布，寻找能够产生最佳输出的网络参数。因此，人工神经网络依然属于统计模式识别的范畴。

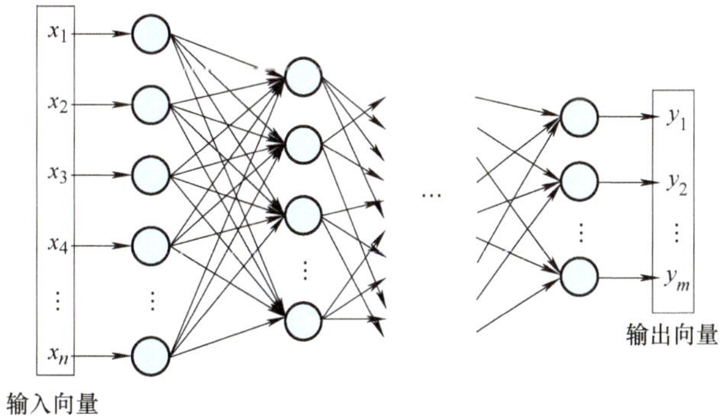


图 10-10　人工神经网络概念图

一个完整的神经网络训练问题可以分为两个方面：一是每个神经元如何根据输入输出数据学习到自身的最优参数；二是如何确保网络中的所有神经元都能获得有效的输入输出数据，以完成学习。这在多层或复杂连接的神经网络中尤为重要。

对于每个神经元，通过输入信号和偏置量的线性组合形成净激励，再通过激活函数产生输出，如图 10-11 所示。可以调整的参数包括每个输入的权值和偏置量。由于偏置量与输入权值分开处理不便，可以通过将输入增加一个固定值为 -1 的维度，构成 $n$+1 维的输入向量 $\boldsymbol{x}$，偏置量和输入权值就一起组成一个 $n$+1 维的增广权向量 $\boldsymbol{w}$。这样，神经元的输入输出关系可以简化为 $y=f(\boldsymbol{w}^{\mathrm{T}}\boldsymbol{x})$。

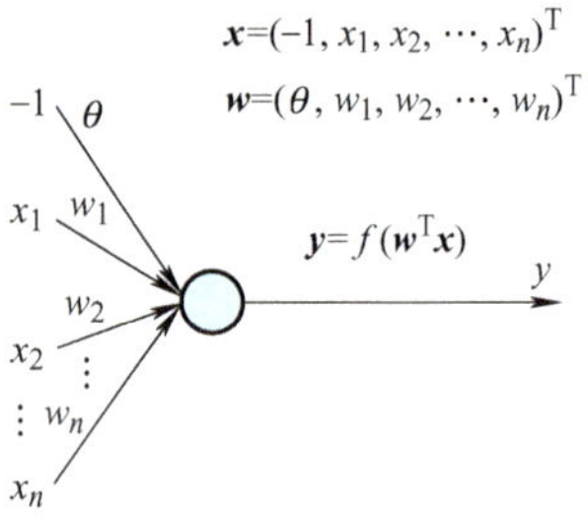


图 10-11　人工神经元数学模型

神经元的学习过程是根据训练集中的信息，求取增广权向量 $\boldsymbol{w}$ 的最优值。由于训练集样本是离散的，且激活函数通常是非线性的，直接求得最优 $\boldsymbol{w}$ 的解析解非常困难。因此，需要通过递推的方式逐步修正 $\boldsymbol{w}$ 的值，使其逼近最优解。神经元学习的基本模式是求取 $\Delta\boldsymbol{w}$ 的表达式，然后用 $\boldsymbol{w}(k+1)=\boldsymbol{w}(k)+\Delta\boldsymbol{w}$ 实现权向量的数值求解。

那么，如何设定 $\Delta\boldsymbol{w}$ 呢？在人工智能的发展过程中，先后提出了数十种计算 $\Delta\boldsymbol{w}$ 的方法，也就形成了多种不同的学习规则。日本人工智能专家甘利俊一（Shun-Ichi Amari）在 1990 年对各种学习规则进行了分析总结，提出了神经元学习的通用模型。在甘利俊一的模型中，神经元在 $t$ 时刻的权值修正量为

$$\Delta\boldsymbol{w}(t)=\eta\boldsymbol{r}(\boldsymbol{x}(t),\boldsymbol{y}(t),\boldsymbol{y}_d(t))\boldsymbol{x}(t) \tag{10-7}$$

式中，$\eta$ 是学习速率，学习信号 $\boldsymbol{r}(\boldsymbol{\cdot})$ 是输入向量 $\boldsymbol{x}(t)$、输出向量 $\boldsymbol{y}(t)$ 和期望输出 $\boldsymbol{y}_d(t)$ 的函数。通过这个模型，可以统一描述多种不同的学习规则，即神经元的学习规则，由其权向量修正值来表述，都是由一个学习速率与学习信号及输入向量相乘构成。



在人工智能的发展过程中，提出了多种学习规则，其中最为重要的是误差反馈学习和 Hebb 学习。

### 1. 误差反馈学习

误差反馈学习以神经元实际输出与期望输出之间的误差作为产生学习信号的来源，学习目标就是通过逐步递推修正权向量，使得误差能够减小直至消失。

感知器算法就是一种非常典型的误差反馈学习算法。在感知器算法中，学习信号 $\boldsymbol{r}$ 就等于输出误差，即

$$\boldsymbol{r}=\boldsymbol{e}(t)=\boldsymbol{y}_d(t)-\boldsymbol{y}(t) \tag{10-8}$$

由于感知器的激活函数是一个阶跃函数，当分类正确时，误差 $e(t)$=0，当分类错误时，误差等于 1 或者 -1。因此，权向量的递归修正量为

$$\Delta\boldsymbol{w}(t)=\pm\eta\boldsymbol{x}(t) \tag{10-9}$$

注意，此处与前面学习的感知器算法的差别在于这个正负号。如果将负类样本乘以 -1 进行规范化，那么所有的期望输出 $\boldsymbol{y}_d$ 都是 1，错分时误差就只有 1 一个取值，与前面学习的感知器算法完全一致了。

另一种重要的误差反馈学习规则是 $\delta$ 学习规则，1986 年由认知心理学家麦克莱兰（McClelland）和鲁姆哈特（Rumelhart）提出。$\delta$ 学习规则的学习信号是输出误差乘以神经元激活函数的导数，即

$$\boldsymbol{r}=(y_d(t)-y(t))f'(\boldsymbol{w}^{\mathrm{T}}\boldsymbol{x}) \tag{10-10}$$

显然，$\delta$ 学习规则要求神经元的激活函数是可导的。注意，激活函数的导数、是以净激励 $\boldsymbol{w}^{\mathrm{T}}\boldsymbol{x}$ 来计算的，是个标量。因此，权向量的修正量为

$$\Delta\boldsymbol{w}(t)=\eta(y_d(t)-y(t))f'(\boldsymbol{w}^{\mathrm{T}}\boldsymbol{x})\boldsymbol{x}(t) \tag{10-11}$$

如果激活函数比较特殊，是增益为 1 的过原点的线性函数：$f(\boldsymbol{w}^{\mathrm{T}}\boldsymbol{x})=\boldsymbol{w}^{\mathrm{T}}\boldsymbol{x}$，$f'=1$，则 $\delta$ 规则变形为 $\boldsymbol{r}=(y_d(t)-\boldsymbol{w}^{\mathrm{T}}\boldsymbol{x})$，这就是由伯纳德 • 威德罗（Bernard Widro）和马辛 • 霍夫（Marcian Hoff）提出的 Widrow-Hoff 学习规则。这种规则不需要计算激活函数的导数，计算速度快，精度高，使得训练后的神经元能实现对训练集样本的最小二乘拟合，因此也被称为“最小均方误差”规则（LMSE）。将其称之为最小均方误差规则的原因，可以由神经元对所有训练集中样本的输出均方误差定义看出，见式（10-12）。

$$E^2=\sum_{k=1}^{N}\frac{1}{2}e_k^2 \tag{10-12}$$

式中，$N$ 是样本数量。要求解使均方误差满足最小值的权向量 $\boldsymbol{w}$，可以采用梯度下降法，包括批量梯度法和随机梯度法。

随机梯度法在每次修正权向量时，仅使用一个样本进行梯度计算，按目标函数对权向量 $\boldsymbol{w}$ 的负梯度方向调整 $\boldsymbol{w}$，这样既能提高运算效率，又能实现在线学习，其收敛性也能得到数学证明。那么在每一步修正权向量 $\boldsymbol{w}$ 时，均方误差就可以用单个样本的平方误差来代替，即



$$E^2(t)=\frac{1}{2}(y_{dj}(t)-\boldsymbol{w}^{\mathrm{T}}(t)\boldsymbol{x}_j(t))^2 \tag{10-13}$$

按最小化平方误差的负梯度方向调整权向量 $\boldsymbol{w}$，则权向量的修正量为

$$\Delta\boldsymbol{w}(t)=\eta(y_{dj}(t)-\boldsymbol{w}^{\mathrm{T}}(t)\boldsymbol{x}_j(t))\boldsymbol{x}_j(t) \tag{10-14}$$

这就是 Widrow-Hoff 规则的权向量修正公式。

事实上，$\delta$ 学习规则的学习信号也是通过设定最小均方误差为优化目标，并采用随机梯度法得到的。感知器算法也是类似的。

综上所述，误差反馈学习规则先设定一个与输出误差绝对值呈单调递增关系的目标函数，然后通过随机梯度法求解目标函数的极小值，以逐步减少甚至消除输出误差。这是目前最主流的有监督学习模式。

### 2. Hebb 学习规则

Hebb 学习规则是由加拿大著名生理心理学家唐纳德 • 赫布（D.O. Hebb）于 1949 年提出的。它基于神经元之间同步激活增强连接的假设：当一个神经元的输出连接到另一个神经元的输入时，如果两个神经元的输出同时激活，它们的连接会增强，反之则减弱。

这种思想类似于条件反射机制。一个神经元的输出可以视为单个神经元的输入，输入的权值代表着两个神经元之间的连接强度。因此，Hebb 规则简单地总结为：当一个神经元的某一维输入与其输出同相时，该输入的权值应增加，反之则减少。

在权向量调整过程中，学习信号可以简单地设定为神经元的输出 $\boldsymbol{y}$，即 $\boldsymbol{r}=f(\boldsymbol{w}^{\mathrm{T}}\boldsymbol{x})$。此时，权向量在 $t$ 时刻的修正值为

$$\Delta\boldsymbol{w}(t)=\eta\boldsymbol{y}(t)\boldsymbol{x}(t) \tag{10-15}$$

Hebb 学习规则与输入 $\boldsymbol{x}$ 的期望输出无关，权向量 $\boldsymbol{w}$ 不是依据输出误差来调整，因此它是一种典型的无监督学习方式。需要注意的是，权向量的调整量是由输入和输出的乘积构成的，容易导致较大的调整步幅。因此，需要精心设定学习速率 $\eta$，并对权向量调整的范围设定上下界。

通过对 Hebb 学习规则进行简单变形，可以得到另一种学习规则，称为“相关性学习”。在相关性学习中，学习信号是输入信号的预期输出，最终使权值调整到能够产生期望输出的最优值。因此，相关性学习是一种有监督的学习模式。

### 10.1.4 人工神经网络的学习规则

神经网络的一个特点是，并不是所有神经元的输入输出都能与外界相连，尤其是隐含层的神经元，其输入输出对于外界都是不可见的，这使得无法直接获取用于单个神经元学习的有效数据。因此，即使掌握了每个神经元的学习规则，仍需研究整个神经网络如何进行学习。下面介绍三种常用的神经网络整体学习规则。

#### 1.“逐层更新学习”规则

逐层更新学习的基本思想是从输入层开始，以当前神经元参数为基础，计算神经元的输出，并将上一层的输出作为下一层的输入，逐层实现所有神经元输出状态的更新，具体学习过程如图 10-12 所示。如果使用无监督学习模式，在所有神经元状态更新完成后，可以进行每个神经元的权向量调整，逐一完成本轮神经网络学习。如果使用有监督学习模式，则需要从输出层开始，根据输出误差估计输入误差，将误差逐层传播到所有神经元，再完成神经元的学习。如此循环，重复进行“状态更新 - 误差更新 - 神经元学习”的流程，直到所有神经元的权向量都达到优化目标为止。



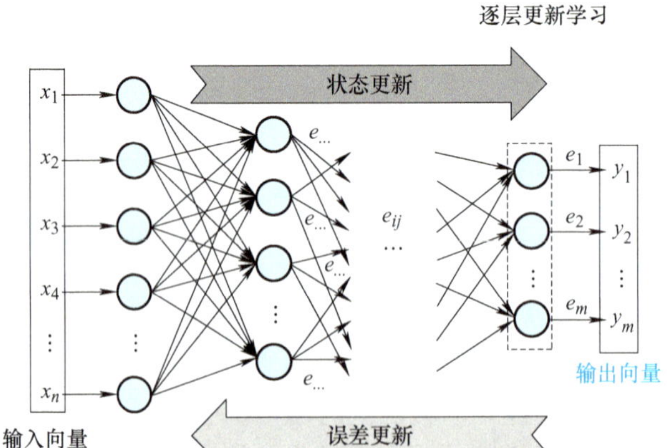


图 10-12 “逐层更新学习”规则

显然，逐层更新只有对前馈型网络才有效，因为前馈型网络的神经元输出状态只与当

前输入有关，而与历史时刻的输入输出无关。对于反馈型网络，逐层更新无法实现，因为神经元输出的状态还与历史输入输出有关。

逐层更新学习方法在深度学习中得到了广泛应用，尤其是在训练深层神经网络时。近年来，基于逐层更新的预训练方法（如自监督学习和生成对抗网络（GAN））在提高模型性能和稳定性方面取得了显著进展。例如，BERT 和 GPT 等预训练语言模型通过逐层更新和自监督学习，实现了对大规模文本数据的高效学习和语义理解。

### 2. “竞争学习”规则

竞争学习，又称为“Winner-Take-All”规则，指在同一层中接收相同输入的神经元，只有输出最大的一个在竞争中获胜，可以调整权向量，其他神经元不调整权向量，如图 10-13 所示。获胜的神经元调整权向量的规则为

$$\Delta \boldsymbol{w}(t) = \eta(\boldsymbol{x}(t) - \boldsymbol{w}(t)) \tag{10-16}$$

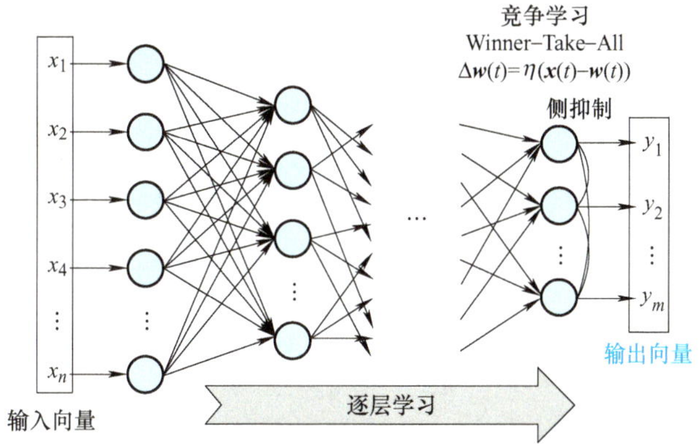


图 10-13 “竞争学习”规则

显然，竞争学习是无监督学习模式。因为它的权向量调整目标是使 $\boldsymbol{w}(t)$ 与 $\boldsymbol{x}(t)$ 越来越接近，用训练集样本训练网络时，可以使每个神经元的权向量逐步逼近样本集的聚类中心。

竞争学习有其生物学基础，就是在视神经等很多系统中得到了证实的侧抑制机制。侧抑制意味着同层神经元之间有相互连接，这种连接使得兴奋性最强的神经元能抑制其他神经元的反应，从而形成“赢家通吃”的结果。竞争学习可以通过逐层学习的方式来完成整个神经网络的学习，因此这种规则也仅能适用于没有前后反馈的网络。

竞争学习的概念在现代深度学习中也有应用，特别是在稀疏表示和特征选择方面。例如，稀疏编码和稀疏自动编码器利用竞争学习机制，通过限制神经元的激活来增强模型的稀疏性和特征提取能力。此外，卷积神经网络中的最大池化操作也体现了竞争学习的思想，选择响应最强的特征进行传播。

### 3. “概率型学习”规则

概率型学习不再将神经网络的输出看作确定的值，而是看作随机变量，其取值有一定的概率分布，这种分布在外部调节的控制下，随着网络内部状态的演化逐步趋近一个平衡态。显然，这种概率型学习的网络是有内部反馈的，而不是单纯的前馈网络。最典型的

有反馈连接的概率型学习网络是辛顿在 1985 年提出的玻尔兹曼机（Boltzmann Machine，BM）。

玻尔兹曼机是一种全互联的神经网络模型，如图 10-14 所示，其每个神经元的输出是以净激励为变量的概率分布，$P(y=1)$ 的概率为

$$P(y=1)=\frac{1}{1+\mathrm{e}^{-\frac{u}{T}}} \tag{10-17}$$

式中，$T$ 是决定 S 型函数形状的重要参数，称为温度。温度越高，输出的分布曲线越平缓，净激励 $u$ 对输出的影响越小，输出的随机性越强。温度越低，输出的分布曲线越陡峭，越接近阶跃曲线，净激励在 0 值附近的少许变化，就会使得输出迅速以很高的概率稳定到一个极值点上，如图 10-15 所示。

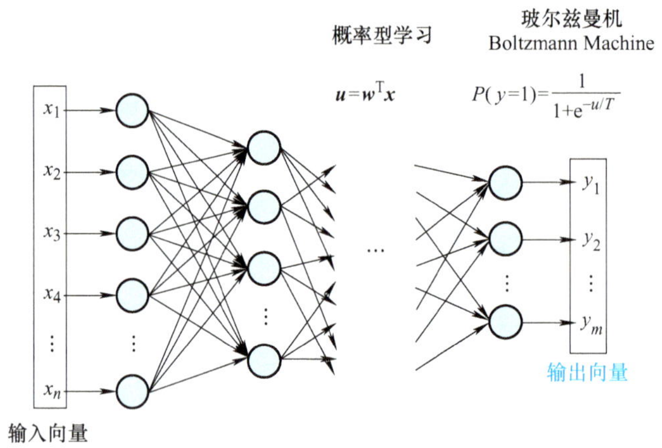


图 10-14　概率型学习规则

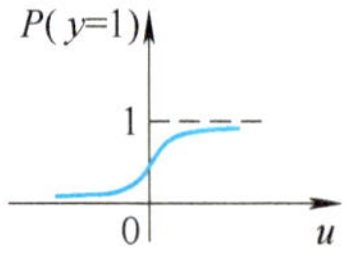


图 10-15　S 型分布曲线

由于玻尔兹曼机是一个全互联的神经网络，当前和历史时刻的各个神经元输入输出会互相影响，使得整个网络的状态不断更新演化。玻尔兹曼机使用一个李雅普诺夫能量函数描绘网络状态演化的结果，并证明了网络整体状态会朝着能量函数降低的方向随机性地变化，即取得能量函数极小值的概率逐渐增大。如果采用模拟退火算法，即温度 $T$ 从高到低缓慢变化，并在每一个温度下让网络演化至平衡态，则整个网络有很大概率找到能量函数的全局极小值点。

玻尔兹曼机的学习过程同样是调整权向量的过程。当网络达到平衡态时，如果输入输出的联合概率分布与有标签的训练样本集的输入输出联合概率分布最相似，则此时的权向量也就取得了最优值。玻尔兹曼机使用 KL 散度（相对熵）度量两个概率分布的相似性，并以梯度法推导出权向量的递推更新公式。

最终，玻尔兹曼机的学习结果是使网络输入输出的联合概率分布与训练集样本的输入输出联合概率分布最为接近，即让网络记住训练集中样本的类别分布。因此，这种概率型学习也是有监督的学习模式。

概率型学习在贝叶斯深度学习和生成模型中有重要应用。变分自动编码器（VAE）和生成对抗网络（GAN）是现代概率型学习的典型代表。VAE 通过最大化数据的变分下界，学习生成数据的概率分布。GAN 通过生成器和判别器的对抗训练，学习复杂数据的概率分布。最近，扩散模型（Diffusion Model）作为一种新的概率生成模型，展示了在图像生成和合成方面的强大能力。

## 10.2　浅层神经网络

### 10.2.1　感知器网络

感知器是一种典型的前馈神经网络结构，具有分层结构——信息从输入层进入网络，逐层向前传递至输出层。根据感知器神经元变换函数、隐含层数以及权值调整规则的不同，可以形成具有各种功能特点的神经网络。

1958 年，美国心理学家弗兰克·罗森布拉特（Frank Rosenblatt）提出了一种具有单层计算单元的神经网络，称为 Perceptron，即感知器。感知器模拟人的视觉接收环境信息，并由神经冲动进行信息传递。感知器研究中首次提出了自组织、自学习的思想，并对所能解决的问题存在收敛算法，从数学上严格证明了其有效性，对神经网络的研究起了重要推动作用。



单层感知器的结构与功能都非常简单，因此在解决实际问题时很少被采用。但由于它在神经网络研究中具有重要意义，是研究其他网络的基础，适合作为学习神经网络的起点。根据罗森布拉特的感知器算法，如果把输入看作是样本的特征向量，输出看作是分类结果，那么感知器就能实现一个二类的线性分类，如图 10-16 所示。

如果想实现多类分类，可以使用多个感知器。为每一类设计一个感知器，并将它们并联起来，即让所有输入同时进入每个感知器，从而构成一个具有多类分类能力的神经网络。但这个网络只有一层，因此称为单层感知器网络，如图 10-17 所示。

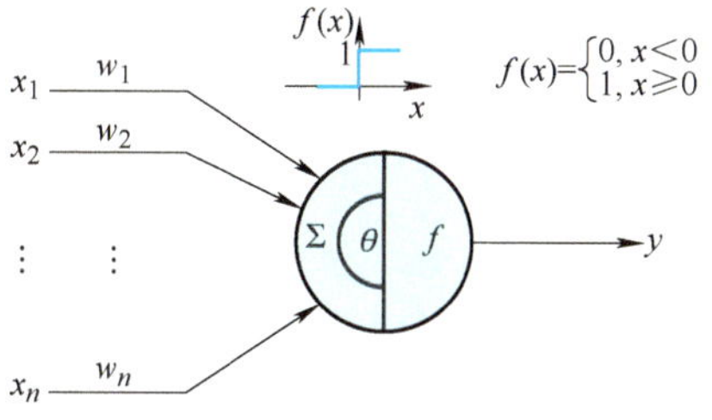

图 10-16　二分类感知器

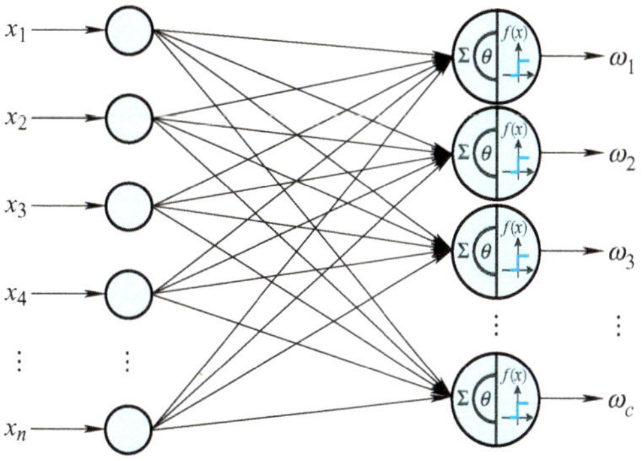

图 10-17　多分类感知器网络

显然，每个感知器都是一个线性分类器，因此整个神经网络采用线性分类器方式，是绝对可分的形式。绝对可分的多类线性分类，会有较多的不可识别区域。如图 10-18 所示，单层感知器网络中，每个神经元的输入输出是样本的特征向量和所属类别，可以采用感知器算法进行训练。第 $i$ 类对应的神经元权向量更新公式为

$$\boldsymbol{w}_i(t+1)=\boldsymbol{w}_i(t)+\eta[\boldsymbol{y}_d-\boldsymbol{y}(t)]\boldsymbol{x}_i(t) \tag{10-18}$$

式中，$\boldsymbol{y}_d$ 是样本特征向量期望的输出，同一个样本，对于每个感知器是不同的。

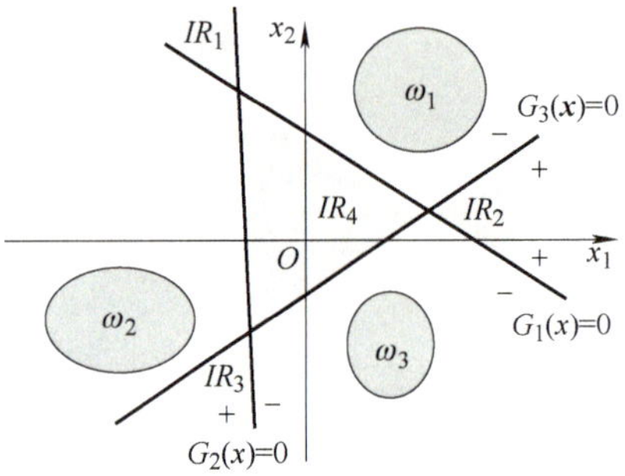


图 10-18　单层感知器的线性分类

这个单层感知器网络只能实现线性分类，因此对异或问题等非线性分类问题无能为力，这是感知器方法的固有缺陷。那么，感知器能解决异或问题吗？事实上可以！通过使用三个感知器，其中两个并联、一个串联，就能解决异或问题，如图 10-19 所示。



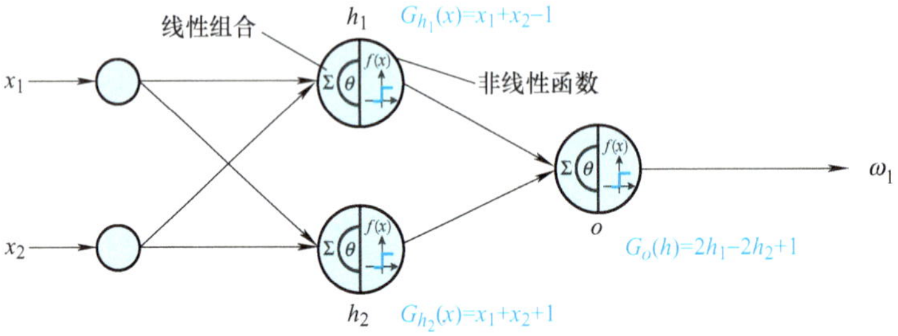


图 10-19　感知器的非线性分类

第一层感知器 $h_1$ 和 $h_2$ 接收输入数据，产生的两个输出作为第二层感知器 $o$ 的输入，而 $o$ 的输出作为整个感知器网络的分类决策输出。

如果经过训练，得到感知器 $h_1$ 和 $h_2$ 的判别函数分别为

$$G_{h_1}(x)=x_1+x_2-1 \tag{10-19}$$

$$G_{h_2}(x)=x_1+x_2+1 \tag{10-20}$$

第二层的感知器 $o$ 的判别函数为

$$G_o(h)=2h_1-2h_2+1 \tag{10-21}$$

此时对于样本（1，1），$h_1$ 和 $h_2$ 的输出均为 1，感知器网络输出 $o$ 为 1；对于样本（1，−1），$h_1$ 的输出为 0，$h_2$ 的输出为 1，感知器网络输出 $o$ 为 0；对于样本（−1，1），$h_1$

的输出为 0，$h_2$ 的输出为 1，感知器网络输出 $o$ 为 0；对于样本（−1，−1），$h_1$ 和 $h_2$ 的输出均为 0，感知器网络输出 $o$ 为 1。异或问题解决了！其分类决策区域如图 10-20 所示。

尽管单层感知器网络只能解决线性分类问题，但通过增加神经网络的层数，可以用多层感知器网络解决非线性分类问题。每个神经元将输入进行加权线性组合构成净激励，再用净激励驱动激活函数产生输出。单纯的线性组合不能将线性判别函数变换为非线性判别函数。因此，关键在于激活函数中引入的非线性因素。正是激活函数的非线性，使得多层神经网络的输入输出之间可以形成复杂的非线性映射关系，从而解决各种非线性分类问题。

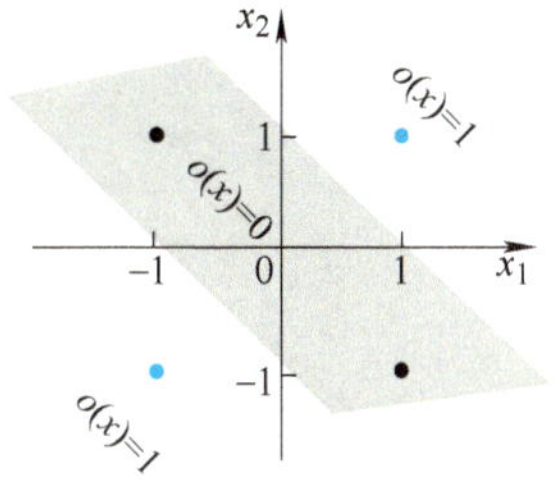

图 10-20　分类决策区域

理论上，只要使用非线性激活函数，选择适当的权值、阈值和足够的隐含层单元，仅需要三层的人工神经网络（包含输入层、输出层和一个隐含层）即可逼近输入输出之间任意连续的非线性函数映射。当然，神经网络层数越多，网络对输入输出映射关系的逼近能力越强，能够完成的模式识别任务也越复杂。由此，基于单层感知器网络，可进一步增加网络层次，构建多层感知器网络，旨在建立能够应对多类非线性分类问题的模式识别系统，即“深度学习”系统。

然而，如果问题如此简单，深度学习不会直到最近十几年才得以快速发展。事实上，人工智能在罗森布拉特提出感知器后并未迅速取得成功，因为多层感知器网络隐藏了一个巨大的问题——如何训练它具备学习能力。



单个感知器或单层感知器网络可以通过感知器算法训练，更一般地说，可以通过误差反馈学习规则训练。但误差反馈学习需要每个神经元的输入数据和预期输出，才能通过输出误差调节权向量，逐步逼近最优值。

在多层感知器网络中，隐含层神经元既不与输入相连，也不与输出相连，如何获得用于隐含层神经元训练的输入数据和输出误差？输入数据可以从输入层开始，逐层更新每层神经元的输入输出获取，但隐含层神经元的输出误差没有直接获取方式，无法直接从前一层神经元的输出反向递推出来。这主要是因为多元非线性映射不是一对一映射。为了解决这个问题，罗森布拉特最初提出的方案是人为给定除输出层外的其他层的权值，只训练最后一层输出层，显然这种方案无法实现真正的网络自主学习。明斯基等人对感知器的批判也是基于这一重要局限。

多层神经网络的训练问题是阻碍以神经网络为基础的人工智能系统发展的重大难题，多年来一直没有找到好的解决方案。这一状况直到 1986 年误差反向传播算法被提出后，才得以初步解决。这一算法成为神经网络训练的重要突破，为多层神经网络和深度学习的发展奠定了基础。

### 10.2.2　反向传播网络

多层感知器网络可以构成一个功能强大的多类非线性分类器，但在其训练过程中，如何使隐含层的神经元能够获得输出误差用于调整其权值，是一个曾经阻碍人工神经网络发展的重大难题。1986 年，大卫・鲁姆哈特（David Rumelhart）等人提出了反向传播网络

（Back Propagation Network，简称 BP 网络），给出了一种有效的多层神经网络训练方案，如图 10-21 所示。

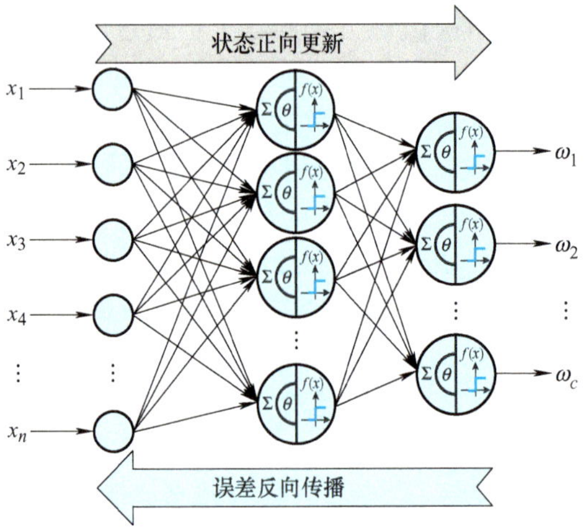

图 10-21　BP 网络结构

BP 神经网络的基本结构源自多层感知器，因此是一个典型的分层前馈型网络，且相邻两层神经元间是全连接的。输入层神经元的数量等于样本特征向量的维数，输出层神经元的数量等于类别数。每个神经元的输入输出关系由权向量 $\boldsymbol{w}$ 和偏置量 $\theta$ 决定，而这些 $\boldsymbol{w}$ 和 $\theta$ 的最优值就是网络要学习的参数。BP 网络中每个神经元的参数学习规则使用的是误差反馈学习，而整个神经网络的学习规则则是逐层更新学习，即将多层神经网络的训练分为两个循环进行——状态正向更新和误差反向传播。



在状态正向更新阶段，输入层接收样本特征向量的各个维度值 $x_1,x_2,\cdots,x_n$，然后更新第一层隐含层的输出状态，得到该层所有神经元的输出状态后，再将其作为下一层神经元的输入，依次类推，直到输出层神经元的输出状态被更新为止。此时，得到在当前网络参数下，输入样本的实际输出。

在误差反向传播阶段，BP 网络通过设定与输出误差单调递增的损失函数，计算每一层权值变化对网络整体输出损失函数的影响率，即损失函数对各层权向量的梯度，再以梯度下降法递推修正各层权向量，使输出损失函数逐渐减小直至取得最小值。这可以看作是隐式地将输出误差反向传播的方法。

完成一轮状态正向更新和误差反向传播后，便可对各神经元进行参数调整，再进行下一轮状态正向更新和误差反向传播，如此反复，直到损失函数减小到足够小为止，BP 网络的训练就完成了。那么，如何计算各层神经元，特别是隐含层神经元，对整个网络损失函数的梯度呢？ BP 算法依靠一种经典且有效的方法——链式求导。

首先，设定一个损失函数 $L$，使其与网络分类输出误差的绝对值成单调递增关系。常用的损失函数是均方误差。在使用随机梯度下降法时，即

$$L=\frac{1}{2}(\boldsymbol{y}_d^{(o)}-\boldsymbol{y}^{(o)})^2 \tag{10-22}$$

使用最小均方误差为学习目标时，损失函数对输出层神经元输入权向量 $\boldsymbol{w}^{(o)}$ 的梯度为

$$\frac{\partial L}{\partial \boldsymbol{w}^{(o)}} = -(\boldsymbol{y}_d^{(o)} - \boldsymbol{y}^{(o)})\frac{\partial \boldsymbol{y}^{(o)}}{\partial \boldsymbol{w}^{(o)}} \tag{10-23}$$

考虑到

$$\boldsymbol{y}^{(o)} = f\left(\sum_{i=1}^{k} \boldsymbol{w}^{(o)\mathrm{T}} \boldsymbol{y}^{(h)} - \theta^{(o)}\right) \tag{10-24}$$

则

$$\frac{\partial L}{\partial \boldsymbol{w}^{(o)}} = -(\boldsymbol{y}_d^{(o)} - \boldsymbol{y}^{(o)}) f'(\bullet)\boldsymbol{y}^{(h)} \tag{10-25}$$

式中，$\boldsymbol{y}^{(h)}$ 是隐含层神经元的输出，即输出层神经元的输入。如果按负梯度方向以学习率 $\eta$ 为步长调整权向量 $\boldsymbol{w}^{(o)}$，这就是 $\delta$ 学习规则的权向量更新公式

$$\Delta \boldsymbol{w}^{(o)} = \eta(\boldsymbol{y}_d^{(o)} - \boldsymbol{y}^{(o)}) f'(\bullet)\boldsymbol{y}^{(h)} \tag{10-26}$$

损失函数对输出层神经元权向量 $\boldsymbol{w}^{(o)}$ 的梯度可以表达为

$$\frac{\partial L}{\partial \boldsymbol{w}^{(o)}} = \frac{\partial L}{\partial \boldsymbol{y}^{(o)}} \bullet \frac{\partial \boldsymbol{y}^{(o)}}{\partial \boldsymbol{w}^{(o)}} = \frac{\partial L}{\partial \boldsymbol{y}^{(o)}} \bullet f'(\bullet)\boldsymbol{y}^{(h)} \tag{10-27}$$

关键在于如何计算隐含层神经元权向量的梯度。通过链式求导，损失函数对隐含层神经元权向量 $\boldsymbol{w}^{(h)}$ 的梯度为

$$\frac{\partial L}{\partial \boldsymbol{w}^{(h)}} = \frac{\partial L}{\partial \boldsymbol{y}^{(o)}} \bullet \frac{\partial \boldsymbol{y}^{(o)}}{\partial \boldsymbol{y}^{(h)}} \bullet \frac{\partial \boldsymbol{y}^{(h)}}{\partial \boldsymbol{w}^{(h)}} \tag{10-28}$$

进一步计算可得

$$\frac{\partial L}{\partial \boldsymbol{w}^{(h)}} = \frac{\partial L}{\partial \boldsymbol{y}^{(o)}} \bullet \boldsymbol{w}^{(o)\mathrm{T}} f'(\bullet) \bullet f'(\bullet)\boldsymbol{x} \tag{10-29}$$

由此，只要有损失函数 $L$ 与网络输出向量 $\boldsymbol{y}^{(o)}$ 之间的函数关系（如在 $\delta$ 学习规则中为均方误差）和激活函数输出对净激励的导数，就可以逐步推导出损失函数对任意一层神经元权向量的梯度，进而得到该层神经元的调整公式。如果定义

$$\boldsymbol{\delta}(L) = \frac{\partial L}{\partial \boldsymbol{y}^{(o)}} \bullet f'(\bullet) \tag{10-30}$$

为输出层的学习信号，则前一层的学习信号为

$$\boldsymbol{\delta}(L-1) = \boldsymbol{w}^{\mathrm{T}}(L)\boldsymbol{\delta}(L) \bullet f'(\bullet) \tag{10-31}$$

并且可以继续递推下去。从 BP 网络的算法可以得出几个结论。

1）误差反向传播要求激活函数可导，而感知器模型中使用的阶跃函数在 0 点不可导，且在 0 点以外导数固定为 0，没有意义。因此，BP 网络对多层感知器网络的重要改进是用连续、光滑、有界的 Sigmoid 函数作为激活函数。

2）偏置量的更新与权向量的更新类似，也可以从损失函数对各层神经元偏置量的梯

度进行推导，并使用链式求导法则，唯一不同是与该层输入向量无关。

3）因为后一层神经元输出分别影响下一层各神经元的输入，同层神经元之间无相关性，所以在计算损失函数对某一层神经元参数的梯度时，各反向传播的误差信息可以相互叠加。

4）BP 网络是全连接网络，当有一定深度时计算量非常大，运行效率不高。

5）BP 网络的输入层神经元数量是特征维度，输出层神经元数量是类别数，但隐含层的层数和每层神经元的数量可以任意设定。隐含层神经元数量太少，系统输出调节量不足，误差缩减慢；隐含层神经元数量太多，容易产生过拟合。

6）BP 算法本质是梯度下降法，具有梯度下降法的通病，即网络初始参数难以优化设定，最优化求解时容易陷入局部极小值，无法求得全局最优解。

BP 算法还有一个致命的问题，即它虽然理论上能通过误差反向传播实现多层神经网络训练，但网络层数（即深度）无法做得很深。这是由于一个重要现象——“梯度消失”。学习过程如图 10-22 所示，对于每一层神经元的学习信号 $\boldsymbol{\delta}(L-1)$，都可以通过其后一层的学习信号 $\delta(L)$ 逐步递推得到，然后以学习信号为基础对本层神经元的参数进行调节。在这个过程中，会不断连乘激活函数的导数。如果激活函数的导数大于 1，连乘结果会使学习信号随着网络深度变得越来越大，直至爆炸（即大到无法计算）。如果激活函数的导数小于 1，连乘结果会使学习信号随着网络深度越来越小，直至消失（即无法对网络参数实现有效调节）。这两种情况都使得 BP 网络无法实现深度学习。



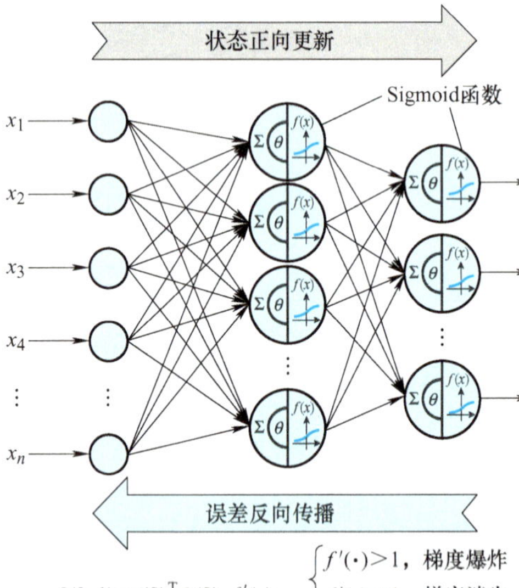


图 10-22　BP 网络学习过程

特别是，BP 网络使用的激活函数是 Sigmoid 函数，其导数见式（10-32）。但是这导致 Sigmoid 函数的导数的最大值仅为 0.25，连乘后梯度消失非常快，网络深度连 5 层都难以达到。同时，因为 Sigmoid 函数导数衰减快，且恒大于 0，网络参数只能单向调节，BP 网络总是收敛很慢。

$$f'_{\text{Sigmoid}}(\bullet)=f(\bullet)(1-f(\bullet))<0.25 \tag{10-32}$$

因此，BP 网络只能使人工神经网络实现浅层学习，尽管在人工智能的发展中起到了一些作用，但无法推动深度学习的快速发展。只有随着深度学习算法的到来，人工智能的发展才会真正迎来飞跃。

## 10.3 深度学习

自提出 BP 网络以来，多层人工神经网络终于有了有效的训练方法，这带来了人工神经网络研究的又一次繁荣。然而，由于 BP 网络本身存在一些缺陷，包括收敛速度慢、容易陷入局部最优解和梯度消失等问题，导致其无法有效训练深层神经网络，限制了其规模和功能。特别是 1995 年以来，支持向量机（SVM）算法的成功，为模式识别和机器学习提供了新的选择，使人工神经网络研究再次陷入低谷。

这一状况一直持续到 2006 年，当时辛顿等人发表了一篇关于“深度信念网（Deep Belief Network）”高效训练算法的论文，引发了人工神经网络的新一轮发展热潮。由于这次研究主要围绕如何有效训练深层神经网络，辛顿等人将其命名为“深度学习”。

最初，辛顿等人的工作主要在学术界受到重视。真正将深度学习推向产业界和公众视野的是 2012 年，当时亚历克斯·克里泽夫斯基（Alex Krizhevsky）和杰弗里·辛顿（Geoffrey Hinton）等人建立了一个深度神经网络，参加 ImageNet 图像分类竞赛，并一举击败所有其他类型的算法，Top-5 错误率仅为 15.3%，远优于第二名的 26.2%。从此深度学习声名鹊起，迅速成为人工智能发展的核心技术之一。

深度学习是人工神经网络的一种，但与 BP 网络等浅层神经网络有显著区别。其主要特点如下。 

（1）深度层次　深度学习网络包含多层神经元，能够实现非常复杂的非线性多分类映射关系，体现出一定的智能特性。这样的深层网络也会遇到训练上的难题，需要新的算法加以解决。

（2）逐层抽象　深度学习的多层次网络结构对原始数据集中的样本特性进行逐层抽象，不断发现高层特征，并减少特征维度，从而在简单单元（神经元）的基础上实现复杂的整体系统功能。

（3）大规模并行计算　由于深度学习网络规模庞大，神经元数量众多，需要大规模并行计算的软硬件支持。近十年来，GPU 应用为标志的大规模并行计算能力的快速发展，为深度学习的突飞猛进提供了必要条件。

（4）大数据支持　从结构风险最小化准则来看，要提升模式识别系统的泛化能力，需要降低分类器的 VC 维或增大训练样本集的容量。支持向量机由于采用了 VC 维最低的线性分类器形式，能用少量样本获得良好的泛化能力。而深度学习网络是一个复杂的非线性系统，其 VC 维非常高，为了降低结构风险，需要大量的训练样本，并确保在训练集上的经验风险足够小。因此，深度学习的实现依赖于大量数据的采集、存储和访问技术的发展。

事实上，深度学习并不是横空出世的新算法，而是在计算能力和数据准备等条件成熟后，人工神经网络研究的一个新发展阶段。此次高速发展只是人工神经网络领域起起伏伏发展历史的延续。

### 10.3.1 深度信念网络

#### 1. 深度信念网络的结构

深度信念网是基于受限玻尔兹曼机（Restricted Boltzmann Machine，RBM）的一种深度人工神经网络。玻尔兹曼机是一种存在全互联的概率型神经网络模型，由杰弗里·辛顿在 1985 年提出。玻尔兹曼机中，每个神经元的输出不是基于输入和神经元模型的确定值，而是以净激励为变量的概率分布，其 $P(y=1)$ 概率分布函数为

$$P(y=1)=\frac{1}{1+\mathrm{e}^{-\frac{u}{T}}} \tag{10-33}$$

由于玻尔兹曼机是一个全互联的神经网络，当前和历史时刻的各个神经元输入输出会互相影响，使得整个网络的状态不断更新演化，直至达到稳态。因此，由玻尔兹曼机构成的神经网络无法逐层进行训练，这在实际应用中非常不便。于是，辛顿于 2002 年提出了受限玻尔兹曼机（RBM），即取消了同层神经元之间的互联，只保留了可见层与隐含层神经元之间的双向连接。这样，RBM 就变成了一种分为可见层和隐含层的两层神经网络，当隐含层有多层时，就可以看作是多个RBM堆叠而成的深度神经网络，即深度信念网络，发展过程如图 10-23 所示。



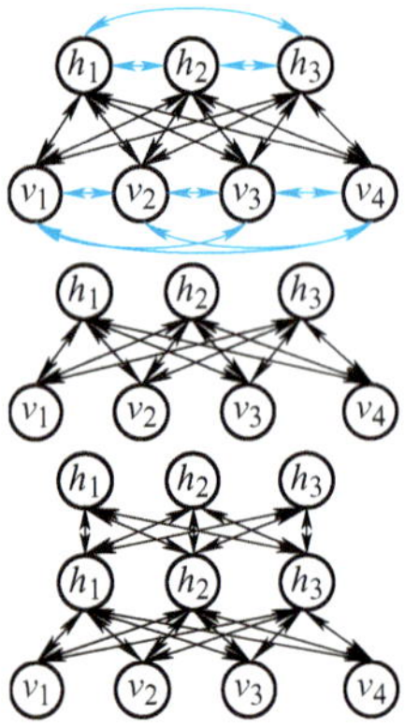


图 10-23　深度信念网络发展过程

辛顿提出的深度信念网训练方法针对的是 BP 网络在层数较多时，收敛速度慢且容易陷入局部最优解的问题。辛顿认为，导致这两个问题的原因是网络初始权向量设定过于随机，导致使用训练集进行有监督训练时难以快速收敛到全局最优解。因此，辛顿提出的深度信念网训练方法结合了有监督学习和无监督学习，具体如下。

1）首先使用无监督学习模式逐层对网络进行预训练，使网络能够发现数据本身中蕴含的特征概率分布结构，即将各神经元的权值引导到对训练集数据具有最佳特征发现能力的初始值上。这一步是深度信念网的主要训练过程，采用的是“对比散度法”的概率学习算法。

2）在预训练完成后，需要对网络参数进行调优。调优可以继续使用无监督的“Wake-Sleep”算法，这样得到的模型是一个能够重现训练集样本数据的生成模型；也可以使用有类别标签的数据，采用联合训练或 BP 算法对网络参数进行调整，以得到一个性

能优越的分类器模型。

2. 深度信念网络的训练

深度信念网的训练包括预训练和调优两个环节。首先是无监督的预训练环节，深度信念网可以看作由一层层的 RBM 堆叠而成，如图 10-24 所示。预训练采用逐层贪心法，先训练最靠近可见层的一层隐含层，得到最优解后，再将该隐含层的输出作为训练集数据，用于训练下一个隐含层。

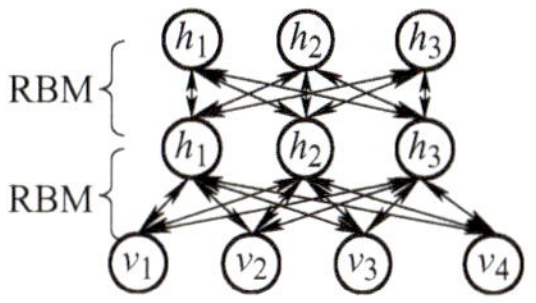

图 10-24　深度信念网络结构图

预训练的核心是如何训练由可见层与相连隐含层构成的 RBM。辛顿在 2002 年提出了“对比散度算法”来实现这一目标。RBM 是一个概率神经网络模型，其中每个神经元的输出为 0 或 1，其为 1 的概率分布符合 Sigmoid 函数形式，即

$$P(y=1)=\frac{1}{1+\mathrm{e}^{-u}} \tag{10-34}$$

式中，$u$ 为神经元所有输入的加权和再减去偏置量 $\theta$。对于 RBM 的隐含层神经元，其输出为在所有显层神经元输出下的条件概率

$$P(h_j=1|\boldsymbol{v})=\frac{1}{1+\mathrm{e}^{-\left(\sum\limits_{i=1}^{N}w_{ij}v_i-b_j\right)}} \tag{10-35}$$

RBM 是一个层间双向连接的网络，所以显层神经元的输出，也可以用所有隐含层神经元输出下的条件概率来表示为

$$P(v_j=1|\boldsymbol{h})=\frac{1}{1+\mathrm{e}^{-\left(\sum\limits_{j=1}^{M}w_{ij}h_i-c_i\right)}} \tag{10-36}$$

式中，$N$ 是隐含层神经元的个数；$M$ 是显层神经元的个数；$w_{ij}$ 是显层神经元 $v_i$ 和隐含层神经元 $h_j$ 之间的连接权值，是双向共享的；$b_j$ 是隐含层神经元的输出偏置量；$c_i$ 是显层神经元的输出偏置量。

如果将显层到隐含层的神经元状态更新看作是特征提取，即对客观事物的认知，那么从隐含层逆向到显层的神经元状态更新可以看作是生成显层数据，即重构输入的过程。如果重构的显层数据与训练集输入的数据在概率分布上非常接近，则证明两层之间的连接权值较好，能够捕捉显层输入数据的关键特征。如果重构的显层数据与训练集输入的数据在概率分布上存在较大差异，则可以按照缩小差异的负梯度方向调整权值和偏置量，使网络参数得以优化。这就是对比散度算法的基本原理。

对比散度算法之所以得名，是因为辛顿在算法中使用 KL 散度来度量两个概率分布之间的相似程度，并以此为基础推导出使 KL 散度达到极小值的神经元参数调整公式，过程如图 10-25 所示。

对比散度算法的基本原理是通过反复的认知 – 生成过程，使网络能够很好地发现训练集中最关键的特征，并将其映射到隐含层的输出上，具体流程如下。

1）将训练集样本的数据作为显层的初始数据，设定两层神经网络的初始参数，包括权值矩阵 $\boldsymbol{W}$ 和偏置量向量 $\boldsymbol{b}$、$\boldsymbol{c}$；迭代步数 $t$=0。

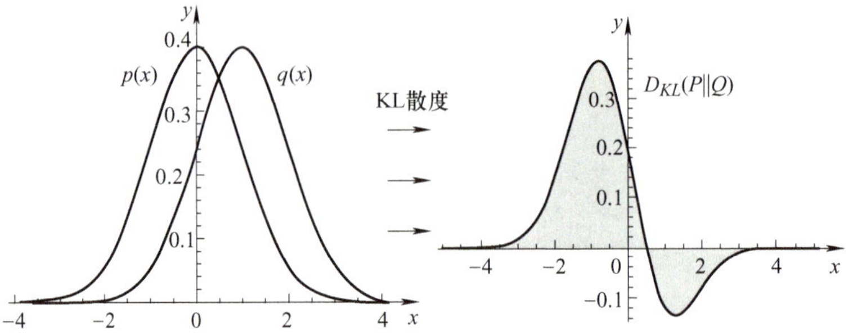


图 10-25 参数调整过程图

2）利用第 $t$ 步的显层状态数据 $\boldsymbol{v}(t)$，计算隐含层 $h$ 的第 $t$ 步的输出概率分布，$P(h_j(t)=1|\boldsymbol{v}(t))$，再通过 Gibbs 采样转换为具体的输出状态 $\boldsymbol{h}(t)$。

3）利用 $\boldsymbol{h}(t)$ 重构出 $t$+1 步的显层输出概率分布 $P(v_i(t+1)=1|\boldsymbol{h}(t))$，通过 Gibbs 采样转换为具体的输出状态 $\boldsymbol{v}(t+1)$。

4）$t$=$t$+1，重复上述步骤 $k$ 次，因此称为 CD-$k$ 算法。

5）利用 $t$+1 时刻的显层 $v$ 的状态，计算 $t$+1 时刻的隐含层 $h$ 的条件概率 $P(h_j(t+1)=1|\boldsymbol{v}(t+1))$。

6）对权值矩阵 $\boldsymbol{w}$，显层偏置向量 $\boldsymbol{c}$ 和隐含层偏置向量 $\boldsymbol{b}$ 进行修正，修正量为：权值矩阵

$$\Delta \boldsymbol{w} = \eta[P(\boldsymbol{h}^{(0)}=1|\boldsymbol{v}^{(0)})(\boldsymbol{v}^{(0)})^{\mathrm{T}} - P(\boldsymbol{h}^{(t+1)}=1|\boldsymbol{v}^{(t+1)})(\boldsymbol{v}^{(t+1)})^{\mathrm{T}}] \tag{10-37}$$



隐含层偏置向量

$$\Delta \boldsymbol{b} = \eta[P(\boldsymbol{h}^{(0)}=1|\boldsymbol{v}^{(0)}) - P(\boldsymbol{h}^{(t+1)}=1|\boldsymbol{v}^{(t+1)})] \tag{10-38}$$

显层偏置向量

$$\Delta \boldsymbol{c} = \eta[\boldsymbol{v}^{(0)} - \boldsymbol{v}^{(t+1)}] \tag{10-39}$$

需要注意的是，这只是随机梯度下降法迭代修正权向量和偏置量的一次迭代过程，还需要对所有样本重复迭代计算，直到真实样本分布和重构样本分布之间的 KL 散度小于给定误差范围为止。对比散度算法是一种非常快速的无监督学习算法，通过反复的认知－生成过程，使得网络能够很好地发现训练集中最关键的特征，并将其映射到隐含层的输出上。因此，隐含层也被称为“特征提取器”。

当训练完深度信念网中的一层 RBM，可以固定其参数，将显层输入数据生成的隐含层输出状态作为下一层 RBM 的显层输入，进行下一层训练。这样逐层完成所有层的预训练，得到整个网络的参数预设值。深度信念网的预训练算法，为具有多层级和大量神经元的深度神经网络的训练开辟了一条有效路径，使得训练集样本的关键特征被一层层挖掘出来，也使得整个网络的参数被设置到最优参数的附近。此时，还需要对参数进行调优，以确保获得优质的深度神经网络模型。调优过程根据任务的不同有多种方法，下面简单介绍几种。

（1）Wake-Sleep 算法　深度信念网络（DBN）可以看作是多层受限玻尔兹曼机（RBM）的堆叠，但这种描述并不完全准确。实际上，深度信念网络源自于 Sigmoid 信念

网（Sigmoid Belief Network），最初是一个通过隐含层神经元逐级生成样本概率分布的生成模型。辛顿等人发现，堆叠 RBM 可以实现类似于深度 Sigmoid 信念网的功能，因此设计了深度信念网。其结构包括底层的可见层（代表样本数据）和隐含层，其中最顶层的两个隐含层之间是双向互联的，形成一个标准的玻尔兹曼机，用于生成初始的先验分布，也可以称为最初的信念。其他各层之间是单向连接的，代表样本逐步由网络生成。

在预训练过程中，假设各层之间是双向连接的，且连接权值相同。预训练结束后，只需将除最顶层外的其他层改为单向连接，即可得到标准的深度信念网模型。然而，在参数调优时，假定双向权值相等就不太合适了。因此，除最顶层外的其他层的两个方向的权值分离开来，分别称为自上而下的“生成权值”和自下而上的“认知权值”。只有生成权值是模型的一部分，而认知权值在模型训练结束后即被消除。

调优仍然采用无监督学习模式，分为如下两个阶段。

1）Wake 阶段（苏醒阶段）：通过显层输入的样本数据，利用认知权值逐步得到各个隐含层的神经元状态，再反过来采用梯度法对各层的生成权值进行修正，使其能够以最大概率生成认知时获得的神经元状态。辛顿形象地将此过程比喻为人在清醒时观察外界事物，并修正自己对它的观念，使生成的样本与外界事物尽可能相似，从而完成认知过程。

2）Sleep 阶段（睡眠阶段）：通过最顶层的 RBM，生成一个随机的先验概率分布，以生成权值为基础，逐层生成各层的状态，一直到显层为止。然后，反过来采用梯度法对各层的认知权值进行修正，使其能够以最大概率生成各层神经元状态。辛顿将此过程比喻为人在没有外界刺激的情况下在睡眠中做梦，通过调整对事物的认知模型，使梦中的事物看起来尽可能逼真。通过反复进行 Wake-Sleep 阶段，可以在无监督的条件下对网络参数进行有效调优。



（2）联合训练算法　要将 DBN 用于分类任务，需要在网络中增加用于输出分类结果的显层神经元，通过有监督学习，使网络能够正确分类输入样本。一种方法是联合训练，这种方法结合了预训练和有监督学习。在预训练的最后一层 RBM 上，对倒数第二层添加一组代表样本类别的神经元。每个神经元在样本属于对应类别时输出 1，否则输出 0。通过这种方式，训练后的最后一层隐含层输出的概率分布能够逼近样本特征向量和类别标签之间的联合概率分布，从而实现分类器的正确输出。

（3）BP 算法　在对标准深度信念网进行训练后，通常会得到一个生成模型。为了将其转化为分类器，可以在最后一层隐含层之后，加入一层输出的显层，将提取到的最优特征映射为不同的分类结果输出。此时，可以采用 BP（反向传播）算法对网络参数进行调优。由于网络已经过预训练，每层神经元的参数都已被初始化到较优的状态，并且网络可以逐层提取样本数据中最有效的特征信息，因此 BP 算法的调优过程不仅速度快，而且容易获得全局最优解。

## 10.3.2 卷积神经网络

### 1. 卷积神经网络的原理

尽管 DBN 在解决“深度”训练问题上取得了突破，并在手写数字识别等问题上表现优异，但在图像识别等模式识别的应用中仍存在一些局限。具体来说 DBN 在以下几个方面表现出不足。

（1）输入维度问题　DBN 的输入是一维向量，而图像数据是二维矩阵。将二维图像展开为一维向量不仅导致维度剧增，还丧失了图像像素在二维空间中的相关性。

（2）全连接问题　DBN 在层与层之间采用全连接方式，导致网络参数数量庞大，训练复杂。

（3）训练效率问题　DBN 的组成单元是 RBM，而 RBM 是一个双向连接的模型，预训练时需要反复进行认知 – 重构的循环，虽然辛顿的对比散度算法大大提高了运算效率，但训练速度仍较慢。

这些问题限制了 DBN 在高分辨率和颜色丰富的图像识别任务中的表现。但由于图像识别问题吸引了模式识别领域 50% 以上的关注度，因此研究者们致力于设计一种更适合图像识别的深度神经网络模型，卷积神经网络（Convolutional Neural Networks，CNN）应运而生。

卷积神经网络的思想来源于神经生理学中的局部感受野概念。感受野（Receptive Field）指的是神经系统中能够引起神经元响应的输入刺激区域。1959 年，哈佛医学院的神经生理学家休布尔（Hubel）和威塞尔（Wiesel）在研究猫的视觉神经系统时，发现单个视细胞只对很小区域内的光刺激有响应。在随后的研究中，他们发现视神经细胞的感受野相互重叠，并具有侧抑制机制。正是这种对局部感受野（Local Receptive Field）的响应和侧抑制机制，使得视网膜能够对物体图像的边缘等信息产生强化响应，即发现物体轮廓等关键信息。



同时，他们还发现视神经系统是分层的，上一层视神经细胞在刺激下产生的输出，会传递到下一层视神经细胞，并以局部感受野的形式在下一层产生刺激，使得视觉信息逐层抽象，最终形成有效的视觉认知。休布尔和威塞尔因此获得了 1981 年的诺贝尔生理学或医学奖。

由于局部感受野能够带来视觉神经系统的良好功能，人工神经网络的研究者们自然尝试将这种分层结构和局部感受野概念引入人工神经网络设计中，以完成图像识别领域的模式识别任务。这一努力最早的实现是福岛邦彦（Kunihiko Fukushima）在 1980 年提出的神经感知机（Neocognitron）模型。

神经感知机模拟了视觉神经系统的结构和功能，是一个具有多个隐含层的深度神经网络。如图 10-26 所示，该网络由 S 层（Simple-layer）和 C 层（Complex-layer）交替构成。S 层单元在局部感受野内对图像特征进行提取，而 C 层单元接收并响应不同感受野返回的相同特征。因此，S 层 –C 层的组合完成了特征生成和特征选择的功能，与当前卷积神经网络中的卷积层（Convolution Layer）和池化层（Pooling Layer）有异曲同工之妙。通过对图像局部区域的逐层映射变换，不断提取高层特征，最终完成识别任务。

神经感知机逐层特征提取通过一个小的正方形像素单元（Masker）来完成，采用自相关算法（Autocorrelation），即计算原始图像中局部区域与 Masker 的交叉相关值（Cross-correlation），这与卷积操作非常相似。在特征提取层，神经感知机使用了无监督的竞争学习方式，而在输出层使用有监督学习。其最早应用于手写数字识别，并取得了不错的效果，开创了卷积神经网络这一深度学习重要模型的发展之路。

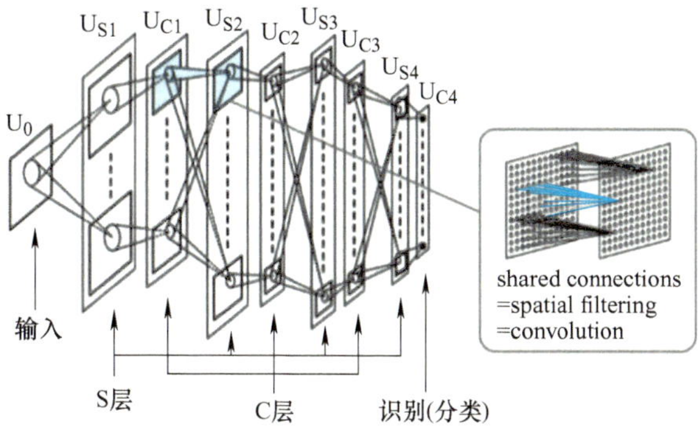


图 10-26　神经感知机结构图

1986 年，鲁姆哈特等人提出了误差反向传播（BP）算法，这是首个以误差反馈学习规则来训练多层神经网络的有效方法。1989 年，杨立昆（Yann LeCun）在前人工作的基础上，结合局部感受野逐层特征提取和误差反向传播算法，提出了最初的 LeNet 卷积神经网络模型，成功应用于信封邮政编码的手写数字识别，达到了约 90% 的正确率。

最初的 LeNet 模型包含 3 个隐含层，前两层是卷积层，第三个隐含层是全连接层，最后的输出层也是全连接层，如图 10-27 所示。这一模型坚持了局部感受野的思想，使用卷积操作来逐层提取特征，卷积层的两层神经元之间不是全连接，而是局部连接，并且建立了包含多个隐含层的有一定深度的神经网络，同时以最小均方误差为损失函数，通过梯度下降法和误差反向传播算法来实现网络参数的有监督学习。LeNet 还用双曲正切函数代替 Sigmoid 函数作为每层神经元的激活函数，取得了更好的效果。



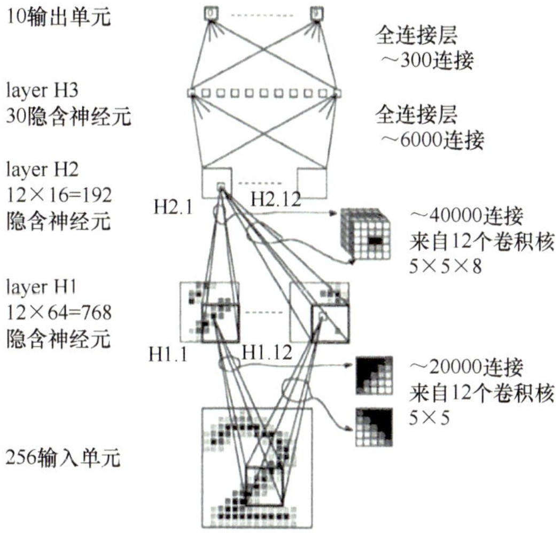


图 10-27　LeNet 结构图

虽然 LeNet 没有包含当前常见卷积神经网络模型的全部要素，但提出了如下一些非常重要的概念，成为当前卷积神经网络模型的基础。

（1）权值共享（Weight Sharing）　在同一层使用同一个卷积核进行特征提取，即两层之间神经元的连接权值是公共的，这大大减少了需要学习的网络参数数量。

（2）特征图（Feature Map） 在两层之间可以采用多个不同的卷积核同时进行卷积操作，以提取不同类型的特征。每个卷积核对原图像进行遍历卷积后，生成一个新的二维图像，即提取出的特征图。

（3）随机梯度下降法（SGD） 这是首次在深度神经网络的训练中使用，并已成为训练深度神经网络的标准算法。

LeNet-5 是杨立昆于 1998 年提出的改进版 LeNet，如图 10-28 所示。它最重要的改进是在卷积层之间增加了池化（Pooling）层，不仅可以降低特征的维度，还能增强系统对平移变换的特征不变性。最后两层为全连接层和使用径向基激活函数的输出层，共同构成了一个性能优良的分类器。至此，LeNet-5 基本具备了当前主流卷积神经网络的所有要素，并且在手写数字识别训练集 MNIST 上的正确率高达 99% 以上，在美国一些银行的支票手写数字识别上也取得了成功的应用。

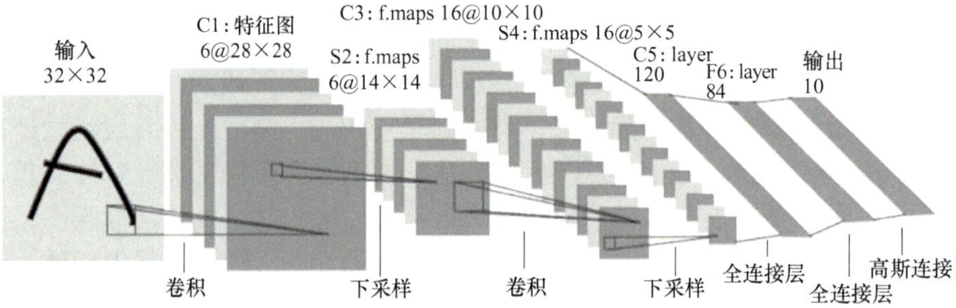


图 10-28 LeNet-5 结构图



遗憾的是，尽管 LeNet-5 取得了一些成功，但并未在学术界和社会公众中引起广泛关注，直到 2012 年 AlexNet 在 ImageNet 图像识别大赛中大放异彩为止。亚历克斯·克里泽夫斯基（Alex Krizhevsky）是辛顿的研究生，在他的指导和支持下，他设计了一个卷积神经网络 AlexNet。在 2012 年的 ImageNet 图像识别大赛中，AlexNet 夺得冠军，Top-5 错误率仅为 15.3%，大幅度领先第二名的 26.2%。

AlexNet 的成功不仅仅因为其采用了适应图像识别问题的卷积神经网络结构，更在于它对 LeNet 等早期卷积神经网络进行了诸多改进，形成了能够解决实际模式识别问题的现代卷积神经网络技术。AlexNet 的成功标志着以深度神经网络为核心的人工智能技术从学术研究走向大规模产业应用的转折点。

AlexNet 的网络深度更深，包含 5 个卷积层，其中一些卷积层后面接有池化层，然后是 3 个全连接层，最后一层是 softmax 输出层，共有 1000 个节点，对应 ImageNet 图集中的 1000 个图像分类。AlexNet 采用了如下一些重要技术。

（1）ReLU 激活函数 可以有效避免 BP 算法中的梯度消失问题，确保更快的训练速度和更好的性能。

（2）Dropout 机制 在训练时，对全连接层随机选择一部分神经元进行休眠，其他神经元参与网络的优化，只有一部分特征会参与分类决策，从而大大降低网络过拟合的风险。

（3）GPU 加速 AlexNet 使用了 2 个 GPU 来完成网络的并行计算，大大提高了系统的性能和训练效率。

AlexNet 不仅在技术上进行了创新，还通过结合多种优化策略，实现了卷积神经网络在大规模图像识别任务中的突破，推动了深度学习在实际应用中的广泛普及。

### 2. 卷积神经网络的结构与训练

卷积神经网络的一般结构里，输入是一个二维图像，通过多个卷积层完成从低级到高级特征的提取。卷积层之间通过池化层进行特征降维，最后通过一个多层全连接网络构成分类器，以获得最终的分类决策输出。卷积神经网络的关键技术包括卷积计算、池化操作和误差反向传播。接下来，分别对它们进行简单的介绍。

（1）卷积计算　卷积计算是卷积神经网络的核心。其基础源于 M–P 神经元模型和局部感受野的组合。在卷积层中，一个神经元接收上一层图像中一个局部感受野的数据，加权求和后，与偏置量相减形成净激励 $u$，再驱动激活函数产生输出。如果局部感受野是图像中的一个方形区域，那么神经元的输入权值会构成一个矩阵，而这个矩阵和原图像中对应大小区域进行加权求和的过程，就是两个矩阵的卷积计算过程。

卷积神经网络使用了一个重要的概念——权值共享。在同一个卷积层中的神经元，其用于与原图像进行卷积计算的权值矩阵是相同的，这个规模很小的权值矩阵被称为“卷积核”。如图 10-29 所示，卷积核通过滑动窗口遍历原始图像的所有区域，生成一个比原始图像尺寸更小的新图像，称为特征图（Feature Map）。特征图的每一个像素点都对应卷积层中的一个神经元的输出。这就是在权值共享基础上卷积计算的核心原理。

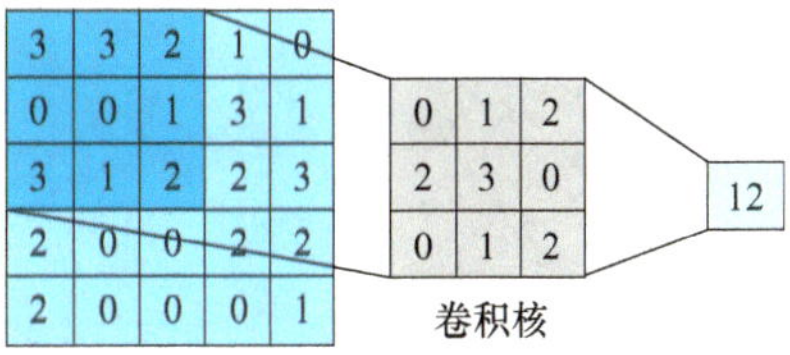

图 10-29　卷积过程图



卷积计算通过这种方式有效地减少了需要学习的参数数量，提高了计算效率，并保留了图像的空间结构信息，使得卷积神经网络在处理图像数据时具有强大的优势。

在同一层卷积层中使用不同的卷积核来提取原始图像同一区域的不同特征，可以形成多个大小相同的特征图。这些特征图的数量称为卷积层的深度，代表该层中有多少个神经元在进行卷积运算。随着卷积核数量的增加，这一层的参数也会成倍增加，但仍然远少于不使用局部感受野的全连接网络。不仅卷积层有深度，原始图像也可以有深度。例如，全彩色图像的每个像素点由 RGB 三个通道组成，因此可以视为深度为 3 的图像，如图 10-30 所示。

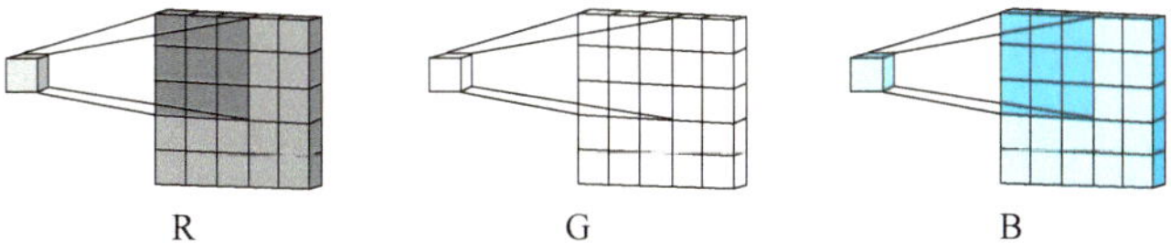

图 10-30　三个通道卷积图

值得注意的是，卷积神经网络中的“卷积”操作并不是真正的数学卷积。两个矩阵标准的线性卷积要求先将卷积核旋转 180°，再与局部感受野对应元素相乘并求和，这样才能满足卷积运算的交换律。然而，这种严格的卷积操作对于卷积神经网络来说并没有实际意义。因此，卷积神经网络采用了一种简化的操作方式，即将卷积核直接与局部感受野进行点乘，这种方法被称为“交叉相关”（Cross–correlation）。这种运算方式实际上是福岛邦彦在其神经感知机中使用的特征提取算法。因此，杨立昆等人将福岛邦彦视为卷积神经网络的先驱，这也是情理之中的事情。

（2）池化计算　池化（Pooling），也称为下采样（Subsampling），是一种用于特征降维的技术。在二维图像处理中，池化通过将一个区域内的多个像素值替换为下采样后的单个像素值来实现。这种操作有助于减少数据量，从而提高计算效率并降低过拟合风险。常用的池化方法如下。

1）均值池化（Mean-Pooling）：将池化区域内的所有像素值取平均值，作为池化操作的结果。LeNet 网络中采用的就是均值池化，如图 10-31 所示。均值池化在保留图像背景信息方面表现良好，但会使图像中的物体边缘变得模糊。

2）最大值池化（Max-Pooling）：将池化区域内所有像素值中的最大值作为池化结果。AlexNet 网络中采用的就是最大值池化，如图 10-32 所示。最大值池化能够更清晰地保留图像的纹理信息，因此在物体轮廓等特征提取中更为有效。

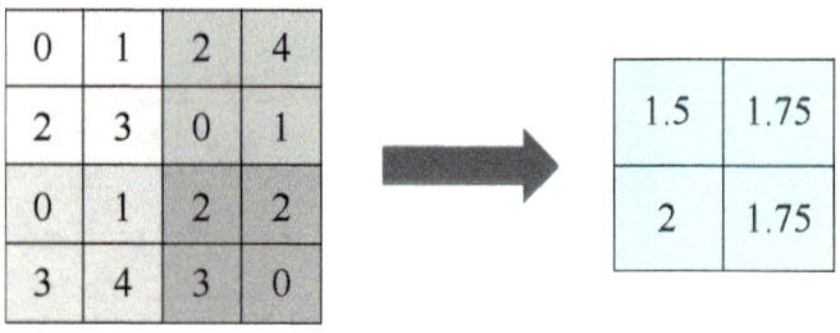


图 10-31　均值池化示意图

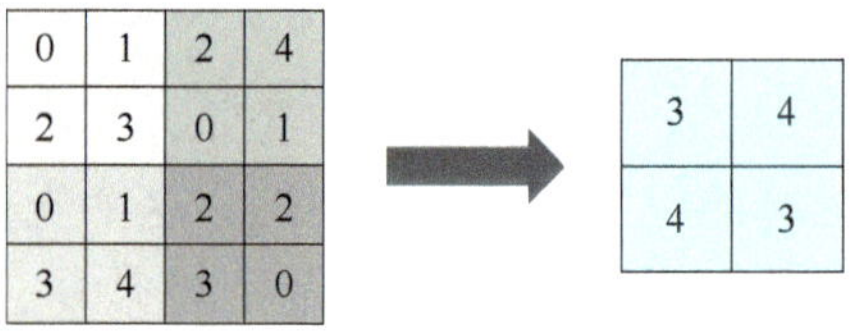


图 10-32　最大值池化示意图

3）随机池化（Stochastic-Pooling）：根据池化区域内像素值的大小确定每个像素点被选中的概率，然后随机选择一个像素点的像素值作为池化结果，如图 10-33 所示。随机池化的效果通常比均值池化和最大值池化更好，但计算量也更大。



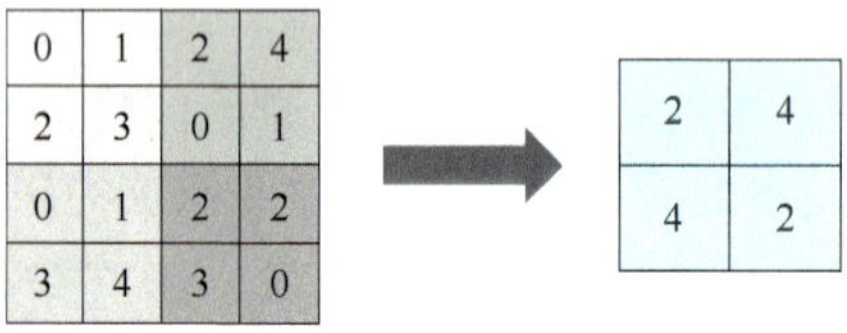


图 10-33　随机池化示意图

池化的主要目的是降维，显著减少深度神经网络的计算量。然而，池化还带来了其他好处，例如通过过滤部分噪声，提高对图像特征的平移不变性，使得卷积神经网络在一定程度上能够减小过拟合的风险。

（3）误差反传　卷积神经网络（CNN）是一种典型的前馈型网络，其训练过程可以通过逐层更新来实现。在正向传播阶段，网络从输入图像开始，逐层进行卷积和池化操作，不断提取高层特征，最终通过全连接层和输出层输出分类结果。

在反向传播阶段，根据输入图像的预期分类结果（即训练集样本的类别标签），首先计算输出误差，然后逐层将误差向前传播，逐层更新参数。卷积神经网络的误差反向传播算法可以按不同层级分别处理。

1）全连接层：对于由全连接层构成的分类器，可以采用标准的反向传播（BP）算法来优化层间连接权重。

2）池化层：池化层没有需要调整的参数，但需要将误差向前传递。其传递方式取决于池化操作的类型。如果采用的是最大值池化，在正向传播时记录每个池化区域最大值的位置。在反向传播时，将池化后的误差直接赋予池化时的最大值像素点，其他像素点的误差设为 0。如果采用的是均值池化，将池化后的误差平均分配给池化前图像的每个像素点。

3）卷积层：卷积层的参数包括卷积核的值和对应的偏置量。已知当前卷积层的输出误差后，可以根据卷积层的输入图像反推权重修正量，具体步骤如下。

$$\Delta \boldsymbol{w} = -\eta(\boldsymbol{\alpha} * \Delta \boldsymbol{\beta}) \tag{10-40}$$

式中，$\eta$ 是学习速率；$\boldsymbol{\alpha} * \Delta \boldsymbol{\beta}$ 表示卷积层输入图像与输出误差的卷积操作（根据卷积神经网络的定义）。偏置项 $\boldsymbol{b}$ 对卷积层输出误差的所有项都有影响，因此通常将输出误差的所有项求和后，作为 $\boldsymbol{b}$ 的梯度，则可按照负梯度方向更新 $\boldsymbol{b}$，即

$$\Delta \boldsymbol{b} = -\eta \sum_{u,v} (\Delta \boldsymbol{\beta})_{u,v} \tag{10-41}$$

这样，通过逐层更新卷积核和偏置项的参数，卷积神经网络能够不断优化其模型，提高分类准确率。在这个过程中，学习速率 $\eta$ 控制了参数更新的步长，确保模型在训练过程中逐步逼近最优解。

卷积层误差的反向传播公式为

$$\Delta \boldsymbol{\alpha} = \Delta \boldsymbol{\beta} * \mathrm{rot180}(\boldsymbol{W}) \cdot f'(u) \tag{10-42}$$

式中，参与卷积运算的是卷积核旋转 180° 后的矩阵；$f'(u)$ 是激活函数的导数。如果激活函数采用 ReLU，则在净激励大于等于 0 时，$f'(u)=1$，当净激励小于 0 时，$f'(u)=0$。



### 10.3.3　循环神经网络

#### 1. 循环神经网络的模型结构

回顾 BP 算法和卷积神经网络，不难发现它们的一个显著局限，其输出主要依赖于即时输入的影响，而往往忽视了先前或后续时刻输入的潜在影响。这种特性在诸如猫、狗分类或手写数字识别等相对简单的、静态的物体识别任务中，通常能够取得较好的效果。然而，当面对涉及时间序列分析的任务，如预测视频的下一帧或理解文档的上下文内容时，这些算法的性能往往无法达到理想状态。为此，循环神经网络（Recurrent Neural Network，RNN）应运而生，其独特的设计允许模型捕捉并利用时间顺序中的信息，从而在上述任务中展现出更强的处理能力和更高的准确性。

RNN 接收序列数据作为输入，并在序列的演进方向上递归处理，其所有节点通过链式方式连接。这种网络的特点在于，它借鉴了人类的认知过程，即依赖于过去的经验和记忆。与 DNN 和 CNN 等传统网络不同，RNN 能够考虑先前的输入并记忆之前的信息。RNN 被称为循环神经网络，主要是因为它在处理序列时，当前的输出与之前的输出相关联。这意味着网络能够储存先前的信息，并在计算当前输出时加以利用。在 RNN 中，隐含层之间的节点是相互连接的，其输入不仅包括来自输入层的数据，还包含上一时刻隐含层的输出。

（1）循环神经网络的基本结构　传统神经网络模型采用从输入层到隐含层，再到输出层的全连接方式，且同层节点间无连接，信息传播是顺序的。然而，这种常规网络结构在处理某些问题时显得力不从心。以自然语言处理为例，预测下一个单词时需参考前文单词，因为句子中的单词间存在相互联系和语义关系。这就需要一种新型神经网络结构，RNN 对序列化数据具有出色的模型拟合能力。

具体而言，RNN 在隐含层能够存储过往信息，并将其输入到当前计算的隐含层单元中。这意味着隐含层内部节点不再孤立，而是实现信息互通。隐含层的输入可以由输入层的输出和隐含层上一时刻的输出两部分组成，即隐含层节点实现自连；或者由输入层的输出、隐含层上一时刻的输出以及上一隐含层的状态三部分构成。其结构如图 10-34 所示。

若移除图中所有包含权重矩阵 $\boldsymbol{W}$ 的部分，该模型即转变为常规的全连接神经网络。在此图中，$\boldsymbol{X}$ 代表一个输入层值的向量（此处未绘制表示神经元节点的圆圈）；$\boldsymbol{S}$ 为隐含层输出值的向量（图中虽仅展示了一个节点，但实际上该层包含多个节点，数目与向量 $\boldsymbol{S}$ 的维度一致）；$\boldsymbol{U}$ 代表从输入层至隐含层的权重矩阵；$\boldsymbol{O}$ 为输出层值的向量；$\boldsymbol{V}$ 为从隐含层至输出层的权重矩阵。

接下来，探讨 $\boldsymbol{W}$ 的功能。在 RNN 中，隐含层的值 $\boldsymbol{S}$ 不仅受当前输入 $\boldsymbol{X}$ 影响，还与上一次的隐含层值 $\boldsymbol{S}$ 相关。权重矩阵 $\boldsymbol{W}$ 正是连接当前隐含层与上一次隐含层的桥梁。这样的设计使得 RNN 能够记忆时间序列的信息。

若将上述流程展开，便可得到 RNN 的标准结构图。在图 10-35 中，每一次转换都由一个箭头表示，箭头的连线意味着存在权值。图的左侧展示了 RNN 的紧凑形式，而右侧则为其展开形态。在左侧图中，隐含层旁边的箭头突显了 RNN 中“循环”的核心特性，即隐含层的自我连接。



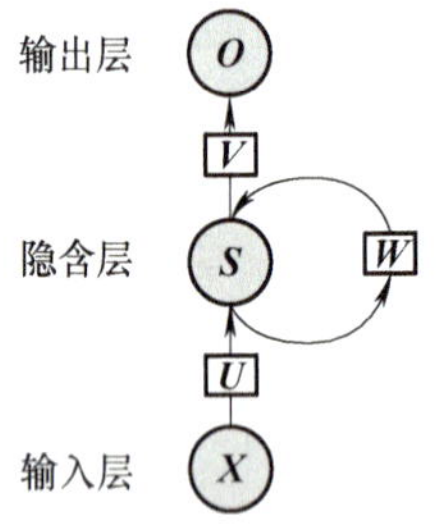


图 10-34　循环神经网络基本单元

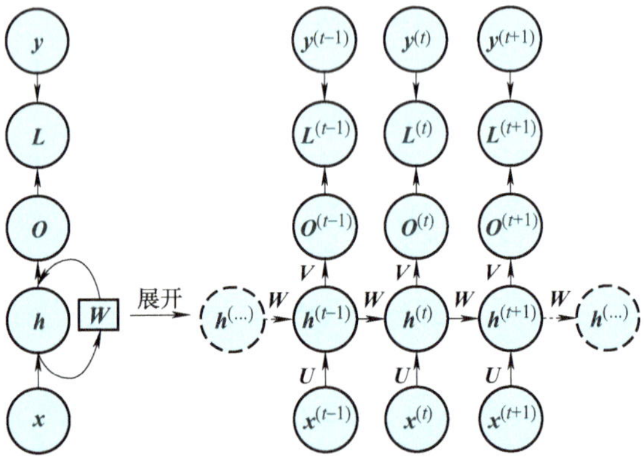


图 10-35　循环神经网络结构图

在标准的 RNN 架构中，可以观察到其展开结构中隐含层的神经元之间存在权重连接，这表明序列的逐步推进会使得先前的隐含层状态对后续的隐含层状态产生影响。图中，输出由 $\boldsymbol{o}$ 表示，真实的样本值由 $\boldsymbol{y}$ 表示，而 $\boldsymbol{L}$ 则代表损失函数。显然，随着序列的进展，“损失”也在持续累积。

除了上述特点之外，标准 RNN 还有以下特点。

1）权重共享：图中的所有 $\boldsymbol{W}$ 都是相同的，$\boldsymbol{U}$ 和 $\boldsymbol{V}$ 也是一样的。

2）局部连接：每个输入值只与它本身的那条路径建立权重连接，不与其他神经元连接。

3）隐藏状态：可以理解为 $\boldsymbol{h}=f$（当前输入 + 过去记忆）。

以上是 RNN 的标准结构，称为 N to N（$N$ 个输入对应 $N$ 个输出），即输入和输出序列必须等长。由于这个限制，经典 RNN 的适用范围较小，但也有一些问题适合用经典的 RNN 结构建模，如计算视频中每一帧的分类标签。因为需要对每一帧进行计算，因此输入和输出序列等长。另一个例子是输入为字符，输出为下一个字符的概率。

理解了这些，RNN 的前向传播算法其实非常简单，对于时刻 $t$ 有

$$\boldsymbol{h}^{(t)}=\phi(\boldsymbol{U}\boldsymbol{x}^{(t)}+\boldsymbol{W}\boldsymbol{h}^{(t-1)}+\boldsymbol{b}) \tag{10-43}$$

式中，$\phi(\cdot)$ 为激活函数，通常会选择 tanh 函数，$\boldsymbol{b}$ 为偏置。

$t$ 时刻的输出就更为简单，为

$$\boldsymbol{o}^{(t)}=\boldsymbol{V}\boldsymbol{h}^{(t)}+\boldsymbol{c} \tag{10-44}$$

最终模型的预测输出为

$$\hat{\boldsymbol{y}}^{(t)}=\sigma(\boldsymbol{o}^{(t)}) \tag{10-45}$$

式中，$\sigma$ 为激活函数，通常在 RNN 中用于分类任务时使用的是 softmax 函数。式（10-43）描述了隐含层的计算方式，它是循环层的核心。式（10-45）描述了输出层的计算方式，输出层是一个全连接层。从这些公式中可以看出，循环层与全连接层的区别在于循环层多了一个权重矩阵 $\boldsymbol{W}$。如果反复把式（10-45）代入到式（10-43），并去掉偏置，将得到



$$\begin{aligned}\boldsymbol{o}^{(t)}&=g(\boldsymbol{V}\boldsymbol{h}^{(t)})\\&=\boldsymbol{V}f(\boldsymbol{U}\boldsymbol{x}^{(t)}+\boldsymbol{W}\boldsymbol{h}^{(t)})\\&=\boldsymbol{V}f(\boldsymbol{U}\boldsymbol{x}^{(t)}+\boldsymbol{W}f(\boldsymbol{U}\boldsymbol{x}^{(t-1)}+\boldsymbol{W}\boldsymbol{h}^{(t-2)}))\\&=\boldsymbol{V}f(\boldsymbol{U}\boldsymbol{x}^{(t)}+\boldsymbol{W}f(\boldsymbol{U}\boldsymbol{x}^{(t-1)}+\boldsymbol{W}f(\boldsymbol{U}\boldsymbol{x}^{(t-2)}+\boldsymbol{W}\boldsymbol{h}^{(t-3)})))\\&=\boldsymbol{V}f(\boldsymbol{U}\boldsymbol{x}^{(t)}+\boldsymbol{W}f(\boldsymbol{U}\boldsymbol{x}^{(t-1)}+\boldsymbol{W}f(\boldsymbol{U}\boldsymbol{x}^{(t-2)}+\boldsymbol{W}f(\boldsymbol{U}\boldsymbol{x}^{(t-3)}+\cdots))))\end{aligned} \tag{10-46}$$

从上面可以看出，循环神经网络的输出值 $\boldsymbol{o}^{(t)}$，是受前面历次输入值 $\boldsymbol{x}^{(t)}$、$\boldsymbol{x}^{(t-1)}$、$\boldsymbol{x}^{(t-2)}$、$\boldsymbol{x}^{(t-3)}$、…影响的，这就是为什么循环神经网络可以往前看任意多个输入值的原因。

（2）循环神经网络的变体

1）N to 1：标准 RNN 的 N to N 结构虽然功能强大，但在实际应用中并不能解决所有问题。有时，需要处理的问题是输入一个序列，但输出是一个单独的值而不是序列。例如，输入一段文字，判别其所属类别，或输入一个句子，判断其情感倾向。这种单个输出的情况，只需要在最后一个隐藏状态 $\boldsymbol{h}$ 上进行输出变换就可以了。这种结构通常用于处理序列分类问题，如图 10-36 所示。

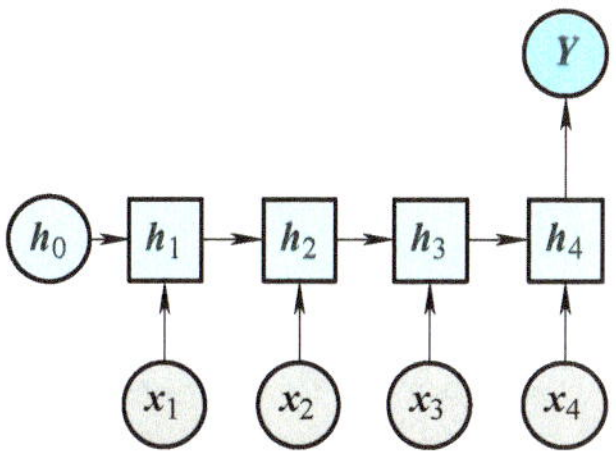

图 10-36　N to 1 变体结构

这种 N to 1 的结构在处理序列数据的分类任务时表现得尤为出色，因其能够有效地总结和提取整个序列的信息，从而进行准确的分类。

2）1 to N：如何处理输入不是序列而输出是序列的情况？如图 10-37a 所示，序列开始时只进行一次输入计算。图 10-37b 提供了另一种结构是将输入信息 $\boldsymbol{X}$ 作为每个阶段的

输入，尽管输入是序列，但不会随时间变化。

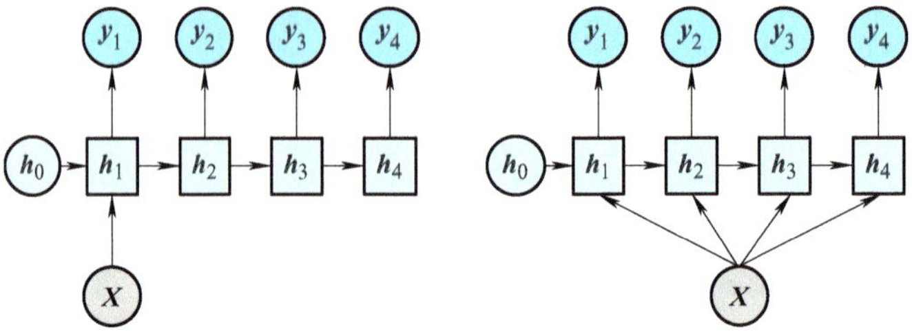


a) 单输入　　b) 多输入

图 10-37　1 to N 变体结构

这种 1 to N 的结构特别适用于将固定的输入转换为一系列相关的输出，如描述、生成和翻译任务。可以处理以下问题：①图像生成文字（Image Captioning），在这种情况下，输入 $\boldsymbol{X}$ 是图像的特征，而输出的 $\boldsymbol{y}$ 序列是一段描述该图像的句子；②从类别生成语音或音乐，输入是类别标签，而输出是对应的语音或音乐序列。

3）N to M。接下来介绍 RNN 最重要的一个变种——N to M。这种结构也被称为 Encoder-Decoder 模型，或 Seq2Seq 模型。传统 N to N 结构的 RNN 要求输入和输出序列等长，然而在许多实际问题中，序列长度往往不相等。例如，在机器翻译中，源语言和目标语言的句子长度通常不一致。为了解决这一问题，Encoder-Decoder 结构首先将输入数据编码成一个上下文向量 $\boldsymbol{c}$。得到 $\boldsymbol{c}$ 的方法有多种，最简单的方法是将 Encoder 的最后一个隐藏状态赋值给 $\boldsymbol{c}$，也可以对最后的隐藏状态进行变换得到 $\boldsymbol{c}$，或者对所有的隐藏状态进行变换，如图 10-38 所示。

得到 $\boldsymbol{c}$ 之后，使用另一个 RNN 网络对其进行解码，这部分 RNN 网络被称为 Decoder。具体做法是将 $\boldsymbol{c}$ 当做之前的初始状态 $\boldsymbol{h}_0$ 输入到 Decoder，如图 10-39 所示。

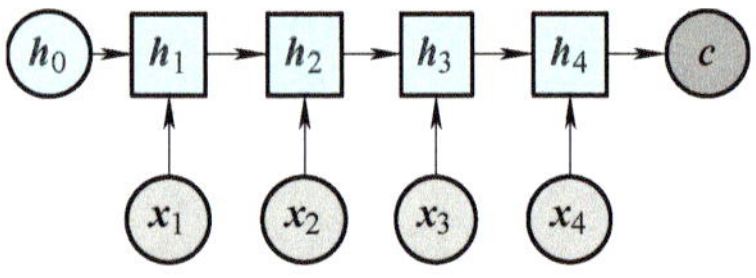


图 10-38　N to M 编码过程

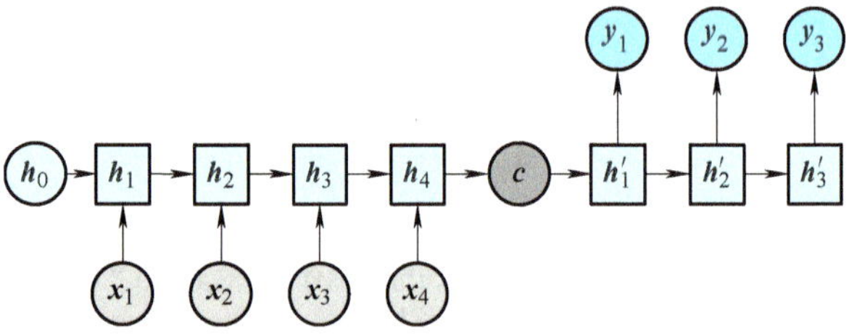


图 10-39　N to M 变体结构

由于这种 Encoder-Decoder 结构不限制输入和输出序列的长度，其应用范围非常广泛，例如：机器翻译、阅读理解、语音识别等。这种结构的灵活性极大地扩展了 RNN 的应用场景，使其能够处理更复杂和多样化的任务。

4）Attention（注意力）机制。在 Encoder-Decoder 结构中，Encoder 将所有输入序列编码成一个统一的语义特征 $\boldsymbol{c}$ 再进行解码。因此，$\boldsymbol{c}$ 中必须包含原始序列中的所有信息，这就成为了限制模型性能的瓶颈。例如在机器翻译中，当要翻译的句子较长时，单个 $\boldsymbol{c}$ 可能无法存储足够的信息，导致翻译精度下降。Attention 机制通过在每个时间步输入不同的 $\boldsymbol{c}$ 来解决这个问题。图 10-40 展示了带有 Attention 机制的 Decoder。

每个 $\boldsymbol{c}$ 会自动选择与当前输出 $\boldsymbol{y}$ 关联度最高的上下文信息。具体来说，$a_{ij}$ 用来评估 Encoder 中第 $j$ 阶段的 $\boldsymbol{h}_j$ 与 Decoder 中第 $i$ 阶段的相关性。在 Decoder 中，第 $i$ 阶段的上下文信息 $\boldsymbol{c}_i$ 是通过所有 $\boldsymbol{h}_j$ 与对应 $a_{ij}$ 的加权求和得出的。

以中译英机器翻译为例，如图 10-41 所示，若输入序列是“我爱科学”，那么在 Encoder 中，$\boldsymbol{h}_1$、$\boldsymbol{h}_2$、$\boldsymbol{h}_3$、$\boldsymbol{h}_4$ 可分别代表“我”“爱”“科”“学”的信息。在翻译成英语时，首个上下文 $\boldsymbol{c}_1$ 与“我”这个字高度相关，因此 $a_{11}$ 的数值较大，而 $a_{12}$、$a_{13}$、$a_{14}$ 则相对较小。同理，$\boldsymbol{c}_1$ 与“爱”最相关，因此 $a_{22}$ 值较大。最后的 $\boldsymbol{c}_3$ 与“科”和“学”最相关，所以 $a_{33}$、$a_{34}$ 的值较大。

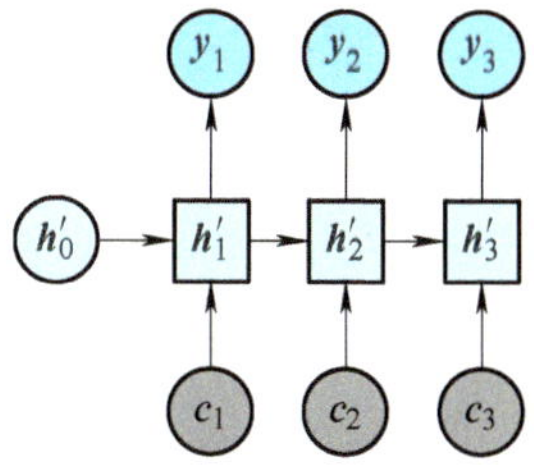

图 10-40　带有注意力机制的 Decoder 结构

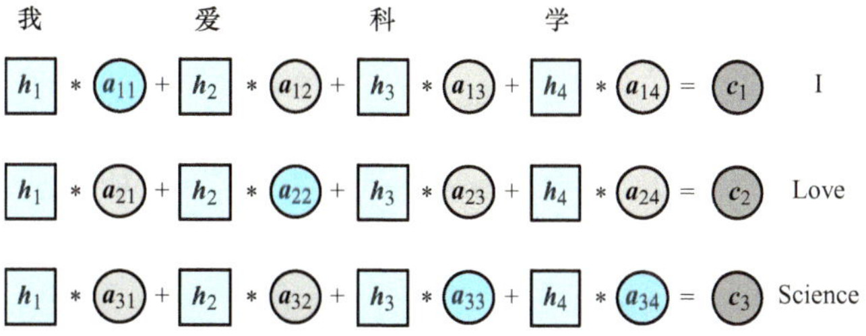

图 10-41　注意力机制示意图

接下来求解图中的 $a_{ij}$，以 $a_{1j}$ 为例，其计算过程如图 10-42 所示。

同理，$a_{2j}$ 与 $a_{3j}$ 的计算过程也是如此。在翻译过程中，通过运用 Attention 机制，模型能够在每一步操作中，有针对性地关注输入序列的不同部分，从而高效地捕获和处理长距离的依赖关系。这一机制有效地解决了信息过载问题，使模型在处理长序列时能够更准确地抓取关键信息，显著提升了模型性能。特别是在处理如机器翻译、文本摘要和语音识别等需要精确上下文信息的长序列任务时，Attention 机制的作用更为突出。

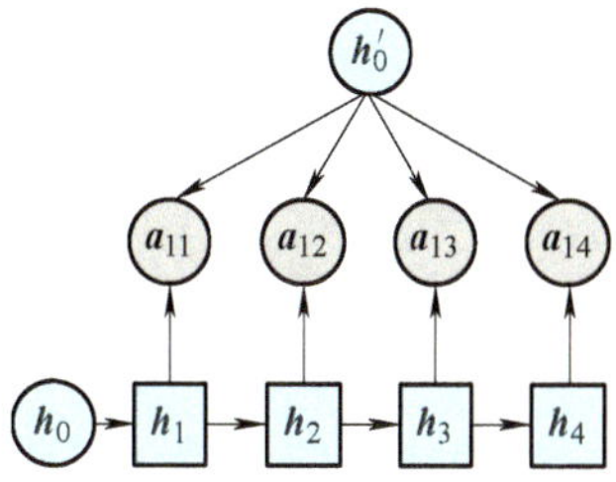

图 10-42　$a_{ij}$ 计算过程图



### 2. 循环神经网络的训练方法

BPTT（Back-Propagation Through Time）算法作为训练循环神经网络（RNN）的常用技术，其基础仍植根于反向传播（BP）算法。该方法特别针对时间序列数据进行处理，因此得名时间反向传播。BPTT 算法的核心逻辑与 BP 算法一脉相承，即通过迭代地沿着待优化参数的负梯度方向搜索，以逐步逼近最优解直至算法收敛。简而言之，BPTT 算法是 BP 算法在时间序列数据上的应用拓展，而 BP 算法本身则是基于梯度下降法的原理进行工作的。因此，在该算法中，求解各个参数的梯度便成为至关重要的核心环节。

BPTT 过程中需要优化的参数包括 $\boldsymbol{U}$、$\boldsymbol{V}$ 和 $\boldsymbol{W}$。与 BP 算法的区别在于，优化 $\boldsymbol{W}$ 和 $\boldsymbol{U}$ 参数时需回溯历史数据，而 $\boldsymbol{V}$ 参数的优化则相对简单，仅涉及当前时刻的数据。因此，先计算参数 $\boldsymbol{V}$ 的偏导数

$$\frac{\partial \boldsymbol{L}^{(t)}}{\partial \boldsymbol{V}}=\frac{\partial \boldsymbol{L}^{(t)}}{\partial \boldsymbol{o}^{(t)}}\cdot\frac{\partial \boldsymbol{o}^{(t)}}{\partial \boldsymbol{V}} \tag{10-47}$$

式（10-47）是参数 $\boldsymbol{V}$ 的偏导数计算公式。虽然看起来简单，但由于其中嵌套了激活函

数，实际求解时容易出错。RNN 的损失会随着时间累加，因此不能只求 $t$ 时刻的偏导数。

$$\boldsymbol{L}=\sum_{t=1}^{n}\boldsymbol{L}^{(t)} \tag{10-48}$$

$$\frac{\partial \boldsymbol{L}}{\partial \boldsymbol{V}}=\sum_{t=1}^{n}\frac{\partial \boldsymbol{L}^{(t)}}{\partial \boldsymbol{o}^{(t)}}\cdot\frac{\partial \boldsymbol{o}^{(t)}}{\partial \boldsymbol{V}} \tag{10-49}$$

由于 $\boldsymbol{W}$ 和 $\boldsymbol{U}$ 的偏导数求解涉及历史数据，计算起来相对复杂。假设只有三个时刻，那么在第三个时刻损失函数 $\boldsymbol{L}$ 对 $\boldsymbol{W}$ 的偏导数为

$$\frac{\partial \boldsymbol{L}^{(3)}}{\partial \boldsymbol{W}}=\frac{\partial \boldsymbol{L}^{(3)}}{\partial \boldsymbol{o}^{(3)}}\frac{\partial \boldsymbol{o}^{(3)}}{\partial \boldsymbol{h}^{(3)}}\frac{\partial \boldsymbol{h}^{(3)}}{\partial \boldsymbol{W}}+\frac{\partial \boldsymbol{L}^{(3)}}{\partial \boldsymbol{o}^{(3)}}\frac{\partial \boldsymbol{o}^{(3)}}{\partial \boldsymbol{h}^{(3)}}\frac{\partial \boldsymbol{h}^{(3)}}{\partial \boldsymbol{h}^{(2)}}\frac{\partial \boldsymbol{h}^{(2)}}{\partial \boldsymbol{W}}+\frac{\partial \boldsymbol{L}^{(3)}}{\partial \boldsymbol{o}^{(3)}}\frac{\partial \boldsymbol{o}^{(3)}}{\partial \boldsymbol{h}^{(3)}}\frac{\partial \boldsymbol{h}^{(3)}}{\partial \boldsymbol{h}^{(2)}}\frac{\partial \boldsymbol{h}^{(2)}}{\partial \boldsymbol{h}^{(1)}}\frac{\partial \boldsymbol{h}^{(1)}}{\partial \boldsymbol{W}} \tag{10-50}$$

同样地，第三个时刻损失函数 $L$ 对 $U$ 的偏导数为：

$$\frac{\partial \boldsymbol{L}^{(3)}}{\partial \boldsymbol{U}}=\frac{\partial \boldsymbol{L}^{(3)}}{\partial \boldsymbol{o}^{(3)}}\frac{\partial \boldsymbol{o}^{(3)}}{\partial \boldsymbol{h}^{(3)}}\frac{\partial \boldsymbol{h}^{(3)}}{\partial \boldsymbol{U}}+\frac{\partial \boldsymbol{L}^{(3)}}{\partial \boldsymbol{o}^{(3)}}\frac{\partial \boldsymbol{o}^{(3)}}{\partial \boldsymbol{h}^{(3)}}\frac{\partial \boldsymbol{h}^{(3)}}{\partial \boldsymbol{h}^{(2)}}\frac{\partial \boldsymbol{h}^{(2)}}{\partial \boldsymbol{U}}+\frac{\partial \boldsymbol{L}^{(3)}}{\partial \boldsymbol{o}^{(3)}}\frac{\partial \boldsymbol{o}^{(3)}}{\partial \boldsymbol{h}^{(3)}}\frac{\partial \boldsymbol{h}^{(3)}}{\partial \boldsymbol{h}^{(2)}}\frac{\partial \boldsymbol{h}^{(2)}}{\partial \boldsymbol{h}^{(1)}}\frac{\partial \boldsymbol{h}^{(1)}}{\partial \boldsymbol{U}} \tag{10-51}$$

可以观察到，在某一时刻，计算 $\boldsymbol{W}$ 或 $\boldsymbol{U}$ 的偏导数时，需要回顾该时刻之前的所有相关信息。这仅仅是单一时刻的偏导数计算，考虑到损失函数的累加特性，整个损失函数对于 $\boldsymbol{W}$ 和 $\boldsymbol{U}$ 的偏导数计算将变得相当复杂。尽管如此，仍然可以找到其中的规律。基于上述两个公式，可以推导出在 $t$ 时刻，$\boldsymbol{L}$ 对 $\boldsymbol{W}$ 和 $\boldsymbol{U}$ 的偏导数的通用表达式为



$$\frac{\partial \boldsymbol{L}^{(t)}}{\partial \boldsymbol{W}}=\sum_{k=0}^{t}\frac{\partial \boldsymbol{L}^{(t)}}{\partial \boldsymbol{o}^{(t)}}\frac{\partial \boldsymbol{o}^{(t)}}{\partial \boldsymbol{h}^{(t)}}\left(\prod_{j=k+1}^{t}\frac{\partial \boldsymbol{h}^{(j)}}{\partial \boldsymbol{h}^{(j-1)}}\right)\frac{\partial \boldsymbol{h}^{(k)}}{\partial \boldsymbol{W}} \tag{10-52}$$

$$\frac{\partial \boldsymbol{L}^{(t)}}{\partial \boldsymbol{U}}=\sum_{k=0}^{t}\frac{\partial \boldsymbol{L}^{(t)}}{\partial \boldsymbol{o}^{(t)}}\frac{\partial \boldsymbol{o}^{(t)}}{\partial \boldsymbol{h}^{(t)}}\left(\prod_{j=k+1}^{t}\frac{\partial \boldsymbol{h}^{(j)}}{\partial \boldsymbol{h}^{(j-1)}}\right)\frac{\partial \boldsymbol{h}^{(k)}}{\partial \boldsymbol{U}} \tag{10-53}$$

整体的偏导数公式是通过将各个时刻的偏导数进行逐一累加得到的。由于公式中嵌套了激活函数，若将激活函数包含在内，并提取出其中连乘的部分，有

$$\prod_{j=k+1}^{t}\frac{\partial \boldsymbol{h}^{(j)}}{\partial \boldsymbol{h}^{(j-1)}}=\prod_{j=k+1}^{t}\tanh\boldsymbol{h}'\cdot\boldsymbol{W}_s \tag{10-54}$$

然而，累乘操作会使得激活函数与其导数连续相乘，这可能导致梯度消失的问题。为了避免这一现象，通常会选用更优秀的激活函数，例如 ReLU，或者调整网络结构，采用如长短期记忆网络（LSTM）、门控循环单元（GRU）或注意力（Attention）机制等架构，从而有效预防梯度消失的发生。

### 10.3.4 Transformer 网络

#### 1. Transformer 网络的原理

Transformer 模型是由 Vaswani 等人在 2017 年提出的一种神经网络架构，它在序列到序列任务（如机器翻译）中取得了显著的成功。与传统的循环神经网络（RNN）和卷积神经网络（CNN）不同，Transformer 完全依赖于注意力机制，允许并行处理整个序列，从而大幅提升了训练效率和效果。

Transformer 模型的核心原理是注意力机制，尤其是自注意力机制（Self-Attention）。注意力机制的目标是为每个输入元素（如一个单词）分配一个权重，以衡量该元素对输出的贡献。自注意力机制则是对同一序列中的所有元素进行这种权重分配。

（1）注意力机制　注意力机制的公式为

$$\text{Attention}(\boldsymbol{Q},\boldsymbol{K},\boldsymbol{V})=\text{softmax}\left(\frac{\boldsymbol{Q}\boldsymbol{K}^{\mathrm{T}}}{\sqrt{d_k}}\right)\boldsymbol{V} \tag{10-55}$$

式中，$\boldsymbol{Q}$、$\boldsymbol{K}$ 和 $\boldsymbol{V}$ 分别表示查询（Query）、键（Key）和值（Value）矩阵。对于每一个输入序列，$\boldsymbol{Q}$、$\boldsymbol{K}$ 和 $\boldsymbol{V}$ 均通过同一个嵌入层生成，且大小为输入序列的长度乘以嵌入维度。通过计算查询与键的点积，并经过 softmax 归一化后，得到注意力分数，再将其与值矩阵相乘以得到最终的输出，注意力机制结构如图 10-43 所示。

（2）多头注意力机制（Multi-head Self Attention，MSA）　为了让模型能够关注到不同位置的信息，Transformer 引入了多头注意力机制。多头注意力机制将查询、键和值矩阵分别线性映射为多个低维子空间中的投影，然后在每个子空间上独立执行注意力机制，最后将结果拼接起来，再经过一次线性变换得到最终输出。

多头注意力机制公式为

$$\text{MultiHead}(\boldsymbol{Q},\boldsymbol{K},\boldsymbol{V})=\text{Concat}(head_1,\cdots,head_h)\boldsymbol{W}^{O} \tag{10-56}$$

式中，$head_i=\text{Attention}(\boldsymbol{Q}\boldsymbol{W}_i^{Q},\boldsymbol{K}\boldsymbol{W}_i^{K},\boldsymbol{V}\boldsymbol{W}_i^{V})$。这里，$\boldsymbol{W}_i^{Q}$、$\boldsymbol{W}_i^{K}$、$\boldsymbol{W}_i^{V}$ 是不同的线性投影矩阵，$\boldsymbol{W}^{O}$ 是最终输出的线性变换矩阵。



### 2. Transformer 网络的结构

Transformer 模型由编码器（Encoder）和解码器（Decoder）两部分组成，每一部分又包含多个相同的层（Layer），其结构如图 10-44 所示。

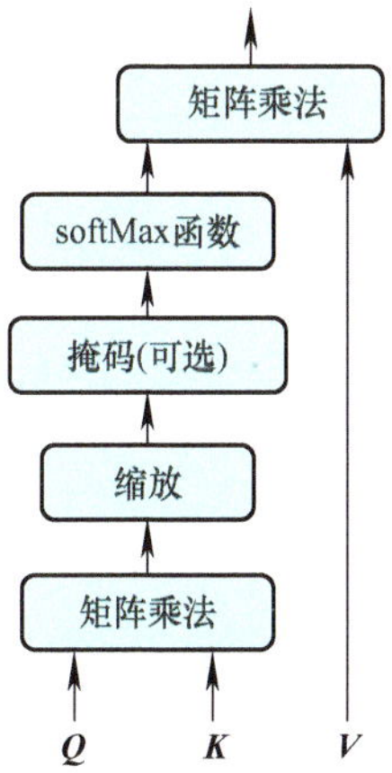


图 10-43　注意力机制结构图

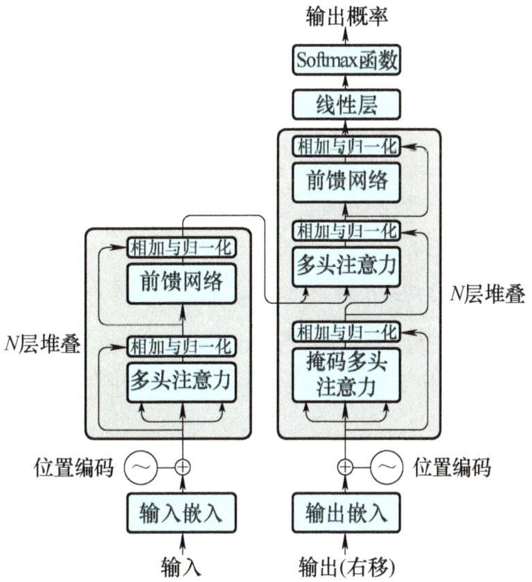


图 10-44　Transformer 网络结构图
（图中左侧部分为编码器，右侧部分为解码器）

（1）编码器　编码器的每一层包括两个子层：多头自注意力机制和前馈神经网络（Feed-Forward Neural Network，FFNN）。此外，每个子层后还接有残差连接（Residual Connection）和层归一化（Layer Normalization）。

多头自注意力机制可以处理输入序列的自注意力，保证输出序列长度不变。前馈神经网络由两个线性变换和一个 ReLU 激活函数组成，作用于每个位置。残差连接和层归一化在每个子层的输出上加上输入，然后进行层归一化。

编码器层的输出公式为

$$\mathrm{LayerNorm}(\boldsymbol{x}+\mathrm{Sublayer}(\boldsymbol{x})) \tag{10-57}$$

式中，Sublayer 可以是多头自注意力机制或前馈神经网络。

（2）解码器　解码器与编码器类似，但每个解码器层包含一个额外的多头注意力子层，用于处理编码器的输出。此外，解码器的自注意力机制进行了掩码（Masking）操作，以确保解码器在每一步只能看到之前的位置，防止信息泄露。掩码多头自注意力机制与编码器的多头自注意力机制类似，但应用了掩码操作。多头注意力机制将编码器的输出作为键和值，与解码器的输入（查询）进行注意力计算。前馈神经网络、残差连接和层归一化都与编码器中的结构相同。

### 3. Transformer 网络的训练方法

Transformer 模型的训练主要包括数据预处理、损失函数的定义和优化方法的选择。

（1）数据预处理　Transformer 模型的输入通常是经过分词处理的文本序列，这些序列需要嵌入到高维空间中。常用的嵌入方法包括词嵌入（Word Embedding）和位置编码（Positional Encoding）。



1）词嵌入。词嵌入将离散的单词映射到连续的向量空间。常用的方法包括 Word2Vec、GloVe 以及通过神经网络学习的嵌入层。

2）位置编码。由于 Transformer 不具有序列信息，位置编码用于提供位置信息。常用的位置编码方法是通过正弦和余弦函数计算

$$PE_{(pos,2i)}=\sin\left(\frac{pos}{10000^{2i/d_{model}}}\right) \tag{10-58}$$

$$PE_{(pos,2i+1)}=\cos\left(\frac{pos}{10000^{2i/d_{model}}}\right) \tag{10-59}$$

式中，$pos$ 表示位置；$i$ 表示维度索引；$d_{model}$ 表示嵌入维度。

（2）损失函数　Transformer 通常使用交叉熵损失（Cross-Entropy Loss）作为损失函数，用于度量预测序列与真实序列之间的差异。交叉熵损失公式为

$$\boldsymbol{L}=-\sum_{t=1}^{T}\log P(\boldsymbol{y}_t\mid\boldsymbol{y}_{<t},\boldsymbol{X}) \tag{10-60}$$

式中，$T$ 是序列长度；$\boldsymbol{y}_t$ 是第 $t$ 个预测值；$\boldsymbol{X}$ 是输入序列。

（3）优化方法　Transformer 模型通常使用自适应矩估计（Adam）优化器进行训练。为了提高训练的稳定性和效果，Transformer 模型还引入了学习率调度（Learning Rate

Scheduling）机制。常用的学习率调度公式为

$$lrate = d_{model}^{-0.5} \cdot \min(step^{-0.5}, step \cdot warmup\_steps^{-1.5}) \tag{10-61}$$

式中，$d_{model}$ 是模型的嵌入维度；*step* 是当前的训练步数；*warmup_steps* 是预热步数。

## 10.4　预训练大模型

### 10.4.1　ChatGPT 工作原理

自 ChatGPT 问世以来，其流畅的语言表达、创造性观点、丰富的知识储备和严谨的逻辑思维能力，重新定义了公众对人工智能的认知。为了深入了解 ChatGPT 的工作原理，将基于 OpenAI 的官方论文，分析其运行机制和训练流程。尽管 OpenAI 主要介绍了 InstructGPT 模型，但作为 InstructGPT 的应用，ChatGPT 同样值得深入探讨。

InstructGPT 框架在 ChatGPT 中的应用特别成功，尤其是在问答场景中。这种交互方式不仅满足了用户需求，还增强了系统的容错性。在对话中，信息增益成为关键，即只要回答能为用户提供新的信息反馈，其回答就有价值。

OpenAI 的这一创新将 ChatGPT 的核心从任务指导转向聊天交互，取得了显著成效。这标志着会话式 AI 的重大进步。本节将重点分析 InstructGPT 的原理，以便更深入地理解其建模理念。

图 10-45 详细展示了 InstructGPT 的训练流程，该流程分为三个阶段：预训练与提示学习、结果评价与奖励建模、强化学习与自我进化。这三个阶段分别对应着模型从模仿到自我判断，再到自主进化的过程。 

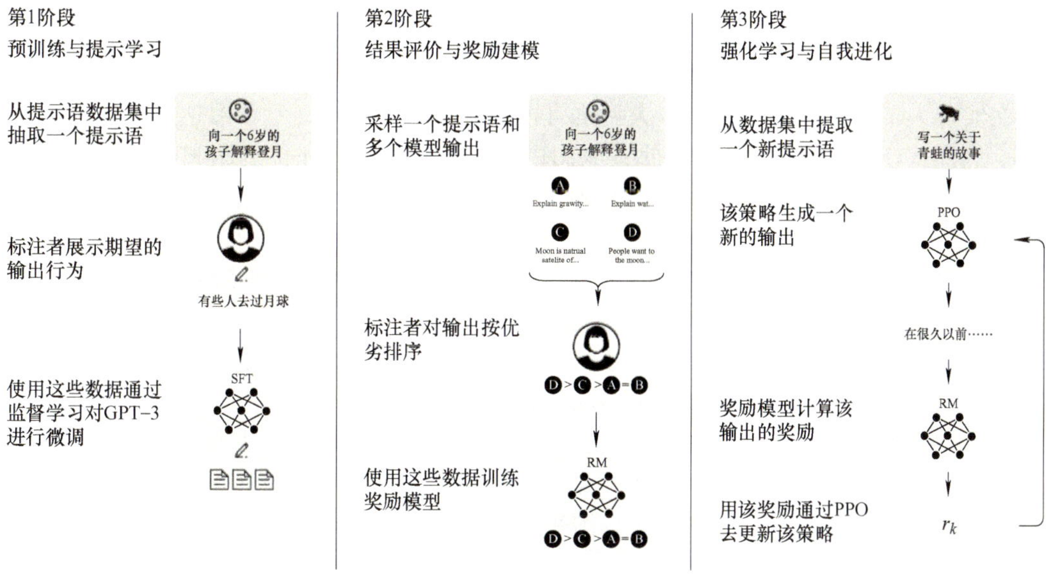


图 10-45　InstructGPT 训练流程图

在模仿期，模型主要学习指令型任务，通过模仿人类行为获得初步的智能。然而，单

纯的模仿可能导致模型失去自主判断能力。因此，进入管教期后，模型开始学习判断答案的优劣，这是其从模仿到自我判断的关键转变。当模型具备了一定的判断能力后，便进入自主期，通过自我生成与判断，实现模型的自我强化学习。

简而言之，InstructGPT 的这三个阶段可以比喻为人成长的三个阶段，模仿期对应着“知天理”，管教期对应着“辨是非”，而自主期则对应着“格万物”。通过这三个阶段的演进，模型逐渐从模仿走向自主，最终实现了自我进化。

### 1. 预训练与提示学习阶段

人工智能的核心在于利用机器模拟智能体的行为，使其能够理解和执行智能体的任务。最早提出这一概念的图灵提出了著名的图灵测试，即在用户无法知晓对方真实身份的情况下，仅通过行为判断其是机器还是人类。随着技术的不断进步，机器在诸如人脸识别、声纹识别等感知任务上已经能够通过特定场景下的图灵测试。然而，在复杂的人机交互场景中，许多系统仍然无法通过相关验证。InstructGPT 在这些交互任务上突破了这一瓶颈，使其在部分语义交互场景中通过了图灵测试，显示了其在人机交互任务上的显著进步。

InstructGPT 的成功离不开其坚实的基础——GPT-3 模型和提示学习技术。在大型语言模型时代，一个优秀的基模型对于自然语言处理任务至关重要。GPT-3 以其庞大的参数规模和强大的学习能力，为 InstructGPT 提供了基础。InstructGPT 的成功证明了这一点，并揭示了模型参数与效果之间的正相关关系。

InstructGPT 的成功还得益于其独特的学习方式——提示学习。提示学习通过少量的样本和启发式的方法，使模型能够迅速掌握任务的核心，实现高效学习。这不仅提高了学习效率，还使得模型在逻辑推理等任务上取得了显著进步。提示学习的成功离不开两个关键因素，一是大型语言模型本身提供的强大表示能力；二是提示样本和模板的设计，它们决定了模型学习的方向和效果。通过设计合理的提示问题，ChatGPT 能够处理多项任务，并给出高质量的答案。



### 2. 结果评价与奖励建模阶段

在实现人工智能的初级阶段，大型语言模型通过预训练和提示学习达到了初步的智能水平。然而，OpenAI 并未止步于此，他们进一步建立了结果评价机制和奖励模型。在处理自然语言相关任务时，通常只关注答案与标注答案的相似度，而很少关注不同模型生成结果的优劣差异。

这种忽视的原因可能是标注样本的不足，更不用说标注不同模型效果的差异了。因此，许多从业者对强化学习在自然语言处理上的效果持怀疑态度。InstructGPT 的成功，得益于基于人工反馈的强化学习，尤其是“人工反馈”这一点。高质量的人工标注为模型的改进提供了巨大的贡献。通过高水平的标注人员使用统一评价标准对结果进行排序，可以用另一个模型学习并利用这部分数据建立一个新的评价模型，即奖励模型。

值得一提的是，奖励模型并未与生成模型结合，这就像是将裁判和选手分开，以防止模型自我作弊。奖励模型的命名主要是因为它对应强化学习中的奖励阶段。

### 3. 强化学习与自我进化阶段

InstructGPT 的第二阶段主要集中在构建评判模型，但该模型并不直接影响原生成模型的效果。换句话说，仅从 InstructGPT 的第一阶段来看，降低生成模型评价成本的举措并不足以带来显著变化。然而，如果将第三阶段的强化学习模型引入，使第一阶段的生成模型与第二阶段的评判模型有机结合，则无需人工干预即可实现生成模型的自我提升。

InstructGPT 利用第二阶段的评判模型，不断优化第一阶段的生成效果，并通过更好的生成模型来优化第二阶段的评判效果。这种两个阶段相互优化的框架与经典的 EM（期望最大化）算法具有相似的思想。EM 算法是一种迭代优化算法，每轮迭代都包括期望阶段和最大化阶段，其优雅之处在于广泛的应用和优越性。第一阶段的生成模型可视为期望阶段，机器能够依据原文自动生成后续结果，这部分生成可视为模型的期望结果。第二阶段的评判模型则负责从多个生成结果中选择“最佳”的一个。通过这种循环 EM 阶段，可以逐步改善两个阶段（生成和评判）的模型。

另外，许多人初看 InstructGPT 时会联想到生成对抗网络（GAN）。GAN 通过构建一个判别器来与原生成器进行对抗，不断优化判别模型以提升生成器模型的效果。无论是 EM 算法还是 GAN，都可以从 InstructGPT 的建模思想中找到一些共性。

OpenAI 在文献中明确指出，他们运用了人工反馈的强化学习来进一步提高模型性能。人工反馈即为第二阶段评判模型的标注数据，而强化学习则是第二阶段提到的 PPO（Proximal Policy Optimization）算法。

通过以上分析，可以看出 InstructGPT 的训练流程是一个循序渐进的过程，结合了预训练与提示学习、结果评价与奖励建模以及强化学习与自我进化三个阶段。每个阶段都有其独特的作用，共同构成了 InstructGPT 的强大性能。这一框架不仅为 ChatGPT 提供了坚实的基础，也为未来人工智能模型的设计和优化提供了宝贵的经验。



## 10.4.2　GPT 系列模型分析

### 1. GPT-1 ～ GPT-4 系列模型分析

随着预训练大语言模型的出现，它们在自然语言处理任务中一直占据主导地位。GPT 系列模型作为其中的佼佼者，持续在进化，每一代都体现了独特的设计理念。将深入解析 GPT-1、GPT-2、GPT-3 及其衍生出的 Code-X 模型，以及最新的 GPT-4、GPT-4o 模型的发展历程与核心原理。

（1）GPT-1 和 GPT-2 模型　GPT-1 是 OpenAI 在 2018 年推出的首个基于 Transformer 架构的预训练语言模型，标志着自然语言处理领域的一个重大突破。尽管 BERT 模型随后崭露头角，但 OpenAI 在 2019 年推出的 GPT-2 模型，凭借其 15 亿参数，进一步推动了语言模型的进步。

GPT-2 的一个显著特点是它主要依赖无监督数据进行预训练，即使在下游任务中不进行微调，也能获得良好的性能。GPT-2 坚信，无监督数据中蕴藏着大量的有监督任务信息。只要在无监督数据上充分学习，就能通过简单地转化任务输入和增加相应的提示信息，直接进行下游任务的预测。GPT-2 构建了一个名为 WebText 的多领域、任务导向的数据集。该数据集主要来源于 Reddit 网站上 Karma 值大于 3 的页面，并从中抽取了文本内容。最终，GPT-2 成功获取了 800 万个文档，总计达到 40GB 的文本数据。

GPT-2 在结构上沿用了 Transformer 的 Decoder 部分，并进行了一些调整，例如将归一化层前置，并在每个自注意力模块后增加了额外的归一化层。此外，GPT-2 采用了优化的参数初始化方法，使残差层的参数初始化随模型深度变化而调整，并扩大了词表大小至 50257，并将模型接受的最大长度从 512token 扩展到 1024token，同时在训练时增大了批次大小至 512。这些改进使得 GPT-2 在文本摘要和问答等任务上表现优异，进一步验证了“参数至上”的理念，为 GPT-3 的诞生奠定了基础。

（2）GPT-3 模型　在自然语言处理（NLP）领域，预训练模型发挥着关键作用。通过在大规模文本语料库上进行预训练并做任务微调，见证了 NLP 任务的显著进展。然而，准备每个新 NLP 任务的标注数据是一项巨大挑战，限制了模型的实用性。此外，大量预训练后再通过少量数据微调，可能导致模型泛化能力减弱。虽然一些微调模型在特定数据集上表现出色，但这种“人类水平”有时过于乐观。人类学习新知识往往依赖简单指令或少量例子，如果 NLP 模型也具备这种灵活性和通用性，其潜力将是无穷的。

GPT-3 是 OpenAI 在 2020 年推出的具有 1750 亿参数的庞大模型，摒弃了传统的微调方法，通过情景学习或上下文学习来完成下游任务。GPT-3 能够在不更新模型参数的前提下，仅凭自然语言指示和少量的演示示例，预测真实测试示例的结果。根据演示示例的数量，GPT-3 展示了少样本学习、单样本学习和零样本学习三种不同的学习方式。

GPT-3 的结构与 GPT-2 相似，但在全连接和局部带状稀疏注意模块上进行了创新，借鉴了 Sparse Transformer 模型的设计。GPT-3 系列包括 8 个不同大小的模型，训练过程中采用了 Adam 优化器，并设置了特定的学习率衰减策略。在训练数据方面，OpenAI 从多个 CC1 等大规模数据集中获取了海量的训练数据，并进行数据清洗，最终从 Common Crawl 数据集 45TB 的数据中提取了 570GB 的高质量数据，相当于 4000 多亿个 Token。



尽管 GPT-3 的成功令人瞩目，但其庞大的参数规模带来了高昂的训练成本和资源消耗，同时也引发了对环境影响的关注。

（3）GPT-3 的衍生模型：Code-X　2021 年，GitHub 推出了 Copilot 服务，引发了广泛讨论。该服务由 OpenAI 的 Code-X 模型提供支持，这是在 GPT-3 模型基础上，通过对代码数据进行再训练而得来的。尽管 GPT-3 模型能够解决一些简单的代码问题，但由于其训练数据主要为纯文本，处理复杂编程问题时效果不佳。为了解决这一局限，OpenAI 从 GitHub 上爬取了大量的 Python 代码数据，并对模型进行了微调，使其能够根据简单提示生成独立运行的 Python 函数。在初步测试中，当模型仅生成单个结果时，单元测试代码的执行正确率高达 28.8%。这一成果极大地方便了程序员的工作，但也引发了对自动化编程工具可能带来的职业危机的讨论。

由于代码生成内容与文本不同，传统的生成模型评价指标（如 BLEU 和 ROUGE）并不适用。即使生成代码与标签相似度高，但若代码不能运行，则对用户无用。因此，OpenAI 采用了 *pass@k* 指标进行评价，即在 $k$ 个生成结果中，如果有一个结果能通过单元测试，则认为代码通过。具体公式如下：

$$pass@k=\prod_{i=1}^{k}(1-p_i) \tag{10-62}$$

式中，$p_i$ 表示单个结果通过测试的概率，$n$ 表示生成的结果数，通常远大于 $k$。

模型训练数据来自 2020 年 5 月前在 GitHub 上托管的 5499 万个公开仓库，共计 179GB 数据。经过过滤后，保留了 159GB 的高质量 Python 数据。为了保证测试公平性并避免从网络获取的问题和代码污染训练数据集，OpenAI 构建了 HumanEval 数据集，包含 164 个问题，每个问题有函数名、函数解释字符串和多个测试单元。

在模型训练阶段，采用 GPT-3 模型进行参数初始化，使用 Adam 优化器，$\beta_1$=0.9 和 $\beta_2$=0.95。由于代码中包含许多种空格符，OpenAI 引入了一组特殊字符代替不同种类的空格，提高了分词器的效率。

尽管 Code-X 能够生成高质量的代码片段和文档，但其局限性也不容忽视。目前，Code-X 在处理特定领域或复杂逻辑的代码时可能力不从心。此外，由于模型训练数据的限制，Code-X 在处理某些特定编程风格或规范时也可能存在偏差。期待 OpenAI 持续优化 Code-X 模型，通过增加训练数据的多样性和丰富性，以及引入更先进的算法技术，来克服这些局限，使 Code-X 能够更好地理解和生成代码，为程序员提供更全面、更智能的辅助。希望看到 Code-X 进一步拓展其应用场景，不仅限于编程领域，还能在软件维护、代码审查等方面发挥更大的作用。

（4）GPT-4 模型　2023 年 3 月 14 日，OpenAI 发布了最新的研究成果——GPT-4 模型。这一模型的推出为人工智能与图像计算（AIGC）领域带来了革命性的进步，标志着 AI 技术进入了一个新的时代。从研发历程看，GPT-4 模型的初版实际上在 2022 年 8 月就已经完成。在过去的半年时间里，OpenAI 的团队对其进行了大量的优化和微调工作，以确保模型能够在各种应用场景中发挥出最佳的性能。

GPT-4 的发布不仅在技术上取得了重大突破，还在应用层面展示了广阔的前景。通过多模态处理能力、增强的图像理解、高质量的内容生成、扩展的上下文窗口，以及持续的优化和评测，GPT-4 为 AI 技术的发展树立了新的标杆。



1）多模态处理能力：GPT-4 不仅是一个文本生成模型，它还是一个功能强大的多模态模型。与之前的 ChatGPT 模型相比，GPT-4 展现出了更全面的能力。除了处理文本输入，GPT-4 还能接收图像作为输入，并生成与图像内容相关的文本描述。这一功能的加入，使得 GPT-4 在处理复杂任务时表现得更加灵活和全面。

2）增强的图像理解：GPT-4 在理解输入图片所包含的语义内容方面展现出了惊人的能力。它能够准确地捕捉到图片中的关键信息，进而生成与图片主题紧密相关的文本内容。这种跨模态的理解能力让人工智能在处理多媒体信息时更加得心应手，为各种复杂应用场景提供了强有力的支持。

3）高质量的内容生成：在内容生成的质量和安全性方面，GPT-4 也有了显著的提升。与之前的模型相比，GPT-4 在生成编造内容和偏见内容等方面的问题得到了有效控制。这得益于 OpenAI 在模型训练过程中引入的先进技术和严格的内容审核机制，确保生成的内容更加可靠和安全。

4）扩展的上下文窗口：OpenAI 在开发 GPT-4 的过程中，始终坚持了“数据至上、参数至上”的核心理念。他们不断优化模型，将模型接受上下文窗口的长度从之前的限制提高到了 8000 到 32000 词，这极大地增强了模型的表达能力和适应能力。这一扩展不仅提高了模型处理长文本的能力，还为更复杂的任务提供了更强的支持。

尽管外界对 GPT-4 的参数量有诸多猜测，有人推测其参数量可能达到 1 万亿甚至 100 万亿的级别，但 OpenAI 在发布 GPT-4 的技术报告时并未透露具体的参数量。报告中主要介绍了 GPT-4 模型的效果和性能，并指出其训练方式与之前的 ChatGPT 保持一致，采用了人工反馈强化学习方法来不断提升模型的性能。

5）评测框架：为了更好地推动大型语言模型的发展，OpenAI 还发布了一个新的评测框架。这个框架旨在发现大型语言模型在实际应用中存在的不足和问题，为研究者提供改进的方向和依据。通过这一框架，OpenAI 希望能够与全球的研究者共同努力，推动 AI 技术的持续进步和发展。

（5）GPT-4 的衍生模型：GPT-4o　GPT-4o 是 OpenAI 为了满足更广泛、更复杂的应用需求而推出的衍生模型。“o”代表“omni”，意为“全能”，象征着 GPT-4o 在多种模态下的处理能力。在继承 GPT-4 强大文本生成能力的基础上，GPT-4o 显著加强了视觉和音频理解的能力，实现了在音频、视觉和文本等多维度信息中的实时推理。这一模型不仅能够灵活处理文本、音频和图像等多元化输入，还能生成这些形式的任意组合输出，为用户提供了前所未有的丰富交互体验。GPT-4o 的重要特点如下。

1）多模态处理能力：GPT-4o 能够同时处理文本、音频和图像输入，提供综合性的输出。这种多模态处理能力使其在处理复杂任务时更加灵活和高效。

2）卓越的音频处理：GPT-4o 在音频处理方面尤为出色，平均响应速度仅为 320ms，最快可达 232ms。如此迅速的响应时间大大提升了用户与 AI 交互的流畅度和自然度，几乎消除了传统 AI 系统中的延迟感，带来了近似于人类对话的即时响应体验。

3）先进的无缝集成：通过端到端的集成化处理方式，GPT-4o 实现了文本、视觉和音频输入与输出的无缝衔接，由统一的神经网络高效协调完成。这种先进的架构使 GPT-4o 在处理多模态任务时更加得心应手，为用户带来了更为沉浸式的对话体验。



4）多语言处理突破：GPT-4o 不仅在英文处理上达到了 GPT-4 Turbo 级别的卓越性能，而且在非英语语言的处理上也取得了显著突破。它支持多达 50 种语言，并通过改进的分词器技术，实现了对多种语言的高效处理，从而极大地提升了多语言交流的准确性和流畅度。

5）超强的记忆能力：GPT-4o 的记忆能力实现了质的飞跃，能够智能地记住之前的对话内容，为用户提供连贯、上下文相关的对话体验。这一特性不仅增强了交流的深度和真实感，也使得 GPT-4o 在智能客服、教育辅导等领域展现出巨大的应用潜力。

作为 GPT-4 的衍生模型，GPT-4o 在多模态输入与输出、实时对话反馈等方面展现出了强大的潜力和价值。它不仅提高了处理效率和准确性，还为人工智能技术在多模态交互、教育、娱乐等领域的应用开辟了新的道路。未来，随着技术的不断发展和应用场景的深入拓展，GPT-4o 有望在更多领域发挥重要作用，为人工智能技术的发展贡献更多力量。

## 算法案例 1

本案例选取 BP 网络来实现手写数字识别，通过代码解析来展示浅层神经网络算法在手写数字数据集上的分类任务中的应用。

### 1. 算法说明

BP 网络的发展可以追溯到 20 世纪 80 年代，由鲁姆哈特等科学家在 1986 年首次提出。这一技术是对早期感知机（Perceptron）模型的重大改进，解决了单层感知机无法处理非线性问题的局限。BP 网络通过引入多层结构（包括输入层、隐含层和输出层）和误差逆传播算法，极大地增强了神经网络的分类和识别能力，成为了应用最广泛的神经网络模型之一。

BP 网络的算法基础主要包括前向传播和反向传播两个过程。前向传播过程中，输入信号通过输入层传递给隐含层，隐含层对信号进行非线性变换后传递给输出层，最终输出层产生输出结果。如果输出结果与期望结果存在误差，则进入反向传播过程。在反向传播过程中，根据误差信号，通过梯度下降等优化算法调整网络中各层神经元之间的连接权重和偏置，以最小化误差。

BP 网络的基本流程可以概括为以下几个步骤。

1）初始化：随机给定网络中各层神经元之间的连接权重和偏置。

2）前向传播：输入信号从输入层开始，逐层向前传播至输出层，计算输出层的输出结果。

3）计算误差：根据输出层的输出结果和期望输出，计算误差。

4）反向传播：将误差从输出层反向传播至隐含层，直至输入层，计算各层神经元的误差梯度。

5）权重更新：根据误差梯度和学习率，更新网络中各层神经元之间的连接权重和偏置。

6）迭代训练：重复步骤 2）至步骤 5)，直至网络输出误差达到预设的阈值或达到预定的迭代次数。

通过这一流程，BP 网络能够学习和存储大量的输入 – 输出模式映射关系，而无需事先揭示描述这种映射关系的数学方程。BP 网络因其强大的学习能力和广泛的应用前景，在模式识别、信号处理、数据挖掘等多个领域得到了广泛的应用。



本实践项目基于 MNIST 手写数字数据集。

### 2. 参考代码和运行结果

在采用 BP 网络对手写数字进行识别的程序中，首先加载 MWorks 软件的两个类库工具箱 TyBase 和 TyMachineLearning，随后调用 clear () 清除程序运行时占用的临时内存，clc () 清除命令窗口的历史输入；接下来采用 load () 函数加载训练和测试数据及对应标签数据。

核心算法通过调用 TyMachineLearning 工具箱中的 fitcnet () 函数实现。

参考代码中，手写数字训练样本数量选取了 3000 个，测试样本 200 个，隐含神经元 100 个，最大训练轮次 3000 次。运行程序后，整体识别精度为 81.5%。选取前 20 个测试样本看一下具体识别结果，在这 20 个样本中有 3 个样本识别错误。可以看出人工神经网络在模式识别中的优越性，简单的 BP 网络就可以达到了较高的识别水平。

使用 BP 网络进行手写数字识别的详细代码参见下面的代码清单。

```
# BP.jl
# 加载库
using TyBase
using TyMachineLearning
clear ()
clc ()
```

```
# 加载图像数据和标签数据
load（"./mnist/test_images.mat"）
load（"./mnist/test_labels.mat"）
load（"./mnist/train_images.mat"）
load（"./mnist/train_labels.mat"）
# 设置数据容量以及神经元个数
train_num = 3000
test_num = 200
neure_num = 100  # 隐含层神经元个数
epochs = 3000  # 最大训练轮次
# 将图像数据转换为列向量
data_train = reshape（train_images[：，：，1：train_num]，784，train_num）
data_test = reshape（test_images[：，：，1：test_num]，784，test_num）
label = zeros（train_num，10）
# 初始化类别标签向量
for i = 1：train_num
    label[i，Int（train_labels1[i]）+1] = 1
end
net = fitcnet（data_train'，label；hidden_layer_sizes=neure_num，max_iter=epochs）
println（"BP 分类器训练中•••••••"）
println（" 分类器训练完毕 ."）
println（" 样本测试中•••••••"）
# 测试网络训练的结果
y_test = predict（net，data_test'）
result = zeros（test_num）
for i = 1：test_num
    index = argmax（y_test[i，：]）
    result[i] = index - 1
end
println（" 前 20 个样本预测结果："）
println（Int.（result[1：20]））
println（" 前 20 个样本真实分布："）
println（Int.（test_labels1[1：20]））
# 计算分类准确率
acc = count（i ->（result[i] == test_labels1[i]），1：test_num）/ test_num
println（" 准确率为："，acc * 100，"%"）
```



运行结果为：

```
BP 分类器训练中……
分类器训练完毕 .
样本测试中……
前 20 个样本预测结果：
[7，2，1，0，4，1，4，5，0，9，0，6，9，0，1，0，9，7，3，4]
前 20 个样本真实分布：
[7，2，1，0，4，1，4，9，5，9，0，6，9，0，1，5，9，7，3，4]
准确率为：81.5%
```

## 算法案例 2

本案例选取 CNN 网络来实现手写数字识别，通过代码解析来展示深度学习算法在手写数字数据集上的分类任务中的应用。

### 1. 算法说明

CNN 的根源可追溯至 20 世纪 60 年代，休布尔和威塞尔在探究猫脑皮层神经元的独特结构时，发现了这些神经元对于局部敏感性和方向选择性的高效机制，此发现为简化神经网络复杂性提供了灵感。随后，在 1980 年，福岛邦彦基于这一原理构建了神经感知机，标志着 CNN 的初步实现。随着技术的飞跃，CNN 在模式分类与图像处理等领域展现出卓越性能，特别是在图像分类与识别上，因无需繁琐的前期图像预处理，直接处理原始图像，故而备受青睐。

CNN 的算法基石奠定于其三大核心要素——局部感知野、权值共享与卷积运算。

1）局部感知野理论指出，图像中像素的空间关系具有局部性，即邻近像素间相关性较高，而远距离像素间则较低。因此，CNN 采用局部连接方式，每个神经元仅处理图像局部区域，通过高层综合实现全局认知，此举显著降低了网络参数的规模。

2）权值共享策略进一步精简了网络结构，通过同一卷积核对图像不同区域进行特征提取，不仅减少了参数数量，还赋予了特征提取的平移不变性，即特征无论位于图像何处均能准确识别。

3）卷积运算则是 CNN 的核心操作，通过卷积核在图像上的滑动计算，高效提取图像局部特征，形成特征图，既保留了关键信息又剔除了冗余数据。



CNN 的基本处理流程严谨而高效，始于输入层接收并预处理原始图像，随后进入卷积层，利用多个卷积核提取图像特征，生成特征图集合。激活层则对这些特征图施加非线性变换，以增强网络的表达能力。接着，池化层对特征图进行下采样，减少数据维度同时保留关键信息，常见方法包括最大池化和平均池化。之后，全连接层将池化层输出的特征图整合为一维向量，进行进一步的高级处理，完成分类或回归等任务。最终，输出层根据全连接层的输出，给出分类或回归的预测结果。

本实践项目基于 MNIST 手写数字数据集。

### 2. 参考代码和代码解析

在采用 CNN 对手写数字进行识别的程序中，首先加载 MWorks 软件的 4 个类库工具箱，TyBase、TyPlot、TyImages 和 TyDeepLearning；随后调用 clear () 清除程序运行时占用的临时内存，clc () 清除命令窗口的历史输入；接下来采用 load () 函数加载训练和测试数据及对应标签数据。

核心算法通过调用 SequentialCell () 函数定义卷积神经网络架构，然后使用 trainingOptions () 函数设置训练参数，最后调用 trainNetwork () 函数训练网络。CNN 的架构主要由以下几个部分构成：①首先是包含 20 个 1 × 1 卷积核的卷积层，负责从输入数据中提取局部特征；②接着是 2 × 2 的最大池化层，用于降低数据的空间维度，同时保留关键特征；③随后是数据展平层，将多维特征图转换为一维向量，以便于后续处理；④最后是全连接层，负责整合所有特征并进行最终的手写数字分类任务。

参考代码中，手写数字训练样本数量选取了 1000 个，测试样本 200 个，最大训练轮次 30 次，损失函数用交叉熵来衡量，使用 Adam 算法训练网络，初始学习率为 0.001。运行程序后，整体识别精度为 88.0%，选取前 20 个测试样本看一下具体识别结果，在这 20 个样本中无识别错误。相较于 BP 网络，CNN 在训练样本量仅为前者的三分之一，且训练轮次缩减至十分之一的条件下，依然展现出了卓越的分类性能，这一显著成效充分凸显了特征提取在模式识别领域中的关键作用。

使用 CNN 进行手写数字识别的详细代码参见下面的代码清单。

```
# CNN.jl
# 加载库
using TyBase
using TyPlot
using TyImages
using TyDeepLearning
clear()
clc()
# 加载图像数据和标签数据
load("./mnist/test_images.mat")
load("./mnist/test_labels.mat")
load("./mnist/train_images.mat")
load("./mnist/train_labels.mat")
# 训练集中包含 1000 个图像，测试集中包含 200 个图像
train_num = 1000
test_num = 200
x_train = train_images[:, :, 1:train_num]
y_train = train_labels1[1:train_num]
x_test = test_images[:, :, 1:test_num]
y_test = test_labels1[1:test_num]
# 定义卷积神经网络架构，自定义详见文档
layers = SequentialCell([
    convolution2dLayer(1, 20, 5),
    reluLayer(),
    maxPooling2dLayer(2; Stride=2),
    flattenLayer(),
    fullyConnectedLayer(20 * 14 * 14, 10),
    softmaxLayer(),
])
# 指定参数
options = trainingOptions(
    "CrossEntropyLoss", "Adam", "Accuracy", 128, 30, 0.001; Plots=true
)
# 重构图像数据
x_train = permutedims(x_train, [3, 1, 2])
```

```
x_train = reshape（x_train, train_num, 1, 28, 28）
x_test = permutedims（x_test, [3, 1, 2]）
x_test = reshape（x_test, test_num, 1, 28, 28）
# 使用训练数据训练神经网络
net = trainNetwork（x_train, y_train, layers, options）
# 使用经过训练的网络预测测试数据的标签，并最终验证准确率
y_pred = TyDeepLearning.predict（net, x_test）
classes = [i - 1 for i in range（1, 10）]
y_pred1 = zeros（test_num）
for i = 1: test_num
    index = argmax（y_pred[i, :]）
    y_pred1[i] = index - 1
end
println（"前 20 个样本预测结果："）
println（Int.（y_pred1[1: 20]））
println（"前 20 个样本真实分布："）
println（Int.（test_labels1[1: 20]））
acc = count（i -> （y_pred1[i] == test_labels1[i]）, 1: test_num）/ test_num
println（"准确率为：", acc * 100, "%"）
# println（"准确率为：", accuracy（y_pred, y_test）* 100, "%"）
# 在验证集随机取 9 张图片进行展示，并使用网络对图片类别进行预测
figure（3）
for i = 1: 9
    subplot（3, 3, i）
    imshow（x_test[i, 1, :, :]）
    title1 = "Prediction Label"
    title2 = Int（y_pred1[i]）
    title（string（title1, ": ", title2））
end
```

运行结果为：

```
前 20 个样本预测结果：
[7, 2, 1, 0, 4, 1, 4, 9, 5, 9, 0, 6, 9, 0, 1, 5, 9, 7, 3, 4]
前 20 个样本真实分布：
[7, 2, 1, 0, 4, 1, 4, 9, 5, 9, 0, 6, 9, 0, 1, 5, 9, 7, 3, 4]
准确率为：88.0%
```



## 思考题

10-1　人工神经网络从哪几个方面描述了生物神经系统的基本特征？

10-2　早期的感知器为什么不能解决线性不可分问题？

10-3　如何理解人工神经网络的学习能力和泛化能力？

10-4　如何改进误差反向传播算法的性能？

10-5　如何理解 Hopfield 网络的联想记忆功能？

10-6　如何防止神经网络的过拟合？

## 拓展阅读

（1）《深度学习》　此书由人工智能领域权威专家伊恩·古德费洛（Ian Goodfellow）、约书亚·本吉奥（Yoshua Bengio）以及亚伦·库维尔（Aaron Courville）等人共同撰写，堪称深度学习领域的奠基之作，被誉为“AI 圣经”。全书内容覆盖深度学习的各个方面，包括基本的数学工具和机器学习概念、成熟的深度学习方法和技术，以及具有前瞻性的研究方向和想法。

（2）《大模型应用开发极简入门：基于 GPT-4 和 ChatGPT》　此书是大模型应用开发极简入门手册，由自然语言处理权威专家奥利维耶·卡埃朗（Olivier Caelen）与玛丽－艾丽斯·布莱特（Marie-Alice Blete）共同撰写。书中梳理了 ChatGPT 的核心原理及优势，并使用流行的 Python 编程语言构建大模型应用。在实践过程中，读者可以体会大模型中记忆、提示工程、智能体等关键领域的核心概念及其用法。

## 参考文献



[1] HOPFIELD J J. Hopfield network[J]. Scholarpedia，2007，2（5）：1977.

[2] SALAKHUTDINOV R，MNIH A，HINTON G. Restricted Boltzmann machines for collaborative filtering[C]//Proceedings of the 24th International Conference on Machine Learning. 2007：791-798.

[3] ALAPARTHI S，MISHRA M. Bidirectional encoder representations from transformers（BERT）：A sentiment analysis odyssey[J]. arXiv preprint arXiv：2007.01127，2020.

[4] RADFORD A，NARASIMHAN K，SALIMANS T，et al. Improving language understanding by generative pre-training[J]. 2018.

[5] RADFORD A，WU J，CHILD R，et al. Language models are unsupervised multitask learners[J]. OpenAI blog，2019，1（8）：9.

[6] BROWN T，MANN B，RYDER N，et al. Language models are few-shot learners[J]. Advances in neural information processing systems，2020，33：1877-1901.

[7] ACHIAM J，ADLER S，AGARWAL S，et al. GPT-4 technical report[J]. arXiv preprint arXiv：2303.08774，2023.

[8] LAZZARO J，RYCKEBUSCH S，MAHOWALD M A，et al. Winner-take-all networks of O（n）complexity[J]. Advances in neural information processing systems，1988，1.

[9] ACKLEY D H，HINTON G E，SEJNOWSKI T J. A learning algorithm for Boltzmann machines[J]. Cognitive science，1985，9（1）：147-169.

[10] KINGMA D P，WELLING M. Auto-encoding variational bayes[J]. arXiv preprint arXiv：1312.6114，2013.

[11] GOODFELLOW I，POUGET-ABADIE J，MIRZA M，et al. Generative adversarial nets[J]. Advances in neural information processing systems，2014，27.

[12] DHARIWAL P，NICHOL A. Diffusion models beat gans on image synthesis[J]. Advances in neural information processing systems，2021，34：8780-8794.

[13] ROSENBLATT F. The perceptron：a probabilistic model for information storage and organization in the brain[J]. Psychological review，1958，65（6）：386.

[14] HINTON G E，OSINDERO S，TEH Y W. A fast learning algorithm for deep belief nets[J]. Neural computation，2006，18（7）：1527–1554.

[15] KRIZHEVSKY A，SUTSKEVER I，HINTON G E. ImageNet classification with deep convolutional neural networks[C].Neural Information Processing Systems，2012，25：1097–1105.

[16] LECUN Y，BOSER B，DENKER J S，et al. Backpropagation applied to handwritten zip code recognition[J]. Neural Computation，1989，1（4）：541–551.

[17] LECUN Y，BOTTOU L，BENGIO Y，et al. Gradient–based learning applied to document recognition[J]. Proceedings of the IEEE，1998，86（11）：2278–2324.

[18] RUMELHART D E，HINTON G E，WILLIAMS R J. Learning representations by back–propagating errors[J]. Nature，1986，323（6088）：533–536.

[19] BAHDANAU D，CHO K，BENGIO Y. Neural machine translation by jointly learning to align and translate[J]. arXiv preprint arXiv：1409.0473，2014.

[20] WERBOS P J. Backpropagation through time：what it does and how to do it[J]. Proceedings of the IEEE，1990，78（10）：1550–1560.

[21] CHENG J，DONG L，LAPATA M. Long short–term memory–networks for machine reading[J]. arXiv preprint arXiv：1601.06733，2016.

[22] CHO K，VAN MERRIËNBOER B，GULCEHRE C，et al. Learning phrase representations using RNN encoder–decoder for statistical machine translation[J]. arXiv preprint arXiv：1406.1078，2014.

[23] VASWANI A，SHAZEER N，PARMAR N，et al. Attention is all you need[J]. Advances in neural information processing systems，2017，30.

[24] OUYANG L，WU J，JIANG X，et al. Training language models to follow instructions with human feedback[J]. Advances in neural information processing systems，2022，35：27730–27744.

[25] MCCULLOCH W S，PITTS W. A logical calculus of the ideas immanent in nervous activity[J]. Bulletin of mathematical biophysics，1943，5：115–133.

[26] AMARI S I. Natural gradient works efficiently in learning[J]. Neural computation，1998，10（2）：251–276.

[27] FUKUSHIMA K. Neocognitron：A self–organizing neural network model for a mechanism of pattern recognition unaffected by shift in position[J]. Biological cybernetics，1980，36（4）：193–202.

# 第 11 章　结构模式识别

第 11 章
电子资源

## 导读

本章主要介绍结构模式识别的基本思路，并介绍了基于形式语言理论的句法模式识别方法，包括其基本概念和句法识别的基本算法，以使读者理解结构模式识别与统计模式识别在本质上的差异，以及在其发展过程中所遇到的困难。

## 知识点

- 结构模式识别原理。
- 结构模式识别的方法和思路。
- 形式语言理论的基本概念和主要文法。
- 句法分析的参考匹配法、状态图法和填充树法。
- 文法推断的基本思路。



## 11.1　结构模式识别原理

### 11.1.1　结构模式识别

统计模式识别中，样本用特征空间中的向量来表达。每个样本在每个特征维度上都有各自的特征值，统计模式识别是依据样本集在特征空间中的统计分布来完成模式识别任务的。

但是还有另一类模式识别任务，它们所依赖的并不是样本集在特征空间中的特征值的统计分布，而是依赖于样本在结构上的共同特性，例如下面几种情况。

（1）汉字识别　如图 11-1 所示，汉字由偏旁部首和笔划构成，偏旁部首的大小，笔划的长短粗细，都不影响所表达的汉字，而偏旁部首和笔划的类型及其相互结构关系确定了所表达的汉字是什么。

（2）语音识别　如图 11-2 所示，语音信息由连续的音素（Phoneme）构成，包括音节、字或词。音素的种类并不多，但是其排列顺序却构成了非常多的组合形式，也代表了非常丰富的意义。因此，语音识别不仅要识别出音素，更重要的是要识别出音素之间的顺序关系，也就是结构关系。

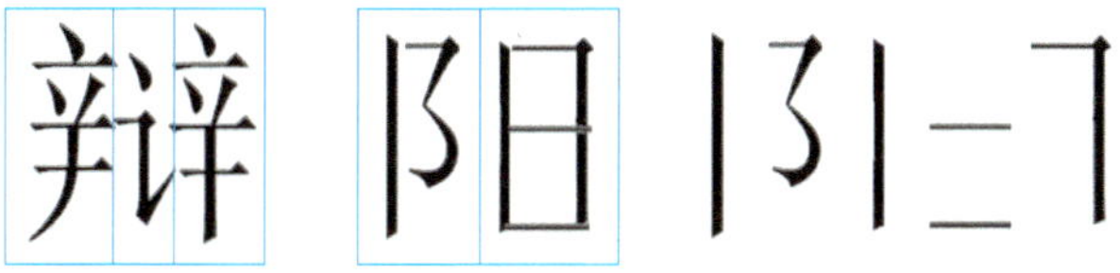

图 11-1　汉字的结构特性

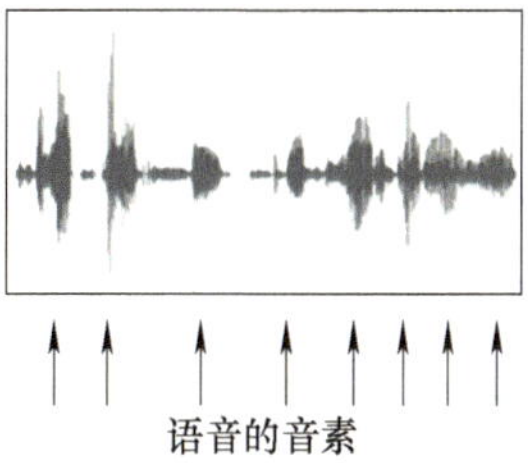


图 11-2　语音的结构特性

（3）字符识别　对于一般的字符识别，不仅字符的大小、字体不影响其意义，而且变形的字符，只要其结构特征没有被根本地改变，也不影响识别。

（4）图像识别　对于图像识别问题，首先要将待识别的目标从背景中分割（Segment）出来，然后识别出目标的类型。在图像中，目标的大小是不确定的，也存在形变、旋转和遮挡，只要其结构要素能被检测出来，并且结构关系与已知目标之间存在相似性，就能被识别。

（5）生物识别　在生物识别领域，例如基因序列的识别、染色体识别、心电图识别中，结构要素及其之间的结构关系，都是识别的重要依据。

这些类型的模式识别问题，无法单纯用统计模式识别方法来解决。结构模式识别（Structural Pattern Recognition）就是专门用以解决这类问题的一大类模式识别方法，它与统计模式识别在问题的定义和解决问题的思路上都不相同。

结构模式识别的定义为：以结构基元为基础，利用模式的结构信息完成分类的过程。



## 11.1.2　结构模式识别中的基元、结构和类

基元（Primitive）指构成模式结构信息的基本单元，本身不包含有意义的结构信息。基元的选取与应用有关，例如：

1）文字识别：可选取笔划或偏旁部首作为基元。

2）语音识别：可选取音素作为基元。

3）心电图识别：可选取收缩波和扩张波作为基元。

4）图形识别：可选取边缘线段、角点作为基元。

图 11-3a 中，如选取四种线段作为基元，则图像中一个目标的轮廓，可以用基元之间的结构关系来表达，也就是用基元的连接顺序来表达。图 11-3b 中，如选取矢量线段作为基元，则一个汉字的形状，也可以用基元间的连接顺序来表达。

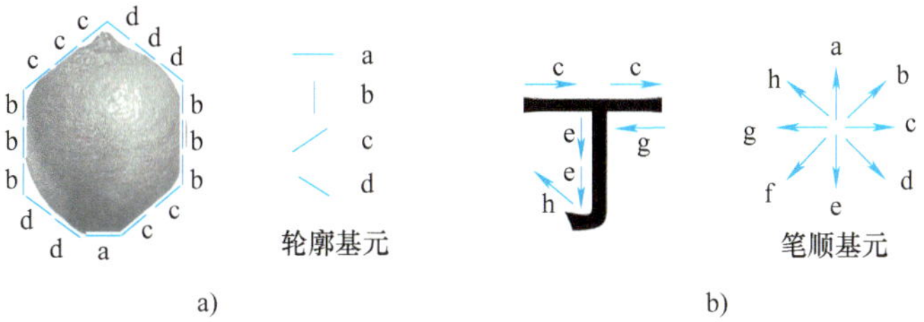


图 11-3　由基元来表达结构

在确定了基元的基础上，如何表达一个模式的结构特征，是结构模式识别算法得以

实现的关键。模式结构特征的表达主要有两种方式——串（String）表达和图（Graph）表达。两种表达方式的不同可以参考图 11-4 的示例。

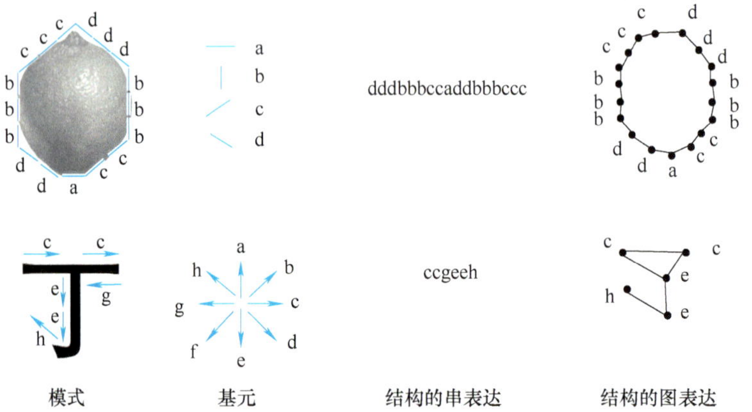


图 11-4　结构的表达方式

（1）串表达　是把任意一个结构，用基元彼此连接形成的一个序列来进行描述，相当于用基元依次拼接出模式的整个结构信息。

串表达的优势在于，它是一维的，并且如果用不同的字符来代表不同的基元，则模式的结构信息就变成了一个字符串，可以使用各种字符串的运算规则来进行处理，其结构相似性也可以用字符串之间的相似性度量方法来计算（例如使用编辑距离）。但是串表达也有缺陷，如果一个模式的结构不是基元简单的首尾相连，则必然需要增加许多冗余的重复基元，并且基元必须有方向（就是有首尾之分），才能使基元“串”起来。例如，用汉字的笔顺线段作为基元，则线段必须是带有方向的矢量，需要 8 种基元。



（2）图表达　是把一个模式的结构，表示为基元之间的连接关系。如果把基元作为节点，基元与基元之间的连接作为边，则模式的结构可以用一个图来表达。显然，图的表达能力比串要强很多，对图的描述和处理也有图论的相关理论作为基础。但是图表达的缺陷在于两个图之间的相似性度量，无论从定义上、算法上还是从工程实现上，都是一个十分困难的问题，目前并没有成熟的解决方案。

在结构表达的基础上，结构模式识别中“类”的概念也就比较明确了。所谓的“类”，就是指具有相似结构特征的样本集合。

### 11.1.3　结构模式识别与统计模式识别的对比

结构模式识别与统计模式识别是完全不同的模式识别方法，虽然识别的依据都是样本间的“相似性”，但在统计模式识别中，相似性可以用特征向量之间的“距离”或非距离的数值来计算，而在结构模式识别中，相似性是结构特征上的相似性，不能用特征值及特征向量之间的“距离”来表达，只能用基元之间的相互结构关系来表达。

因此，统计模式识别中的特征表达是以各个特征维度上的取值为基础构成的特征向量，而结构模式识别中的特征表达则是以基元及其相互结构关系为基础的串或者图。

所以，在统计模式识别中，分类器的学习就是去学习各个类别的特征分布和分类决策边界，识别的过程就是依据样本的特征值和类别的决策区域之间的关系来完成分类决策；而在结构模式识别中，分类器的学习是去发现一个类别共同的结构特征，识别则是将样本的结构特征与类别的结构特征相比较，从而判定样本应当归属于哪一个类。

结构模式识别与统计模式识别的对比情况见表 11-1。

表 11-1　结构模式识别与统计模式识别的概念对比

| 概念 | 统计模式识别 | 结构模式识别 |
|---|---|---|
| 样本间的相似度 | 距离或非距离度量的数值 | 结构相似度 |
| 特征表达的基础单元 | 特征维度上的取值 | 基元 |
| 样本的特征表达 | 特征向量 | 基元间结构关系 |
| 分类器学习 | 类别分布和决策边界 | 类的结构特征 |
| 分类决策 | 依据样本的特征值和类别的决策区域 | 依据样本的结构特征和类的结构特征 |

统计模式识别能够较容易地获得样本在各个特征维度上的特征值。而与统计模式识别相比，结构模式识别算法中的基元提取和类别共同结构特征的归纳都十分困难，一直没有从理论上得到根本的解决。所以，虽然结构模式识别在模式识别技术发展的早期就已提出，但是始终未能像统计模式识别一样得到深入的发展和广泛的应用。

目前对于结构模式识别问题，还是常常通过对结构信息描述的特殊处理，将其转换成统计模式识别问题来加以解决。或者是混合使用结构模式识别算法和统计模式识别算法，这在字符识别等领域有非常典型的应用实例。

随着多媒体信息（包括视频、音频等）、序列信号在现代模式识别系统中越来越成为重要的模式信息来源，其中的结构性质比特征值统计分布更能表达其本质的含义，因此对结构模式识别算法的研究仍旧具有重大的理论和实践意义。



### 11.1.4　结构模式识别方法

结构模式识别依据样本之间的结构相似度来完成模式识别任务。如何定义样本与样本之间和样本与类别之间的结构相似度，是结构模式识别得以实现的核心。不同的结构特征表达可以采用不同的结构相似度定义和计算方式，也就构成了不同的结构模式识别方法。

在确定了基元的基础上，一个样本的结构特征可以采用图表达或者串表达。

一个图可以定义为二元组 $G=(V, E)$，其中 $V$ 为节点集合，$E$ 为边的集合。节点间连接关系（边）可以用邻接矩阵 $\boldsymbol{A}$ 来表示，矩阵中元素 $a_{ij}$ 代表节点 $v_j$ 和节点 $v_j$ 间连接的权重和方向（如图 11-5 所示）。在无权图中，如果节点 $v_j$ 和节点 $v_j$ 间有边，则邻接矩阵对应元素 $a_{ij}=1$，否则 $a_{ij}=0$。在有权图中，$a_{ij}$ 的取值可以是代表连接权重的实数值。如果一个样本的图表达中模式基元之间是双向互联的（无向图），则邻接矩阵是一个对称矩阵。如果基元之间的连接是有方向的，则邻接矩阵是一个非对称矩阵。

当采用图来表达一个样本的结构特征时，结构相似度的度量，就变成了两个图的相似性度量。由于图的规模不同，还存在各种同构变换，要确定一个能够准确表达样本间结构相似性的"图相似度"指标是很困难的，目前常见的思路有以下几种。

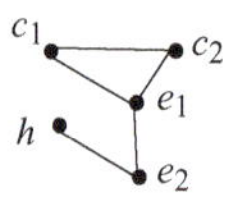


图

$$A=\begin{array}{c} \\ c_1 \\ c_2 \\ e_1 \\ e_2 \\ h \end{array}\begin{array}{c} \begin{array}{ccccc} c_1 & c_2 & e_1 & e_2 & h \end{array} \\ \begin{pmatrix} 1 & 1 & 1 & 0 & 0 \\ 1 & 1 & 1 & 0 & 0 \\ 1 & 1 & 1 & 1 & 0 \\ 0 & 0 & 1 & 1 & 1 \\ 0 & 0 & 0 & 1 & 1 \end{pmatrix} \end{array}$$

邻接矩阵

图 11-5　图和邻接矩阵

1）基于图核（Graph Kernel）和核度理论（Kernel Theory）的图相似度判定。图核是指图中对图的功能具有支配性作用的节点集合，核度则表示了图的连通性的强弱。可以通过判断两个图是否具有相同的核度，和是否能找到相同的核，来判定它们是否具有结构相似性。

2）基于最小支配集（Minimum Dominating Set，MDS）的图结构相似性度量。支配集可以看作是图的一种骨架，反映了图结构的一种本质特征，因此可以通过比较两个图（特别是基元标注相同的图）的支配集中相同节点的比率，来作为图结构相似性的一种度量。最小支配集的求解是一个 NP-Complete 问题，现在已发展出多种先进的精确解法和近似解法，可以基于现代最优化计算方法（例如粒子群算法 PSO）求解最小支配集。

3）基于谱方法（Spectral Method）的图结构相似性度量。图的邻接矩阵或拉普拉斯矩阵的特征谱，是指矩阵所有特征值的分布，它是图结构信息的一种压缩映射。不同类型的图有不同的特征谱形状，且受图的规模影响较小，因此特征谱可用于图结构相似性的度量。

4）基于图匹配（Graph Matching）方法的图结构相似性度量。图匹配方法是直接比较两个图之间的匹配程度，以其差异来作为图结构相似性度量的依据。常用的图匹配方法包括子图同构判定、图编辑距离、拓扑结构特征提取等，也可以采用图嵌入的方式将图或图中的节点映射到向量空间，然后使用距离或其他相似度指标（如余弦相似度）来计算图的相似度。如果能够找到有效的图相似性度量指标，那么也就找到了一种可用的数值计算方法来定量度量两个样本在结构特征上的相似性，然后就可以使用各种统计模式识别的方法来解决结构模式识别的问题。这是一种非常理想的，混合利用统计模式识别与结构模式识别方法的模式识别系统构建思路。

随着深度学习理论的提出，使用深度神经网络直接对图分类问题进行学习和分类决策的图神经网络（Graph Neural Network）方法，也在近年得到了较快的发展。包括图卷积、图自编码器、图对比学习、图孪生神经网络等技术，在解决结构模式识别问题上展露出各自的有效性和发展前景。

当采用基元代码构成的串来表达样本的结构特征时，最直接的思路就是通过比较两个字符串间的相似程度来度量两个结构之间的相似度。由于相似的结构在尺度上可能会有较大的差异，所以在计算相似度之前必须对串进行尺度变换，即按照相同的重复比率对串的长度进行缩放。在此基础上，通过计算字符串的相似度来进行样本结构相似性的度量。这种方法有以下一些常见的思路。

1）基于编辑距离（Edit Distance）的字符串相似性度量。编辑距离也称为 Levenshtein 距离，是一种度量两个字符串之间差异的常用方法，它表达了将一个字符串转换成另一个字符串所需的最少单字符编辑操作（包括插入、删除、替换 3 种操作）的次数。

2）基于最长公共子序列（Longest Common Subsequence）的字符串相似性度量。最长公共子序列是一种用于度量两个序列（比如字符串）相似度的方法，来源于动态规划算法。其目的是找出两个给定序列中最长的那个序列，这个序列是两个序列的公共子序列，子序列不需要在原序列中连续出现，但必须保持原有的顺序。

3）基于语言模型（Language Model）的字符串相似性度量。语言模型是自然语言处理（NLP）中的一个核心概念，它用于预测文本序列的概率分布。基于语言模型的字符串相似度计算，利用语言模型来评估两个字符串在语义上的相似性，包括采用向量空间嵌入的方法（以进行相似度计算）、上下文相关分析方法、注意力机制方法等。

虽然各种字符串相似性度量方法在序列分析、自然语言理解等领域都取得了较好的效果，但是在应用到样本结构相似性度量时，有时会遇到表征困难的问题。

在统计模式识别中，特征值的微小差别意味着两个样本非常接近，但在结构模式识别中，却可能“差之毫厘，谬以千里”。例如，图 11-6a 中，汉字“茶”和“荼”，如果用笔画基元，它们的串表达之间的编辑距离仅为 1，但却应当被识别为完全不同的汉字；相反，在图 11-6b 中，相同的基元、相同的结构，但因串表达方式不同，会带来非常大的编辑距离。

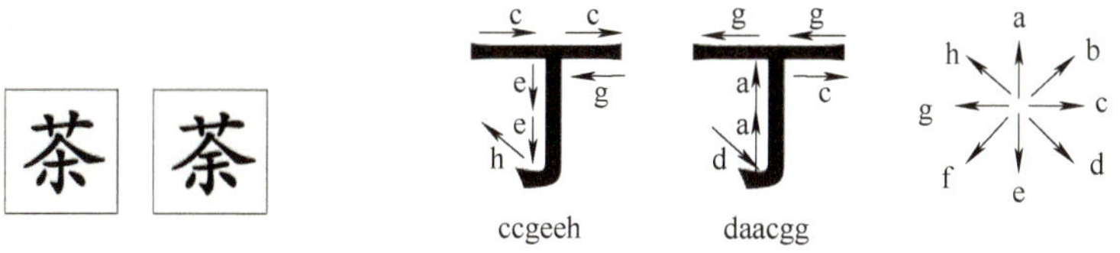


a) 编辑距离小而结构类别不同　　b) 编辑距离大而结构类别相同

图 11-6　串相似度与结构特征相似度间的差异



有没有能基于样本结构特征的串表达，更严密地实现按结构特征进行样本分类的方法呢？基于形式语言理论的句法模式识别算法就是这样的一种方法。

## 11.2　句法模式识别

### 11.2.1　形式语言理论的基本概念

形式语言理论（Formal Language Theory）是由美国语言学家诺姆·乔姆斯基（Noam Chomsky）在 1957 年首先提出的，它使用严密的数学规则去对语言进行数学描述，最初目的是为了研究自然语言的内在数学原理。形式语言理论的核心称为“转换 – 生成语法”，即用有限的文法规则，去生成无限的具有共同深层结构的句子。

形式语言理论在自然语言研究上仍旧存在巨大的争议，但随着计算机技术的发展，形式语言理论为人 – 机之间的交流建立了桥梁，在计算机编程语言、自动机理论、模式识别等方面都得到了广泛的验证和应用。

**诺姆·乔姆斯基（Noam Chomsky）** 美国语言学家，1928年出生于费城。1955年在宾夕法尼亚大学完成博士论文《转换分析》，获得博士学位，后一直在麻省理工学院工作，曾任该校语言学与哲学系主任，并任该校认知科学研究中心主任，1957年出版了重要著作《句法结构》。乔姆斯基是美国科学促进会委员、美国科学院院士和美国文理科学院院士，是美国《科学》杂志评选出的包括爱因斯坦在内的20世纪全世界前10位最伟大科学家中目前唯一在世者。

形式语言是自然语言的抽象，是用一组明确的数学规则描述的语言，是语言的“数学化”，它由按一定规律构成的句子或符号串的有限或无限的集合组成。

形式语言中有如下一些基本概念。

（1）字母表（Alphabet） 字母表是与所研究的问题有关的符号集合，它是组成句子的基本单元，用 $V$ 来表示。例如，$V_1=\{A,B,C,D\},V_2=\{a,b,c,d\},V_3=\{0,2,6,8\}$。

（2）句子（链）（Sentence） 句子是由字母表中的符号所组成的有限长度的符号串。例如，有字母表 $\{0,1\}$，则 $\{0,1,00,01,0110\}$ 就是有效句子的集合。

不包括任何符号的句子称为空句，记为 $\lambda$。

由字母表 $V$ 中符号组成的所有可能的句子构成集合 $V^*$，$V^*$ 包括空句 $\lambda$；而 $V^*$ 去除掉空句 $\lambda$ 后称为 $V^+$，即 $V^+=V^*-(\lambda)$。



（3）句子（链）的长度（Length） 句子所包含的符号数目称为句子的长度，例如：$|ABBC|=4$，$|a^3b^3c^3|=9$ $|\lambda|=0$

（4）句法（Syntax） 句法是指由字（词）构成句子的方式，也就是一个句子组成的规则。句法具有递归性，可以重复组合使用，用简单的规则可以表达复杂的结构。

（5）语言（Language） 由某个字母表 $V$ 中的符号组成的句子的一个集合称为一种语言，用 $L$ 表示，它是 $V^*$ 的一个子集。

例如，有字母表 $V=\{a,b\}$，则 $L_1=\{ab,aab,abab\}$ 和 $L_2=\{a^nb^m|n,m=0,1,2,\cdots\}$ 都是定义在 $V$ 上的语言，其中 $L_1$ 被称为有限语言，$L_2$ 被称为无限语言。

（6）文法（Grammar） 如果在一种语言中任何句子都遵循统一的一组句法规则，这些规则的集合称为文法，用 $G$ 表示，此时该语言可以记为 $L(G)$。在形式语言理论中，文法是一个四元式，由四个参数构成。

$$G=\{V_N,V_T,P,S\}$$

$V_T$ 为终止符（Terminal Symbol），是不能再分割的最简基元的集合，用小写字母表示，$V_T=\{a,b,c\}$。

$V_N$ 为非终止符（Nonterminal Symbol），由基元组成的子模式和句子的集合，用大写字母表示，$V_N=\{A,B,C\}$。非终止符不是最终句子的组成单元，而是推导句子的中间符号。

$$V_T\cap V_N=\Phi\text{（空集）},\quad V_T\cup V_N=V\text{（全部字母表）}$$

$P$ 为产生式（Production Rules），又称为再写规则，存在于字母表符号或句子之间的关系式，表示左侧的符号或句子可以转换为右侧的符号或句子。例如：

$$\alpha \to \beta, \alpha \in V_N, \beta \in V_N, V_T$$

$S$ 为起始符（Start Symbol），属于 $V_N$ 非终止符中的一个符号，所有句子的生成都是由起始符开始的。

定义了一个语言的文法，就可以生成符合这个语言的文法规则的句子，例如：

$V_T$={ 你，我，他，吃，饭，水果 }

$V_N$={ 句子，主语，谓语，宾语 }

$S$= “句子”

$P$：$S\to$ “主语”“谓语”“宾语”;“主语” → “你”,“主语” → “我”,“主语” → “他”;“谓语” → “吃”；“宾语” → “饭”，“宾语” → “水果”

则该文法可以生成的一个句子为：

$S\to$ “主语”“谓语”“宾语” → “你”“吃”“水果”

有了文法的定义，一个语言就可以表示为从 $V^*$ 中选择的一些句子构成的 $V^*$ 的一个子集，这些句子都可以用文法 $G$ 生成，也可以称这些句子的句法都符合文法 $G$。

### 11.2.2　乔姆斯基体系中的四种文法

在乔姆斯基的形式语言理论中，文法被划分为不同层次的四种类型，构成乔姆斯基体系（Chomsky Hierarchy）。

1）第一种文法，称为无约束文法（Unrestricted Grammar，也称为 0 型文法）。设文法 

$$G=(V_N,V_T,P,S)$$

$V_N$：非终止符，用大写字母表示

$V_T$：终止符，用小写字符表示

$S$：起始符

$P$：$\alpha\to\beta$，其中 $\alpha\in V^+$，$\beta\in V^*$

0 型文法的特点是，除 $\alpha$ 不能为空句外（就是不能无中生有），$\alpha$、$\beta$ 无任何限制。

**【例 11-1】**　文法 $G=(V_N,V_T,P,S)$，

$V_N=\{S,A\}$

$V_T=\{a,b,c\}$

$P$：① $S\to aSb$　② $Sb\to bA$　③ $abA\to c$

该文法可产生的句子为

$S\to aSb\to aaSbb\to a^nSb^n\to a^nbAb^{n-1}\to a^{n-1}abAb^{n-1}\to a^{n-1}cb^{n-1}$

因此，该文法 $G$ 可产生的语言为 $L(G)=\{a^ncb^n|n=0,1,2,\cdots\}$

无约束文法又称为递归可枚举（Recursively Enumerable）文法，因为几乎所有的语言都可以用 0 型文法来概括，而其中的递归特性，被乔姆斯基认为是自然语言最根本的性质，正是由于这种递归性质，才产生了自然语言的丰富性。

2）第二种文法称为上下文有关文法（Context Sensitive Grammar，即 1 型文法）。设文法

$$G=(V_N,V_T,P,S)$$

$V_N$：非终止符，用大写字母表示

$V_T$：终止符，用小写字符表示

$S$：起始符

$P$：$\alpha_1 A\alpha_2 \to \alpha_1\beta\alpha_2$，其中 $A\in V_N$（单个非终止符），$\beta\in V^+$，$\alpha_1$，$\alpha_2\in V^*$

$|\alpha_1 A\alpha_2|\leqslant|\alpha_1\beta\alpha_2|$，或 $|A|\leqslant|\beta|$

1 型文法的特点是，产生式左右两端有相同的上下文 $\alpha_1$、$\alpha_2$（空句也可以作为上下文），但左端除上下文外，只能是单个非终止符，且进行转换后句子长度不能缩短。

【例 11-2】 文法 $G=(V_N,V_T,P,S)$，

$V_N=\{S,B,C\}$

$V_T=\{a,b,c\}$

$P$：① $S\to aSBC$　② $S\to abC$　③ $CB\to BB$

④ $bB\to bb$　⑤ $bC\to bc$　⑥ $cC\to cc$　⑦ $BC\to cC$

$P$ 可改写为：

① $\lambda S\lambda\to\lambda aSBC\lambda$　② $\lambda S\lambda\to\lambda abC\lambda$　③ $\lambda CB\to\lambda BB$

④ $bB\lambda\to bb\lambda$　⑤ $bC\lambda\to bc\lambda$　⑥ $cC\lambda\to cc\lambda$　⑦ $\lambda BC\to\lambda cC$

都符合 1 型文法规则

该文法可产生的句子为

$S\to abC\to abc$



$S\to aSBC\to aabCBC\to aabBBC\to aabbBC\to aabbcC\to aabbcc$

$S\to aSBC\to aaSBCBC\to aaabCBCBC\to aaabBBCBC$

$\to aaabbBCBC\to aaabbbCBC\to aaabbbCcC$

$\to aaabbbccC\to aaabbbccc$

因此，该文法 $G$ 可产生的语言为 $L(G)=\{a^n b^n c^n|n=1,2,\cdots\}$

如用 $a$、$b$、$c$ 表示三条线段，则由该文法产生的所有句子都具有结构上的相似性。

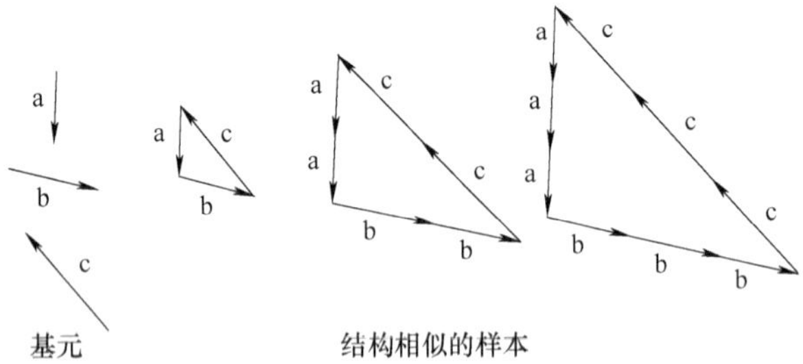


3）第三种文法称为上下文无关文法（Context Free Grammar，即 2 型文法）。设文法

$$G=(V_N,V_T,P,S)$$

$V_N$：非终止符，用大写字母表示

$V_T$：终止符，用小写字符表示

$S$：起始符

$P$：$A\to\beta$，其中 $A\in V_N$（是单个的非终止符），$\beta\in V^+$（可以是终止符，非终止符，不能是空句）

因此，虽然被称为“上下文无关文法”，但是它比“上下文有关文法”的产生式限制更为严格。

**【例 11-3】** 文法 $G=(V_N,V_T,P,S)$，

$V_N=\{S,A,B\}$

$V_T=\{a,b\}$

$P$：① $S\to aB$　② $S\to bA$　③ $A\to a$　④ $A\to aS$

⑤ $A\to bAA$　⑥ $B\to b$　⑦ $B\to bS$　⑧ $B\to aBB$

该文法可产生的句子为

$S\to aB\to abS\to abaB\to ababS\to ababaB\to (ab)^n aB\to (ab)^n ab\to (ab)^{n+1}$

$S\to aB\to abS\to abbA\to abba$

$S\to bA\to baS\to baaB\to baab$

$S\to bA\to baS\to babA\to baba$

$S\to aB\to ab$

$S\to bA\to ba$

…

对于 2 型文法，有以下两种方法可以替换非终止符：①最左推导：每次替换都是先从最左边的非终止符开始；②最右推导：每次替换都是先从最右边的非终止符开始。

4）第四种文法称为正则文法（Regular Grammar，即 3 型文法）。设文法

$$G=(V_N,V_T,P,S)$$



$V_N$：非终止符，用大写字母表示

$V_T$：终止符，用小写字符表示

$S$：起始符

$P$：$A\to aB$ 或 $A\to a$，其中 $A$，$B\in V_N$（单个非终止符），$a\in V_T$（单个终止符）

3 型文法的产生式右端必须含有终止符。

3 型文法是计算机编程语言中最为重要的文法类型，如果把非终止符看作是系统不同的状态，终止符表示状态转移的类型，则 3 型文法可以用状态图（State Diagram）来表示。

**【例 11-4】** 文法 $G=(V_N,V_T,P,S)$

$V_N=\{S,A\}$

$V_T=\{0,1\}$

$$P：① S\to 0A\quad ② A\to 0A\quad ③ A\to 1$$

该文法对应的状态图（$T$ 是终止状态）为

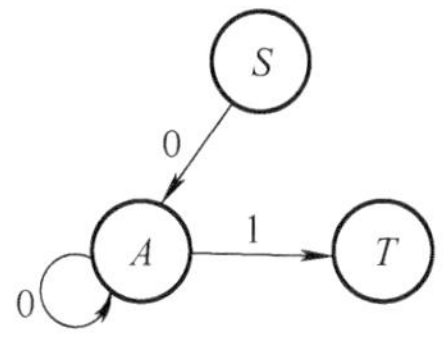

该文法可产生的句子为

$$S \rightarrow 0A \rightarrow 00A \rightarrow 000A \rightarrow 0001 \rightarrow 0^n1$$

因此，该文法 $G$ 可产生的语言为 $L(G)=\{0^n1|n=1,2,\cdots\}$

四种文法逐层增加限制，限制不严格的文法包含限制严格的文法，其关系如图 11-7 所示。

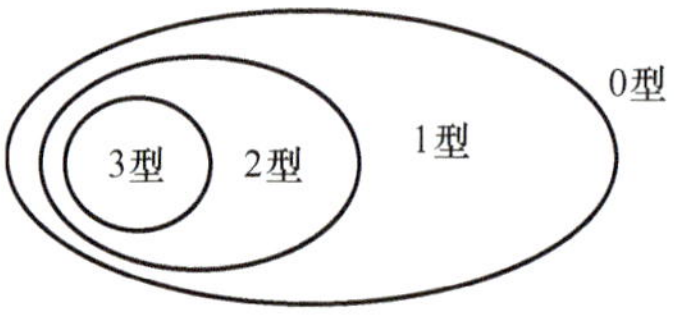


图 11-7　乔姆斯基体系中 4 种文法的关系

四种文法可以分别对应于不同的自动机模型，因此可以看作是一种信息处理逻辑的数学抽象。

0 型无约束文法　→　图灵机
1 型上下文有关文法　→　线性界限自动机
2 型上下文无关文法　→　下推自动机
3 型正则文法　→　有限状态自动机

### 11.2.3　句法模式识别的基本原理



句法模式识别（Syntactic Pattern Recognition）由美籍华裔科学家傅京孙教授于 1974 年提出，是最早的系统化的结构模式识别算法。它以形式语言理论为基础，将样本的结构特征用句子来表达，句法就是各个基元之间的结构关系。而类别的共同结构特征则用语言的文法规则来表达，以文法推断和句法分析为主要算法来实现模式识别。

**傅京孙（King-Sun Fu，1930—1985）**　浙江丽水人，1930 年生于南京。1953 年毕业于台湾大学电机系，1955 年在加拿大多伦多大学获理学硕士学位，1959 年在美国伊利诺伊大学获哲学博士学位。1960 年起在美国普渡大学任教，普渡大学授予他工程学特级教授称号。1976 年当选为美国国家工程院院士。

傅京孙教授是国际人工智能和模式识别领域的先驱者之一，1965 年首先提出把人工智能的启发式推理规则用于学习控制系统，1971 年提出由人工智能和自动控制两个学科交叉形成的智能控制学科，20 世纪 70 年代中期在形式语言理论的基础上建立了句法模式识别理论。傅京孙是 IEEE 计算机学会机器智能与模式识别委员会的第一任主席，模式分析与机器智能学报主编，国际模式识别协会（International Association for Pattern Recognition，IAPR）创始人和首任主席。

在句法模式识别中，每个样本会被转换为一个句子，基元就是组成句子的字符，而基元之间的结构关系，就是句子的句法，每一个类的样本所具有的共同的类别特征，被描述为语言的文法。

句法模式识别作为一种模式识别方法，它的流程与统计模式识别是相似的，模式识别系统也具有相似的结构，如图 11-8 所示。统计模式识别系统的预处理与特征生成环节中的特征生成，在句法模式识别系统中会被基元提取所替代。然后进行句法的生成，即用句子来表达每个具体的样本。

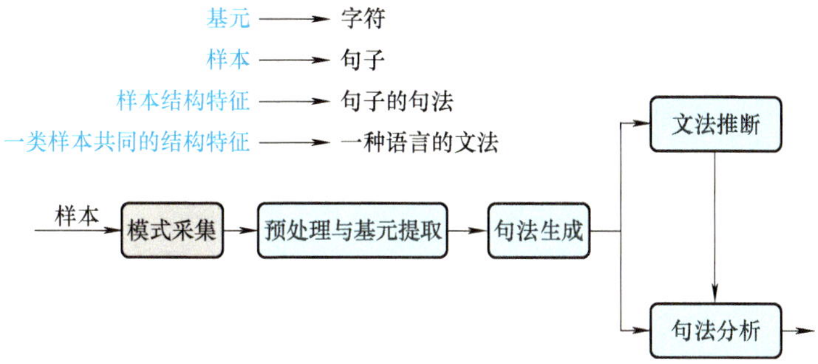


图 11-8　句法模式识别系统

在分类器训练阶段，句法模式识别系统从分好类的训练集中获得该类所有样本的共同句法特征，并推断出代表每个类别的文法规则，这一过程称为“文法推断”（Grammatical Inference）。在分类器识别阶段，对待识别的样本的句法进行分析，判断它是否符合已知类别的文法规则，或者说是否能用已知类别的文法规则来生成，从而判定样本是否属于该类，这一过程称为“句法分析”（Parsing）。



## 11.2.4　句法分析

在句法模式识别中，每个模式类都有对应的文法来表示，如共有 $m$ 个模式类 $\omega_1,\omega_2,\cdots,\omega_m$，则对应的文法为 $G_1,G_2,\cdots,G_m$。

对于任意待识别的样本，可将其转换为句子 $x$，对 $x$ 的句法进行分析，当有 $x\in L(G_i)$ 时，可判定 $x\in\omega_i$。因此，句法模式识别的分类器是由一系列的句法分析判别构成的。

针对不同的文法类型，可以采用不同的句法分析方法，其中最基本的是参考匹配法。

### 1. 参考匹配法

参考匹配法（如图 11-9 所示）是根据每一类对应的文法，生成一组参考链，代表该类文法能生成的各种句子。句法分析时，将待识别的样本 $x$（用句子表示）与代表各类的参考链进行匹配，将 $x$ 分类到匹配得最好的参考链对应的类中。

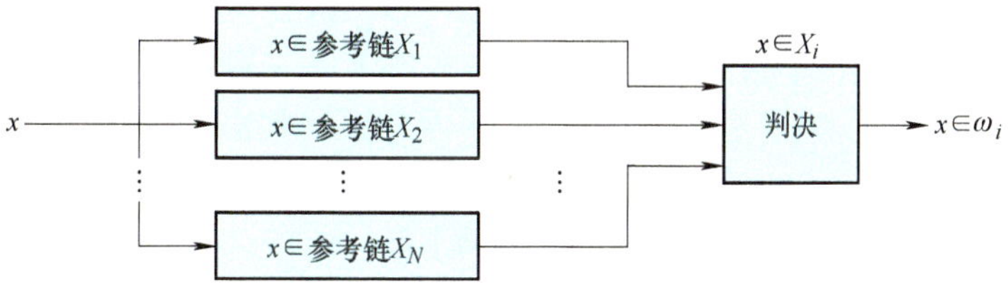


图 11-9　句法分析的参考匹配法

参考匹配法简单快速，但未充分利用样本的句法结构，对于某些类，要得到代表其特点的参考链也比较困难。

2. 状态图法

状态图法适用于正则文法（3 型文法）。每种正则文法都可以用状态图来表示，在获得状态图后，可以采用以下两种方法来进行句法分析。

（1）方法一　从状态图的起始符开始，依次处理输入模式 $x$ 的各个字符，如果可以找到一条通往终止状态 $T$ 的通路，则表示 $x$ 可以由该状态图生成。

（2）方法二　从状态图推导出该文法可产生的所有句子的形式，再用待识别模式 $x$ 去匹配。这本质上就是参考匹配法。

**【例 11-5】**　已知某类对应的正则文法为

$G=(V_N,V_T,P,S)$

$V_N=(S,A,B,C)$

$V_T=(0,1)$

$P$：$S\rightarrow 1A$，$S\rightarrow 0B$，$S\rightarrow 1C$，$A\rightarrow 0A$，$A\rightarrow 0$，$B\rightarrow 0$，$C\rightarrow 0C$，$C\rightarrow 0$，$C\rightarrow 1B$

该文法对应的状态图如图 11-10 所示。

如图 11-10 所示，对于待识别样本 $x_1$=10010，可找到 $S\rightarrow T$ 的通路，因此样本 $x_1$ 属于该类；对于 $x_2$=10110，找不到 $S\rightarrow T$ 的通路，因此样本 $x_2$ 不属于该类。

也可推导出该文法可产生的语言为 $L(G)=\{00,10^{n+1},10^n10|n=0,1,2,\cdots\}$，然后可以在识别新样本时对照该类别样本所应具有的句法，来识别是否能将样本划归到该类中。



3. 填充树法

填充树法适用于上下文无关文法（2 型文法）。当给定某待识别句子 $x$ 及某个模式类对应的文法 $G$ 时，可以建立一个以 $x$ 为底，起始符 $S$ 为顶的三角形，按文法 $G$ 的产生式来填充此三角形。若填充成功，表明 $x$ 可分到该模式类中（如图 11-11 所示）。

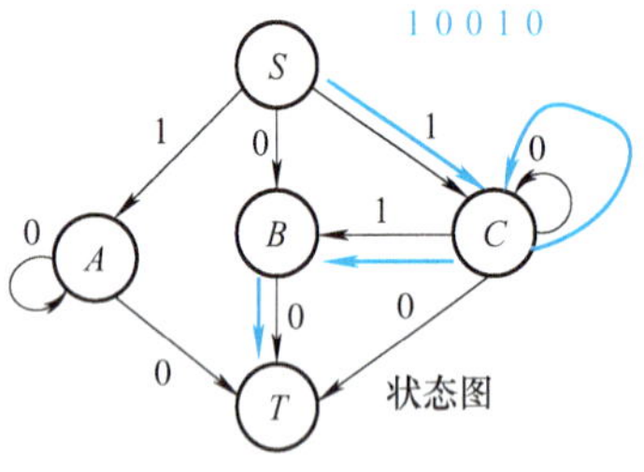

图 11-10　句法分析的状态图法

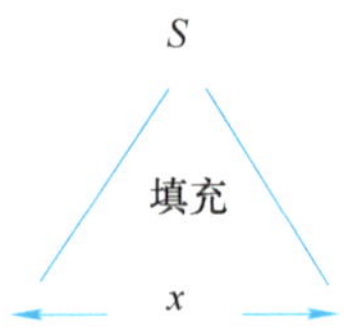

图 11-11　句法分析的填充树法

由于在填充时需要考察所有可能的填充方案，只有在所有方案都不能成功填充时，才能判定样本 $x$ 不属于该模式类。所以填充树法本质上是一种穷举法，只不过在填充过程中只要有一种方案成功实现了填充，就可以不再考察其他方案，而判定样本 $x$ 属于该模式类。

填充树法在填充三角形时应遵守如下三条原则。

1）首位考察。首先考虑选用某个产生式后能导出 $x$ 的第一个字符。

2）用某产生式后，不能出现 $x$ 中不包含的终止符。

3）用某产生式后，不能导致最终符号串变长（变短），即保证句子长度单向递增（递减）。

填充树填充有由顶向底和由底向顶两种方法。

（1）由顶向底剖析

1）从起始符 $S$ 开始，依次向下利用产生式来产生 $x$ 中的某个终止符，一直到产生完整的 $x$ 为止。

2）如已不存在非终止符，但是仍旧没有得到 $x$；或还存在非终止符，但已得到的句子长度超过了 $x$，则表示 $x$ 不属于该文法定义的类。

（2）由底向顶剖析

1）从待识别的句子 $x$ 开始，依次看 $x$ 中的每个终止符可以由哪个非终止符产生，一直推导到所有 $x$ 中的终止符都可以由起始符 $S$ 逐步产生为止。

2）先生成那些可直接生成的单个终止符，再推导那些无法单独生成的终止符。

**【例 11-6】** 已知某类对应的文法为

$G=(V_N,V_T,P,S)$

$V_T=(0,1)$

$V_N=(S,A,B)$

$P$：① $S\rightarrow 1$　② $S\rightarrow B1$　③ $S\rightarrow B$

④ $B\rightarrow 1A$　⑤ $B\rightarrow B1A$　⑥ $A\rightarrow 0A$　⑦ $A\rightarrow 0$

问：$x$=1000 是否属于该类？

**解：** 可使用由顶向底的填充方法，具体流程如图 11-12 所示。

第一步：$x$ 的第一位是 1，而起始符 $S$ 的三个产生式中，不能使用式①，否则填充终止，于是可选②或③；如果选择②，则会在第 2 位及以后的某位上出现 1，与 $x$ 不符，所以只能选择式③，得到第 1 位为 $B$。

第二步：观察 $B$ 的 2 个产生式，式⑤同样也会在后面出现 1，不能使用，只能使用式④，填充得到 $1A$。

第三至第四步：$A$ 的两个产生式中，如果选式⑦，发现填充终止，但并未得到样本 $x$，所以选择式⑥，此时可以继续填充的只有继续使用式⑥，一直到最后一位。

第五步，最后一位不能再用式⑥，而需要产生单个终止符 0，于是选用式⑦。

这样，通过填充得到了 $x$。所以，样本 $x$ 可以被该类的文法产生，于是 $x$ 属于该类。

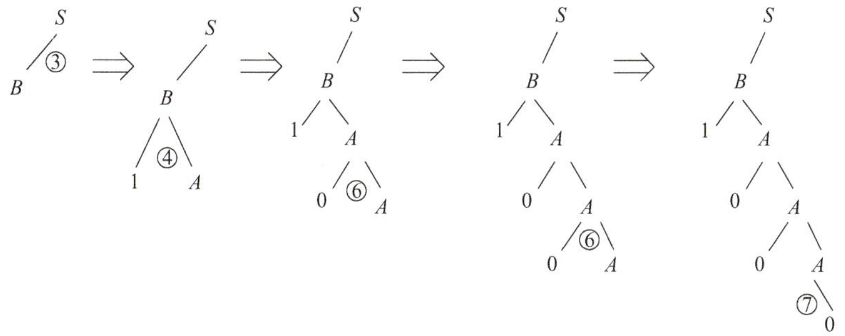


图 11-12 句法分析的填充树法实例

### 11.2.5 文法推断

从模式识别系统的角度看，句法分析是分类器做分类决策的过程，依据的是每个类别对应的文法。而要得到一个能解决工程实践问题的句法模式识别系统，显然类别文法不可能都由人工进行设定，而需要分类器通过学习得到。从每个类别的样本集中推断出该类别共有结构特征对应的文法规则，称为文法推断。

文法推断也称为形式语言的归纳学习问题，是指从给定的有限数据（通常是语言的样本）出发，通过归纳推理来获得语言的文法规则。文法推断的主要目标是构建一个生成文法，该文法能够生成训练样本所代表的语言集合，并能够泛化到新的、未见过的样本上。

文法推断中，所使用的样本集可以分为正样本集 $S^+$ 和负样本集 $S^-$，其数学定义如下。$V^*$ 是由字母表 $V$ 中符号组成的所有可能的句子的集合，语言 $L(G)$ 是 $V^*$ 的一个子集，其中所有句子都是由文法 $G$ 生成的。正样本集 $S^+$ 是语言 $L(G)$ 的一个有限子集，若 $S^+=L(G)$，则称 $S^+$= 是完备的；$\overline{L(G)}$ 是 $V^*$ 中不属于 $L(G)$ 的句子的集合，负样本集 $S^-$ 是 $\overline{L(G)}$ 的一个有限子集，若 $S^-=\overline{L(G)}$，则称 $S^-$ 是完备的。文法推断，就是从给定的正样本集 $S^+$ 和负样本集 $S^-$（有时只有正样本集 $S^+$）中，推断出文法 $G^*$，使得 $L(G^*)=L(G)$。

大多数情况下，文法推断所使用的正样本集 $S^+$ 和负样本集 $S^-$ 都是不完备的，所以推断得到 $L(G^*)$ 只是 $L(G)$ 的一种近似，同时还可能得到多种不同的文法 $G^*$。因此需要定义所推断出的文法对于给定样本集的优度度量，从而评价文本推断的结果。

文法推断的过程通常包括以下几个步骤。



1）定义文法空间。即所有可能的文法构成的集合，作为文法搜索的域。

2）确定样本集。对每一个类对应的语言，确定正样本集和负样本集，并尽可能保证样本集的完备性。

3）生成候选文法。对样本集进行逐一或批量分析，找到可行的所有文法集合，并保证每个候选文法都应该能够生成所有正样本，且不生成任何负样本。

4）文法优化。对每一种候选文法进行优化，最小化产生式规则数量，并保证文法能够产生的语言不发生变化。

5）文法选择。应用启发式规则或优化准则来选择文法，使其既能满足样本集约束，同时又具有最优的优度指标，例如文法复杂度最低或泛化能力最高。

6）结果评估。对每个类所获得文法进行泛化测试和性能评估，根据结果进一步改进文法推断结果。

文法推断的主要算法可以分为穷举法和归纳法两类。

（1）穷举法文法推断　在一个文法空间中进行全局搜索，使所求得的文法能够产生所有正样本，而不产生任何负样本，并与所给样本集和学习系统（教师）所提供的其他附加信息一致。搜索过程中，可利用覆盖的概念来提升搜索效率，即如果一个文法 $G_1$ 能够生成所有正样本，则可认为 $G_1$ 覆盖了所有其他不能生成所有正样本的文法，被覆盖的文法都可以被排除掉；如果一个文法 $G_1$ 能够生成任意一个负样本，则可认为 $G_1$ 被其他不会生成任何负样本的文法覆盖了，$G_1$ 可以被排除掉。

（2）归纳法文法推断　归纳法从正样本集出发，先基于启发式规则找到一组产生式，并构建一套非递归性的文法，能够产生正样集中的所有样本，再加入迭代规则构成一套递归性的文法，使得文法既能够生成正样本集中的所有样本，又可以生成属于该类语言但不在正样本集中的新样本，同时不会生成任何负样本。

针对不同类型的文法，可以采用不同的具体文法推断方法。例如，针对正则文法的有限状态机法、$L^*$ 算法、$k$ 尾法、规范微商法等，针对上下文无关文法的 CYK 算法、Earley 法、决策树法等。同时，还可以采用基于深度学习的神经网络方法来完成文法推断的任务。

但是，除了对正则文法有比较成熟的文法推断算法外，一般性的文法推断问题并没有得到根本的解决。特别是在样本集的完备性、优度度量、计算复杂度等方面，都还有大量的研究工作需要完善。这制约了句法模式识别的发展和应用。

## 算法案例

句法模式识别算法与统计模式识别算法的基本原理不同。对于手写数字识别任务，很难从 MNIST 数据集中自动提取到基元、推断出相应的类别文法规则。因此，本小节仅以 1 和 7 两个数字的识别为例，通过人工方式定义了两个类别的正则文法，使用 match () 函数对待识别样本对应的串表达与类别的正则表达式进行匹配，返回是否匹配成功作为句法分析的结果，演示如何使用句法模式识别实现手写数字识别。

详细代码参见下面的代码清单。

```
# re.jl
using TyBase
clear ()
clc ()
# 测试样本 1 和 7 各四个，前三个为正样本，最后一个为负样本
test_sample1 = ["aaa", "cccccc", "dddd", "a"]
test_sample7 = ["baa", "bbaaaa", "bbbcc", "ba"]
# 数字 1 的正则文法
s1 = r"^aa+$|^cc+$|^dd+$"
# 数字 7 的正则文法
s7 = r"^bb*aa+$|^bb*cc+$"
for i = 1：4
    local index = match（s7，test_sample7[i]）# 是否能够匹配到
    if index!== nothing   # 匹配到则输出字符串
        println（" 第 "，i，" 个样本匹配成功，结果为 "，index.match）
    else
        println（" 第 "，i，" 个样本匹配失败 "）
    end
end
```

代码运行结果为：

```
第 1 个样本匹配成功，结果为 baa
第 2 个样本匹配成功，结果为 bbaaaa
第 3 个样本匹配成功，结果为 bbbcc
第 4 个样本匹配失败
```

## 思考题

11-1 为什么不能用图同构判别算法来实现基于图表达的结构模式识别？

11-2 自然语言理解和基于串表达的结构模式识别有什么异同？可以采用相似的算法来实现吗？

11-3 在结构模式识别中，基元的提取和结构关系的表达都可能会遇到噪声数据或异常值，如何评估结构模式识别算法对这些情况的鲁棒性？有哪些可能的改进方法？

## 拓展阅读

傅京孙教授作为国际模式识别、智能控制和人工智能领域的先驱者之一，他的学术成就得到了国际认可，产生了深远的影响。

特别值得一提的是，傅京孙教授对中国人工智能和模式识别领域的发展做出了卓越贡献。他在 1979 年和 1983 年两次受邀到中国讲学，系统地介绍了模式识别技术，推动了这门新学科在中国的发展。他在 1984 年担任了中国科学院自动化研究所模式识别国家重点实验室的顾问，促进了实验室的筹建和发展。

在 1980 年到 1984 年期间，傅京孙教授还为中国学者提供了宝贵的学习和研究机会。有二十多位中国访问学者应傅京孙教授的邀请到美国普渡大学的现代自动化实验室进修。其中包括了日后在人工智能领域内享有盛誉的戴汝为、李国杰、蔡自兴等专家。傅京孙教授对这批学者学术上悉心指导，生活上热心照顾。他们完成了多项重要的研究工作，回国后在中国的模式识别和人工智能领域发挥了重要作用。

傅京孙教授一生对知识探索和科学精神不懈追求。他的学术成就和对后人的影响，使他成为模式识别和机器智能领域的一代宗师，他的贡献将永远被铭记。



## 参考文献

[1] 王兆慧，沈华伟，曹婍，等．图分类研究综述 [J]. 软件学报，2022，33（1）：171-192.

[2] 张瑞岭．文法推断研究的历史和现状 [J]. 软件学报，1999，10（8）：850-860.

[3] FU K S，AIZERMAN M A.Syntactic methods in pattern recognition[J]. IEEE transactions on systems man & cybernetics，1974，6（8）：590-591.

[4] CHOMSKY N. Syntactic structures[M]. Berlin：De Gruyter Mouton，1957.

[5] 蔡自兴．国际模式识别和机器智能的一代宗师——纪念傅京孙诞辰 90 周年 [J]. 科技导报，2020，38（20），123-133.